教育部高等学校电子信息类专业教学指导委员会规划教材

高等学校电子信息类专业系列教材·新形态教材

微课视频版

物联网操作系统原理与应用

微课视频版

王　剑　主编　　孙庆生　副主编

U0377899

清华大学出版社

北京

内容简介

本书阐述了物联网操作系统的原理，给出了应用场景实例。本书首先介绍了物联网技术的发展要求和特点，在此基础上，对物联网操作系统的关键技术如体系结构及组成等做了详细的介绍，并分析了当前主流物联网操作系统的架构、特征及应用情况；其次介绍了物联网操作系统面临的安全问题、安全机制及典型安全技术，介绍了当前物联网操作系统中常用的连接和协议；再次以华为 LiteOS 作为研究对象，深入浅出地阐述了华为 LiteOS 的内核知识、SDK 以及物联网操作系统移植方法；最后给出了"智慧农业"中的物联网操作系统的应用案例。

本书既可以作为高等学校物联网、计算机、电子、电信类专业相关课程的教材，也可以作为从事物联网或嵌入式技术开发的相关工程技术人员的参考用书。

图书在版编目（CIP）数据

物联网操作系统原理与应用：微课视频版/王剑主编. —北京：清华大学出版社，2022.1
高等学校电子信息类专业系列教材. 新形态教材
ISBN 978-7-302-58826-9

Ⅰ. ①物… Ⅱ. ①王… Ⅲ. ①互联网络－应用－操作系统－高等学校－教材 ②智能技术－应用－操作系统－高等学校－教材 Ⅳ. ①TP316

中国版本图书馆 CIP 数据核字(2021)第 158133 号

责任编辑：刘　星　李　晔
封面设计：刘　键
责任校对：刘玉霞
责任印制：刘海龙

出版发行：清华大学出版社
   网　　　址：http://www.tup.com.cn，http://www.wqbook.com
   地　　　址：北京清华大学学研大厦 A 座　　　　邮　　编：100084
   社 总 机：010-62770175　　　　邮　　购：010-83470235
   投稿与读者服务：010-62776969，c-service@tup.tsinghua.edu.cn
   质量反馈：010-62772015，zhiliang@tup.tsinghua.edu.cn
   课件下载：http://www.tup.com.cn，010-83470236
印　装　者：三河市铭诚印务有限公司
经　　　销：全国新华书店
开　　　本：185mm×260mm　　印　张：21　　　　字　　数：508 千字
版　　　次：2022 年 1 月第 1 版　　　　　　　　印　　次：2022 年 1 月第 1 次印刷
印　　　数：1～1500
定　　　价：79.00 元

产品编号：088011-01

前言
PREFACE

物联网是新一代信息技术的重要组成部分。物联网大致可分为感知层、网络层(进一步分为网络接入层和核心层)、应用层等。其中最能体现物联网特征的,就是物联网的感知层。感知层由各种传感器、协议转换网关、通信网关、智能终端、刷卡机(POS 机)、智能卡等终端设备组成。这些终端设备大部分都是具备计算能力的微型计算机。运行在这些终端设备上的最重要的系统软件——操作系统,就是所谓的物联网操作系统。与传统的个人计算机或个人智能终端(智能手机、平板电脑等)上的操作系统不同,物联网操作系统具有碎片化、伸缩性强,以及与人工智能、云端结合更紧密等特征。这些特征是为了更好地服务物联网应用而存在的,运行物联网操作系统的终端设备,能够与物联网的其他层次结合得更加紧密,数据共享更加顺畅,能够大大提升物联网的生产效率。

物联网操作系统是 21 世纪物联网技术的重要发展方向之一,应用领域十分广泛且发展迅速。技术的发展和生产力的提高离不开人才的培养。目前业界对物联网技术人才的需求十分巨大,尤其在迅速发展的电子、通信、计算机等领域,这种需求更为显著。另外,企业对物联网开发从业者的工程实践能力、经验要求也越来越重视,因此目前国内外很多专业协会和高校都在致力于物联网(包括物联网操作系统)相关课程体系的建设,结合物联网的特点,在课程内容设计、师资队伍建设、教学方法探索、教学条件和实验体系建设等方面取得了较好成效。

从技术更新角度看,近年来物联网操作系统技术得到了广泛的应用和爆发式的增长,这也对"物联网操作系统"课程教材的设计提出了更新、更高的要求。

本书特色

(1) 与传统的嵌入式实时操作系统教材相比,内容结合了物联网、云计算及人工智能等相关技术,更加与时俱进。

(2) 在参考 ACM&IEEE 联合制定的新版计算机学科的课程体系中"物联网系统(操作系统部分)"要求的基础上,结合国内高校计算机学科课程大纲要求进行编写,参考资料主要来自近三年国内外出版物联网(操作系统部分)相关刊物、ARM 官网、华为、阿里巴巴等公司相关资料和编写小组近年来的科研项目和实践活动,具有较好的时效性和实用性。

(3) 理论联系实际,本书既有理论知识深入浅出的详细阐述,也有丰富的实例和源代码分析。

(4) 从编写小组自身从事的科研项目和实践活动出发,选择具有一定实用价值,包含交叉学科知识,反映物联网操作系统技术应用的中型项目实例。这些实例不仅从理论上深化拓展物联网操作系统的开发方法和理念,也从实践角度提出"碰到问题如何运用所学知识解决问题"的观点,促进学生学以致用思想的升华。

(5) 本书配套资源丰富。

• 工程文件及源代码、教学课件、习题答案、教学大纲等资源,请扫描此处的二维码下载或到清华大学出版社官方网站本书页面下载。

资源下载

• 微课视频(42 个,共 380 分钟),请扫描本书各章节中对应位置的二维码观看。

本书编写过程中,王剑负责第 1 章、第 7 章、第 8 章的编写和全书的统稿。孙庆生负责第 2~4 章的编写工作。叶玲负责第 5 章、第 6 章的编写工作。同时,本书的编写也得到了王子瑜小朋友的鼓励和支持,在此表示衷心的感谢。

本书参考了国内外的许多最新的技术资料,书末有具体的参考文献,有兴趣的读者可以查阅相关信息。限于编者水平,书中错误或者不妥之处在所难免,敬请广大读者批评指正和提出宝贵意见,联系邮箱 workemail6@163.com。

王 剑

2021 年 10 月

目 录
CONTENTS

## 第 1 章

概　　述

　　智能设备网络的概念早在 1982 年就被提出了,1990 年在卡内基·梅隆大学改造的可乐自动售货机被认为是第一个物联网设备,它能够报告其库存以及新装饮料是否冰冷。1999年,美国麻省理工学院建立了"自动识别中心"(Auto-ID),正式提出了物联网的基本含义,提出"万物皆可通过网络互联"。此时,人们认为射频识别(Radio Frequency Identification,RFID)对于物联网至关重要,这将允许计算机管理所有事物,随着技术和应用的发展,物联网的内涵已经发生了较大变化。2005 年 11 月 17 日,在世界信息峰会上,国际电信联盟(International Telecommunication Union,ITU)发布了《ITU 互联网报告 2005:物联网》,其中指出"物联网"时代的来临。物联网推动了信息化发展,受到了世界各国的广泛重视,许多物联网发展战略陆续出台,尤其是近些年,各国都在不断规划物联网新的前进方向和重点。

　　物联网技术应用广泛,涉及各行各业,例如军事、智慧城市、智能家居、电力、公共安全、医疗服务等。物联网提高了人们的生产水平和生活质量。例如,自动生产革新了制造业技术,自动化家居让人们的生活更加舒适。智能穿戴设备,比如运动手环,也同属物联网产品,受到了广大年轻人的追捧。可以说由于万物互联的特性,物联网成为现代社会发展的热点技术。

　　物联网操作系统(Operating System for Internet of Things,IoT OS),是一种在嵌入式实时操作系统基础上发展出来的、面向物联网技术架构和应用场景的软件平台。物联网操作系统作为物联网行业发展的关键技术,其发展趋势十分迅猛。目前,ARM、Google、Microsoft、华为、阿里巴巴等国内外公司均推出了物联网操作系统。

　　由于物联网存在设备的异构性、设备间的互用性以及部署环境的复杂性等因素,物联网应用普遍安全性较低、不便于移植、成本较高。其中,物联网操作系统作为连接物联网应用与物理设备的中间层,对解决这些问题起着主要作用。物联网操作系统可以屏蔽物联网的碎片化特征,为应用程序提供统一的编程接口,从而降低开发时间和成本,便于实现整个物联网统一管理。

　　本章首先阐述物联网的基础知识,然后介绍物联网与嵌入式系统的关系,在此基础上对物联网操作系统的概念、发展需求、特征和趋势做了介绍。

1.1　物联网概述

1.1.1　物联网的定义、特点及体系结构

随着信息领域及相关学科的发展,相关领域的科研工作者分别从不同的方面对物联网

进行了较为深入的研究,物联网的概念也随之有了深刻的改变,但是至今仍没有提出一个权威、完整和精确的物联网定义。

目前,不同领域的研究者对物联网思考所基于的起点各异,对物联网的描述侧重于不同的方面,短期内还没有达成共识。下面给出几个具有代表性的物联网定义。

定义1:物联网是未来网络的整合部分,它是以标准、互通的通信协议为基础,具有自我配置能力的全球性动态网络设施。在这个网络中,所有实质和虚拟的物品都有特定的编码和物理特性,通过智能界面无缝链接,实现信息共享。

定义2:物联网是由具有标识、虚拟性质的物体/对象所组成的网络,这些标识和特性运行在智能空间,使用智慧的接口与用户、社会和环境的上下文进行连接和通信。

定义3:物联网是指通过信息传感设备,按照约定的协议,把任何物品与互联网连接起来,进行信息交换和通信,以实现智能化识别、定位、跟踪、监控和管理的一种网络。它是在互联网基础上延伸和扩展的网络。

对于物联网概念的理解,应该从基本应用需求出发,把握物联网的特点和基本技术。对于物联网的发展和应用,不同的国家有着不同的着力点。美国常提及智能电网(为了新能源利用、节能减排的需要)、远程医疗、基于EPCglobal网络的供应链管理。欧洲常提及的M2M(Machine-to-Machine,机器对机器)应用,是通过大规模地将无线移动通信的SIM卡安装到智能设备或者监控仪表来促进物联网发展。我国的物联网涉及更加广泛的范围,从传感网和RFID的应用到两化融合(自动化和信息化的融合)和M2M等。

物联网融合了无线网络和有线网络,扩大了接入Internet的设备规模(除了计算机外,还有大量的微型计算设备),使得网络连接的范围更广。加上这些设备(如传感器节点等)具有感知外部环境的功能,有些设备(如RFID)具有标识附着物体的能力,这些设备还可以借助卫星定位系统(如GPS)被定位和追踪,这些都使得人类具有比以前更加强大的获取信息的能力。如果这些设备还能够具备行动能力,则人类具有比以前更加强大的控制能力。这使得人类具有前所未有的能力去感知、标识、跟踪、连接、控制、管理地球上的物体的一举一动,好像给地球加上了一个神经系统。这个神经系统有末梢(物联网终端)、传导系统(网络)以及处理系统(如云计算体系、信息与网络中心等)。

因此,结合国际电信联盟(ITU)的物联网研究报告,本书采用的物联网定义为:狭义上的物联网指连接物品到物品的网络,实现物品的智能化识别和管理;广义上的物联网则可以看作信息空间与物理空间的融合,将一切事物数字化、网络化,在物品之间、物品与人之间、人与现实环境之间实现高效信息交互方式,并通过新的服务模式使各种信息技术融入社会行为,是信息化在人类社会综合应用所能达到的更高境界。

从通信对象和过程看,物联网的核心是物与物以及人与物之间的信息交互。物联网的基本特征可概括为全面感知、可靠传送和智能处理。

(1) 全面感知。利用射频识别、二维码、传感器等感知、捕获、测量技术随时随地地对物体进行信息采集和获取。

(2) 可靠传送。通过将物体接入信息网络,依托各种通信网络,随时随地地进行设备的连接以及可靠的信息交互和共享。这种连接,指的是各种终端设备都能够通过某种网络技术,连接到一个统一的网络上。任何终端之间都可以相互访问。也就是说,物联网设备之间也可建立连接,同时保留传统的与云平台的连接。这样做的好处就是,一旦云平台的连接中断,物联网终端就可以采用本地之间的终端连接,继续提供服务。同时,物联网设备本地之间的交流和通信,直接通过本地连接完成,而不用再上升到云端。下一代的基础通信网络,为物联网提供泛连接网络是核心目标。目前也已经有很多厂商推出了解决方案,比如Google 的 Thread/Wave、华为的 Hi-Link 以及 NB-IoT 等。

（3）智能处理。利用各种智能计算技术,对海量的感知数据和信息进行分析并处理,实现智能化的决策和控制。智能,是指物联网设备具备“类似于人”的智慧,比如根据特定条件和环境的自我调节能力,能够通过持续的学习,不断优化和改进,更“人性化”地为人类服务。如果物联网设备只是连接在一起,能够远程控制,被动地听从人们的指挥,那不能算是真正的物联网,只能算是“控制网”。理想的目标是,物联网设备应该具备自我学习能力,能够通过积累过往的经验或数据,能够对未来进行预判,为人们提供更加智能的服务。这种“机器学习”的能力,应该能够抽象成一些基本的服务或 API,内置到内核中,供应用开发者或者设备开发者调用。而且,这种“机器学习”的服务,不仅仅只是位于终端操作系统中的一段代码,还应该有一个庞大的后台支撑。大量的计算和预测功能,在后台上执行,而终端上可以完成一些计算和结果的执行。这样终端加后台软件,就形成一个分布式计算网格,有效分工,协同计算,有序执行,形成一个支撑物联网的数字神经。

因此,物联网的体系架构通常被认为有 3 个层次:底层是用来感知(识别、定位)的感知层,中间是数据传输的网络层,上面是应用层,如图 1-1 所示。

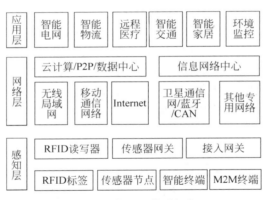

图 1-1 物联网体系架构

感知层包括以传感器为代表的感知设备,以 RFID 为代表的识别设备,以 GPS、北斗导航系统等为代表的定位追踪设备,以及可能融合部分或全部上述功能的智能终端(如手机)等。大规模的感知则构成了无线传感器网络。另外,M2M 的终端设备,智能物体都可视为感知层中的物体。感知层是物联网信息和数据的来源。

网络层包括接入网、核心网以及服务端系统(云计算平台、信息网络中心、数据中心等)。接入网可以是无线近距离接入网络,如无线局域网、ZigBee、蓝牙等;也可以是无线远距离接入,如移动通信网络、WiMAX 等;也可能为其他接入形式,如有线网络接入(PSTN、ADSL、宽带)、有线电视接入、现场总线接入、卫星通信接入等。网络层的承载是核心网,通常是 IPv6 或 IPv4 网络。网络层是物联网信息和数据的传输层,此外,网络层也包括信息存储查询、网络管理等功能。云计算平台作为海量感知数据的存储、分析平台,是物联网网络层的重要组成部分,也是应用层众多应用的基础。

应用层利用经过分析处理的感知数据为用户提供了丰富的特定服务,这些服务通常是在具备感知、识别、定位追踪能力后新增加的功能,如智能电网、智能物流、远程医疗、智能交通、智能家居、环境监控等。依靠感知层提供的数据和网络层的传输,进行相应的处理后,可能再次通过网络层反馈给感知层。应用层是物联网信息和数据的融合处理和利用,是物联网发展的目的。

1.1.2　物联网的实现技术体系

物联网技术涉及多个领域,这些技术在不同的行业往往具有不同的应用需求和技术形态。依靠物联网的层次结构,物联网的实现技术体系如图 1-2 所示。主要包括感知与标识技术、网络与通信技术、计算与服务技术及管理与支撑技术四大体系。

图 1-2　物联网的实现技术体系

1. 感知与标识技术

感知与标识技术是物联网的基础,负责采集物理世界中发生的物理事件和数据,实现外部世界信息的感知和识别,包括多种发展成熟度差异性很大的技术,如传感器、RFID、二维码等。

(1) 传感技术。传感技术利用传感器和多跳自组织传感器网络,协作感知、采集网络覆盖区域中被感知对象的信息。传感器技术依附于敏感机理、敏感材料、工艺设备和计测技术,对基础技术和综合技术要求非常高。目前,传感器在被检测量类型和精度、稳定性可靠性、低成本、低功耗方面还没有达到规模应用水平,是物联网产业化发展的重要瓶颈之一。

(2) 识别技术。识别技术涵盖物体识别、位置识别和地理识别,对物理世界的识别是实现全面感知的基础。物联网标识技术是以二维码、RFID 标识为基础的,对象标识体系是物联网的一个重要技术点。从应用需求的角度,识别技术首先要解决的是对象的全局标识问题,需要研究物联网的标准化物体标识体系,进一步融合及适当兼容现有各种传感器和标识方法,并支持现有的和未来的识别方案。

2. 网络与通信技术

网络是物联网信息传递和服务支撑的基础设施,通过泛在的互联功能,实现感知信息高可靠性、高安全性传送。

(1) 接入与组网。物联网的网络技术涵盖泛在接入和骨干传输等多个层面的内容。以互联网协议版本 6(Internet Protocol version 6,IPv6)为核心的下一代网络,为物联网的发展创造了良好的基础网条件。以传感器网络为代表的末梢网络在规模化应用后,面临与骨干网络的接入问题,并且其网络技术需要与骨干网络进行充分协同,这些都将面临新的挑战,需要研究固定、无线和移动网及 Ad-Hoc 网技术、自治计算与连网技术等。

(2) 通信与频管。物联网需要综合各种有线及无线通信技术,其中近距离无线通信技术将是物联网的研究重点。由于物联网终端一般使用工业科学医疗(ISM)频段进行通信(免许可证的 2.4GHz ISM 频段全世界通用),频段内包括大量的物联网设备以及现有的无线保真(WiFi)、超宽带(UWB)、ZigBee、蓝牙等设备,频谱空间将非常拥挤,制约物联网的实际大规模应用。为提升频谱资源的利用率,让更多物联网业务能实现空间并存,需切实提高物联网规模化应用的频谱保障能力,保证异种物联网的共存,并实现其互联、互通、互操作。

3．计算与服务技术

海量感知信息的计算与处理是物联网的核心支撑。服务和应用则是物联网的最终价值体现。

（1）信息计算。海量感知信息计算与处理技术是物联网应用大规模发展后，面临的重大挑战之一。需要研究海量感知信息的数据融合、高效存储、语义集成、并行处理、知识发现和数据挖掘等关键技术，攻克物联网云计算中的虚拟化、网格计算、服务化和智能化技术。核心是采用云计算技术实现信息存储资源和计算能力的分布式共享，为海量信息的高效利用提供支撑。

（2）服务计算。物联网的发展应以应用为导向，在物联网的语境下，服务的内涵将得到革命性扩展，不断涌现的新型应用将使物联网的服务模式与应用开发受到巨大挑战，如果继续沿用传统的技术路线必定束缚物联网应用的创新。从适应未来应用环境变化和服务模式变化的角度出发，需要面向物联网在典型行业中的应用需求，提炼行业普遍存在或要求的核心共性支撑技术，研究针对不同应用需求的规范化、通用化服务体系结构以及应用支撑环境、面向服务的计算技术等。

4．管理与支撑技术

随着物联网网络规模的扩大、承载业务的多元化和服务质量要求的提高以及影响网络正常运行因素的增多，管理与支撑技术是保证物联网实现"可运行—可管理—可控制"的关键，包括测量分析、网络管理和安全保障等方面。

（1）测量分析。测量是解决网络可知性问题的基本方法，可测性是网络研究中的基本问题。随着网络复杂性的提高与新型业务的不断涌现，需研究高效的物联网测量分析关键技术，建立面向服务感知的物联网测量机制与方法。

（2）网络管理。物联网具有"自治、开放、多样"的自然特性，这些自然特性与网络运行管理的基本需求存在突出矛盾，需研究新的物联网管理模型与关键技术，保证网络系统正常高效运行。

（3）安全保障。安全是基于网络的各种系统运行的重要基础之一，物联网的开放性、包容性和匿名性也决定了不可避免地存在信息安全隐患。需要研究物联网安全关键技术，满足机密性、真实性、完整性、抗抵赖性四大要求，同时还需解决好物联网中的用户隐私保护与信任管理问题。

1.1.3 物联网的主流技术

当前，物联网的主流技术主要包括主流标准、物联网操作系统、低功耗广域网技术、主要通信协议等。其中物联网操作系统将在1.3节中介绍，本节不再赘述。

1．物联网主流标准

物联网的标准主要有国际标准化机构 oneM2M、高通主导的 Allseen Alliance、以 Intel 为主的开放互联联盟（Open Interconnect Consortium，OIC）以及 Google 阵营的 Thread Group 等。

由亚洲、美国、欧洲等地区的标准团体联合设立的 oneM2M 是物联网领域的国际标准化机构，该机构的目标是使智能家居、智能汽车等不受应用领域的局限，可建立相互兼容的平台。目前有三星电子、LG 电子、思科（Cisco）、IBM 等 220 多家企业和各国的研究机构参与,是全球最大规模的物联网标准团体。

2013 年由高通、Linux Foundation、思科、Microsoft 等公司发起的 Allseen Alliance 联盟有 180 多家企业加入,使用该联盟制定的 AllJoyn 标准技术,可以使不同操作系统和不同品牌的终端之间相互兼容,商用化程度比较高。

2014 年由 Intel、三星电子、Broadcom 等公司联合成立的 OIC 组织拥有思科、惠普等 90 多家成员企业。OIC 提供无偿使用的开源代码 IoTivity 以及标准,积极拓展物联网市场。

Google 公司以 32 亿美元收购的 Nest 公司主导的 Thread 组织包括了三星电子、ARM、飞思卡尔等 160 多家企业,该标准使用新的 IP 无线通信网络,可以降低安全风险和能耗,有利于扩大其在智能家庭领域的份额。

2. 低功耗广域网络技术

低功耗广域网络(Low Power Wide Area Network,LPWAN)专为低带宽、低功耗、远距离、大量连接的物联网应用而设计。LPWAN 可分为两类:一类是工作于未授权频谱的 LoRa、SigFox 等技术;另一类是工作于授权频谱下,3GPP 支持的 2G/3G/4G 蜂窝通信技术,如 EC-GSM、LTE Cat-M、NB-IoT 等。3GPP 在 2016 年 6 月已推出首个 NB-IoT 版本。中国电信广州研究院联手华为和深圳水务局,在 2016 年内完成了 NB-IoT 试点商用应用。NB-IoT 技术具有覆盖广、连接多、速率低、成本低、功耗少、架构优等特点。NB-IoT 技术在现有电信网络基础上进行平滑升级,便可大面积适用于物联网应用,大幅提升了物联网覆盖广度、深度。主流的低功耗广域网络分析如表 1-1 所示。

表 1-1　主流的低功耗广域网络分析

比较项目	LoRa	NB-IoT
频谱类型	未授权频谱	授权频谱
无线技术特点	长距离:1～20km; 节点数:万级,甚至百万级; 电池寿命:3～10 年; 数据速率:0.3～50kb/s	NB-IoT 是可提升室内覆盖性能、支持大规模设备连接、减小设备复杂性、减小功耗和时延的蜂窝物联网技术,且其通信模块成本低于 GSM 模块和 NB-LTE 模块
应用情况	数据透传和 LoRaWAN 协议应用	NB-IoT 尚未出现商用部署,与现有 LTE 兼容,容易部署,通信模块成本较低
产业化情况	LoRa 产业链较为成熟、商业化应用较早;LoRa 联盟成立,包括有电信运营商、芯片级解决商	NB-IoT 由华为、高通和 Neul 联合提出;NB-LTE 由爱立信、诺基亚等厂商提出
同类技术	Sigfox	3GPP 的 3 种标准:LTE-M、EC-GSM 和 NB-IoT,分别基于 LTE 演进、GSM 演进和 Clean Slate 技术

3. 物联网通信协议技术

物联网通信协议分为两大类:一类是接入协议,另一类是通信协议。物联网比较常用的无线短距离通信语言与技术有华为 Hilink 协议、WiFi、Mesh、蓝牙、ZigBee、Thread、Z-Wave、NFC、UWB、LiFi 等十多种。

1）蓝牙

蓝牙在4.2版本中加强了物联网应用特性，可实现IP联接及网关设置等诸多新特性，与WiFi相比，蓝牙的优势主要体现在功耗及安全性上，相对WiFi最大50mA的功耗，蓝牙最大20mA的功耗要小得多，但在传输速率与距离上的劣势也比较明显，其最大传输速率与最远传输距离分别为1Mb/s及100m。

优点：速率快、功耗低，安全性高；缺点：网络节点少，不适合多点布控。

应用场景：智能穿戴设备、智能家居、智慧医疗以及健康保健。

2）WiFi

WiFi是一种高频无线电信号，它拥有最为广泛的用户，其最大传输距离可达300m，最大传输速度可达300Mb/s，但最大功耗仅为50mA。

优点：覆盖范围广，数据传输速率快；缺点：传输安全性不好，稳定性差，功耗略高。

3）ZigBee

ZigBee应用在智能家居领域，其优势体现在低复杂度、自组织、高安全性、低功耗，具备组网和路由特性，可以方便地嵌入到各种设备中。

优点：安全性高，功耗低，组网能力强，容量大，电池寿命长；缺点：成本高、抗干扰性差、ZigBee协议没有开源，通信距离短。

4）NFC

NFC由RFID及互联技术整合演变而来，通过卡、读卡器以及点对点3种业务模式进行数据读取与交换，其传输速率和传输距离没有蓝牙快和远，但功耗和成本都较低、保密性好，已应用于Apple Pay、Samsung Pay等移动支付领域以及蓝牙音箱。

4. 特色共性技术

目前，物联网中比较有特色的共性网络技术有3个：6LoWPAN、EPCglobal和M2M。

（1）6LoWPAN。主要用于基于Internet寻址访问传感器节点，由IETF定义，被IPSO联盟推广。从广义上讲，可用于基于IEEE 802.15.4的无线个域网链路条件下，承载IPv6协议形成一个广域的大规模的设备的联网。

（2）EPCglobal。主要用于基于Internet的RFID系统，由PCglobal定义，主要用于广域物体的定位与追踪的物流应用。

（3）M2M。通常是指通过远距离无线移动通信网络的设备间的通信，如终端设备与中心服务器间通信的智能抄表，以及两个广域网的设备间的通信（通过中心服务器）。M2M的主要作用是为远端设备提供无线通信接入Internet的能力。M2M很多时候可被视为一种接入方式，这种接入方式和无线移动通信网中以人为中心的接入方式不同，M2M中接入的对象是设备，且这些设备通常是无人看守的（因此M2M设备可能是机卡一体的）。广义上，M2M可泛指机器之间的通信。

上述3种技术中，EPCglobal和M2M可能融合，即RFID读写器通过M2M连接到Internet，然后可访问EPGglobal定义的ONS（Object Name Service）、EPCIS（EPC Information Services）等服务。6LoWPAN和M2M之间的区别是，6LoWPAN提供了直接的Internet寻址能力，而M2M可以通过在M2M服务器端的网关功能进行寻址，这种寻址类似一种基于广域无线通信网的网络地址转换（Natural Address Translation，NAT），因为M2M可不需要配置IP地址。M2M技术通常是由移动通信运营商推动的。

开发者基于上述基本网络技术,根据需求选择适当的终端设备,再合理地选择接入网络和核心网,就可以构造各种新颖的应用。

物联网把传统的信息通信网络延伸到了更为广泛的物理世界。虽然"物联网"仍然是一个发展中的概念,然而,将"物"纳入"网"中实现万物互联,则是信息化发展的一个大趋势。物联网将带来信息产业新一轮的发展浪潮,必将对经济发展和社会生活产生深远影响。

1.2 物联网与嵌入式系统

物联网与嵌入式技术是密不可分的,虽然物联网拥有传感器、无线网络、射频识别,但物联网系统的控制操作、数据处理操作,都是通过嵌入式技术实现的,物联网就是嵌入式产品的网络化。嵌入式开发已经逐渐成为技术主流,各种应用屡见不鲜,并深刻影响着人们生活的方方面面。

本节将简要介绍嵌入式系统。

进入 21 世纪,随着各种手持终端和移动设备的发展,嵌入式系统(embedded system)的应用已从早期的科学研究、军事技术、工业控制和医疗设备等专业领域逐渐扩展到日常生活的各个领域。在涉及计算机应用的各行各业中,90%左右的开发都涉及嵌入式系统的开发。嵌入式系统的应用对社会的发展起到了很大的促进作用,也为人们的日常生活带来了极大的便利。

电子数字计算机诞生于 1946 年。在随后的漫长历史进程中,计算机始终是被"供养"在特殊机房中、实现数值计算的大型昂贵设备。直到 20 世纪 70 年代,随着微处理器的出现,计算机才出现了历史性变化,以微处理器为核心的微型计算机以其小型、廉价、高可靠性等特点,迅速走出机房,演变成大众化的通用计算装置。

另外,基于高速数值计算能力的微型计算机表现出的智能化水平引起了控制专业人士的兴趣,要求将微型机嵌入一个对象体系中,实现对对象体系的智能化控制。例如,将微型计算机经电气、机械加固,并配置各种外围接口电路,安装到大型舰船中构成自动驾驶仪或轮机状态监测系统。于是,现代计算机技术的发展,便出现了两大分支:以高速、海量数值计算为主的计算机系统和嵌入对象体系中、以控制对象为主的计算机系统。为了加以区别,人们把前者称为通用计算机系统,而把后者称为嵌入式计算机系统。

通用计算机系统以数值计算和处理为主,包括巨型机、大型机、中型机、小型机、微型机等。其技术要求是高速、海量的数值计算,技术方向是总线速度的无限提升、存储容量的无限扩大。

嵌入式计算机系统以对象的控制为主,其技术要求是对对象的智能化控制能力,技术发展方向是与对象系统密切相关的嵌入性能、控制能力与控制的可靠性。

1.2.1 嵌入式系统的定义、特点和分类

1. 嵌入式系统的定义

视频讲解

嵌入式系统诞生于微型机时代,其本质是将一个计算机嵌入一个对象体系中,这是理解嵌入式系统的基本出发点。目前,国际国内对嵌入式系统的定义有很多。如:国际电气与电子工程师学会(Institute of Electrical and Electronics Engineers,IEEE)对嵌入式系统的

定义是：嵌入式系统是用来控制、监视或者辅助机器、设备或装置运行的装置。而国内普遍认同的嵌入式系统定义是：嵌入式系统是以应用为中心、以计算机技术为基础，软、硬件可裁剪，适应于应用系统对功能、可靠性、成本、体积、功耗等方面有特殊要求的专用计算机系统。

国际上对嵌入式系统的定义是一种广泛意义上的理解，偏重嵌入，将所有嵌入机器、设备或装置中，对宿主起控制、监视或辅助作用的装置都归类为嵌入式系统。国内则对嵌入式系统的含义进行了收缩，明确指出嵌入式系统其实是一种计算机系统，围绕"嵌入对象体系中的专用计算机系统"加以展开，使其更加符合嵌入式系统的本质含义。"嵌入性""专用性"与"计算机系统"是嵌入式系统的 3 个基本要素，对象体系则是指嵌入式系统所嵌入的宿主系统。

与个人计算机这样的通用计算机系统不同，嵌入式系统通常执行的是带有特定要求的预先定义的任务，由于嵌入式系统通常都只针对一项特殊的任务，所以设计人员往往能够对它进行优化、减小尺寸、降低成本。

嵌入式系统与对象系统密切相关，其主要技术发展方向是满足嵌入式应用要求，不断扩展对象系统要求的外围电路（如 ADC、DAC、PWM、日历时钟、电源监测、程序运行监测电路等），形成满足对象系统要求的应用系统。嵌入式系统作为一个专用计算机系统，要不断向计算机应用系统发展。因此，可以把定义中的专用计算机系统引申成满足对象系统要求的计算机应用系统。

2. 嵌入式系统的特点

嵌入式系统的特点与定义不同，它是由定义中的 3 个基本要素衍生出来的。不同的嵌入式系统，其特点有所差异。

与"嵌入性"相关的特点：由于是嵌入对象系统中，因此必须满足对象系统的环境要求，如物理环境（小型）、电气/气氛环境（可靠）、成本（价廉）等要求。

与"专用性"的相关特点：软、硬件的裁剪性；满足对象要求的最小软、硬件配置等。

与"计算机系统"相关的特点：嵌入式系统必须是能满足对象系统控制要求的计算机系统。与以上两个特点相呼应，这样的计算机必须配置与对象系统相适应的接口电路。

需要注意的是，在理解嵌入式系统的定义时，不要与嵌入式设备相混淆。嵌入式设备是指内部有嵌入式系统的产品、设备，如内含单片机的家用电器、仪器仪表、工控单元、机器人、手机、PDA 等。

3. 嵌入式系统的分类

嵌入式微处理器不能叫作真正的嵌入式系统，因为从本质上说，嵌入式系统是一个嵌入式的计算机系统，只有将嵌入式微处理器构成了一个计算机系统，并作为嵌入式应用时，这样的计算机系统才可称为嵌入式系统。因此，对嵌入式系统的分类不能以微处理器为基准进行分类，而应以嵌入式计算机系统为整体进行分类。可按形态和系统的复杂程度进行分类。

按其形态的差异，一般可将嵌入式系统分为芯片级（MCU、SoC）、板级（单板机、模块）和设备级（工控机）3 级。

按其复杂程度的不同，又可将嵌入式系统分为以下 4 类。

（1）主要由微处理器构成的嵌入式系统，常用于小型设备中（如温度传感器、烟雾和气体探测器及断路器)。

(2) 不带计时功能的微处理器装置,可在过程控制、信号放大器、位置传感器及阀门传动器等中找到。

(3) 带计时功能的组件,这类系统多见于开关装置、控制器、电话交换机、包装机、数据采集系统、医药监视系统、诊断及实时控制系统等。

(4) 在制造或过程控制中使用的计算机系统,也就是由工控机级组成的嵌入式计算机系统,是这4类中最复杂的一类,也是现代印刷设备中经常应用的一类。

视频讲解

1.2.2 嵌入式系统的典型组成

典型的嵌入式系统组成结构如图 1-3 所示,自底向上有嵌入式硬件系统、硬件抽象层、操作系统层及应用软件层。嵌入式硬件系统是嵌入式系统的底层实体设备,主要包括嵌入式微处理器、外围电路和外部设备。这里的外围电路主要指与嵌入式微处理器有较紧密关系的设备,如时钟、复位电路、电源以及存储器(NAND Flash、NOR Flash、SDRAM 等)等。在工程设计上往往将处理器和外围电路设计成核心板形式,通过扩展接口与系统其他硬件部分相连接。外部设备形式多种多样,如 USB、液晶显示器、键盘、触摸屏等设备及其接口电路。外部设备及其接口在工程实践中通常设计成系统板(扩展板)形式与核心板相连,向核心板提供如电源供应、接口功能扩展、外部设备使用等功能。

| 应用软件层 |
| 操作系统层 |
| 硬件抽象层 |
| 硬件系统 |

图 1-3 典型的嵌入式
系统组成结构

硬件抽象层是设备制造商完成的与操作系统适配结合的硬件设备抽象层。该层包括引导程序 BootLoader、驱动程序、配置文件等组成部分。硬件抽象层最常见的表现形式是板级支持包(Board Support Package,BSP)。板级支持包是一个包括启动程序、硬件抽象层程序、标准开发板和相关硬件设备驱动程序的软件包,由源码和二进制文件组成。对于嵌入式系统,它没有像 PC 那样具有广泛使用的各种工业标准,各种嵌入式系统的不同应用需求,决定了它所定制的硬件环境,这种多变的硬件环境决定了无法完全由操作系统实现上层软件与底层硬件之间的无关性。板级支持包的主要功能就在于配置系统硬件使其工作在正常状态,并且完成硬件与软件之间的数据交互,为操作系统及上层应用程序提供一个与硬件无关的软件平台。板级支持包对于用户(开发者)是开放的,用户可以根据不同的硬件需求对其改动或二次开发。

操作系统层是嵌入式系统的重要组成部分,提供了进程管理、内存管理、文件管理、图形界面程序、网络管理等重要系统功能。与通用计算机相比,嵌入式系统具有明显的硬件局限性,这也要求嵌入式操作系统具有编码体积小、面向应用、可裁剪、易移植、实时性强、可靠性高和特定性强等特点。嵌入式操作系统与嵌入式应用软件常组合起来对目标对象进行作用。

应用软件层是嵌入式系统的最顶层,开发者开发的众多嵌入式应用软件构成了目前数量庞大的应用市场。这里以苹果的 App Store 为例,目前的应用程序数量已经高达百万级别。应用软件层一般作用在操作系统层之上,但是针对某些运算频率较低、实时性不高、所需硬件资源较少、处理任务较为简单的对象(如某些单片机运用)时可以不依赖于嵌入式操作系统。这个时候该应用软件往往通过一个无限循环结合中断调用实现特定功能。

1.2.3 嵌入式微处理器简介

与 PC 等通用计算机系统一样,微处理器也是嵌入式系统的核心部件。但与全球 PC 市场不同的是,因嵌入式系统的"嵌入性"和"专用性"特点,没有一种嵌入式微处理器和微处理器公司能主导整个嵌入式系统的市场,仅以 32 位 CPU 而言,目前就有 100 多种嵌入式微处理器安装在各种应用设备上。鉴于嵌入式系统应用的复杂多样性和广阔的发展前景,很多半导体公司都在自主设计和大规模制造嵌入式微处理器。通常情况下,市面上在用的嵌入式微处理器可以分为以下几类。

1. 微控制器

推动嵌入式计算机系统走向独立发展道路的芯片,也称单片微型计算机,简称单片机。由于这类芯片的作用主要是控制被嵌入设备的相关动作,因此,业界常称这类芯片为微控制器(Microcontroller Unit,MCU)。这类芯片以微处理器为核心,内部集成了 ROM/EPROM、RAM、总线控制器、定时/计数器、看门狗定时器、I/O 接口等必要的功能和外设。为适应不同的应用需求,一般一个系列的微控制器具有多种衍生产品,每种衍生产品的处理器内核都一样,只是存储器和外设的配置及封装不一样。这样可以使微控制器能最大限度地与应用需求相匹配,并尽可能地减少功耗和成本。

微控制器的品种和数量很多,大约占到嵌入式微处理器市场份额的 70%。比较有代表性的通用系列包括 8051、P51XA、MCS-251、MCS-96/196/296、C166/167、MC68HC05/11/12/16、68300 等。

2. 嵌入式 DSP

嵌入式 DSP(Embedded Digital Signal Processor,EDSP)处理器在微控制器的基础上对系统结构和指令系统进行了特殊设计,使其适合执行 DSP 算法并提高了编译效率和指令的执行速度。在数字滤波、FFT、谱分析等方面,DSP 算法正大量进入嵌入式领域,使 DSP 应用从早期的在通用单片机中以普通指令实现 DSP 功能,过渡到采用嵌入式 DSP 处理器的阶段。

目前,比较有代表性的嵌入式 DSP 处理器有 Texas Instruments 公司的 TMS320 系列和 Motorola 公司的 DSP56000 系列等。

3. 嵌入式微处理器

嵌入式微处理器(Embedded Microprocessor Unit,EMPU)由通用计算机的微处理器演变而来,芯片内部没有存储器,I/O 接口电路也很少。在嵌入式应用中,嵌入式微处理器去掉了多余的功能部件,只保留与嵌入式应用紧密相关的功能部件,以保证它能以最低的资源和功耗实现嵌入式的应用需求。

与通用微处理器相比,嵌入式微处理器具有体积小、成本低、可靠性高、抗干扰性好等特点。但由于芯片内部没有存储器和外设接口等嵌入式应用所必需的部件,因此,电路板上必须扩展 ROM、RAM、总线接口和各种外设接口等器件,从而降低了系统的可靠性。

与微控制器和嵌入式 DSP 相比,嵌入式微处理器具有较高的处理性能,但价格相对也较高。比较典型的嵌入式微处理器有 Am186/88、386EX、SC-400、PowerPC、68000、MIPS、ARM 系列等。

4. 嵌入式片上系统

片上系统(System on a Chip，SoC)是 ASIC(Application Specific Integrated Circuits)设计方法学中产生的一种新技术，是指以嵌入式系统为核心，以 IP(Intellectual Property)复用技术为基础，集软、硬件于一体，并追求产品系统最大包容的集成芯片。从狭义上理解，可以将它翻译为"系统集成芯片"，指在一个芯片上实现信号采集、转换、存储、处理和 I/O 等功能，包含嵌入式软件及整个系统的全部内容；从广义上理解，可以将它翻译为"系统芯片集成"，指一种芯片设计技术，可以实现从确定系统功能开始，到软、硬件划分，并完成设计的整个过程。

片上系统一般包括系统级芯片控制逻辑模块、微处理器/微控制器 CPU 内核模块、数字信号处理器 DSP 模块、嵌入的存储器模块、与外部进行通信的接口模块、含有 ADC/DAC 的模拟前端模块、电源提供和功耗管理模块等，是一个具备特定功能、服务于特定市场的软件和集成电路的混合体。例如 WLAN 基带芯片、便携式多媒体芯片、DVD 播放机解码芯片等。

片上系统技术始于 20 世纪 90 年代中期。随着半导体制造工艺的发展、EDA 的推广和 VLSI 设计的普及，IC 设计者能够将越来越复杂的功能集成到单个硅晶片上。与许多其他嵌入式系统外设一样，SoC 设计公司将各种通用微处理器内核设计为标准库，成为 VLSI 设计中的一种标准器件，用标准的 VHDL 等硬件语言描述存储在器件库中。设计时，用户只需定义出整个应用系统，仿真通过后就可以将设计图交给半导体工厂制作样品。这样，除个别无法集成的器件以外，整个嵌入式系统的大部分器件都可以集成到一块或几块芯片中，使得应用系统的电路板变得非常简洁，对减小体积和功耗，提高可靠性非常有利。

1994 年 Motorola 公司发布的 FLEX-CORE 系统(用来制作基于 68000 和 PowerPC 的定制微处理器)和 1995 年 LSILogic 公司为 Sony 公司设计的 SoC，可能是基于知识产权(Intellectual Property，IP)和完成 SoC 设计的最早报道。由于 SoC 可以充分利用已有的设计积累，显著地提高了 ASIC(Application Specific Integrated Circuits)的设计能力，因此发展非常迅速，引起了工业界和学术界的广泛关注。

1.2.4 主流嵌入式微处理器

一般来说，嵌入式微处理器具有以下 4 个特点。

(1) 大量使用寄存器，对实时多任务有很强的支持能力，能完成多任务并且有较短的中断响应时间，从而使内部的代码和实时内核的执行时间减少到最低限度。结构上采用 RISC 结构形式。

(2) 具有功能很强的存储区保护功能。这是由于嵌入式系统的软件结构已模块化，而为了避免在软件模块之间出现错误的交叉，需要设计强大的存储区保护功能，同时也有利于软件诊断。

(3) 可扩展的处理器结构，最迅速地扩展出满足应用的最高性能的嵌入式微处理器。如 ARM 微处理器支持 ARM(32 位)和 Thumb(16 位)双指令集，兼容 8 位/16 位器件。

(4) 小体积、低功耗、低成本、高性能。嵌入式处理器功耗很低，用于便携式的无线及移动的计算和通信设备中，电池供电的嵌入式系统需要的功耗只有 mW 甚至 μW 级。

嵌入式微处理器有许多不同的体系，即使在同一体系中也可能具有不同的时钟速度和总线数据宽度,集成不同的外部接口和设备,因而形成不同品种的嵌入式微处理器。据不完全统计,目前全世界嵌入式微处理器的品种总量已经超过千种,嵌入式微处理器体系有几十种。

主流的嵌入式微处理器体系有 ARM、MIPS、PowerPC、SH、X86 等。

ARM(Advanced RISC Machines)是一家微处理器行业的知名企业,该企业设计了大量高性能、廉价、耗能低的 RISC(精简指令集)处理器。ARM 公司的特点是只设计芯片,而不生产。它将技术授权给世界上许多著名的半导体、软件和 OEM 厂商,并提供服务。通常所说的 ARM 微处理器,其实是采用 ARM 知识产权(IP)核的微处理器。由该类微处理器为核心所构成的嵌入式系统已遍及工业控制、通信系统、网络系统、无线系统和消费类电子产品等各领域产品市场,ARM 微处理器约占据了 32 位 RISC 微处理器 75% 以上的市场份额。

MIPS 系列嵌入式微处理器。MIPS 是由斯坦福大学 John Hennery 领导的研究小组研制出来的,是一种 RISC 处理器。MIPS(microprocessor without interlocked piped stages)的意思是“无互锁流水级的微处理器”,其机制是尽量利用软件方法避免流水线中的数据相关问题。与 ARM 公司一样,MIPS 公司本身并不从事芯片的生产活动(只进行设计),不过其他公司如果要生产该芯片的话必须得到 MIPS 公司的许可。MIPS 的指令集体系从最早的 MIPS Ⅰ ISA 开始发展,到 MIPS Ⅴ ISA,再到现在的 MIPS32 和 MIPS64 结构,其所有版本都是与前一个版本兼容的。MIPS32 和 MIPS64 体系是为满足高性能、成本敏感的需求而设计的。MIPS 系列的嵌入式微处理器大量应用在通信网络设备、办公自动化设备、游戏机等消费电子产品中。

MPC/PPC 系列嵌入式微处理器。该系列主要由 Motorola 公司(后来为 Freescale)和 IBM 公司推出:Motorola 公司推出了 MPC 系列,如 MPC8XX;IBM 公司推出了 PPC 系列,如 PPC4XX。MPC/PPC 系列的嵌入式微处理器主要应用在通信、消费电子及工业控制、军用装备等领域。

SH(SuperH)系列嵌入式微处理器。SuperH 是一种性价比高、体积小、功耗低的 32 位、64 位 RISC 嵌入式微处理器核,它可以广泛地应用到消费电子、汽车电子、通信设备等领域。SuperH 产品线包括 SH1、SH2、SH2-DSP、SH3、SH3-DSP、SH4、SH5 及 SH6。其中 SH5、SH6 是 64 位的。

x86 系列微处理器。x86 系列的微处理器主要由 AMD、Intel、NS、ST 等公司提供,如 Am186/88、Elan520、嵌入式 K6、386EX、STPC、Intel Atom 系列等。主要应用在工业控制、通信等领域,而 Intel 公司最近推出的 Atom 处理器则主要在移动互联网设备中得到了应用。

1.2.5　嵌入式操作系统

视频讲解

嵌入式操作系统是一种支持嵌入式系统应用的操作系统软件,它是嵌入式系统极为重要的组成部分,通常包括与硬件相关的底层驱动软件、系统内核、设备驱动接口、通信协议、图形用户界面及标准化浏览器等。与通用操作系统相比较,嵌入式操作系统在系统实时高效性、硬件的相关依赖性、软件固化以及应用的专用性等方面有突出的特点。

嵌入式系统的应用有高端和低端应用两种模式。低端应用以单片机或专用计算机为核心所构成的可编程控制器的形式存在,一般没有操作系统的支持,具有监控、伺服、设备指示等功能,带有明显的电子系统设计特点。这种系统大部分应用于各类工业控制和飞机、导弹等武器装备中,通过汇编语言或 C 语言程序对系统进行直接控制,运行结束后清除内存。这种应用模式的主要特点是:系统结构和功能相对单一、处理效率较低、存储容量较小、几乎没有软件的用户接口,比较适合于各类专用领域。

高端应用以嵌入式 CPU 和嵌入式操作系统及各应用软件所构成的专用计算机系统的形式存在。其主要特点是:硬件出现了不带内部存储器和接口电路的高可靠、低功耗嵌入式 CPU,如 Power PC、ARM 等;软件由嵌入式操作系统和应用程序构成。嵌入式操作系统通常包括与硬件相关的底层驱动软件、系统内核、设备驱动接口、通信协议、图形界面和标准化浏览器等,能运行于各种不同类型的微处理器上,具有编码体积小、面向应用、可裁剪和移植、实时性强、可靠性高、专用性强等特点,并具有大量的应用程序接口(API)。

视频讲解

就整体而言,嵌入式操作系统通常体积庞大、功能十分完备。但具体到实际应用中,常由用户根据系统的实际需求定制出来,体积小巧、功能专一,这是嵌入式操作系统最大的特点。

综合来说,传统的嵌入式操作系统可以分为以下几类:

1) 实时控制操作系统

在航空/航天、工业控制、医疗、轨道交通领域中存在大量的电子设备,该类设备主要完成对应用任务实时控制、显示处理、数据通信等功能,这类设备通常要求操作系统具有较强的实时处理能力、较强的运算处理能力、丰富的外部设备与能力组件支持。

满足该要求的实时类操作系统产品在国内外已经较多地存在,如美国的 WindRiver VxWorks5、GreenHill Integrity,中国航空工业计算技术研究所的 ACoreOS 操作系统、电科锐华操作系统,以及 Rtems 等开源操作系统。这类操作系统通常具备如下技术特征:

(1) 任务优先级抢占式、同优先级时间片轮转;

(2) 消息队列、信号量等通信与同步机制;

(3) 中断、异常、信号等事件的统一处理;

(4) 支持文件系统、网络、图形等功能组件;

(5) 支持 x86、PowerPC、ARM 等处理器类型;

(6) 操作系统所占空间通常大于 100KB。

2) 安全隔离操作系统

在航空领域综合化模块化航空电子系统(Integrated Modular Avionics,IMA)以及轨道交通、航天领域等综合电子系统中,为了解决多应用综合到同一个高性能处理模块上彼此之间的干扰问题,通常采用具备健壮分区能力的操作系统,通过确定性的资源配置方式,解决共享资源的分配与运行,提升了运行性能,节省了研制成本。

满足该要求的操作系统起源于航空领域,遵循业界标准 ARINC653《航空电子应用软件接口标准》。由于该类操作系统应用情况单一、运行机制复杂,仅有 WindRiver 公司的 VxWorks653、GreenHill 的 Integrity-178 和中国航空工业计算技术研究所的 ACoreOS653。该类操作系统具备如下技术特征:

(1) 支持分区管理、健康监控、分区通信等功能;

(2) 支持进程管理、进程通信、时间管理等功能;

(3) 接口符合 ARINC653 标准;

（4）支持常用能力组件和处理器。

3）人机交互操作系统

在工业控制、网络通信、兵器领域的一些控制台的电子设备,需要操作系统具有良好的图形化界面、丰富的外围设备支持、丰富的功能组件支持,并具有良好的开放性,对于实时性、确定性等方面要求不高。

满足该类要求的操作系统通常在 Linux 基础上进行改进,具备嵌入式操作系统的技术特征,比如增强线程调度的实时性、剪裁一些不必要的功能模块、添加特定外围设备的支持等。

常见的嵌入式操作系统有嵌入式 Linux、Windows CE、Symbian、Android、μC/OS-Ⅱ、VxWorks 等。

1. 嵌入式 Linux

视频讲解

Linux 操作系统诞生于 1991 年 10 月 5 日,是一套免费使用和自由传播的类 UNIX 操作系统,是一个基于 POSIX 和 UNIX 的多用户、多任务、支持多线程和多 CPU 的操作系统,支持 32 位和 64 位硬件。Linux 继承了 UNIX 以网络为核心的设计思想,是一个性能稳定的多用户网络操作系统。Linux 存在着许多不同的 Linux 版本,但它们都使用了 Linux 内核。严格来讲,Linux 这个词本身只表示 Linux 内核,但实际上人们已经习惯了用 Linux 代表整个基于 Linux 内核,并且使用 GNU 工程各种工具和数据库的操作系统。

视频讲解

嵌入式 Linux(Embedded Linux)是指对标准 Linux 经过小型化裁剪处理之后,能够固化在容量只有几 MB 甚至几十 KB 的存储器或者单片机中,适合于特定嵌入式应用场合的专用 Linux 操作系统。嵌入式 Linux 的开发和研究是操作系统领域的一个热点。在目前已经开发成功的嵌入式操作系统中,大约有一半使用的是 Linux。Linux 对嵌入式系统的支持效果极佳,主要是由于 Linux 具有相当多的优点。如:Linux 内核具有很好的高效和稳定性,设计精巧,可靠性有保证,具有可动态模块加载机制,易剪裁,移植性好;Linux 支持多种体系结构,如 x86、ARM、MIPS 等,目前已经成功移植到数十种硬件平台,几乎能够运行在所有流行的 CPU 上,而且有着非常丰富的驱动程序资源;Linux 系统开放源码,适合自由传播与开发,对于嵌入式系统十分适合,而且 Linux 的软件资源十分丰富,每一种通用程序在 Linux 上几乎都可以找到,并且数量还在不断增加;Linux 具有完整的良好的开发和调试工具,嵌入式 Linux 为开发者提供了一套完整的工具链(tool chain),它利用 GNU 的 GCC 作编译器,用 gdb、kgdb 等作调试工具,能够很方便地实现从操作系统内核到用户态应用软件各个级别的调试。具体到处理器如 ARM,选择基于 ARM 的 Linux,可以得到更多的开放源代码的应用,可以利用 ARM 处理器的高性能开发出更广阔的网络和无线应用,ARM 的 Jazelle 技术带来 Linux 平台下 Java 程序更好的性能表现。ARM 公司的系列开发工具和开发板,以及各种开发论坛的可利用信息会加快产品上市速度。

与众多桌面 Linux 发行版本一样,嵌入式 Linux 也有各种版本。有些是免费软件,有些是付费的。每个嵌入式 Linux 版本都有自己的特点,下面介绍一些常见的嵌入式 Linux 版本。

1）RT-Linux

RT-Linux(Real-Time Linux)是美国墨西哥理工学院开发的嵌入式 Linux 操作系统。它的最大特点就是具有很好的实时性,已经被广泛应用在航空航天、科学仪器、图像处理等众多领域。RT-Linux 的设计十分精妙,它并没有为了突出实时操作系统的特性而重写 Linux 内核,而是把标准的 Linux 内核作为实时核心的一个进程,同用户的实时进程一起调度。这样对 Linux 内核的改动就比较小,而且充分利用了 Linux 的资源。

2) μCLinux

μCLinux(micro-Control-Linux)继承了标准 Linux 的优良特性,是一个代码紧凑、高度优化的嵌入式 Linux。μCLinux 是 Lineo 公司的产品,是开放源码的嵌入式 Linux 的典范之作。编译后目标文件可控制在几百千字节数量级,并已经被成功地移植到很多平台上。μCLinux 是专门针对没有 MMU 的处理器而设计的,即 μCLinux 无法使用处理器的虚拟内存管理技术。μCLinux 采用实存储器管理策略,通过地址总线对物理内存进行直接访问。

3) 红旗嵌入式 Linux

红旗嵌入式 Linux 是北京中科红旗软件技术有限公司的产品,是国内做得较好的一款嵌入式操作系统。该款嵌入式操作系统重点支持 p-Java。系统目标一方面是小型化,另一方面是能重用 Linux 的驱动和其他模块。红旗嵌入式 Linux 的主要特点有:精简内核,适用于多种常见的嵌入式 CPU;提供完善的嵌入式 GUI 和嵌入式 X-Window;提供嵌入式浏览器、邮件程序和多媒体播放程序;提供完善的开发工具和平台。

2. Windows CE

视频讲解

Windows CE 是 Microsoft 公司开发的一个开放的、可升级的 32 位嵌入式操作系统,是基于掌上型电脑类的电子设备操作,它是精简的 Windows 95。Windows CE 的图形用户界面相当出色。Windows CE 具有模块化、结构化和基于 Win32 应用程序接口以及与处理器无关等特点。Windows CE 不仅继承了传统的 Windows 图形界面,并且在 Windows CE 平台上可以使用 Windows 95/98 上的编程工具(如 Visual Basic、Visual C++等),使绝大多数的应用软件只需简单修改和移植就可以在 Windows CE 平台上继续使用。

它拥有多线程、多任务、确定性的实时、完全抢先式优先级的操作系统环境,专门面向只有有限资源的嵌入式硬件系统。同时,开发人员可以根据特定硬件系统对 Windows CE 操作系统进行裁剪、定制,所以目前 Windows CE 被广泛用于各种嵌入式智能设备的开发。

Windows CE 被设计成为一种高度模块化的操作系统,每一模块都提供特定的功能。这些模块中的一部分被划分成组件,系统设计者可以根据设备的性质只选择那些必要的模块或模块中的组件包含操作系统映像,从而使 Windows CE 变得非常紧凑(只占不到 200KB 的 RAM),因此只占用了运行设备所需的最小的 ROM、RAM 以及其他硬件资源。

Windows CE 被分成不同的模块,其中最主要的模块有内核模块(Kernel)、对象存储模块、图形窗口事件子系统(GWES)模块以及通信(communication)模块。一个最小的 Windows CE 系统至少由内核和对象存储模块组成。

Platform Builder(PB)是 Microsoft 公司提供给 Windows CE 开发人员进行基于 Windows CE 平台的嵌入式操作系统定制的集成开发环境。它提供了所有进行设计、创建、编译、测试和调试 Windows CE 操作系统平台的工具。它运行在桌面 Windows 下,开发人员可以通过交互式的环境设计和定制内核、选择系统特性,然后进行编译和调试。该工具能够根据用户的需求,选择构建具有不同内核功能的 Windows CE 系统。同时,它也是一个集成的编译环境,可以为所有 Windows CE 支持的 CPU 目标代码编译 C/C++程序。一旦成功地编译了一个 Windows CE 系统,就会得到一个名为 nk.bin 的映像文件。将该文件下载到目标板中,就能够运行 Windows CE 了。

3. Symbian

Symbian 是一个实时性、多任务的纯 32 位操作系统,具有功耗低、内存占用少等特点,在有限内存的情况下,非常适合手机等移动设备使用,经过不断完善,可以支持 GPRS、蓝牙、SyncML、NFC 以及 3G 技术。它包含联合的数据库、使用者界面架构和公共工具的参考实现,它的前身是 Psion 的 EPOC。最重要的是,它是一个标准化的开放式平台,任何人都可以为支持 Symbian 的设备开发软件。与 Microsoft 产品不同的是,Symbian 将移动设备的通用技术,也就是操作系统的内核,与图形用户界面技术分开,能很好地适应不同方式输入的平台,也使厂商可以为自己的产品制作更加友好的操作界面,符合个性化的潮流,这也是用户能见到不同样子的 Symbian 系统的主要原因。为这个平台开发的 Java 程序在互联网上盛行。用户可以通过安装软件,扩展手机功能。

Symbian 系统是 Symbian 公司为手机而设计的操作系统。2008 年 12 月 2 日,Symbian 公司被诺基亚收购。2011 年 12 月 21 日,诺基亚官方宣布放弃 Symbian 系统。由于缺乏新技术支持,Symbian 的市场份额日益萎缩。截至 2012 年 2 月,Symbian 系统的全球市场占有量仅为 3%。2012 年 5 月 27 日,诺基亚彻底放弃开发 Symbian 系统,但是服务将一直持续到 2016 年。2013 年 1 月 24 日晚间,诺基亚宣布,今后将不再发布 Symbian 系统的手机,意味着 Symbian 这个智能手机操作系统,在长达 14 年的历史之后,终于迎来了谢幕的一天。2014 年 1 月 1 日,诺基亚正式停止了 Nokia Store 应用商店内对 Symbian 应用的更新,也禁止开发人员发布新应用。

4. Android

Android 是一种基于 Linux 的自由及开放源代码的操作系统,主要使用于移动设备,如智能手机和平板电脑,由 Google 公司和开放手机联盟领导及开发。Android 操作系统最初由 Andy Rubin 开发,主要支持手机。2005 年 8 月由 Google 收购注资。2007 年 11 月,Google 与 84 家硬件制造商、软件开发商及电信营运商组建开放手机联盟共同研发改良 Android 系统。随后 Google 以 Apache 开源许可证的授权方式,发布了 Android 的源代码。2013 年 9 月 24 日,Google 开发的操作系统 Android 迎来了 5 岁生日,全世界采用这款系统的设备数量已经达到 10 亿台。

Android 的系统架构分为 4 层,从高层到低层分别是应用程序层、应用程序框架层、系统运行库层和 Linux 内核层。Android 运行于 Linux 内核之上,但并不是 GNU/Linux。因为在一般 GNU/Linux 里支持的功能,Android 大都没有支持,包括 Cairo、X11、Alsa、FFmpeg、GTK、Pango 及 Glibc 等都被移除掉了。Android 又以 Bionic 取代 Glibc、以 Skia 取代 Cairo、再以 opencore 取代 FFmpeg 等。Android 为了达到商业应用的目的,必须移除被 GNU GPL 授权证所约束的部分,例如,Android 将驱动程序移到用户空间,使得 Linux 驱动与 Linux 内核彻底分开。Android 具有丰富的开发组件,其中最主要的四大组件分别是:活动——用于表现功能;服务——后台运行服务,不提供界面呈现;广播接收器——用于接收广播;内容提供商——支持在多个应用中存储和读取数据,相当于数据库。

在优势方面,首先就是 Android 平台的开放性,任何移动终端厂商都可加入 Android 联盟;其次,Android 平台具有丰富的硬件支持,提供了一个十分宽泛、自由的开发环境;最后

视频讲解

由于 Google 的支持,使得 Android 平台能够很好地对接互联网 Google 应用。

5. μC/OS-Ⅱ

μC/OS-Ⅱ操作系统是一个可裁剪的、抢占式实时多任务内核,具有高度可移植性。特别适用于微处理器和微控制器,是与很多商业操作系统性能相当的实时操作系统。μC/OS-Ⅱ是一个免费的、源代码公开的实时嵌入式内核,其内核提供了实时系统所需要的一些基本功能。其中,包含全部功能的核心部分代码占用 8.3KB,全部的源代码约 5500 行,非常适合初学者进行学习分析。而且由于 μC/OS-Ⅱ是可裁剪的,所以用户系统中实际的代码最少可达 2.7KB。由于 μC/OS-Ⅱ的开放源代码特性,还使用户可针对自己的硬件优化代码,获得更好的性能。μC/OS-Ⅱ是在 PC 上开发的,C 编辑器使用的是 Borland C/C++3.1 版。

6. VxWorks

VxWorks 操作系统是 WindRiver 公司于 1983 年设计开发的一种嵌入式实时操作系统(RTOS),是嵌入式开发环境的重要组成部分。良好的持续发展能力、高性能的内核以及友好的用户开发环境,使其在嵌入式实时操作系统领域占据一席之地。它以其良好的可靠性和卓越的实时性被广泛地应用在通信、军事、航空、航天等高精尖技术及实时性要求极高的领域中,最经典的莫过于 NASA 的火星探测车上装载了 VxWorks 操作系统,如图 1-4 所示。VxWorks 是目前嵌入式系统领域中使用最广泛、市场占有率最高的实时系统,具有高可靠性、高实时性、可裁减性好等十分有利于嵌入式开发的特点。

图 1-4　搭载 VxWorks 的好奇号火星探测车和火星勘测轨道飞行器

最后需要注意的是,物联网与嵌入式系统架构具有两点不同:

(1) 物联网系统架构中各个层次并不是固定的,如工业和医疗领域的某些控制设备,其自身受资源限制可能并没有操作系统层,只是通过远程应用的命令直接进行控制,另外,还有许多轻量级嵌入式物联网设备,其应用直接与简化的实时操作系统 RTOS 进行交互,并且没有中间件层;

(2) 物联网硬件设备、操作系统和应用在物理上也是可分离的,如智能家居中的传感器、IP 摄像头等,其物理设备上只具备简单的操作系统,而其应用则是在远程移动设备或者云服务器上。

1.3　物联网操作系统概述

与传统的嵌入式设备相比,物联网感知层的设备更小、功耗更低,还需要安全性及组网能力,物联网通信层需要支持各种通信协议之间的转换,应用层则需要具备云计算能力。在软件方面,支撑物联网设备的软件比传统的嵌入式设备软件更加复杂,这也对嵌入式操作系统提出了更高的要求。为了应对这种要求,一种面向物联网设备和应用的软件系统——物联网操作系统应时而生。

1.3.1　物联网操作系统的发展历史

物联网操作系统的概念,最先来自无线传感器操作系统:一个是 Tiny OS,它是美国加利福尼亚大学伯克利分校的一个项目;另一个是瑞典工学院的 Contiki 项目,由 Adam Dunkels 及其团队开发。Tiny OS 是专为嵌入式无线传感网络设计开发的开放源代码操作系统,目标是低功耗无线设备。Contiki 是专为连接网络的、存储受限的低功耗设备而设计的物联网操作系统。Contiki 提供多任务处理和内置的 Internet 协议套件(TCP/IP 堆栈),但只需要大约 10KB 的随机存取存储器(RAM)和 30KB 的只读存储器(ROM)。Contiki 项目完全采用 C 语言开发,可移植性非常好,能够运行在各种类型的单片机和微处理器上。与传统的嵌入式设备相比,物联网感知层具有更小的设备、更低的功耗、更高的安全性和更灵活的联网能力。物联网通信层需要支持各种通信协议和协议转换。对于转换,应用层需要云计算能力。在软件方面,支持物联网设备的软件比传统的嵌入式设备软件更加复杂。2010 年,欧洲诞生了一个面向物联网的开源项目——RIOT,RIOT 在技术架构上与现在 IoT OS 非常接近。这 3 个操作系统都是开源软件,它们对今天的 IoT OS 产生了深远的影响。

最早的 IoT OS 开始于 2014 年,其中最具有标志性的是 ARM Mbed OS。同年,上海庆科公司发布了 MiCO OS。2015 年,华为公司发布了 Lite OS。2015 年,Google 公司宣布将原来的 Brillo OS 改名为 Android Things。2016 年,Linux 基金会推出 Zephry,它是一个针对资源受限环境开源的实时操作系统(Real-Time Operating System,RTOS),在安全架构和技术上有一定特色。2017 年,阿里巴巴集团发布 AliOS Things。

2017 年年底,亚马逊公司发布 Amazon Free RTOS。借助 Amazon Free RTOS 在嵌入式系统的影响力,亚马逊公司提升了其在物联网系统中的市场地位。Amazon Free RTOS 结合 AWS IoT 云和边缘计算 Greengrass 技术,为开发者提供了一站式解决方案。

2018 年,ARM 公司推出 Arm Pelion IoT Platform,继亚马逊公司之后提供端到端 IoT 安全解决方案。Microsoft 公司在物联网设备端布置 Azure Sphere OS,可以运行在单片机上。在边缘侧,Microsoft 公司有 Azure IoT Edge,它可以在 Linux 和 Windows 系统上运行。在云端,Microsoft 公司有 Auzre IoT Stack,它负责对物联网设备进行安全管理和维护。2019 年 4 月,Microsoft 公司收购了嵌入式系统公司 Express Logic 公司,将其 Thread X RTOS 部署在其物联网解决方案的端侧。Thread X 是嵌入式系统中颇具影响力的商业 RTOS,有大量成熟的应用。

1.3.2　物联网操作系统的定义和发展路径

无论是学术界还是产业界,都还没有对物联网操作系统给出一个统一的定义。阿里巴巴集团把 AliOS Things 称为面向物联网领域的物联网轻量级嵌入式操作系统。亚马逊公司称 Amazon Free RTOS 是针对单片机的物联网操作系统。ARM 公司称 Mbed OS 是物联网系统中针对"物"的免费和开源的嵌入式操作系统。

　　有学者认为,物联网操作系统是一种面向"物"的通信和管理平台。在此定义下,物联网操作系统由嵌入式实时操作系统(针对端侧)、物联网的通信协议(针对互联)和物联网云平台(针对平台侧)组成。针对设备软件和服务软件的功能,抽象出物联网设备操作系统和物联网操作系统两个概念。物联网设备操作系统是运行在设备上的软件,常见的是嵌入式操作系统,用恰当的软件驱动设备,让它们正常地工作;物联网操作系统是工作在设备之外的服务器上的软件,它提供了设备功能之外的扩展或延伸能力,例如,远程访问能力、历史数据记录和分析能力、多个设备的协同功能等。这种定义的理想的情况是:存在通用的物联网操作系统,可以让设备厂商专注于设备研发,设备厂商只需开发驱动软件以及简单的应用软件就可以使用设备。

　　综合看来,一种目前获得较为广泛认同的物联网操作系统的概念是这样的:

　　物联网通过各种各样的连接技术,比如 WiFi、以太网、BLE、ZigBee 等技术将各种设备连接起来,连接到位于云端的物联网平台上。物联网操作系统是其中的核心组成部分,承接上层的应用,衔接底层的硬件平台,提供相应的网络协议栈。它不仅屏蔽了硬件层的差异,也为物联网应用开发提供了简易的编程模式,甚至根据物联网设备资源限制条件制定相应的配置需求。物联网操作系统提供丰富的物联网基础功能组件和应用开发环境,极大地降低了物联网应用开发时间和成本。

　　由于现有操作系统很难完全匹配物联网应用需求,目前物联网操作系统领域涌现出3 条技术路线。第一条技术路线是基于 Android、iOS 等操作系统进行裁剪和定制,适应物联网接入设备的需求;第二条技术路线是以传统嵌入式操作系统和实时操作系统(如 RT Thread)为基础,通过增加设备联网等功能,满足物联网接入设备互联需求,形成新的嵌入式操作系统;第三条技术路线是面向物联网产生的新型操作系统(如 mico)。

1.3.3　物联网操作系统的发展要求和特征

　　除具备传统操作系统的设备资源管理功能外,物联网操作系统还需要满足下列要求。

1. 能力伸缩要求

　　物联网中各设备节点由于完成功能不一、采用硬件配置不一,即物联网的碎片化,很难采用单一配置的操作系统完成所有的能力支持。因此,需要操作系统可以根据节点任务差异完成操作系统能力的剪裁与配置。比如,一些探测传感器仅需要简单的任务调度能力和通信能力,要求操作系统的运行尺寸尽可能小,甚至少于几 KB;一些核心控制设备则需要复杂的任务调度、数据通信、文件记录或图形显示等能力,通常操作系统占用几百 KB、几 MB 甚至更大空间。

　　操作系统要实现上述的能力配置,需要采用"组件化、模块化"的思想:可伸缩的开放式架构、组件的模块化设计以及任务调度分层化管理等设计策略。图 1-5 给出了满足能力可伸缩操作系统的软件架构。

　　构成操作系统的各类模块,典型的如文件系统、网络协议、图形显示、体系架构核心库等,均是独立的组件模块。在构建操作系统时,通过选择不同的组件模块、不同的版本,定制形成支持不同能力的操作系统。在内核层面,面向资源及其受限的设备提供轻型任务调度机制,面向资源宽裕、功能要求丰富的设备,可以在轻型任务调度的基础上提供普通任务调度能力,同时支持任务通信与同步、中断与异常管理、存储管理、时间管理等内核模块的函数

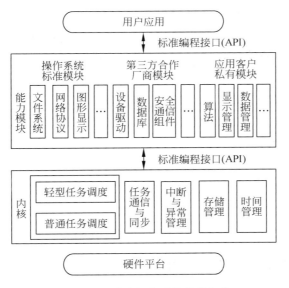

图 1-5　可伸缩操作系统软件架构

级剪裁,支持不同功能模块的独立构建、升级,降低系统改进升级带来的成本。

2. 互连互通要求

物联网理念高度关注"连"和"通",通过传感元器件、通信技术可以实现物联网"连"的实现,但是真正制约物联网发展水平和潜力的将是保证"通"所需的技术、标准和产品。物联网的互连互通需要解决传感网之间、传感网与通信网、传感网与互联网之间的互连。

互连性是物联网的一个关键特性。传统的嵌入式操作系统基本都具备一定的互连互通支持能力,部分实现了 IPv4 网络协议栈、PCIE /CAN/FC /1394 等通信总线协议。然而,随着物联网中海量的智能终端设备加入,IPv4 地址已近枯竭,远不能满足物联网海量网络节点的要求,而 IPv6 能够提供充足的 IP 地址,成为实现物联网的必然选择;物联网中各类设备具有不同的通信方式,原有嵌入式操作系统支持的有限的、典型的互连方式,已不能够满足广阔的互连要求。图 1-6 给出了操作系统应支持互连模块的软件框架。

3. 运行安全要求

在物联网中,信息安全与系统安全通常密不可分,比如一些医疗设备、核反应堆或汽车,无论受到人为干扰还是自身存在安全缺陷,都有可能造成人身安全或财产安全,如一个典型的案例是震网病毒(Stuxnet)。

在信息安全方面,伴随着网络的发展,特别是互联网的商业化加速了信息安全的发展,出现了各类防火墙、入侵侦测与防御系统以及事故事件管理策略等,针对物联网信息安全也提出了感知层安全防护、感知层网络传输与信息安全、应用服务数据安全防护,以及访问、核心网络与信息的安全防护等安全策略。

针对操作系统需要符合信息安全相关的共同准则(Common Criteria,CC)。在系统运行安全认证方面,各行业根据领域与安全等级的差异,出现了各类保障软件质量的安全标准,如航空领域 DO-178C、工业领域 IEC 61508 等;此外,在操作系统技术层面也提出了时

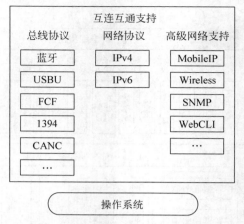

图 1-6 操作系统互连模块支持框架

间和空间隔离等安全相关的设计策略。图 1-7 给出了物联网环境下嵌入式操作系统需要遵循的安全标准以及需要提供的典型技术措施。

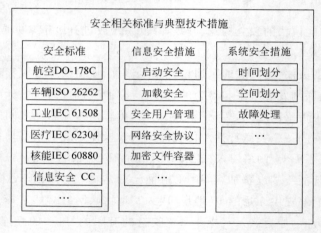

图 1-7 安全标准与技术措施

4. 功耗管理要求

物联网中的终端节点由于部署的位置、空间、热环境等方面的限制,有着严格的发热控制和低功耗运行要求,要求软件具备有效管理处理器、设备等硬件节能功能;此外,由于终端节点智能化程度的不断提升,这些节点陆续采用了操作系统支持应用的开发,以解决原有的直接基于硬件编程模式带来的开发难度大、编程接口不规范、软件重用困难等诸多问题。因此,后续支持物联网终端节点的操作系统必须具有功耗管理能力。一种能耗管理框架如图 1-8 所示。

传统的嵌入式操作系统不支持功耗管理策略,目前推出的一些面向物联网的轻型操作系统具备初步的能耗管理能力,如华为推出的 LiteOS,功耗仅为 $10\sim3$mW;Mbed 与 Silicon Labs 合作,推出低功耗 Mbed OS。具体技术方面,物联网操作系统从调度机制、传输机制和电源管理 3 方面入手,实现低功耗。首先,调度机制一改原来 Linux 实时调度方

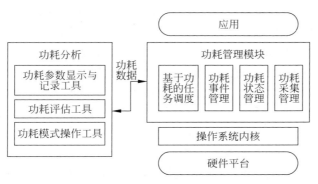

图 1-8 能耗管理框架

式,采用"集中式任务调度"。其次,在传输方式上,通过网络协议栈、路由算法优化等方法降低系统功耗。最后在电池管理上,进行深度休眠模式的自动选择,显著降低能耗。

5.动态升级要求

物联网中的终端节点数量部署较多,通常安装位置位于前端,安装拆卸困难。这就要求这些终端节点具有可重新配置以及自适应性、高健壮性和容错性等特性,在需要的时候操作系统能够提供运行时软件的动态升级,保证软件正常工作。一种动态可升级框架如图 1-9 所示。

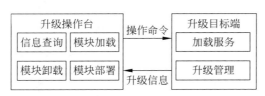

图 1-9 动态可升级框架

当操作系统和应用模块需要升级时,最有效的办法就是仅升级更新的部分,这就要求在不影响现有系统正常运行的前提下,将需要升级的应用、服务组件或操作系统装载并部署到目标系统中,保证升级后的目标系统能够启用新版本。

通过总结上述物联网操作系统的发展要求,物联网操作系统可以归纳有五大技术特征:

(1)硬件驱动和操作系统内核可分离性。由于物联网设备异构性较大,不同的设备会有不同的固件与驱动程序,所以对操作系统内核与驱动的可分离性要求更高,进而提高操作系统内核的适用性和可移植性。

(2)可配置剪裁性。物联网终端的硬件配置各种各样,有小到十几千字节内存的微型嵌入式应用,也有高达几十兆字节内存的复杂应用领域。因此,对物联网操作系统可裁剪性和配置性的要求比对传统嵌入式操作系统要求更高,同一个操作系统,通过裁剪或动态配置,既能够适应低端的需求,又能够满足高端复杂的需求。

(3)协同互用性。传统的嵌入式系统大多独立成某个单一的任务,而在物联网环境下各种设备之间相互协同工作的任务会越来越多,所以对物联网操作系统之间通信协调的要求会越来越高。这种通信往往指的是泛在的通信功能,即支持各种无线和有线、近场和远距离的通信方式以及协议。

(4) 自动与智能化。随着物联网应用技术的发展,物联网设备需要人为干预的操作越来越少,而自动化与智能化的操作越来越多,所以物联网操作系统比传统的嵌入式操作系统更加智能。比如通过物联网云平台完成远程设备管理、数据存储和分析、安全控制和业务支撑,这是物联网大数据和人工智能的基础。比如对于物联网设备的维护支持设备的安全动态升级,比如空中下载技术(Over-the-Air Technology,OTA)和远程维护。

(5) 安全可信性。这是一个广泛的概念,包含设备、通信和云安全,具备防御外部安全入侵和篡改能力。传统工业设备的嵌入式操作系统单独处于封闭环境中,同时传统的嵌入式设备与用户的关联并不那么紧密。而随着物联网设备在工业与生活中的普遍应用,其将会面临更加严重的网络攻击威胁,同时物联网设备存储和使用的数据更加敏感和重要。这些系统被控制后将对个人、社会和国家安全造成严重威胁,因此,对于物联网设备的安全和可信性要求越来越高。

可见,物联网操作系统具有的技术特征与传统嵌入式操作系统有着非常明显的区别,如表 1-2 所示。

表 1-2 物联网操作系统与传统嵌入式操作系统特征比较

特 征	物联网操作系统	传统嵌入式系统
专用性	较高	高
可配置剪裁性	高	较低
协同互用性	高	较低
硬件驱动与操作系统内核可分离性	高	较低
自动与智能化	高	较低
安全可信性	高	较低

1.4 物联网操作系统的发展趋势

1. 面向新型智能化终端,提升软硬件支撑能力

以车载操作系统和机器人操作系统为例。车载操作系统面向车联网和自动驾驶,提高连接性,增加 ADAS 接口。联网化方面,汽车的联网化逐步成为发展趋势,操作系统需从底层为车联网提供通信支持,需支持 V2X 车载通信协议,从车内网、车际网、移动车载网 3 方面增强底层数据接入、处理能力。在智能化方面,随着自动驾驶技术不断进步,车载操作系统也加强与 ECU 的耦合,传感数据通过网络接口与计算系统相连,操作系统管理调度计算资源,为自动驾驶提供软件基础。

机器人操作系统面向人工智能,引入 AI 引擎。从底层硬件上看,机器人为增强自身运动控制等能力,不断加强感知功能,对底层传感提出了更多要求,操作系统不断增强对底层硬件的支持。从上层软件上看,机器人面向不同的应用场景,推出多种原生应用,打造机器人操作系统生态,操作系统提供代码库等接口,以支持应用。

2. 物联网操作系统呈现以开源为主、闭源并存的发展趋势

一方面,从产业上看,我国物联网目前尚处于发展期,需降低技术门槛加速普及,开源作为生态构建手段,有利于加速我国物联网发展。从技术上看,由于物联网终端形态各异、连

接互通性要求高、碎片化严重等特点,导致软硬件开发兼容性要求较高,通过开源可以为兼容提供基础。LiteOS、Brillo、Tizen 等新兴物联网操作系统均采取开源策略,如 LiteOS 代码开源,构建了包括芯片、模块、开源硬件、创客以及软件开发者等玩家的开源社区。但为了保证安全性和掌握控制权,某些操作系统的开源模式会类似于手机 Android "AOSP 开源,GMS 闭源"的方式,大部分开源开放,关键部分闭源授权,如 Mbed 免费且部分开源,固件当中仍然存在二进制机制,而且其中一部分以受到严密保护的闭源驱动程序形式提供给由芯片制造商推出的系统芯片产品。

另一方面,某些特殊行业存在自身特殊需求,如航天、水电等领域安全性和保密性要求较高,操作系统闭源策略仍需并存。

3. 围绕操作系统和物联网平台,逐步建立物联网生态

在移动互联网时代,产业和生态的基点是智能终端,大部分价值在众多的 App 应用,操作系统为应用提供统一接口,作为应用框架成为生态核心。物联网以连接和数据为主,汇聚和处理数据成为产业发展重心,操作系统作为数据汇聚接入接口,生态定位发生了变化。

物联网生态价值的向上转移和操作系统生态定位的改变,导致物联网的生态核心从单核向双核转变。一方面,物联网以大数据服务为主,注重海量数据的云端互联,物联网平台的生态价值提升,成为物联网生态的核心环节。另一方面,物联网的生态模式由移动互联网衍生而来,物联网操作系统仍是屏蔽底层硬件差异、管理软硬件的重要工具,其影响力依然存在。同时,数据的采集和互联,需要底层传感器、上层应用和云端的能力,操作系统提供接口,是数据接入汇聚处理的重要支撑。

由于物联网生态核心逐步向操作系统和物联网平台双核心转变,布局新型物联网操作系统的企业纷纷配套物联网平台建设,并根据自身特点各有侧重,以打造物联网生态系统。

侧重以操作系统为核心。依托手机、PC 端操作系统成熟生态的强大影响力,企业在布局物联网操作系统时,侧重以操作系统为核心,将手机/PC 端技术和生态优势转移到物联网。如苹果公司采用完全封闭的发展策略,先后推出 CarPlay、Watch OS、HealthKit 等,将 iOS 系统及应用生态深度整合到汽车、可穿戴设备中,并通过资金支持、技术支持等方式深度参与终端上游元器件的开发、生产和制造过程,打造从终端到应用的极致用户体验。

侧重以操作系统与物联网平台为核心。新型操作系统专为物联网设计,新产品需快速建立完整产业链以切入市场;同时,企业的主业大多数为互联网或连接,在云端互联上有自身优势,因此新型操作系统侧重以双核心构建物联网生态系统。如 ARM 以 Cortex-M 架构、Mbed OS、设备管理系统和开源社区为核心布局物联网生态,如通过物理 IP 包授权、处理器授权、架构/指令集授权与 MCU 芯片提供商建立紧密合作关系;以部分开源、支持二次开发的方式向合作伙伴免费提供 Mbed OS;与 IBM、Stream、爱立信、KDDI 等多家云服务商合作打造统一开发环境吸引第三方开发者;与系统集成商合作面向行业用户提供多种物联网解决方案等。

侧重以物联网平台为核心。一方面,嵌入式操作系统自身的交互性、互通性等较弱;另一方面,此类操作系统多应用于工业领域,智能化使得行业应用的大规模组网需求得到提升。因此,传统嵌入式操作系统需借助物联网平台,增强连接、分析、处理能力。

4. 物联网安全性的解决方案

物联网安全是物联网操作系统发展的一个热点。物联网安全是一个复杂的技术和系统工程,需要产业链的通力合作,需要芯片和云端合作提供一套完整的解决方案。物联网操作系统是物联网安全实施和发展的一个很好的平台。

5. 云端人工智能技术与物联网操作系统结合

物联网操作系统发展趋势随着人工智能的发展,边缘计算是 IoT OS 发展的一个关注点。2017 年 ARM 公司推出了 Mbed Edge,与 ARM Mbed Cloud 和 Mbed OS 组成边缘计算的 IoT 方案。2019 年,华为公司发布智能边缘平台 IEF,推出开源 KubeEdge 项目,重点针对平安监控等需要边缘智能的应用场景。Microsoft 公司有 Azure IoT Edge 与 Windows/Linux 和 Sphere OS 配合。亚马逊公司在边缘计算方面一直走在前列,Amazon Free RTOS 第一个版本就有边缘计算 Greengrass 应用案例。云端人工智能技术如何通过边缘计算与设备节点的物联网操作系统结合是一个十分重要的物联网操作系统的发展趋势。

1.5 小结

物联网及物联网相关技术是行业研究的热点问题,很多问题尚未形成系统、清晰的解决方案,后续随着物联网以及操作系统技术的持续发展,对物联网的操作系统内涵、关键技术以及应用场景等方面研究将会越来越深入,成果将会越来越清晰,系列化物联网操作系统产品会陆续推出并得到切实应用。

视频讲解

视频讲解

视频讲解

习题

1. 什么是物联网?物联网具有哪些特点?
2. 简述物联网的体系结构。
3. 简述物联网的技术体系。
4. 嵌入式系统具有什么特点?典型组成是什么?
5. 简述常见的嵌入式操作系统。
6. 什么是物联网操作系统?物联网操作系统的特点是什么?
7. 物联网操作系统有哪些发展趋势?

## 第 2 章

物联网操作系统关键技术

首先来看一些场景，如图 2-1 所示。

(a) 楼道智能照明灯   (b) 酒店房间   (c) 城市立交桥

图 2-1　多智能设备的场景

- 一组智能灯的协同。单个智能灯可以具备开、关、调节灯光等基本功能，若与具体场景结合起来，可以让这种联网控制能力具有更大的价值。例如，在家庭场景中，可以根据生活习惯和作息时间进行自动调节；在野外路灯场景中，可以根据户外光线做到自适应环境等。
- 酒店房间智能化。目前越来越多的酒店配备了智能设备，包括电视、灯控、空调、镜子，甚至窗帘、马桶等。单个设备若独立工作，联网的价值只是取代了遥控器或者墙面开关，而智能化真正的目标是为住客提供舒适、贴心的室内环境。
- 建筑体的健康检测。拿桥梁来举例，一座大桥的检测系统会有大量的传感器来采集数据，然后再通过专业的模型来分析桥梁的健康状况。单个传感器只反映一个局部状态，所有传感器集合起来进行分析才可以获得关于桥梁的健康评价。

以上列举的这些场景都需要数量众多的物联网设备协同起来发挥作用，不同的场景目前有各自独立的解决办法。一种解决办法是开发专门的应用系统满足场景中的设备协同工作需求，例如，桥梁检测系统、灯光控制系统等。还有一种解决办法是用云服务平台连接所有的设备，然后利用云服务平台的功能开发相应的场景智能系统。例如，针对智能家居场景，可以通过云服务平台实现设备之间的协同。有些智能音箱厂商通过这种方式实现语音控制电器。

　　第一种解决办法在一定范围内可以工作,但每个应用系统都需要从最基础的应用功能到设备连接进行开发和调试,导致应用系统的可适应性差,开发和适配的成本高、周期长。而第二种云服务平台对于场景的理解弱,只能完成一些基础性的功能,并且局限于云服务平台所支持的设备。另外,在实际使用过程中,场景中的需求通常会发生变化,而应用系统或者云服务平台难以适应这些变化。这也是实践中的一个痛点。

　　物联网操作系统正是有效解决该痛点问题,能够完美回应物联网"感知""协同"和"智能"诉求的方案。物联网操作系统可以针对具体领域应用合理剪裁配置,具有良好的适应性和可靠性。

　　本章介绍了物联网操作系统的关键技术,首先阐述了物联网操作系统的典型体系结构,然后对物联网操作系统的各个组成部分做了详细阐述,主要包括内核、外围功能组件、协同框架、智能引擎、集成开发环境和安全框架。

2.1　物联网操作系统体系结构

　　物联网操作系统是支撑物联网大规模发展的最核心软件。根据第1章总结的物联网的主要特征,结合操作系统的主要功能和分层结构,本节总结出如图2-2所示的物联网操作系统整体分层架构。需要指出的是,物联网具有很强的碎片化特性、复杂性和异构性,硬件设备配置多种多样,不同场景、不同需求的物联网的构成方式可能有着巨大的差异,因此本节所描述的物联网操作系统的体系结构和本章描述的物联网操作系统的关键技术都是对该系统共性的抽象,具体的操作系统可能只使用了其中的若干层次/模块/组件等。

图 2-2　物联网操作系统整体分层架构

总体来说,物联网操作系统是由操作系统内核、外围功能组件、物联网协同框架、通用智能引擎、集成开发环境、安全框架等大的子系统组成。这些子系统之间相互配合,共同组成一个完整的面向各种各样物联网应用场景的软件基础平台。

与嵌入式系统一样,内核架设在物联网设备之上,两者之间需要硬件抽象层及设备驱动的支持。硬件抽象层最常见的表现形式是板级支持包。很多物联网操作系统都是厂家由嵌入式 Linux 重构优化后生成,因而嵌入式 Linux 内核的很多特性也被继承到很多物联网操作系统上。物联网操作系统内核主要包括任务管理、线程通信、内存管理、中断管理等组成部分。

内核通过内核应用接口和上层软件——外围功能组件层连接。有的物联网操作系统也把外围功能组件叫作中间件。它是对内核功能的扩展和延伸,是将内核从嵌入式系统领域拓展到物联网领域的重要环节。它的主要组成部分有文件系统、针对物联网的 TCP/IP、AT 组件、C 运行库、图形界面程序等。外围功能组件层采用模块化设计,目标是做到组件内部高内聚,组件之间低耦合。

在外围功能组件层之上的是物联网协同框架。物联网协同框架实现端云通信、设备发现识别、协同交互及低功耗通信协议等功能。从该框架也可以看出,物联网操作系统和一般嵌入式操作系统之间最大的区别在于前者具有云端服务,可以通过直连、网关等方式接入云平台,并通过和云端交互实现数据的传输、分析、处理和其他操作。目前较为常见的协同框架有 Weave 框架和 IoTivity 框架。

实现物联网操作系统具有"智能"特点的是公共智能引擎,目前有些公司和学者也称其为人工智能物联网。如果希望物联网系统超出预定义的范围,达到一种自学习的程度,也就是随着运行时间的增加,逐渐的"学习"到特定的能力,则可以引入智能引擎。物联网智能引擎可以实现物联网技术与人工智能技术良好的结合,带来丰厚的技术回报和市场价值。

通过这 4 个层次的分析,可以发现,如果物联网应用只希望实现基本的连接功能,那么只要保留物联网操作系统的内核以及一两个基本的外围组件(比如 TCP/IP 协议栈)就足够了。如果物联网应用需要实现协同功能,则必须包含物联网协同框架这个功能模块。通过引入物联网协同框架,可以实现包括物联网应用终端设备之间的交互和协同,物联网设备与物联网运行平台之间的交互和协同,甚至包括物联网终端设备与智能手机之间的协同等功能。如果仅仅提供连接和协同,并不能满足物联网的应用需求,那么物联网的领域应用可以把物联网操作系统的智能引擎利用起来。一个典型的场景就是,用户通过语音控制物联网设备,可以与物联网设备进行对话。物联网系统可以通过学习理解用户的行为,并对用户的行为进行预测和反馈。

处于应用端的是领域应用。领域应用是面向不同物联网领域,通过综合利用物联网操作系统的各层功能模块,借助物联网操作系统集成开发环境,开发出来的可以完成一项或多项具体功能的应用程序。比如环境控制、能耗优化、通行方案、车位调度、设备运维等。领域应用可以根据需要,调用一个或全部物联网操作系统的功能。因此,物联网操作系统的定制和扩展能力非常重要,针对特定类型的场景,可以在基础系统之上叠加扩展包,形成针对场景的智能操作系统(比如,智慧办公操作系统、智慧酒店操作系统等)。

总之,领域应用是物联网操作系统的直接服务目标,它利用物联网操作系统这个基础软件平台,并根据具体领域的特征,完成某项具体的功能。由于领域应用是与特定领域强相关的,不属于公共的平台软件,因此本章不把它作为物联网操作系统的组成部分。但是为了说明领域应用与物联网操作系统的关系,也将它体现在了物联网操作系统的架构图中。

需要说明的是,虽然本章把物联网操作系统分为了内核、外围组件等几个层次,但是这些层次之间,并不是泾渭分明的,而是具备一些依赖关系的。比如,外围功能组件要依赖物联网操作系统内核机制,而协同框架又依赖于某些外围功能组件。同时,公共智能引擎也需要依赖于内核、外围组件等来作为基础支撑。这些不同的功能层次之间,通过预先定义好的接口,既能够紧密的集成在一起,形成完整的解决方案,又可以根据应用场景的需求,只保留其中的一个或几个部分,而仍然可以整齐划一。同时,集成开发环境提供统一的 API,使整个系统表现出一致的风格。安全框架则是从硬件底层到传输层和应用层设计安全机制。

目前主流的物联网操作系统,例如 Google 的 Brillo、Linux 开放基金会的 Ostro 项目以及国产 HelloX 项目,都遵循这样一种架构。下面对物联网操作系统的几个子系统做简要介绍。

2.2　物联网操作系统内核

内核是任何操作系统都具有的核心部分。操作系统的核心功能和核心机制都是在内核中实现的,比如,最核心的任务(线程)管理、内存管理、内核安全和同步机制等。虽然从功能上说,大部分操作系统的内核都相差不大,但是在这些具体功能的实现上,面向不同领域的操作系统,其实现目标和实现技术都是不同的。

比如,对传统的通用个人计算机操作系统来说,内核更加关注用户交互的响应时间、资源的充分利用、不同应用程序之间的隔离和安全等。这是与其应用场景有关的。而对于面向嵌入式领域的嵌入式操作系统,则更加关注对中断的响应时间,更加关注线程或任务的调度算法,以使得整个系统能够在可预知的时间内,完成对外部事件的响应。

物联网操作系统的内核又有不同于其他操作系统的特点。最主要的是其伸缩性。物联网操作系统的内核应该能够适应各种配置的硬件环境,从小到几十 KB 内存的低端嵌入式应用,到高达几十 MB 内存的复杂应用领域,物联网操作系统内核都可以适应。同时,物联网操作系统的内核应该足够节能,以确保在一些能源受限的应用下,能够持续足够长的时间。比如,内核可以提供硬件休眠机制,包括 CPU 本身的休眠,以便在物联网设备没有任务处理的时候,能够持续处于休眠状态;在需要处理外部事件时,又能够快速被唤醒。

物联网操作系统的内核也应该具备嵌入式操作系统的一些特征,比如可预知、可计算的外部事件响应时间,可预知的中断响应时间,对多种多样的外部硬件的控制和管理机制等。当然,物联网操作系统内核必须足够可靠和安全,以满足物联网对安全性的需求。

综合来看,物联网操作系统内核应具备如下特点:

(1) 内核尺寸伸缩性强,能够适应不同配置的硬件平台。比如,在极端情况下,内核尺寸必须维持在 10KB 以内,以支撑内存和 CPU 性能都很受限的传感器,这时候内核具备基本的任务调度和通信功能即可。在另外的极端情况下,内核必须具备完善的线程调度、内存管理、本地存储、复杂的网络协议、图形用户界面等功能,以满足高配置的智能物联网终端的要求。这时候的内核尺寸,不可避免地会大大增加,可以达到几百 KB,甚至 MB。这种内核尺寸的伸缩性,可以通过两个层面的措施实现:重新编译和二进制模块选择加载。重新编译只需要根据不同的应用目标,选择所需的功能模块,然后对内核进行重新编译即可。这个措施通常用于内核定制非常深入的情况下,比如,要求内核的尺寸达到 10KB 以下的场合。而二进制模块选择加载,则用在对内核尺寸较大的情况。该方式设置列举了操作系统需要加载的所有二进制模块的操作系统配置文件,在内核初始化完成后,会根据配置文件,加载所需的二进制模块。这需要终端设备有外部存储器(比如硬盘、Flash 等),以存储要加载的二进制模块。

(2)内核的实时性必须足够强,以满足关键应用的需要。大多数的物联网设备,要求操作系统内核要具备实时性,因为很多的关键性操作必须在有限的时间内完成,否则将失去意义。内核的实时性包含很多层面的意思。首先是中断响应的实时性,一旦外部中断发生,操作系统必须在足够短的时间内响应中断并做出处理。其次是线程或任务调度的实时性,一旦任务或线程所需的资源或进一步运行的条件准备就绪,必须能够马上得到调度。显然,基于非抢占式调度方式的内核很难满足这些实时性要求。比如,RT-Thread nano 就是一个"硬实时"操作系统。而华为 LiteOS 是一款"软实时"操作系统。实时操作系统根据任务执行的实时性,分为"硬实时"操作系统和"软实时"操作系统,"硬实时"操作系统必须使任务在确定的时间内完成。"软实时"操作系统能让绝大多数任务在确定时间内完成。"硬实时"操作系统比"软实时"操作系统响应更快、实时性更高,"硬实时"操作系统大多应用于工业领域。

(3)内核架构可扩展性强。物联网操作系统的内核,应该设计成一个框架,这个框架定义了一些接口和规范,只要遵循这些接口和规范,就可以很容易地在操作系统内核上增加新的功能的新的硬件支持。因为物联网的应用环境复杂多样,要求操作系统必须能够扩展以适应新的应用环境。内核应该有一个基于总线或树状结构的合适的设备管理机制,可以动态加载设备驱动程序或其他核心模块。同时,内核应该具备外部二进制模块或应用程序的动态加载功能,这些应用程序存储在外部介质上,这样无须修改内核,只需要开发新的应用程序,就可满足特定的行业需求。

(4)内核应安全和可靠。物联网应用环境具备自动化程度高、人为干预少的特点,这要求内核必须足够可靠,以支撑长时间的独立运行,特别是很多长期无法触碰的设备。安全对物联网来说更加关键。比如一个不安全的内核被应用到国家电网控制中,一旦被外部侵入,造成的影响将无法估量。为了加强安全性,内核应支持内存保护、异常管理等机制,以便在必要时隔离错误的代码。比如,业界主流嵌入式处理器 IP 供应商 ARM 公司针对物联网/嵌入式系统的安全性提出的一套系统级安全解决方案 ARM TrustZone 技术。华为也在其物联网操作系统 LiteOS 中使用了 SafeArea 技术。

(5)节能省电,以支持足够的电源续航能力。操作系统内核应该在 CPU 空闲的时候,降低 CPU 运行频率,或干脆关闭 CPU。对于周边设备,也应该实时判断其运行状态,一旦进入空闲状态,则切换到省电模式。同时,操作系统内核应最大限度地降低中断发生频率,比如在不影响实时性的情况下,把系统的时钟频率调到最低,以最大可能地节约电源。

从功能上说,与其他操作系统基本类似,物联网操作系统内核主要包括任务管理(有的物联网操作系统也叫线程管理)、内存管理、中断管理、内核同步、安全与权限管理、应用管理等。为了确保内核的正常运行,内核也应提供内核统计与监控功能,即监视内核的运行状态,监视内核对象的数量/状态等,为维护或开发人员提供故障定位的工具。在每一个内核子模块中,都会通过更加具体的机制或者算法,满足物联网应用的需求,同时确保内核的整体安全性和可靠性。

内核也是直接与物理设备打交道的软件,所有对物理设备的管理,包括物理设备检测、物理设备驱动程序加载和卸载等功能,也都是在内核中实现的。为了有效地管理物理设备,内核需要定义一套标准的设备管理框架,设备驱动程序需要遵循这一套框架,才能纳入内核的管理。为了访问多种多样的物理设备,内核同时也会定义一套叫作硬件抽象层的软件,这本质上是对一些常用硬件操作的抽象。常见的实际案例比如 CMSIS,CMSIS(Cortex Microcontroller Software Interface Standard)是 ARM 公司专为 Cortex-M 系列处理器而设计的,是独立于供应商的硬件抽象层。在嵌入式系统中常用 BSP(板级支持包)的形式形成硬件抽象层。

硬件抽象也可以通过读写设备配置空间设定,有的 CPU 是通过 I/O 接口访问设备空间的,有的则是把设备配置空间直接映射到内存空间,通过常规内存访问来读取设备配置空间。为了适应这种不同的情况,内核一般会定义叫作__device_read 和__device_write 的宏,根据设备类型不同,这些宏定义的实现代码也会不同,但是对操作系统内核和设备驱动程序来说,调用这两个宏,即可对设备配置空间进行访问。这就是一个典型的硬件抽象层的例子。

2.2.1 线程管理(任务管理)

在日常生活中,我们要完成一个大任务,一般会将它分解成多个简单、容易解决的小问题,小问题逐个被解决,大问题也就随之解决了。在多线程操作系统中,也同样需要开发人员把一个复杂的应用分解成多个小的、可调度的、序列化的程序单元,当合理地划分任务并正确地执行时,这种设计能够让系统满足实时系统的性能及时间的要求。例如,让嵌入式系统执行这样的任务,系统通过传感器采集数据,并通过显示屏将数据显示出来,在多线程实时系统中,可以将这个任务分解成两个子任务。如图 2-3 所示,一个子任务不间断地读取传感器数据,并将数据写到共享内存中;另一个子任务周期性地从共享内存中读取数据,并将传感器数据输出到显示屏上。

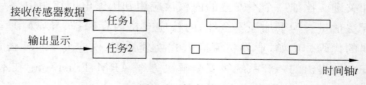

图 2-3 任务管理

在物联网操作系统中,与上述子任务对应的最常见的程序实体就是线程,线程是实现任务的载体,它是物联网操作系统中最基本的调度单位,它描述了一个任务执行的运行环境,也描述了这个任务所处的优先等级,重要的任务可设置相对较高的优先级,非重要的任务可以设置较低的优先级,不同的任务还可以设置相同的优先级,轮流运行。

当线程运行时,它会认为自己是以独占 CPU 的方式在运行,线程执行时的运行环境称为上下文,具体来说就是各个变量和数据,包括所有的寄存器变量、堆栈、内存信息等。

2.2.2　线程间同步

在多线程实时系统中,一项工作往往可以通过多个线程协调的方式共同完成,那么多个线程之间如何"默契"协作才能使这项工作无差错执行? 下面举个例子说明。

例如,一项工作中有两个线程:一个线程从传感器中接收数据并且将数据写到共享内存中,同时另一个线程周期性地从共享内存中读取数据并发送去显示,图 2-4 描述了两个线程间的数据传递。

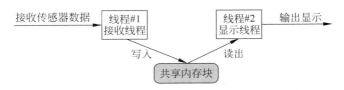

图 2-4　线程间的数据传递

如果对共享内存的访问不是排他性的,那么各个线程间可能同时访问它,这将引起数据一致性的问题。例如,在显示线程试图显示数据之前,接收线程还未完成数据的写入,那么显示将包含不同时间采样的数据,造成显示数据的错乱。

将传感器数据写入到共享内存块的接收线程♯1 和将传感器数据从共享内存块中读出的线程♯2 都会访问同一块内存。为了防止出现数据的差错,两个线程访问的动作必须是互斥进行的,应该是在一个线程对共享内存块操作完成后,才允许另一个线程去操作,这样,接收线程♯1 与显示线程♯2 才能正常配合,使此项工作正确地执行。

同步是指按预定的先后次序运行,线程同步是指多个线程通过特定的机制(如互斥量、事件对象、临界区)来控制线程之间的执行顺序,也可以说是在线程之间通过同步建立起执行顺序的关系,如果没有同步,那么线程之间将是无序的。

多个线程操作/访问同一块区域(代码),这块代码就称为临界区,上述例子中的共享内存块就是临界区。线程互斥是指对于临界区资源访问的排他性。当多个线程都要使用临界区资源时,任何时刻最多只允许一个线程去使用,其他要使用该资源的线程必须等待,直到占用资源者释放该资源。线程互斥可以看成是一种特殊的线程同步。

2.2.3　线程间通信

在裸机编程中,经常会使用全局变量进行功能间的通信,如某些功能可能由于一些操作而改变全局变量的值,另一个功能对此全局变量进行读取,根据读取到的全局变量值执行相应的动作,达到通信协作的目的。物联网操作系统需要提供合理的工具帮助在不同的线程中间传递信息,比如常见的邮箱、消息队列、信号等。

1. 邮箱

邮箱服务是实时操作系统中一种典型的线程间通信方法。举一个简单的例子,有两个线程 A 和 B,线程 A 检测按键状态并发送,线程 B 读取按键状态并根据按键的状态相应地改变 LED 的亮灭。这里就可以使用邮箱的方式进行通信,线程 A 将按键的状态作为邮件发送到邮箱,线程 B 在邮箱中读取邮件获得按键状态并对 LED 执行亮灭操作。

这里的线程 A 也可以扩展为多个线程。例如,共有 3 个线程 A、B 和 C,线程 A 检测并发送按键状态,线程 B 检测并发送 ADC(模数转换器)采样信息,线程 C 则根据接收的信息类型不同,执行不同的操作。

2. 消息队列

消息队列是另一种常用的线程间通信方式,是邮箱的扩展。可以应用在多种场合,如线程间的消息交换、使用串口接收不定长数据等。

消息队列能够接收来自线程或中断服务例程中不固定长度的消息,并把消息缓存在自己的内存空间中。其他线程也能够从消息队列中读取相应的消息,而当消息队列是空的时候,可以挂起读取线程。当有新的消息到达时,挂起的线程将被唤醒以接收并处理消息。消息队列是一种异步的通信方式。

如图 2-5 所示,线程或中断服务例程可以将一条或多条消息放入消息队列中。同样,一个或多个线程也可以从消息队列中获得消息。当有多个消息发送到消息队列时,通常将先进入消息队列的消息先传给线程,也就是说,线程先得到的是最先进入消息队列的消息,即先进先出原则(First In First Out,FIFO)。

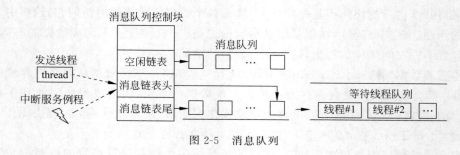

图 2-5　消息队列

3. 信号

信号(又称为软中断信号、信号量)在软件层次上是对中断机制的一种模拟,在原理上,一个线程收到一个信号与处理器收到一个中断请求可以说是类似的。

信号在操作系统中常常用于异步通信,POSIX 标准定义了 sigset_t 类型来定义一个信号集,然而 sigset_t 类型在不同的系统可能有不同的定义方式,如 unsigned long 型等。

信号的本质是软中断,用来通知线程发生了异步事件,用作线程之间的异常通知、应急处理。一个线程不必通过任何操作等待信号的到达,事实上,线程也不知道信号到底什么时候到达。

收到信号的线程对各种信号有不同的处理方法,处理方法可以分为 3 种:

第一种方法类似于中断的处理程序,对于需要处理的信号,线程可以指定处理函数,由该函数来处理。

第二种方法是,忽略某个信号,对该信号不做任何处理。

第三种方法是,对该信号的处理保留系统的默认值。

如图 2-6 所示,假设线程♯1 需要对信号进行处理,首先线程♯1 安装一个信号并解除阻塞,并在安装的同时设定了对信号的异常处理方式;然后其他线程可以给线程♯1 发送信号,触发线程♯1 对该信号的处理。

当信号被传递给线程♯1 时,如果它正处于挂起状

图 2-6　信号

态,那么会把状态改为就绪状态去处理对应的信号。如果它正处于运行状态,那么会在它当前的线程栈基础上建立新栈帧空间去处理对应的信号,需要注意的是,使用的线程栈大小也会相应增加。

对于信号的操作,有以下几种:安装信号、阻塞信号、阻塞解除、信号发送、信号等待。

2.2.4　内存管理

视频讲解

视频讲解

在计算系统中,通常存储空间可以分为两种:内部存储空间和外部存储空间。内部存储空间通常访问速度比较快,能够按照变量地址随机地访问,也就是通常所说的 RAM(随机存储器);而外部存储空间内所保存的内容相对来说比较固定,即使掉电后数据也不会丢失,这就是通常所讲的 ROM(只读存储器)。在计算机系统中,变量、中间数据一般存放在RAM 中,只有在实际使用时才将它们从 RAM 调入 CPU 中进行运算。一些数据需要的内存大小需要在程序运行过程中根据实际情况确定,这就要求系统具有对内存空间进行动态管理的能力,在用户需要一段内存空间时,向系统申请,系统选择一段合适的内存空间分配给用户,用户使用完毕,再释放回系统,以便系统将该段内存空间回收再利用。

内存管理是内核中最重要的子系统之一,它主要提供对内存资源的访问控制机制。这种机制涵盖了:

- 内存的分配和回收。内存管理记录每个内存单元的使用状态,为运行进程的程序段和数据段等需求分配内存空间,并在不需要时回收它们。
- 地址转换。当程序写入内存执行时,如果程序中编译时生成的地址(逻辑地址)与写入内存的实际地址(物理地址)不一致,就要把逻辑地址转换成物理地址。这种地址转换通常是由内存管理单元(Memory Management Unit,MMU)完成的(说明:物联网终端通常不具备 MMU)。
- 内存扩充。由于计算机资源的迅猛发展,内存容量在不断变大。同时,当物理内存容量不足时,操作系统需要在不改变物理内存的情况下通过对外存的借用实现内存容量的扩充。最常见的方法包括虚拟存储、覆盖和交换等。
- 内存的共享与保护。所谓内存共享,是指多个进程能共同访问内存中的同一段内存单元。内存保护是指防止内存中各程序执行中相互干扰,并保证对内存中信息访问的正确性。

作为物联网设备控制核心的嵌入式系统大多有实时性要求,由于实时系统中对时间的要求非常严格,内存管理往往比通用操作系统要求苛刻得多,因而物联网操作系统内存管理大多有如下特点:

(1) 实时性要求高的系统分配内存的时间必须是确定的。一般内存管理算法是根据需要存储的数据的长度在内存中去寻找一个与这段数据相适应的空闲内存块,然后将数据存储在里面。而寻找这样一个空闲内存块所耗费的时间是不确定的,因此对于实时系统来说,这就是不可接受的,实时系统必须要保证内存块的分配过程在可预测的确定时间内完成,否则实时任务对外部事件的响应也将变得不可确定。

(2) 随着内存不断被分配和释放,整个内存区域会产生越来越多的碎片(因为在使用过程中,申请了一些内存,其中一些释放了,导致内存空间中存在一些小的内存块,它们的地址不连续,不能够作为一整块的大内存分配出去),系统中还有足够的空闲内存,但因为它们的地址并非连续,不能组成一块连续的完整内存块,会使得程序不能申请到大的内存。对于通用系统而言,这种不恰当的内存分配算法可以通过重新启动系统解决(每月或者数月进行一次),但是对于那些需要常年不间断地工作于野外的嵌入式系统来说,就变得让人无法接受了。

(3) 嵌入式系统的资源环境不尽相同,有些系统的资源比较紧张,只有数十KB的内存可供分配,而有些系统则存在数MB甚至更多的内存,如何为这些不同的系统选择适合它们的高效率的内存分配算法,就将变得复杂化。

嵌入式系统最基本的内存管理方案有两种:静态内存管理和动态内存管理。静态内存分配是指在编译或链接时将程序所需的内存分配好。采用这种分配方案的程序段,其大小在编译时就能够确定;而动态内存分配是指系统运行时根据需要动态分配内存。

一般的嵌入式系统都支持静态分配,因为中断向量表、操作系统映像等程序段的程序大小在编译和链接时是可以确定的。而是否支持动态分配主要基于两方面的考虑:首先是实时性和可靠性的要求,其次是成本的要求。对于实时性要求极高的系统(硬实时系统),不允许延时或者分配失效,必须采用静态分配。如航天器上的嵌入式系统多采用静态内存分配,比如风河公司著名的OSEKWorks系统。然而,仅仅采用静态分配,会使系统失去灵活性,也造成了内存浪费和效率低下。

虽然动态内存分配会导致响应和执行时间不确定、内存碎片等问题,但是它的实现机制灵活,带来了极大的方便,有的应用环境中动态内存分配甚至必不可少,比如嵌入式系统中使用的网络协议栈,在特定平台下,为了比较灵活地调整系统的功能,必须支持动态内存分配。

大多数系统是硬实时和软实时综合。系统的一部分任务有严格的时限要求,而另一部分并无此严格规定,这样的系统必须采用抢占式任务调度;在这样的系统中即可采用动态内存分配来满足部分对可靠性和实时性要求不那么高的任务要求。

下面介绍常见的内存分配算法。

1. 小内存管理算法

小内存管理算法是一个简单的内存分配算法。初始时,它是一块大的内存。当需要分配内存块时,将从这个大的内存块上分割出相匹配的内存块,然后把分割出来的空闲内存块还回内存管理系统中。每个内存块都包含一个管理用的数据头,通过这个数据头把使用块与空闲块用双向链表的方式链接起来,如图2-7所示。

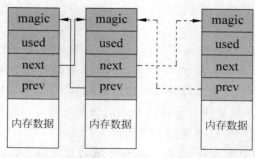

图 2-7 小内存管理算法

每个内存块(不管是已分配的内存块还是空闲的内存块)都包含一个数据头,其中包括:

(1) magic:变量(或称为幻数),它会被初始化成 0x1ea0(英文单词 heap),用于标记这个内存块是一个内存管理用的内存数据块;变量不仅仅用于标识这个数据块是一个内存管理用的内存数据块,实质也是一个内存保护字:如果这个区域被改写,那么就意味着这个内存块被非法改写(正常情况下只有内存管理器才会去碰这块内存)。

(2) used:指示出当前内存块是否已经分配。

内存管理的表现主要体现在内存的分配与释放上,小型内存管理算法可以用以下例子体现。

在如图 2-8 所示的内存分配中,空闲链表指针 lfree 初始指向 32B 的内存块。当用户线程要再分配一个 64B 的内存块时,但此 lfree 指针指向的内存块只有 32B 并不能满足要求,内存管理器会继续寻找下一内存块,当找到再下一块内存块 128B 时,它满足分配的要求。因为这个内存块比较大,分配器将把此内存块进行拆分,余下的内存块(52B)继续留在 lfree 链表中,如图 2-8 分配 64B 后的链表结构所示。

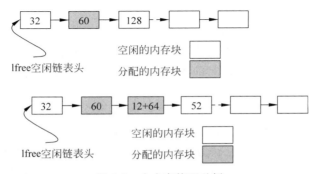

图 2-8 小内存管理示例

另外,在每次分配内存块前,都会留出 12B 数据头供 magic、used 信息及链表节点使用。返回给应用的地址实际上是这个内存块 12B 以后的地址,前面的 12B 数据头是用户永远不应该使用的部分(注:12B 数据头长度会与系统对齐差异而有所不同)。

释放时则是相反的过程,但分配器会查看前后相邻的内存块是否空闲,如果空闲,则合并成一个大的空闲内存块。

2. slab

slab 是 Linux 操作系统的一种内存分配机制。其工作是针对一些经常分配并释放的对象,如进程描述符等,这些对象的大小一般比较小,如果直接采用伙伴系统来进行分配和释放,不仅会造成大量的内存碎片,而且处理速度太慢。而 slab 分配器是基于对象进行管理的,相同类型的对象归为一类(如 Linux 中的进程描述符就是一类),每当要申请这样一个对象时,slab 分配器就从一个 slab 列表中分配一个这样大小的单元出去,而当要释放时,将其重新保存在该列表中,而不是直接返回给伙伴系统,从而避免这些内部碎片。slab 分配器并不丢弃已分配的对象,而是释放并把它们保存在内存中。当以后又要请求新的对象时,就可以从内存直接获取而不用重复初始化。

对象高速缓存的组织架构如图 2-9 所示,高速缓存的内存区被划分为多个 slab,每个 slab 由一个或多个连续的页框组成,这些页框中既包含已分配的对象,也包含空闲的对象。

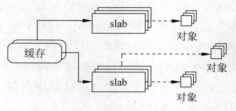

图 2-9　slab 分配器

与传统的内存管理模式相比,slab 缓存分配器有很多优点。首先,内核通常依赖于对小的对象的分配,它们会在系统生命周期内进行无数次分配,slab 缓存分配器通过对类似大小的对象进行缓存,可以大大减少内部碎片。同时 slab 分配器还支持通用对象的初始化,从而避免了为同一目的而对一个对象重复进行初始化。事实上,内核中常用的 kmalloc 函数(类似于用户态的 malloc)就使用了 slab 分配器进行可能的优化。

slab 分配器不仅仅只用来存放内核专用的结构体,它还被用来处理内核对小块内存的请求。

3. memheap 管理算法

memheap 管理算法适用于系统含有多个地址可不连续的内存堆。使用 memheap 内存管理可以简化系统存在多个内存堆时的工作:当系统中存在多个内存堆的时候,用户只需要在系统初始化时将多个所需的 memheap 初始化,并开启 memheap 功能就可以很方便地把多个 memheap(地址可不连续)黏合起来用于系统的 heap 分配。

memheap 工作机制如图 2-10 所示,首先将多块内存加入 memheap_item 链表进行黏合。当分配内存块时,会先从默认内存堆去分配内存,当分配不到时会查找 memheap_item 链表,尝试从其他的内存堆上分配内存块。应用程序不用关心当前分配的内存块位于哪个内存堆上,就像是在操作一个内存堆。

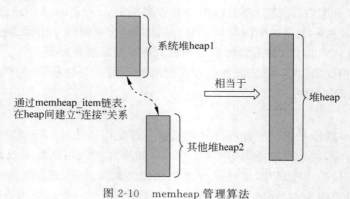

图 2-10　memheap 管理算法

2.2.5　时钟管理

时间是非常重要的概念,与朋友出去游玩需要约定时间,完成任务也需要花费时间,生活离不开时间。操作系统也一样,需要通过时间来规范其任务的执行,操作系统中最小的时间单位是时钟节拍(OS Tick)。任何操作系统都需要提供一个时钟节拍,以供系统处理所有和时间有关的事件,如线程的延时、线程的时间片轮转调度以及定时器超时等。时钟节拍是特定的周期性中断,这个中断可以看作系统心跳,中断之间的时间间隔取决于不同的应用,一般是1～100ms,时钟节拍率越快,系统的额外开销就越大,从系统启动开始计数的时钟节拍数称为系统时间。

2.2.6 中断管理

中断在嵌入式系统中十分常见。当CPU正在处理内部数据时,外界发生了紧急情况,就要求CPU暂停当前的工作转去处理这个异步事件。处理完毕,再回到原来被中断的地址,继续原来的工作,这样的过程称为中断。实现这一功能的系统称为中断系统,申请CPU中断的请求源称为中断源。在ARM体系中,中断是一种异常,异常是导致处理器脱离正常运行转向执行特殊代码的任何事件,如果不及时进行处理,轻则系统出错,重则导致系统瘫痪。所以正确地处理异常,避免错误的发生是提高软件稳定性非常重要的一环。

中断处理与CPU架构密切相关,下面首先介绍关于中断的几个基本概念,然后介绍物联网终端中常用的ARM CORTEX-M核的中断。

1. 设备、中断控制器和CPU

一个完整的设备中,与中断相关的硬件可以划分为3类,分别是设备、中断控制器和CPU本身,图2-11展示了一个中断系统中的硬件组成结构。

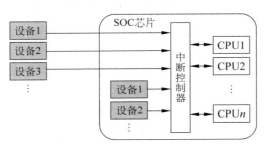

图2-11 中断系统的硬件组成

- 设备:设备是发起中断的源,当设备需要请求某种服务的时候,它会发起一个硬件中断信号,通常,该信号会连接至中断控制器,由中断控制器做进一步的处理。在现代的移动设备中,发起中断的设备可以位于SoC芯片的外部,也可以位于SoC的内部。
- 中断控制器:中断控制器负责收集所有中断源发起的中断,现有的中断控制器几乎都是可编程的,通过对中断控制器的编程,用户可以控制每个中断源的优先级、中断的电器类型,还可以打开和关闭某一个中断源。对ARM架构的SoC,使用较多的中断控制器是VIC(Vector Interrupt Controller),进入多核时代以后,GIC(General Interrupt Controller)的应用也开始逐渐变多。在物联网终端中,常用的是ARM Cortex-M系列,其中断控制器是NVIC(Nested Vector Interrupt Controller,嵌套向量中断控制器)。
- CPU:CPU是最终响应中断的部件,它通过对可编程中断控制器的编程操作,控制和管理着系统中的每个中断。当中断控制器最终判定一个中断可以被处理时,它会根据事先的设定,通知 CPU 对该中断进行处理。

2. IRQ 编号

系统中每一个注册的中断源,都会分配一个唯一的编号用于识别该中断,称之为 IRQ 编号(IRQ 全称为 Interrupt Request,即中断请求的意思)。IRQ 编号贯穿在操作系统的中断管理子系统中。

中断处理与 CPU 架构密切相关,以 ARM Cortex-M 处理器为例。不同于老的经典 ARM 处理器(例如,ARM7、ARM9),ARM Cortex-M 处理器有一个非常不同的架构,Cortex-M 是一个家族系列,其中包括 Cortex-M0/M3/M4/M7 多个不同型号,每个型号之间会有些区别。

3. ARM Cortex-M 中断概述

Cortex-M 系列 CPU 的寄存器组里有 R0～R15 共 16 个通用寄存器组和若干特殊功能寄存器。通用寄存器组里的 R13 作为堆栈指针寄存器(Stack Pointer,SP);R14 作为连接寄存器(Link Register,LR),用于在调用子程序时,存储返回地址;R15 作为程序计数器(Program Counter,PC),其中堆栈指针寄存器可以是主堆栈指针(MSP),也可以是进程堆栈指针(PSP)。

特殊功能寄存器包括程序状态字寄存器组(PSR)、中断屏蔽寄存器组(PRIMASK、FAULTMASK、BASEPRI)、控制寄存器(CONTROL),可以通过 MSR/MRS 指令来访问特殊功能寄存器。程序状态字寄存器里保存算术与逻辑标志,例如,负数标志、零结果标志、溢出标志等。中断屏蔽寄存器组控制 Cortex-M 的中断除能。控制寄存器用来定义特权级别和当前使用哪个堆栈指针。

如果是具有浮点单元的 Cortex-M4 或者 Cortex-M7,控制寄存器也用来指示浮点单元当前是否在使用,浮点单元包含了 32 个浮点通用寄存器 S0～S31 和特殊 FPSCR 寄存器(Floating Point Status and Control Register)。

Cortex-M 引入了操作模式和特权级别的概念,分别为线程模式和处理模式,如果进入异常或中断处理则进入处理模式,其他情况则为线程模式。Cortex-M 有两个运行级别,分别为特权级和用户级。线程模式可以工作在特权级或者用户级,而处理模式总是工作在特权级,可通过 CONTROL 特殊寄存器控制。

Cortex-M 的堆栈寄存器 SP 对应两个物理寄存器 MSP 和 PSP,MSP 为主堆栈,PSP 为进程堆栈,处理模式总是使用 MSP 作为堆栈,线程模式可以选择使用 MSP 或 PSP 作为堆栈,同样通过 CONTROL 特殊寄存器控制。复位后,Cortex-M 默认进入线程模式、特权级、使用 MSP 堆栈。

如前所述,Cortex-M 中断控制器名为 NVIC(嵌套向量中断控制器),如图 2-12 所示,支持中断嵌套功能。当一个中断触发并且系统进行响应时,处理器硬件会将当前运行位置的上下文寄存器自动压入中断栈中,这部分的寄存器包括 PSR、PC、LR、R12、R3-R0 寄存器。需要注意的是,Cortex-M 中断里有一种 PendSV 异常。PendSV 也称为可悬起的系统调用,它是一种异常,可以像普通的中断一样被挂起,它是专门用来辅助操作系统进行上下文切换的。PendSV 异常会被初始化为最低优先级的异常。每次需要进行上下文切换的时候,会手动触发 PendSV 异常,在 PendSV 异常处理函数中进行上下文切换。

Cortex-M3 和 Cotex-M4 的 NVIC 最多支持 240 个 IRQ、1 个不可屏蔽中断(NMI)、1

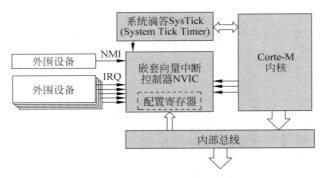

图 2-12　Cortex-M 内核中断

个 SysTick(滴答定时器)定时器中断和多个系统异常。而 Cortex-M0 最多支持 32 个 IRQ、1 个不可屏蔽中断(NMI)、1 个 SysTick(滴答定时器)定时器中断和多个系统异常。其中，IRQ 中断多数由定时器、I/O 端口、通信接口等外设产生，NMI 通常由看门狗定时器或者掉电检测器等外设产生，其他中断主要来自系统内核。

4. 中断向量表

中断向量表是所有中断处理程序的入口，如图 2-13 所示是 Cortex-M 系列的中断处理过程：把一个函数(用户中断服务程序)同一个虚拟中断向量表中的中断向量联系在一起。当中断向量对应中断发生的时候，被挂载的用户中断服务程序就会被调用执行。

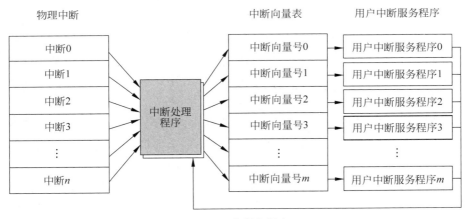

图 2-13　中断向量表

在 Cortex-M 内核中，所有中断都采用中断向量表的方式进行处理，即当一个中断触发时，处理器将直接判定是哪个中断源，然后直接跳转到相应的固定位置进行处理，每个中断服务程序必须排列在一起放在统一的地址上(这个地址必须要设置到 NVIC 的中断向量偏移寄存器中)。中断向量表一般由一个数组定义或在起始代码中给出，默认采用起始代码给出：

```
__Vectors    DCD    __initial_sp          ; Top of Stack
             DCD    Reset_Handler         ; Reset 处理函数
             DCD    NMI_Handler           ; NMI 处理函数
             DCD    HardFault_Handler     ; Hard Fault 处理函数
```

```
DCD     MemManage_Handler              ; MPU Fault 处理函数
DCD     BusFault_Handler               ; Bus Fault 处理函数
DCD     UsageFault_Handler             ; Usage Fault 处理函数
DCD     0                              ; 保留
DCD     0                              ; 保留
DCD     0                              ; 保留
DCD     0                              ; 保留
DCD     SVC_Handler                    ; SVCall 处理函数
DCD     DebugMon_Handler               ; Debug Monitor 处理函数
DCD     0                              ; 保留
DCD     PendSV_Handler                 ; PendSV 处理函数
DCD     SysTick_Handler                ; SysTick 处理函数
```

通常,异常(中断)响应大致可以分为以下 4 个步骤:

(1) 保护断点,即保存下一个将要执行的指令的地址,就是把这个地址送入堆栈;

(2) 寻找中断入口,根据不同的中断源所产生的中断,查找不同的入口地址;

(3) 执行中断处理程序;

(4) 中断返回,执行完中断指令后,就从中断处返回到主程序,继续执行。

2.3 外围功能组件概述

物联网操作系统内核只提供最基本的操作系统功能,供物联网应用程序调用。但只有物联网操作系统内核是远远不够的,在很多情况下,还需要很多其他功能模块的支持,比如文件系统、包括 TCP/IP 在内的各种网络协议栈、数据库等。这些功能组件从物联网操作系统内核中独立出来,组成一个独立的功能系统,称为"外围功能组件"。也有物联网操作系统将其定义为中间件或者组件与服务。

之所以把这些功能组件称为"外围",是因为在很多情况下,这些功能组件都不是必需的。而且在实际的物联网应用中,这些外围组件也不会全部被用到,大部分情况下用到一或两个就可以满足需求了,其他的功能组件必须裁剪掉。因为在物联网应用中,很多情况下的系统硬件资源非常有限,如果保留没有用到的功能组件,会浪费很多资源。同时,保留一些用不到的组件,会对整个系统带来安全隐患。比如,如果物联网应用不需要连接互联网,却保留了 TCP/IP 协议栈功能,则 TCP/IP 协议栈的错误(bug)或漏洞可能会被利用,从而对系统造成安全影响。这些外围功能组件都是针对物联网操作系统进行定制和开发的,与物联网操作系统内核之间的接口非常清晰,具备高度的可裁剪性。

但在通用操作系统中,这些外围组件的处理方式却与物联网操作系统不同,这些组件会被统一归类到内核中,随内核一起分发,作为一个整体提供给用户。即使应用程序不用这些组件,也不能把这些组件裁剪掉。之所以这样做,是因为通用操作系统的资源相对丰富,多保留一些功能模块对整体系统的影响并不大。同时,通用操作系统的安全性要求相对较低。

物联网操作系统内核和外围功能组件结合起来,可以满足物联网的"连接"需求。这包括内核提供的基本物联网本地连接(蓝牙、ZigBee、NFC、RFID 等)以及外围功能组件中的 TCP/IP 协议栈等提供的复杂网络连接。

除 TCP/IP 协议栈外,常见的外围组件还包括文件系统、图形用户界面(GUI)、安全传输协议、脚本语言执行引擎(比如 JavaScript 语言的执行引擎等)、基于 TCP/IP 的安全传输协议(SSL/SSH 等)、C 运行库、在线更新机制(软件升级/在线更新补丁)等。需要说明的是,TCP/IP 协议栈是面向互联网设计的通信协议栈,由于物联网本身特征与互联网有很大差异,TCP/IP 协议栈在应用到物联网的时候,面临许多问题和挑战,需要对 TCP/IP 协议栈做一番优化改造。本章把改造之后的 TCP/IP 协议栈称为“面向物联网的 TCP/IP”,简写为“TCP/IP@IoT”。比如 LWIP 协议,它就是一种改造后的针对嵌入式系统的 TCP/IP 协议。LWIP(Light Weight Internet Protocol)是瑞士计算机科学院(Swedish Institute of Computer Science)Adam Dunkels 等开发的一套用于嵌入式系统的开放源代码 TCP/IP 协议栈。LWIP 的含义是 Light Weight(轻型)IP 协议。LWIP 可以移植到操作系统上,也可以在无操作系统的情况下独立运行。LWIP TCP/IP 实现的重点是在保持 TCP 主要功能的基础上减少对 RAM 的占用。一般它只需要几十千字节的 RAM 和 40KB 左右的 ROM 就可以运行,这使 LWIP 协议栈适合在小型嵌入式系统中使用。图 2-14 示意了常见的物联网操作系统外围功能组件。

图 2-14 外围功能组件

根据上面的分析,这里从总体上列举物联网操作系统外围功能组件的重要的组成模块,可以根据实际情况做相应配置,如下所示。

(1)支持操作系统核心、设备驱动程序或应用程序等的远程升级。远程升级是物联网操作系统最基本的特征,这个特性可大大降低维护成本。远程升级完成后,原有的设备配置和数据能够得以继续使用。即使在升级失败的情况下,操作系统也应该能够恢复原有的运行状态。远程升级和维护是支持物联网操作系统大规模部署的主要措施之一。

(2)支持常用的文件系统和外部存储。比如支持 FAT32/NTFS/DCFS 等文件系统,支持硬盘、USB stick、Flash、ROM 等常用存储设备。在网络连接中断的情况下,外部存储功能会发挥重要作用。比如可以临时存储采集到的数据,在网络恢复后再上传到数据中心。但文件系统和存储驱动的代码要与操作系统核心代码有效分离,从而做到非常容易地裁剪。

(3)支持远程配置、远程诊断、远程管理等维护功能。这里不仅包涵常见的远程操作特性,如远程修改设备参数、远程查看运行信息等,还应该包涵更深层面的远程操作,如可以远程查看操作系统内核的状态、远程调试线程或任务、异常时的远程 dump(备份)内核状态等功能。这些功能不仅需要外围应用的支持,更需要内核的天然支持。

(4)支持完善的网络功能。物联网操作系统必须支持完善的 TCP/IP 协议栈,包括对 IPv4 和 IPv6 的同时支持。这个协议栈要具备灵活的伸缩性,以适应裁剪需要。比如可以通过裁剪,使得协议栈只支持 IP/UDP 等协议功能,以减少代码尺寸。同时也支持丰富的 IP 协议族,比如 Telnet/FTP/IPSec/SCTP 等协议,以适用智能终端和高安全可靠的应用场合。

(5)对物联网常用的无线通信功能要内置支持。比如支持 GPRS/3G/HSPA/4G 等公共网络的无线通信功能,同时要支持 ZigBee/NFC/RFID 等近场通信功能,支持 WLAN/以太网等桌面网络接口功能。这些不同的协议之间要能够相互转换,能够把从一种协议获取到的数据报文转换成为另外一种协议的报文发送出去。除此之外,还应支持短信息的接收和发送、语音通信、视频通信等功能。

(6) 内置支持 XML 文件解析功能。物联网时代,不同行业之间,甚至相同行业的不同领域之间,会存在严重的信息共享壁垒。而 XML 格式的数据共享可以打破这个壁垒,因此 XML 标准在物联网领域会得到更广泛的应用。物联网操作系统要内置对 XML 解析的支持,所有操作系统的配置数据,统一用 XML 格式进行存储。同时也可对行业自行定义的 XML 格式进行解析,以完成行业转换功能。

(7) 支持完善的 GUI(图形用户界面)功能。图形用户界面一般应用于物联网的智能终端中,完成用户和设备的交互。GUI 应该定义一个完整的框架,以方便图形功能的扩展。同时应该实现常用的用户界面元素,比如文本框、按钮、列表等。另外,GUI 模块应该与操作系统核心分离,最好支持二进制的动态加载功能,即操作系统核心根据应用程序需要,动态加载或卸载 GUI 模块。GUI 模块的效率要足够高,从用户输入确认,到具体的动作开始执行之间的时间(可以叫作 click-launch 时间)要足够短,不能出现用户单击了"确定"按钮,但任务的执行却要等待很长时间的情况。

(8) 支持从外部存储介质中动态加载应用程序。物联网操作系统应提供一组应用程序接口 API,供不同应用程序调用,而且这一组 API 应该根据操作系统所加载的外围模块实时变化。比如在加载了 GUI 模块的情况下,需要提供 GUI 操作的系统调用,但是在没有 GUI 模块的情况下,就不应该提供 GUI 功能调用。同时操作系统、GUI 等外围模块、应用程序模块应该二进制分离,操作系统能够动态地从外部存储介质上按需加载应用程序。这样的结构使得整个操作系统具备强大的扩展能力。操作系统内核和外围模块(GUI、网络等)提供基础支持,而各种各样的行业应用,通过应用程序实现。最后在软件发布的时候,发布操作系统内核、所需的外围模块、应用程序模块即可。

下面介绍几个常见的组件。

2.3.1 文件系统

文件系统是操作系统用于确认磁盘、分区或者其他存储介质上的文件的方法和数据结构。文件系统是负责存取和管理文件信息的机构,用于对数据、文件以及设备的存取控制,它提供对文件和目录的分层组织形式、数据缓冲以及对文件存取权限的控制功能。

文件系统是一种系统软件,是操作系统的重要组成部分。尽管内核是物联网操作系统的核心,但文件却是用户与操作系统交互所使用的主要工具。文件系统可以位于系统内核,也可以作为操作系统的一个服务组件而存在。信息以文件的形式存储在磁盘或外部介质上,需要使用时进程可以读取这些信息或者写入新的信息。外存上的文件不会因为进程的创建和终止而受到影响,只有通过文件系统提供的系统调用删除它时才会消失。文件系统必须提供创建文件、删除文件、读文件、写文件等功能的系统调用为文件操作服务。用户程序建立在文件系统上,通过文件系统访问数据,而不需要直接对物理存储设备进行操作。文件的存放通过目录完成,所以对目录的操作就成了文件系统功能的一部分。目录本身也是一种文件,也有相应的创建目录、删除目录和层次结构组织系统调用。

文件系统具有以下主要功能：

- 对文件存储设备进行管理，分别记录空闲区和被占用区，以便于用户创建、修改以及删除文件时对空间的操作。
- 对文件和目录的按名访问、分层组织功能。
- 创建、删除及修改文件功能。
- 数据保护功能。
- 文件共享功能。

由于物联网终端/网关的硬件基础是嵌入式系统，因而物联网操作系统的文件系统也与嵌入式文件系统有很多相似之处，甚至是直接使用了嵌入式文件系统。嵌入式文件系统具有结构紧凑、使用简单便捷、安全可靠及支持多种存储设备、可伸缩、可剪裁、可移植等特点。由于当前很多物联网操作系统是由嵌入式 Linux 系统优化或者部分重构后获得的，因此接下来介绍嵌入式 Linux 的文件系统的例子。

嵌入式 Linux 文件系统结构如图 2-15 所示，自下而上主要由硬件层、驱动层、内核虚拟文件系统层和用户层组成。虚拟文件系统（Virtual File System，VFS）层为内核中的各种文件系统，如图 2-15 中的 JFFS2、RAMFS 等文件系统提供了统一、抽象的系统总线。虚拟文件系统是对多种实际文件系统共有功能的抽象，它屏蔽了各种不同文件系统在实现细节上的差异，并为上层用户提供了具有统一格式的接口函数，用户程序可以使用这些函数操作各种文件系统下的文件。虚拟文件系统确保了对所有文件的访问方式都是完全相同的。

MTD（Memory Technology Device）是用于访问 Flash 设备的 Linux 子系统，其主要目的是使 Flash 设备的驱动程序更加简单。MTD 子系统整合底层芯片驱动，为上层文件系统提供了统一的 MTD 设备接口，MTD 设备可以分为 MTD 字符设备和 MTD 块设备，通过这两个接口，就可以像读/写普通文件一样对 Flash 设备进行读/写操作，经过简单的配置后，MTD 在系统启动以后可以自动识别支持 CFI 或 JEDEC 接口的 Flash 芯片，并自动采用适当的命令参数对 Flash 进行读/写或擦除。

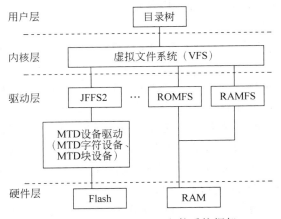

图 2-15　嵌入式 Linux 文件系统框架

在文件系统框架底层，Flash 和 RAM 都在嵌入式系统中得到了广泛应用。由于具有高可靠性、高存储密度、低价格、非易失、擦写方便等优点，Flash 存储器取代了传统的 EPROM

和 E^2PROM,在嵌入式系统中得到了广泛的应用。Flash 存储器可以分为若干块,每块又由若干页组成,对 Flash 的擦除操作以块为单位进行,而读和写操作以页为单位进行。Flash 存储器在进行写入操作之前必须先擦除目标块。

根据所采用的制造技术不同,Flash 存储器主要分为 Nor Flash 和 Nand Flash 两种。Nor Flash 通常容量较小,其主要特点是程序代码可以直接在 Flash 内运行。Nor Flash 具有 RAM 接口,易于访问;缺点是擦除电路复杂,写速度和擦除速度都比较慢,最大擦写次数约为 10 万次,典型的块大小是 128KB。Nand Flash 通常容量较大,具有很高的存储密度,从而降低了单位价格。Nand Flash 的块尺寸较小,典型大小为 8KB,擦除速度快,使用寿命也更长,最大擦写次数可以达到 100 万次,但是其访问接口是复杂的 I/O 口,并且坏块和位反转现象较多,对驱动程序的要求较高。由于 Nor Flash 和 Nand Flash 各具特色,因此它们的用途也各不相同,Nor Flash 一般用来存储体积较小的代码,而 Nand Flash 则用来存放大体积的数据。

在嵌入式系统中,Flash 上也可以运行传统的文件系统,如 ext2 等,但是这类文件系统没有考虑 Flash 存储器的物理特性和使用特点,例如,Flash 存储器中各个块的最大擦除次数是有限的。

为了延长 Flash 的整体寿命,需要均匀地使用各个块,这就需要磨损均衡的功能;为了提高 Flash 存储器的利用率,还应该有对存储空间的碎片收集功能;在嵌入式系统中,要考虑出现系统意外掉电的情况,所以文件系统还应该有掉电保护功能,保证系统在出现意外掉电时也不会丢失数据。因此在 Flash 存储设备上,目前主要采用专门针对 Flash 存储器的要求而设计的 JFFS2(Journaling Flash File System Version 2)文件系统。

JFFS 是 Axis Communications 公司专门针对嵌入式系统中的 Flash 存储器的特性而设计的一种日志文件系统。在日志文件系统中,所有文件系统的内容变化,如写文件操作等,都被记录到一个日志中,每隔一段时间,文件系统会对文件的实际内容进行更新,然后删除这部分日志,重新开始记录。如果对文件内容的变更操作由于系统出现意外而中断,如系统掉电等,则系统重新启动时,会根据日志恢复中断以前的操作,这样系统的数据就更加安全,文件内容将不会因为系统出现意外而丢失。

Redhat 公司的 David Woodhouse 在 JFFS 的基础上进行了改进,从而发布了 JFFS2(Journaling Flash File System Version 2)。与 JFFS 相比,JFFS2 支持更多节点类型,提高了磨损均衡和碎片收集的能力,增加了对硬链接的支持。JFFS2 还增加了数据压缩功能,这更利于在容量较小的 Flash 中使用。与传统的 Linux 文件系统(如 ext2)相比,JFFS2 处理擦除和读/写操作的效率更高,并且具有完善的掉电保护功能,使存储的数据更加安全。

JFFS2 在内存中建立超级块信息 JFFS2_sb_info 管理文件系统操作,建立索引节点信息 JFFS2_inode_info 管理打开的文件。VFS 层的超级块 super_block 和索引节点 inode 分别包含 JFFS2 文件系统的超级块信息 JFFS2_sb_info 和索引节点信息 JFFS2_inode_info,它们是 JFFS2 和 VFS 间通信的主要接口。JFFS2 文件系统的超级块信息 JFFS2_sb_info 包含底层 MTD 设备信息 mtd_info 指针,文件系统通过该指针访问 MTD 设备,实现 JFFS2 和底层 MTD 设备驱动之间的通信。

JFFS2 在 Flash 上只存储两种类型的数据实体,分别为用于描述数据节点的 JFFS2_raw_inode 和描述目录项的 JFFS2_raw_dirent。

JFFS2_raw_dirent 主要包括文件名、节点 ino 号、父节点 ino 号、版本号、校验码等信息,它用来形成整个文件系统的层次目录结构。

```
struct jffs2_raw_dirent
{
    jint16_t magic;
    jint16_t nodetype;              /* 节点类型设置为 JFFS2_NODETYPE_DIRENT */
    jint32_t totlen;
    jint32_t hdr_crc;               /* jffs2_unknown_node 部分的 CRC 校验 */
    jint32_t pino; ;                /* 上层目录节点(父节点)的标号 */
    jint32_t version;               /* 版本号 */
    jint32_t ino; ;                 /* 节点编号,如果是 0 表示没有链接的节点 */
    jint32_t mctime; ;              /* 创建时间 */
    __u8 nsize; ;                   /* 大小 */
    __u8 type;
    __u8 unused[2];
    jint32_t node_crc;
    jint32_t name_crc;
    __u8 name[0];
};
```

JFFS2_raw_inode 主要包括文件 ino 号、版本号、访问权限、修改时间、本节点所包含的数据文件中的起始位置及本节点所包含的数据大小等信息,它用来管理文件的所有数据。一个目录文件由多个 JFFS2_raw_dirent 组成。而普通文件、符号链接文件、设备文件、FIFO 文件等都由一个或多个 JFFS2_raw_inode 数据实体组成。

```
struct jffs2_raw_inode
{
    jint16_t magic;
    jint16_t nodetype;              ; /* 设置为 JFFS_NODETYPE_inode */
    jint32_t totlen;
    jint32_t hdr_crc;
    jint32_t ino;                   /* 节点编号 */
    jint32_t version;               /* 版本号 */
    jmode_t mode;
    jint16_t uid;                   /* 文件拥有者 */
    jint16_t gid;                   /* 文件组 */
    jint32_t isize;
    jint32_t atime;                 /* 最后访问时间 */
    jint32_t mtime;                 /* 最后修改时间 */
    jint32_t ctime;
    jint32_t offset;                /* 写的起始位置 */
    jint32_t csize;                 /* (Compressed)数据大小 */
    jint32_t dsize;
    __u8 compr;
    __u8 usercompr;
    jint16_t flags;
    jint32_t data_crc;              /* (compressed) data 的 CRC 校验算法 */
    jint32_t node_crc;
    __u8 data[0];
};
```

  JFFS2 文件系统在挂载时扫描整个 Flash,每个 JFFS2_raw_inode 数据实体都会记录其所属的文件的 inode 号及其他元数据,以及数据实体中存储的数据的长度及在文件内部的偏移。JFFS2_raw_dirent 数据实体中存有目录项对应的文件的 inode 号及目录项所在的目录的 inode 号等信息。JFFS2 在扫描时,根据 JFFS2_raw_dirent 数据实体中的信息在内存中建立文件系统的目录树信息,类似地,根据 JFFS2_raw_inode 数据实体中的信息建立起文件数据的寻址信息。为了提高文件数据的寻址效率,JFFS2 将属于同一个文件的 JFFS2_raw_inode 数据实体组织为一棵红黑树,在挂载扫描过程中检测到的每一个有效的 JFFS2_raw_inode 都会被添加到所属文件的红黑树。在文件数据被更新的情况下,被更新的旧数据所在的 JFFS2_raw_inode 数据实体会被标记为无效,同时从文件的红黑树中删除,然后将新的数据组织为 JFFS2_raw_inode 数据实体写入 Flash 并将新的数据实体加入红黑树。

  与磁盘文件系统不同,JFFS2 文件系统不在 Flash 设备上存储文件系统结构信息,所有的信息都分散在各个数据实体节点之中,在系统初始化的时候,扫描整个 Flash 设备,从中建立起文件系统在内存中的映像,系统在运行期间,就利用这些内存中的信息进行各种文件操作。JFFS2 系统使用结构 JFFS2_sb_info 管理所有的节点链表和内存块,这个结构相当于 Linux 中的超级块。struct JFFS2_sb_info 是一个控制整个文件系统的数据结构,它存放文件系统对 Flash 设备的块利用信息(包括块使用情况、块队列指针等)和碎片收集状态信息等。

  通过以下这个数据结构,文件系统维护了几个重要的链表,这几个链表构成了整个文件系统的骨架,如下所示。

```
struct jffs2_sb_info {
    struct mtd_info * mtd;
    uint32_t highest_ino;
    uint32_t checked_ino;
    unsigned int flags;
    struct task_struct * gc_task;                    /* GC 任务结构 */
    struct completion gc_thread_start;
    struct completion gc_thread_exit;
    struct mutex alloc_sem;
    uint32_t cleanmarker_size;
    uint32_t flash_size;
    uint32_t used_size;
    uint32_t dirty_size;
    uint32_t wasted_size;
    uint32_t free_size;
    uint32_t erasing_size;
    uint32_t bad_size;
    uint32_t sector_size;
    uint32_t unchecked_size;
    uint32_t nr_free_blocks;
    uint32_t nr_erasing_blocks;
    uint8_t resv_blocks_write;                       /* 允许常规文件写 */
    uint8_t resv_blocks_deletion;                    /* 允许常规文件删除 */
```

```
    uint8_t resv_blocks_gctrigger;                          /* 唤醒 GC 线程 */
    uint8_t resv_blocks_gcbad;
    uint8_t resv_blocks_gcmerge;/
    uint8_t vdirty_blocks_gctrigger;
    uint32_t nospc_dirty_size;
    uint32_t nr_blocks;
    struct jffs2_eraseblock * blocks;
    struct jffs2_eraseblock * nextblock;                    /* 正在处理的块 */
    struct jffs2_eraseblock * gcblock;                      /* 正在进行垃圾收集的块 */
    struct list_head clean_list;                            /* 具有清洁数据的块 */
    struct list_head very_dirty_list;
    struct list_head dirty_list;
    struct list_head erasable_list;                         /* 包含"脏"数据需要擦除的块 */
    struct list_head erasable_pending_wbuf_list;
    struct list_head erasing_list;                          /* 正在擦除的块 */
    struct list_head erase_checking_list;                   /* 需要检查和标记的块 */
    struct list_head erase_pending_list;                    /* 当前需要擦除的块 */
    struct list_head erase_complete_list;
    struct list_head free_list;                             /* 空闲并准备使用的块 */
    struct list_head bad_list;                              /* 坏块 */
    struct list_head bad_used_list;                         /* 无效数据坏块 */
    spinlock_t erase_completion_lock;
    wait_queue_head_t erase_wait;                           /* 等待擦除完成 */
    wait_queue_head_t inocache_wq;
    struct jffs2_inode_cache ** inocache_list;
    spinlock_t inocache_lock;
    struct mutex erase_free_sem;
    uint32_t wbuf_pagesize;
# ifdef CONFIG_JFFS2_FS_WBUF_VERIFY
    unsigned char * wbuf_verify;                            /* 为验证定义的写回缓冲 */
# endif
# ifdef CONFIG_JFFS2_FS_WRITEBUFFER
    unsigned char * wbuf;
    uint32_t wbuf_ofs;
    uint32_t wbuf_len;
    struct jffs2_inodirty * wbuf_inodes;
    struct rw_semaphore wbuf_sem;                           /* 写缓冲保护 */
    unsigned char * oobbuf;
    int oobavail;
# endif
    struct jffs2_summary * summary;                         /* 信息概要 */
# ifdef CONFIG_JFFS2_FS_XATTR
# define XATTRINDEX_哈希 SIZE(57)
    uint32_t highest_xid;
    uint32_t highest_xseqno;
    struct list_head xattr_unchecked;
    struct list_head xattr_dead_list;
    struct jffs2_xattr_ref * xref_dead_list;
    struct jffs2_xattr_ref * xref_temp;
```

```
    struct rw_semaphore xattr_sem;
    uint32_t xdatum_mem_usage;
    uint32_t xdatum_mem_threshold;
#endif
    void * os_priv;
};
```

下面介绍 JFFS2 的主要设计思想,包括 JFFS2 的操作实现方法、垃圾收集机制和平均磨损技术。

1) 操作实现

当进行写入操作时,在块还未被填满之前,仍然按顺序进行写操作,系统从 free_list 取得一个新块,而且从新块的开始部分不断地进行写操作,一旦 free_list 大小不够时,系统将会触发"碎片收集"功能回收废弃节点。

在介质上的每个 inode 节点都有一个 JFFS2_inode_cache 结构用于存储其 inode 号、inode 当前链接数和指向 inode 的物理节点链接列表开始的指针,该结构体的定义如下。

```
struct jffs2_inode_cache{
struct jffs2_scan_info * scan;?        /* 在扫描链表的时候存放临时信息,在扫描结束以后设置
                                          成 NULL */

struct jffs2_inode_cache * next;
struct jffs2_raw_node_ref * node;
_u32 ino;
int nlink;
};
```

这些结构体存储在一个哈希表中,每一个哈希表都包括一个链接列表。哈希表的操作十分简单,它的 inode 号是以哈希表长度为模获取它在哈希表中的位置。每个 Flash 数据实体在 Flash 分区上的位置、长度都由内核数据结构 JFFS2_raw_node_ref 描述。它的定义如下。

```
struct jfffs2_raw_node_ref{
    struct JFFS2_raw_node_ref * next_in_ino;
    struct JFFS2_raw_node_ref next_phys;
    _u32 flash_offset;
    _u32 totlen;
};
```

当进行 mount 操作时,系统会为节点建立映射表,但是这个映射表并不全部存放在内存里面,存放在内存中的节点信息是一个缩小尺寸的 JFFS2_raw_inode 结构体,即 struct JFFS2_raw_node_ref 结构体。

在上述结构体中,flash_offset 表示相应数据实体在 Flash 分区上的物理地址,totlen 表示包括后继数据的总长度。同一个文件的多个 JFFS2_raw_node_ref 由 next_in_ino 组成一个循环链表,链表首为文件的 JFFS2_inode_cache 数据结构的 node 域,链表末尾元素的 next_in_ino 则指向 JFFS2_inode_cache,这样每个 JFFS2_raw_node_ref 元素就都知道自己

所在的文件了。

　　每个节点包含两个指向具有自身结构特点的指针变量：一个指向物理相邻的块，另一个指向 inode 链表的下一个节点。用于存储这个链表最后节点的 JFFS2_inode_cache 结构类型节点，其 scan 域设置为 NULL，而 nodes 域指针指向链表的第一个节点。

　　当某个 JFFS2_raw_node_ref 型节点无用时，系统将通过 JFFS2_mark_mode_obsolete() 函数对其 flash_offset 域标记为废弃标志，并修改相应 JFFS2_sb_info 结构与 JFFS2_eraseblock 结构变量中的 used_size 和 dirty_size。然后，把这个被废弃的节点从 clean_list 移到 dirty_list 中。

　　在正常运行期间，inode 号通过文件系统的 read_inode() 函数进行操作，用合适的信息填充 inode 结构。JFFS2 利用 inode 号在哈希表上查找合适的 JFFS2_inode_cache 结构，然后使用节点链表之间读取重要 inode 的每个节点，从而建立 inode 数据区域在物理位置上的一个完整映射。一旦用这种方式填充了所有的 inode 结构，它会保留在内存中，直到内核内存不够时裁剪 JFFS2_inode_cache 为止，对应的额外信息也会被释放，剩下的只有 JFFS2_raw_node_ref 节点和 JFFS2 中最小限度的 JFFS2_node_cache 结构初始化形式。

　　2）垃圾收集

　　在 JFFS 中，文件系统与队列类似，每一个队列都存在唯一的头指针和尾指针。最先写入日志的节点作为头指针，而每次写入一个新节点时，这个节点作为日志的尾指针。每个节点存在一个与节点写入顺序有关的 version 节点，它专门存放节点的版本号。该节点每写入一个节点其版本号加 1。

　　节点写入总是从日志的尾部进行，而读节点则没有任何限制。但是擦除和碎片收集操作总是在头部进行。当用户请求写操作时发现存储介质上没有足够的空余空间，也就表明空余空间已经符合"碎片收集"的启动条件。如果有垃圾空间能够被回收，那么碎片收集进程启动将收集垃圾空间中的垃圾块；否则，碎片收集进程就处于睡眠状态。

　　JFFS2 的碎片收集技术与 JFFS 有很多类似的地方，但 JFFS2 对 JFFS 的碎片收集技术做了一些改进：如在 JFFS2 中，所有存储节点都不可以跨越 Flash 的块界限，这样就可以在回收空间时按照 Flash 的各个块为单位进行选择，将最应擦除的块擦除之后作为新的空闲块，这样可以提高效率与利用率。

　　JFFS2 使用了多个级别的待收回块队列。在垃圾收集的时候先检查 bad_used_list 链表中是否有节点，如果有，则先回收该链表的节点。当完成了 bad_used_list 链表的回收后，然后进行回收 dirty_list 链表的工作。垃圾收集操作的主要工作是将数据块中的有效数据移动到空间块中，然后清除脏数据块，最后将数据块从 dirty_list 链表中摘除并且放入空间块链表。此外可以回收的队列还包括 erasable_list、very_dirty_list 等。

　　碎片收集由专门相应的碎片收集内核线程负责处理，一般情况下，碎片收集进程处于睡眠状态，一旦 thread_should_wake() 函数操作发现 JFFS2_sb_info 结构变量中的 nr_free_blocks 与 nr_erasing_blocks 之和小于触发碎片收集功能特定值 6，且 dirty_size 大于 sector_size 时，系统将调用 thread_should_wake() 函数发送 SIGHUP 信号给碎片收集进程并且被唤醒。每次碎片收集进程只回收一个空闲块，如果空闲块队列的空闲块数仍小于 6，那么碎片收集进程再次被唤醒，一直到空闲数大于或等于 6。

　　由于 JFFS2 中使用了多种节点，所以在进行垃圾收集的时候也必须对不同的节点进行不同的操作。JFFS2 进行垃圾收集时,也对内存文件系统中的不连续数据块进行整理。

3) 数据压缩

JFFS2 提供了数据压缩技术,数据存入 Flash 之前,JFFS2 会自动对其进行压缩。目前,内嵌 JFFS2 的压缩算法很多,最常见的是 zlib 算法,这种算法仅用于对 ASCII 和二进制数据文件进行压缩。在嵌入式文件系统中引入数据压缩技术,使其数据能够得到最大限度的压缩,可以提高资源的利用率,有利于提高性能和节省开发成本。

4) 平均磨损

Flash 有 NOR 和 NAND 两种类型,它们在使用寿命方面存在很大的差异。从擦除循环周期的角度看,NOR 的寿命限定每块大约可擦除 10 万次,而 NAND 的每块擦除次数约为 100 万次。为了提高 Flash 芯片的使用寿命,用户希望擦除循环周期在 Flash 上均衡分布,这种处理技术称为"平均磨损"。

在 JFFS 中,碎片收集总是对文件系统队列头所指节点的块进行回收。如果该块填满了数据就将该数据后移,这样该块就成为空闲块。通过这种处理方式可以保证 Flash 中每块的擦除次数相同,从而提高了整个 Flash 芯片的使用寿命。

在 JFFS2 中进行碎片收集时,随机将干净块的内容移到空闲块,随后擦除干净块的内容再写入新的数据。在 JFFS2 中,它单独处理每个擦除块,由于每次回收的是一块,碎片收集程序能够提高回收的工作效率,并且能够自动决定接下来该回收哪一块。每个擦除块都可能是多种状态中的一种状态,基本上是由块的内容决定的。JFFS2 保留了结构列表的链接数,它用来描述单个擦除块。

在碎片收集过程中,一旦从 clean_list 中取得一个干净块,那么该块中的所有数据要被全部移到其他空闲块中,然后对该块进行擦除操作,最后将其挂载到 free_list,从而保证了Flash 的平均磨损,提高了 Flash 的利用率。

5) 断电保护技术

JFFS2 是一个稳定性高、一致性强的文件系统,无论电源以何种方式在哪个时刻停止供电,JFFS2 都能保持其完整性,即不需要为 JFFS2 配备 Ext2 拥有的那些文件系统。断电保护技术的实现依赖于 JFFS2 的日志式存储结构,当系统遭受不正常断电后重新启动时,JFFS2 自动将系统恢复到断电前的最后一个稳定状态,由于省去了启动时的检查工作,所以JFFS2 的启动速度相当快。

2.3.2 电源管理

嵌入式系统低功耗管理的目的在于在满足用户性能需求的前提下,尽可能降低系统能耗以延长设备待机时间。高性能与有限的电池能量在嵌入式系统中矛盾最为突出,硬件低功耗设计与软件低功耗管理的联合应用成为解决矛盾的有效手段。现在的各种 MCU 都或多或少地在低功耗方面提供了管理接口。比如对主控时钟频率的调整、工作电压的改变、总线频率的调整甚至关闭、外围设备工作时钟的关闭等。有了硬件上的支持,合理的软件设计就成为节能的关键。一般可以把低功耗管理分为 3 个类别。

1. 处理器电源管理

主要实现方式:对 CPU 频率的动态管理,以及系统空闲时对工作模式的调整。

2．设备电源管理

主要实现方式：关闭个别闲置设备。

3．系统平台电源管理

主要实现方式：针对特定系统平台的非常见设备具体定制。

随着物联网的兴起，产品对功耗的需求越来越强烈。作为数据采集的传感器节点通常需要在电池供电时长期工作，而作为联网的片上系统(SoC)也需要有快速的响应能力和较低的功耗。在产品开发的起始阶段，首先考虑的是尽快完成产品的功能开发。在产品功能逐步完善之后，就需要加入电源管理(Power Management，PM)功能。

这里简要介绍华为 LiteOS 物联网操作系统在电源管理中采用的间歇计算技术。间歇计算是一种描述计算机程序或计算机系统行为的模型：在提供连续服务的执行过程中，它会根据系统控制或环境变化来间歇性暂停并恢复。

在间歇供给能量的情况下，想要系统正常运行，持续推进，间歇计算有 3 个重要的指标。

（1）系统的持续推进性：解决每次间歇执行周期内的可推进性和长期执行推进效率间的权衡问题；

（2）执行的逻辑正确性：解决间歇执行的数据逻辑不一致、时效性、超预期突发能量消耗、并发一致性等问题；

（3）间歇执行的高效性：最小化数据存储，提高系统的综合间歇推进效率，提升开发效率。

LiteOS 间歇计算之所以能使物联网终端实现长续航，原因在于：

- 基于任务模型的间歇技术开发模型——间歇化的任务被划分为若干独立子任务，每个子任务执行的开始阶段都会自动保持监测点信息，在某个子任务执行期间断电重启后，系统会依据监测点信息恢复到该子任务的起始位置重新执行。
- 高效自适应间歇执行技术——基于当前能量状态，自适应备份系统状态，降低备份开销，提高执行效率。
- 基于静态分析的辅助开发工具——分析每个子任务检测点保持数据的最小集合；为开发者提出切分任务的建议，进一步缩小检测点数据量。

2.3.3　AT 组件

当前主流的物联网操作系统大多采用 AT 组件，如 LiteOS、RT-Thread 等。

AT 命令(AT Command)最早是由发明拨号调制解调器(MODEM)的 Hayes 公司为了控制调制解调器而发明的控制协议。后来随着网络带宽的升级，速度很低的拨号调制解调器基本退出一般使用市场，但是 AT 命令保留了下来。当时主要的移动电话生产厂家共同为 GSM 研制了一整套 AT 命令，用于控制手机的 GSM 模块。AT 命令在此基础上演化并加入 GSM 07.05 标准以及后来的 GSM 07.07 标准，实现了比较健全的标准化。

在随后的 GPRS 控制、3G 模块等方面，均采用 AT 命令来控制，AT 命令逐渐在产品开发中成为实际的标准。如今，AT 命令也广泛应用于嵌入式开发领域，AT 命令作为主芯片和通信模块的协议接口，硬件接口一般为串口，这样主控设备可以通过简单的命令和硬件设计完成多种操作。

AT 命令集是一种应用于 AT 服务端(AT 服务端)与 AT 客户端(AT 客户端)间的设

备连接与数据通信的方式。其基本结构如图 2-16 所示。

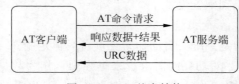

图 2-16　AT 基本结构

一般 AT 命令由 3 个部分组成,分别是前缀、主体和结束符。其中前缀由字符 AT 构成;主体由命令、参数和可能用到的数据组成;结束符一般为< CR >< LF >("\r\n")。

AT 功能的实现需要 AT 服务端和 AT 客户端两个部分共同完成。

AT 服务端主要用于接收 AT 客户端发送的命令,判断接收的命令及参数格式,并下发对应的响应数据,或者主动下发数据。

AT 客户端主要用于发送命令、等待 AT 服务端响应,并对 AT 服务端响应数据或主动发送的数据进行解析处理,获取相关信息。

AT 服务端和 AT 客户端之间支持多种数据通信的方式(UART、SPI 等),目前最常用的是串口 UART 通信方式。

AT 服务端向 AT 客户端发送的数据分成两种:响应数据和 URC 数据。

- 响应数据:AT 客户端发送命令之后收到的 AT 服务端响应状态和信息。
- URC 数据:AT 服务端主动发送给 AT 客户端的数据,一般出现在一些特殊的情况下,比如 WiFi 连接断开、TCP 接收数据等,这些情况往往需要用户进行相应操作。

随着 AT 命令的逐渐普及,越来越多的嵌入式产品上使用了 AT 命令,AT 命令作为主芯片和通信模块的协议接口,硬件接口一般为串口,这样主控设备可以通过简单的命令和硬件设计完成多种操作。

虽然 AT 命令已经形成了一定的标准化格式,但是不同芯片支持的 AT 命令并没有完全统一,这直接提高了用户使用的复杂性。对于 AT 命令的发送和接收以及数据的解析没有统一的处理方式。并且在使用 AT 设备连接网络时,只能通过命令完成简单的设备连接和数据收发功能,很难做到对上层网络应用接口的适配,不利于产品设备的开发。

为了方便用户使用 AT 命令,简单地适配不同的 AT 模块,物联网操作系统厂商提供了各自的 AT 组件用于 AT 设备的连接和数据通信。

下面以乐鑫 ESP8266 芯片为例,简要介绍几个基础 AT 指令。

1) AT

指令:AT

功能:测试 AT 指令功能是否正常。

示例:

```
AT
OK
```

2) AT+GMR

指令:AT+GMR

功能：查询模组固件版本信息。

示例：

```
     AT + GMR
AT version:1.3.0.0(Jul 14 2016 18:54:01)
SDK version:2.0.0(5a875ba)
v1.0.0.3
Mar 13 2018 09:37:06
OK
```

3）AT＋RST

指令：AT＋RST

功能：软复位模组。

示例：

```
     AT + RST
OK
ets Jan 8 2013,rst cause:2, boot mode:(3,6)
load 0x40100000, len 2408, room 16
tail 8
chksum 0xe5
load 0x3ffe8000, len 776, room 0
tail 8
chksum 0x84
load 0x3ffe8310, len 632, room 0
tail 8
chksum 0xd8
csum 0xd8
2nd boot version : 1.6
  SPI Speed      : 40MHz
  SPI Mode       : QIO
  SPI Flash Size & Map: 32Mbit(512KB + 512KB)
jump to run user1 @ 1000

WIFI DISCONNECT
```

2.4　物联网协同框架

2.4.1　概述

物联网协同框架是实现物联网"协同"功能性需求的关键功能系统。物联网操作系统的内核和外围功能组件，仅仅实现了物联网设备之间的"连接"功能。但是仅实现物联网设备的连接上网，是远远不够的。物联网的精髓在于，物联网设备之间能够相互交互和协同，使得物联网设备能够"充分合作"，相互协调一致，达到单一物联网设备无法完成的功能。而物联网协同框架就为物联网设备之间的协同提供了技术基础。

一般来说,物联网协同框架至少包括如下功能:

(1) 物联网设备发现机制。物联网设备一般不提供直接的用户交互界面,需要通过诸如智能手机、计算机等方式,连接到设备上,对设备进行管理和配置。在物联网设备第一次加电并联网之后,智能手机/计算机等如何快速准确地找到这个物联网设备,就是物联网设备发现机制要解决的问题。尤其是在物联网设备数量众多、功能多样的情况下,如何准确快速地发现和连接到物联网设备上,是一个很大的挑战。设备发现机制的另外一个应用场景,是设备与设备之间的直接交互。比如,在同一个局域网内的物联网设备,可以相互发现并建立关联,在必要的时候能够直接通信,相互协作,实现物联网设备之间的“协同”。

(2) 物联网设备的初始化与配置管理,包括设备在第一次使用时的初始化配置、设备的认证和鉴权、设备的状态管理等。

(3) 物联网设备之间的协同交互。这包括物联网设备之间的直接通信机制。物联网协同框架要能够提供一套标准或规范,使得建立关联关系的物联网设备之间能够直接通信,不需要经过后台服务器。

(4) 云端服务。大部分情况下,物联网服务需要云端的支持。物联网设备要连接到云端平台上,进行认证和注册。物联网设备在运行期获取的数据,也需要传送到云端平台上进行存储。如果用户与物联网设备距离很远,无法直接连接,那么用户也需要经过云端平台,控制或操作物联网设备等。物联网协同框架至少要定义并实现一套标准的协议支撑这些操作。比如华为的 LiteOS SDK 端云服务协议和阿里巴巴云的 iotkit-embedded C-SDK 协议。

除此之外,物联网协同框架还必须实现一些基本的服务,支撑上述功能。比如,物联网协同框架需要定义一套标准的物联网设备命名体系,以能够准确唯一地标识每一台物联网设备。物联网设备之间以及用户与物联网设备之间,在相互操作之前还必须完成认证和鉴权,以确保物联网的安全。比如在智能家电应用中,用户可以通过一个标准的 Open 命令,远程打开空调。通过一个 Adjust 命令,调节空调的温度。这些标准的命令必须由物联网协同框架进行定义,才能实现不同厂商、不同类型设备之间的互操作。如果没有这些标准的操作模式(操作命令),那么要打开 A 厂商的空调,是 Open 命令,要打开 B 厂商的空调,则可能是 Turn On 命令,这样就无法实现相互操作了。

上述协同功能和基本服务,都是建立在网络通信基础之上的,协同框架还必须实现或者选择一种合适的网络通信协议。物联网的特征要求这种通信协议尽可能具有低功耗和高效率。一些常用的标准协议,比如 CoAP 或者 MQTT,可以承担这个功能。大部分物联网协同框架,比如 IoTivity,就是基于 CoAP 协议的。需要指出的是,有些物联网操作系统将通信功能放在外围组件部分完成,而不一定要在协同框架中完成。另外,很多物联网操作系统并没有使用明显的协同框架,而是将协同框架中的功能根据不同的场景和需求进行动态配置和应用。

另外,为了适配更多的网络协议栈类型,避免系统对单一网络协议栈的依赖,很多物联网操作系统提供了一套 SAL(Socket Abstraction Layer,套接字抽象层)组件,该组件完成对不同网络协议栈或网络实现接口的抽象并对上层提供一组标准的 BSD Socket API,这样开发者只需要关心和使用网络应用层提供的网络接口,而无须关心底层具体网络协议栈类型和实现,极大地提高了系统的兼容性,方便开发者完成协议栈的适配和网络相关的开发。

下面通过一个智慧商场的例子,进一步说明物联网协同框架的作用。在智慧商场解决方案中,一般都会包括火警探测器与智慧门禁系统。这两类物联网设备在被安装在商场之前,必须经过安全的初始配置,以确保不会被恶意控制。初始配置完成之后,这两类设备会连接到统一的协同框架云端系统,并实时更新其状态。与此同时,火警探测器也会通过物联网协同框架的设备发现机制,与门禁系统建立联系,并相互知道对方的存在。一旦火警探测器探测到火警发生,则会直接告诉门禁系统打开门禁,以便方便人们尽快逃生。在这种情况下,如果没有物联网设备之间的直接通信功能,所有通信都需要经过后台系统转接,那么不但响应时间会增加,更致命的是,一旦与后台之间的物理网络中断,则终端之间将无法实现自动联动。这种网络故障,在诸如火警等灾难发生时,是最常见的。

为支撑上述机制的有效运行,物联网协同框架还必须提供一致的通信协议和通信技术,物联网设备只要遵循这套协议,就能够相互识别对方的消息。同时,物联网协同框架还必须提供一套唯一的命名规范,确保任何一个物联网终端设备,都能获取到唯一的名字,其他设备能够通过这个唯一的名字与之交互。同时,这套唯一的命名规范,最好能够把物联网终端设备的功能,也体现出来。这样物联网设备之间通过设备名字,就可以确定其提供的功能,从而做出有针对性的动作。比如上述例子,火警探测器可以命名为"Fire alert detector",而门禁系统可以命名为"Entrance access control",这样就可以通过名字知道双方的功能角色。当然,这只是个例子,在实际的命名系统中,应该采取计算机能够识别的编码体系。

根据上面的叙述,图 2-17 示意了物联网协同框架的主要组成。

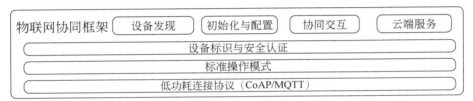

图 2-17　物联网协同框架

2.4.2　端云通信

端云通信是实现协同框架的重要基础部分。在目前成熟的物联网操作系统产品中,端云通信是重要的组成部分。主流的物联网操作系统采用的是软件开发工具包(如 Software Development Kit,SDK)的端云通信组件方式。SDK 端云通信组件提供了如下的功能:

- 嵌入式设备快速接入(设备端 SDK)。
- 设备管理。
- 设备和数据信息安全。
- 桥接到云其他产品,实现对设备数据存储/计算等其他功能。

SDK 端云通信组件为了方便,在设备上云封装了丰富的连接协议,如 MQTT、CoAP、HTTP、TLS,并且对硬件平台进行了抽象,使其不受具体的硬件平台限制而更加灵活。图 2-18 给出了一种物联网 SDK 协议的构成。

目前,主流 SDK 一般具有如下特点:

(1)支持不同网络的接入。提供不同网络的设备接入方案,例如,2/3/4G、NB-IoT、LoRa 等,解决企业异构网络设备接入管理的痛点问题。

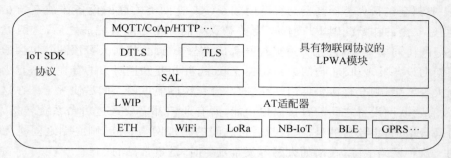

图 2-18　一种物联网 SDK 协议的构成

(2) 支持不同协议的接入。提供多种协议的设备 SDK,例如,MQTT、CoAP、HTTP 等,这样既能满足设备需要长连接保证实时性的需求,也能满足设备需要短连接降低功耗的需求。

(3) 提供双向通信功能。提供设备与云端的上下行通道,能够稳定可靠地支撑设备上报与指令下发设备的场景。

(4) 提供设备影子缓存机制,将设备与应用解耦。

(5) 提供一机一密的设备认证机制,降低设备被攻破的安全风险。

(6) 提供 TLS 标准的数据传输通道,保证数据的机密性和完整性。

下面介绍两个典型的物联网协同框架,首先是 Weave 框架。

2.4.3　Weave 框架

目前物联网行业内的一些协同框架,基本都是与物联网操作系统内核独立的,即这些协同框架可以被应用在基于任何操作系统的物联网解决方案中,只要这些操作系统能够提供必要的接口。但采取这种方式,显然有其明显的弊端,即无法采用统一的代码,来适应所有的操作系统。比如 Google 的 Waeve,针对 Linux 和 Android 等复杂的操作系统,采用 C++语言开发了 LibWeave 组件;而针对资源受限的嵌入式应用场景,则又采用 C 语言开发了 uWeave。这样对物联网设备的开发者来说,就不得不掌握两套迥异的 API,了解两套机理完全不同的物联网协同框架,显然无法降低成本。

理想的实现方式是,物联网协同框架能够与物联网操作系统内核紧密绑定,只提供一套 API 给开发者。通过物联网操作系统内核本身的伸缩机制,来适应不同的应用场景。比如,在没有 WiFi 支持的嵌入式场景,物联网操作系统内核会裁剪掉 TCP/IP 等组件,而采用低功耗蓝牙技术实现数据通信。如果目标硬件配置了 WiFi 或者以太网等网络接口设备,则会保留 TCP/IP 协议栈。无论是哪种形态,物联网操作系统内核都会提供统一的 API,给物联网协同框架使用,即底层的通信机制,对物联网协同框架是透明的。基于这样的设计原则,类似 Google Weave 这样的物联网协同框架就无须针对不同的目标硬件设计多套解决方案了,而只需要一套就可解决问题。

Google 把 Weave 定位为物联网的一个通信层,但本质上,Weave 应该属于物联网系统框架的范畴。因为它不依赖于任何底层的通信协议,它可以运行在任何常见的物联网通信协议之上,包括 WiFi、BLE、ZigBee 等。

Weave 具备如下特点:

首先,它是与操作系统无关的一个物联网系统框架,可以移植到任意操作系统上,只要底层操作系统能够提供 Weave 需要的最基本函数接口。同时,Weave 也不依赖于任何通信协议,它可以运行在 WiFi、BLE、ZigBee 等常见的通信协议之上。

其次,针对不同的目标设备,比如资源受限的嵌入式硬件设备、资源充足的硬件设备、智能手机客户端(Android 或 iOS)、云平台等,分别有不同的代码与之对应。

再次,Weave 提供了一套标准的设备操作命令(叫作 Schema),以及对应的认证机制。Weave 对常见的物联网设备,当前主要是智能家居设备,进行了总结和抽象,并形成了一套固定的操作命令集合,内部叫作 Schema,并以 JSON 格式进行描述。Weave 这样做的目标,是希望达到在不同设备厂商的设备之间,只要使用了 Weave,就可以相互操作的目的。同时,Weave 还引入了一套认证机制,不在标准 Schema 框架内的设备及操作,可以经过 Google 的认证后,添加到标准 Schema 中。这样就确保了整个 Schema 框架的可扩展性,长此以往,就可以形成一个完整和丰富的生态链。

最后,Weave 的大部分代码都是开放的,而且采用了相对宽松的 BSD 协议。同时,面向设备的 Weave 库,尤其是 uWeave,设计了一组简明扼要的接口,构成 Provider。Weave 的核心功能只依赖于这一组 Provider 接口,不依赖于任何其他的功能,使得 Weave 具备高度的可移植性。

Weave 是一个完整的物联网协同框架,它包含一系列组件,分别应用于不同的目标对象。图 2-19 显示了 Weave 框架的主要组成。

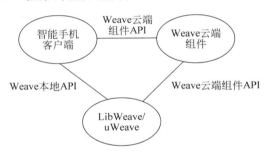

图 2-19　Weave 框架的主要组成

从图 2-19 中可以发现,Weave 包含 3 个大的功能组件:支撑 Weave 运行的云端组件 Weave Cloud、运行在智能手机(或 Pad 等其他智能终端)上的智能手机客户端以及运行在物联网设备上的设备端组件 LibWeave 和 uWeave。其中设备端组件 LibWeave 和 uWeave 运行在物联网设备上,比如智能门锁、智能 LED 灯泡等。设备端组件通过 Weave Local API 与智能手机客户端进行通信,接受智能手机客户端的管理和控制。同时,设备端组件可通过 Weave Cloud API 与运行在云端的 Weave Cloud 进行通信。智能手机客户端可通过 Weave Cloud API 链接到 Weave Cloud 上,通过 Weave Cloud 控制运行 LibWeave 和 uWeave 的物联网设备。可见,Weave Cloud 是整个框架的"中心管理器"。

同时,Weave 提供了两类 API:Weave Cloud API 和 Weave Local API。Weave Local API 是 Weave 设备端组件与智能手机客户端之间的交互接口,而 Weave Cloud API 则是 Weave Cloud API 与其他两个 Weave 组件之间的通信接口。

下面分别对 Weave 的除了智能手机客户端之外的两个主要组件,以及两个 API 接口进行详细介绍。

1) LibWeave 与 uWeave

设备端组件根据不同的目标设备,分成了两类:一个叫作 LibWeave,适应于具备复杂计算能力的设备,这类设备支持 Linux 或者其他功能丰富的操作系统内核,具有数十 MB 以上的内存空间;另一个叫作 uWeave,则是运行在资源受限的嵌入式设备上。

LibWeave 是采用 C++ 语言开发的,其代码已正式发布在 Internet 上。目前来说,LibWeave 的主要目标操作系统是 Linux,要求目标设备的 CPU 必须支持 MMU(内存管理单元)功能,以实现支撑 Linux 有效运行的虚拟内存机制。

uWeave 是面向资源受限的嵌入式领域应用而专门实现的 Weave 协议栈。与 LibWeave 不同,uWeave 专门对代码进行了定制和优化,使得整个 uWeave 的代码非常紧凑和高效。比如,uWeave 以标准的 C 语言(C99)进行开发,这可使得整个代码库尺寸非常小,适应于资源受限的硬件设备。除此之外,uWeave 还采用了一些其他的技术,比如采用 CBOR 编码格式替代基于纯文本的 JSON 编码格式,降低对网络的要求,针对低功耗蓝牙(BLE)进行了特殊的优化,采用更加简化的加密机制等。

2) Weave Cloud

如果 Weave 设备和智能手机客户端在直接通信的范围之内,比如在同一个 WiFi 或蓝牙网络内,则可以通过智能手机客户端 App 直接管理和操作 Weave 设备。在很多情况下,智能手机客户端与 Weave 设备并不在同一个局域网内,这时就需要通过一个集中的后台进行相互通信,这个集中的后台,就是 Google 的 Weave 云平台(Weave Cloud)。其基本工作流程如下。

首先,基于 LibWeave 的设备,在成功配置之后,会主动通过网络连接到 Weave Cloud。同时,智能手机客户端 App 也会主动连接到 Weave Cloud。这两者都在同一个账号的约束范围之内,这个账号就是客户的 Google 账号。

当进行远端控制的时候,智能手机客户端会首先把命令发给 Weave Cloud,Weave Cloud 再把命令转发给 Weave 设备。对于状态信息,则是由 Weave 设备先发送给 Weave Cloud,然后中转到用户的智能手机客户端上。当然,这个过程中的所有通信数据,都是经过加密的。

除此之外,Weave Cloud 还提供很多其他的辅助功能,比如,可以为设备提供云端存储功能,设备的运行信息和中间产生的数据,可以同步到 Weave Cloud 中进行存储。根据 Google 的规划,将来还可能提供各种大数据或人工智能功能,总之,Weave Cloud 是整个 Weave 体系的核心。

就目前情况来说,Google 尚没有开源 Weave Cloud 的源代码的计划,所有的 Weave 客户端和 Weave 设备端,都需要连接到 Google 提供的 Weave Cloud 服务器上。

3) WeaveAPI

Weave 组件之间是通过 WeaveAPI 进行通信和交互的,Weave 定义了两类 API: Weave Cloud API 和 Weave Local API。智能手机客户端和 LibWeave 与 Weave Cloud 通信,必须使用 Weave Cloud API。而智能手机客户端与 LibWeave 之间的通信,则基于 Weave Local API。这两类 API 分别基于不同的传输层协议,完成通信功能。图 2-20 为 Weave 协议栈示意图。

需要说明的是,uWeave 与智能手机客户端之间的通信,也属于 Weave Local API 的范畴。但

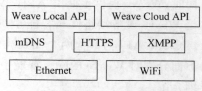

图 2-20　Weave 协议栈

是由于 uWeave 是针对资源受限的嵌入式应用场景所定制,很多情况下并不支持 TCP/IP,因此无法采用 mDNS 和 HTTPS 等技术,而是直接采用了低功耗蓝牙(BLE)技术。从目前的实现看,运行 uWeave 的物联网设备只会接受智能手机客户端的管理和控制,不会与 Weave Cloud 建立连接,因此不会用到 Weave Cloud API。

Weave 框架的优点十分明显,但是 Weave 也有其明显的不足,主要有以下几点:

首先,当前 Weave 框架实现的功能,还只是人对设备的控制和交互功能。即人可以通过 Weave Client 或 Weave Cloud 对 Weave Device 进行控制和管理。并没有实现物联网设备与设备之间的协同。举例来说,如果家里的煤气报警系统被触发,那么煤气报警系统可以立即通知通风系统,加强通风。同时立即通知智能门锁,尽快打开大门,以便家人快速逃生。显然这种物联网系统之间的直接通信,Weave 并没有实现。因此,从严格意义上说,Weave 并不能算作一个真正的物联网协同框架。

其次,Weave 虽然试图通过标准的 Schema 建立设备的通信标准,但是并没有引入一套完整的层次化的设备命名体系。一个基于 Weave 的物联网设备,只能在用户的 Google 账号范围内唯一识别,一旦超出 Google 账号的范围,就无法识别。

再次,Weave 的底层通信机制也并没有基于一个统一的标准。在 WiFi 和以太网等局域网环境内,Weave 是基于 TCP 协议进行通信的。但是在低功耗蓝牙领域,则直接基于蓝牙 API 通信。针对 ZigBee 以及 LoRa 等无线通信技术,Weave 还没有对应的解决方案。这种相对割裂的通信方式,会大大限制 Weave 的可移植性。

最后,作为 Weave 核心组件的 Weave Cloud,并没有开源。这样用户就只能使用 Gogole 的 Weave Cloud 作为后台服务系统。对一些希望建设自己的后台系统的物联网设备商来说,这是一个严重的阻碍。同时,由于 Google 的服务器并不是在每个地方都能访问到,对于一些无法访问 Google 服务的地方,则 Weave 几乎无法使用。

2.4.4　IoTivity 协同框架

1. 概述

为了解决不同物联网设备之间的互通问题,高通、Microsoft、Intel 等公司组成了一个叫作开放互连联盟(Open Interconnect Consortium,OIC)的组织,在 Linux 基金会的支持下,专门成立了一个 IoTivity 项目,用于实现 OIC 制定的物联网设备互连标准。

IoTivity 是一个典型的物联网协同框架,图 2-21 示意了 IoTivity 的软件组成。

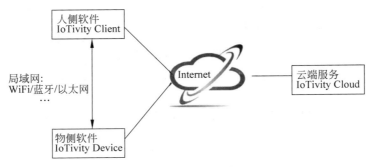

图 2-21　IoTivity 的软件组成

IoTivity Client 是运行在用户智能手机、计算机、Pad 等设备上的人侧软件。而
IoTivity Device 则是运行在物联网设备上的物侧软件,也是 IoTivity 项目重点开发和实现
的软件,IoTivity Cloud 实现了物联网云端服务(后台系统)。

需要注意的是,IoTivity Client 可以通过本地局域网直接控制 IoTivity 设备,无须经过
IoTivity 后台。前提是 IoTivity Client 和 IoTivity Device 能够位于同一个本地局域网上,能
够通过 WiFi、蓝牙或者以太网等网络技术直接通信。这与物联网协同框架中定义的人侧软
件和物侧软件交互机制相同。

在 IoTivity 的实现中,Client 通过 CoAP 协议与物联网设备交互。CoAP 协议是基于
IP/UDP 协议的一种低功耗通信协议,该协议通过 IP 的组播功能,实现设备的发现机制。
具体来说,就是运行 IoTivity Client 的设备,比如手机、计算机等,在本地局域网上发送设备
发现请求(device discovery),该请求是一个组播 IP 报文,会被所有运行 IoTivity Device 的
物联网设备接收到。在请求报文中,Client 会指定待发现的设备类型,比如智慧灯泡、智慧
门锁等。接收到发现请求的物联网设备,首先匹配自己的设备类型与请求报文中的设备类
型,如果一致,则单独给 Client 一个回应;如果不匹配,则直接丢弃该发现报文,不做回应。
通过这种机制,IoTivity Client 会把局域网中的所有物联网设备"收集上来",并呈现给用
户,从而完成管理和控制功能。

图 2-22 是 IoTivity Device 的整体技术框架示意图。

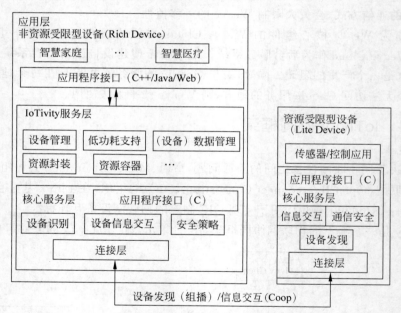

图 2-22　IoTivity Device 的整体技术框架

整个 IoTivity 的功能大致分为 3 层:最底层是核心服务层(Base Layer),中间一层是
IoTivity 服务层(为了与核心服务层区别,也可以叫附加服务层),最上层是具体的物联网应
用,比如智慧家庭、智慧医疗等。

为了处理上的方便,IoTivity 把目标设备分为了两类。一类是功能和资源丰富的智能
设备(Rich device),称为非资源受限型设备,比如手机、家庭网关、智慧电视等。这类设备具

备强大的 CPU 处理能力,具备几百兆字节甚至数吉字节的内存,具备丰富的通信能力。另外一类叫作资源受限型设备(Lite Device),这类设备的计算能力和通信能力往往很局限,比如,一些基于嵌入式控制器的嵌入式系统。在这两类设备中,智能设备运行全部的 IoTivity 协议栈;而功能受限设备,则只运行 IoTivity 的核心服务层。因为 IoTivity 的服务层需要相对强大的处理能力和计算资源,因此一般情况下无法在资源受限系统中运行。

核心服务层是 IoTivity 的核心,所有其他的层次,都是基于基本服务层进行构筑的。核心服务层包括设备识别、设备消息交互、安全策略以及一个抽象的连接层。核心服务采用 C 语言实现,通过 C 语言 API 向上层提供接口,供上层功能调用。核心服务层保留了最基本的功能和服务,因此对硬件设备的要求不高,可以运行在资源受限型设备上。

IoTivity 服务层则实现了常见的补充功能,包括物联网设备管理、物联网设备的数据管理、低功耗支持、资源封装、资源容器等功能。该层次是基于 IoTivity 的核心功能层实现的。与核心功能层不同,IoTivity 服务层是以 C++ 语言实现,其 API 也是基于 C++ 语言的。这个功能层对硬件计算能力和通信能力有较高的要求,大部分情况下都运行在智能设备上,很少(或没有)运行在资源受限型设备中。

最上层则是具体的应用层,比如智慧家庭、远程医疗、智慧城市等。这些应用程序通过调用 IoTivity 的 API 接口(包括 IoTivity 的服务层 API 接口,以及 IoTivity 的核心服务层 API 接口)实现特定的垂直功能。这部分内容是与具体的应用领域强相关的。

需要强调的是,应用层 App 并不是只能调用 IoTivity 服务层的 API 接口,也可以调用 IoTivity 的核心服务 API,需要根据实际需要具体实现。

下面重点介绍 IoTivity 核心服务层和 IoTivity 服务层,应用层因为与具体的垂直领域有关,在此不做重点说明。

2. IoTivity 的核心服务层与附加服务层

图 2-23 是 IoTivity 核心服务层的主要构成示意图。

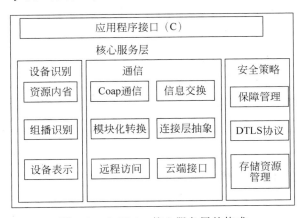

图 2-23　IoTivity 核心服务层的构成

从图 2-23 中可以发现,IoTivity 核心服务层主要包括设备识别,通信和安全策略 3 部分。这里主要介绍通信部分。IoTivity 的设计目标之一,就是支持多种现有的通信技术或协议,比如低功耗蓝牙、6LowPan、WiFi(IPv4 和 IPv6),以及支持远程连接的 XMPP 等协议。为了屏蔽这些不同协议或技术的细节,使得上层软件能够一致地访问不同的底层通信协议,IoTivity 专门定义了一个通信抽象层(Connectivity Abstraction Layer,CAL)。

所有的底层通信技术的实现细节,都隐藏在通信抽象层之下。通信抽象层提供了一个公共的平台层,为构筑在 CAL 之上的软件(比如 C Stack)、安全机制等提供了统一的接口。同时,CAL 还针对不同的底层通信技术,也向上提供了特定通信技术有关的功能接口,供上层软件按需调用。

对资源服务器来说,CAL 提供了组播报文的接收功能,以便资源服务器能够接收到来自客户端的资源发现请求。同时,CAL 也提供了针对资源受限设备的"组播禁止"功能,以便于这些资源受限设备能够按需禁止组播,以节约能耗。

附加服务层(在 IoTivity 框架中叫作 Service Layer,即服务层,为了与核心服务区别,翻译为"附加服务层")是 IoTivity 基于基础服务层开发的支撑物联网特定场景应用的公共服务,这些公共服务以组件化形式存在,每个服务都提供特定的 API(C++语言),供开发者调用,来实现某个特定的功能。这些辅助服务都有比较广泛的普适性,否则 IoTivity 也不会开发。

IoTivity 附加服务层依赖于 IoTivity 的核心服务层,需要调用核心服务层提供的 API(C 语言 API),完成特定的操作。IoTivity 附加服务层与核心服务层的关系,类似于物联网操作系统内核与外围功能组件之间的关系。同时,IoTivity 的附加服务层的功能组件不是固定的,而是随着 IoTivity 的发展,以及应用场景的变化而不断变化和增加。

图 2-24 是 IoTivity 附加服务层的主要构成示意图。

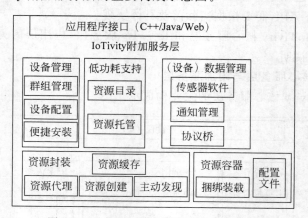

图 2-24　IoTivity 附加服务层的主要构成

2.5　公共智能引擎

通过物联网协同框架,可以使物联网设备之间建立关联,充分协作,完成单一物联网设备无法完成的功能。但是这种协同的功能还是局限于事先定义好的逻辑上。比如上述智慧商场中火警探测器和门禁系统的例子,必须在领域应用中编写代码,告诉火警探测器,一旦发生火警,就告诉门禁系统打开门禁。如果没有这样的程序逻辑,火警探测系统是不会通知门禁系统的。

如果希望物联网系统超出预定义的范围,能够达到一种自学习的程度,比如最开始火警探测器并不知道在发生火警时通知门禁系统,而是随着运行时间的增加,逐渐地"学习"到这种能力。这样只有物联网协同框架是无法做到的,必须引入智能引擎的支持。

物联网智能引擎,就是指包含了诸如语音与语义识别、机器学习等功能模块,以使得物联网能够超出"事先定义好"的活动规则,能够像人一样具备"智慧"。在物联网智能引擎内的功能模块,都是基础能力,可以供各种物联网应用所调用。比较典型的例子就是,在物联网设备中加入语音交互功能,人们通过自然语言,与物联网设备直接对话,达到下达指令的目的。

过去,一些 AI 算法的训练和推理都是在云上或者服务器上实现的,但是随着手机、可穿戴、物联网等终端设备硬件计算能力的不断提升,以及算法模型设计本身的演进,尺寸更小、能力更强的模型逐渐能够部署到端侧运行。在最贴近数据源头的设备侧实现机器学习,减少了端侧与云(服务)侧的数据传输,降低了响应时延,大大提升了用户体验。

需要指出的是,由于物联网操作系统目前处于发展初期阶段,智能引擎的引入也在初始阶段,有些厂商已经在做积极尝试布局。比如在 Windows 10 core IoT 物联网操作系统中 Cortana(Microsoft 小娜)已经被启用。Cortana 是 Microsoft 发布的全球第一款个人智能助理。它"能够了解用户的喜好和习惯""帮助用户进行日程安排、问题回答等"。Cortana 可以说是 Microsoft 在机器学习和人工智能领域方面的尝试。开源物联网操作系统 AliOS Things 3.0 在硬件驱动层集成了最新的平头哥 AI 芯片架构。华为 LiteOS 现已集成 MindSpore 轻量级 AI 推理框架,MindSpore 是华为自研的全场景训练推理一体化深度学习框架和平台,覆盖了云、手机、IoT 等领域的 AI 技术。

接下来简要介绍机器学习、语音交互和 DSL 语言的知识,帮助读者加深对智能引擎的理解。

2.5.1 机器学习

机器学习(Machine Learning)是一门涉及统计学、系统辨识、逼近理论、神经网络、优化理论、计算机科学、脑科学等诸多领域的交叉学科,研究计算机怎样模拟或实现人类的学习行为,以获取新的知识或技能,重新组织已有的知识结构使之不断改善自身的性能,是人工智能技术的核心。基于数据的机器学习是现代智能技术中的重要方法之一,研究从观测数据(样本)出发寻找规律,利用这些规律对未来数据或无法观测的数据进行预测。

根据学习模式将机器学习分类为监督学习、无监督学习和强化学习等。

监督学习是利用已标记的有限训练数据集,通过某种学习策略/方法建立一个模型,实现对新数据/实例的标记(分类)/映射,最典型的监督学习算法包括回归和分类。监督学习要求训练样本的分类标签已知,分类标签精确度越高,样本越具有代表性,学习模型的准确度越高。监督学习在自然语言处理、信息检索、文本挖掘、手写体辨识、垃圾邮件侦测等领域获得了广泛应用。

无监督学习是利用无标记的有限数据描述隐藏在未标记数据中的结构/规律,最典型的非监督学习算法包括单类密度估计、单类数据降维、聚类等。无监督学习不需要训练样本和人工标注数据,便于压缩数据存储、减少计算量、提升算法速度,还可以避免正、负样本偏移引起的分类错误问题。主要用于经济预测、异常检测、数据挖掘、图像处理、模式识别等领域,例如,组织大型计算机集群、社交网络分析、市场分割、天文数据分析等。

强化学习是智能系统从环境到行为映射的学习,以使强化信号函数值最大。由于外部环境提供的信息很少,所以强化学习系统必须靠自身的经历进行学习。强化学习的目标是学习从环境状态到行为的映射,使得智能体选择的行为能够获得环境最大的奖赏,使得外部环境对学习系统在某种意义下的评价为最佳。其在机器人控制、无人驾驶、下棋、工业控制等领域均已获得成功应用。

根据学习方法可以将机器学习分为传统机器学习和深度学习。

传统机器学习从一些观测(训练)样本出发,试图发现不能通过原理分析获得的规律,实现对未来数据行为或趋势的准确预测。相关算法包括逻辑回归方法、隐马尔可夫方法、支持向量机方法、K-近邻方法、三层人工神经网络方法、Adaboost 算法、贝叶斯方法以及决策树方法等。传统机器学习平衡了学习结果的有效性与学习模型的可解释性,为解决有限样本的学习问题提供了一种框架,主要用于有限样本情况下的模式分类、回归分析、概率密度估计等。传统机器学习方法共同的重要理论基础之一是统计学,在自然语言处理、语音识别、图像识别、信息检索和生物信息等许多计算机领域获得了广泛应用。

深度学习是建立深层结构模型的学习方法,典型的深度学习算法包括深度置信网络、卷积神经网络、受限玻尔兹曼机和循环神经网络等。深度学习又称为深度神经网络(指层数超过 3 层的神经网络)。深度学习作为机器学习研究中的一个新兴领域,由 G. Hinton 等于 2006 年提出。深度学习源于多层神经网络,其实质是给出了一种将特征表示和学习合二为一的方式。深度学习的特点是放弃了可解释性,单纯追求学习的有效性。经过多年的摸索尝试和研究,已经产生了诸多深度神经网络的模型,其中卷积神经网络、循环神经网络是两类典型的模型。卷积神经网络常被应用于空间性分布数据;循环神经网络在神经网络中引入了记忆和反馈,常被应用于时间性分布数据。深度学习框架是进行深度学习的基础底层框架,一般包含主流的神经网络算法模型,提供稳定的深度学习 API,支持训练模型在服务器和 GPU、TPU 间的分布式学习,部分框架还具备在包括移动设备、云平台在内的多种平台上运行的移植能力,从而为深度学习算法带来了前所未有的运行速度和实用性。目前,主流的开源算法框架有 TensorFlow、Caffe/Caffe2、CNTK、MXNet、Paddle Paddle、Torch/PyTorch、Theano 等。

机器学习是人工智能领域研究的核心问题之一,理论成果已经应用到人工智能的各个领域,机器学习算法通过模式识别系统根据事物特征将其划分到不同类别,通过对识别算法的选择和优化,使其具有更强的分类能力。机器学习模式识别流程如图 2-25 所示,包括获取数据、数据预处理、特征生成、特征选择、模式分类和最后生成分类结果等步骤。

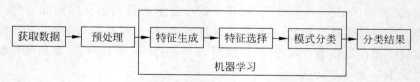

图 2-25 机器学习模式识别流程

本节介绍人工智能领域中有关于机器学习的几个比较著名的算法。

1. 感知器

感知器也叫理解分类器、神经元。美国计算机科学院 F. Roseblatt 于 1957 年提出感知器,这是神经网络第一个里程碑算法。所谓感知器,是一种用于二分类的线性分类模型,其输入为样本的特征向量,计算这些输入的线性组合,如果输出结果大于某个阈值就输出1,否则输出−1。作为一个线性分类器,感知器有能力解决线性分类问题,它是神经网络的基石,也可用于基于模式分类的学习控制。假设分类器的输入是通过某种途径获得的两个值(比如,体重和身高),输出是0和1,比如分别代表猫和狗,现在有一些样本如图2-26所示,可以认为横轴是身高,纵轴是体重,这里的圆点和星点分别表示狗和猫。从图2-26中可以发现,一条直线即可区分两组数据,分类器也就完成了。

由此进一步推理,一条直线把平面一分为二,一个平面把三维空间一分为二,一个 $n-1$ 维超平面把 n 维空间一分为二,两边分属不同的类,这种分类器就叫作神经元。

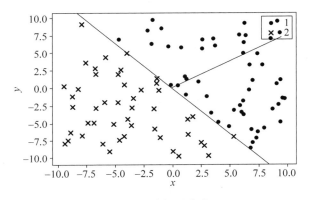

图 2-26　感知器分类

下面把神经元分类器的原理更形象化地表示出来,输入信号(以向量形式表现,树突接收)通过加权 w,然后进入胞体整合转化(学术上叫作激活函数),得到一个输出信号,这个输出信号就是最后的识别结果。

单个神经元的输入输出关系为

$$y_j = f(s_j) \tag{2-1}$$

f 为激活函数,其中

$$s_j = \sum_{i=1}^{n} \omega_i x_i - \theta \tag{2-2}$$

感知器结构如图2-27所示,具体包括:

(1) 输入向量(input)。输入向量用来训练感知器的原始数据。

(2) 阶梯函数(step function)。可以通过生物上的神经元阈值理解,当输入向量与权重相乘之后,如果结果大于阈值(比如0),则神经元激活(返回1);反之则神经元未激活(返回0)。

(3) 权重(weight)。感知器通过数据训练,学习到的权向量通过将它与输入向量点乘,把乘积代入阶梯函数后可以得到期待的结果,由于感知器自身结构的限制,使其应用被限制在一定的范围内。所以在采用感知器解决具体问题时有以下局限性:由于感知器的激活函数采用的是阈值函数,输出向量只能取0或1,所以只能用它解决简单的分类问题;感知器是一种线性分类器,在迭代过程中,如果训练数据不是线性可分的,那么可能导致训练最终无法收敛,得不到一个稳定的权重向量。

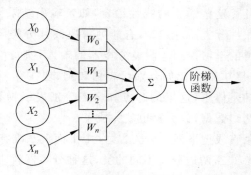

图 2-27 感知器结构

如何解决上述问题呢? 常见的解决方法是将多个感知器层层级联,底层的输出是高层的输入,这就构成了神经网络,如图 2-28 所示,这与人脑中的神经元很相似(它们由图 2-28 中的圆圈表示,这些神经元相互关联),每个神经元都有一些神经元作为其输入,又是另一些神经元的输入,数值向量就像电信号,在不同神经元之间传导,每个神经元只有满足了某种条件才会发射信号到下一层神经元。在图 2-28 中,神经元被分为 3 种不同类型的层:输入层、隐含层、输出层。

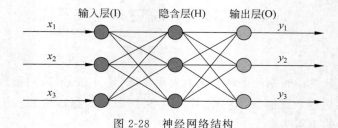

图 2-28 神经网络结构

输入层接收输入数据。输入层将输入传递给隐含层。隐含层对输入执行数学计算。创建神经网络的挑战之一是决定隐含层的数量,以及每层的神经元数量。深度学习中的“深层”就是指具有多个隐含层。输出层则返回输出数据。

神经网络的分类表达能力是极其强大的。比如,垃圾邮件识别的例子。现在有一封电子邮件,把出现在里面的所有词汇提取出来,送进一个机器里,机器需要判断这封邮件是否是垃圾邮件,解决方案就是输入表示字典里的每个词是否在邮件中出现,比如向量$(1,1,0,0,0,\cdots)$就表示这封邮件里只出现了两个词 abandon 和 abnormal,输出 1 表示邮件是垃圾邮件,输出 0 则表示邮件是正常邮件。再如猫、狗分类的例子。假设有一大堆猫、狗照片,把每张照片送进一个机器里,机器需要判断这幅照片里的东西是猫还是狗,假如每一张照片都是 320 像素×240 像素的红绿蓝三通道彩色照片,那么分类器的输入就是一个长度为 $320\times240\times3=230\ 400$ 的向量,输出 0 表示图片中是狗,输出 1 表示是猫。

感知器只能解决简单的线性分类问题,应用面很窄,但是在人工智能发展中起到了很大的推动作用。由于是第一个神经网络算法,所以感知器吸引了大量学者对神经网络开展研究,同时感知器也为后期更复杂的算法(如深度学习)奠定了基础。

2. 聚类算法

从机器学习的角度看,聚类算法是一种"无监督学习",训练样本的标记信息是未知的,根据数据的相似性和距离划分,聚类的数目和结构没有事先给定。聚类的目的是寻找数据簇中潜在的分组结构和关联关系,通过聚类使得同一个簇内的数据对象的相似性尽可能大,同时不在同一个簇中的数据对象的差异性也尽可能大。在人工智能中,聚类分析亦被称为"无先验学习",是机器学习中的重要算法,目前广泛应用于各种自然科学和工程领域,如心理学、生物学、医学等。

目前已经提出多种聚类算法,可分为划分方法、层次方法、基于密度的方法、基于网格的方法和基于模型的方法。其中,著名的分类算法 k-means 算法就是基于划分的聚类算法。

k-means 是一种基于距离的迭代式算法。它将 n 个观察实例分类到 k 个聚类中,以使得每个观察实例距离它所在的聚类的中心点比其他的聚类中心点的距离更小。

算法的过程如下。

(1) 所有的观测实例中随机抽取出 k 个观测点,作为聚类中心点,然后遍历其余的观测点,找到距离各自最近的聚类中心点,将其加入该聚类中。这样,就有了一个初始的聚类结果,这是一次迭代的过程。

(2) 每个聚类中心都至少有一个观测实例,这样就可以求出每个聚类的中心点(means),作为新的聚类中心,然后再遍历所有的观测点,找到距离其最近的中心点,加入该聚类中。

(3) 重复步骤(2),直到前后两次迭代得到的聚类中心点完全相同。

这样,算法就稳定了,这样得到的 k 个聚类中心,与距离它们最近的观测点构成 k 个聚类,就是所要的结果。实验证明,该算法是收敛的。

计算聚类的中心点有如下 3 种方法。

(1) Minkowski 距离公式——λ 可以随意取值,可以是负数,也可以是正数,或是无穷大。

$$d_{ij} = \sqrt{\sum_{k=1}^{n} |x_{ik} - x_{jk}|^{\lambda}} \tag{2-3}$$

(2) Euclid 距离公式——式(2-3)中 $\lambda=2$ 的情况。

$$d_{ij} = \sqrt{\sum_{k=1}^{n} (x_{ik} - x_{jk})^2} \tag{2-4}$$

(3) CityBlock 距离公式——(式 2-3)中 $\lambda=1$ 的情况。

$$d_{ij} = \sum_{k=1}^{n} |x_{ik} - x_{jk}| \tag{2-5}$$

如何评价一个聚类结果呢?计算所有观测点距离所对应的聚类中心的距离的平方和即可,我们称这个评价函数为 evaluate(C)。它越小,说明聚类越好。

k-means 算法非常简单,然而却也有许多问题。当结果簇是密集的,而且簇与簇之间的区别比较明显时,k-means 的效果较好。对于大数据集,k-means 是相对可伸缩的和高效的,它的复杂度是 $O(nkt)$,n 是对象的个数,k 是簇的数目,t 是迭代的次数,通常 $k \ll n$,且 $t \ll n$,所以算法经常以局部最优结束。

k-means 算法的最大问题是要求先给出 k 的个数。k 的选择一般基于经验值和多次实验结果,对于不同的数据集,k 的取值没有可借鉴性。另外,k-means 对孤立点数据是敏感的,少量噪声数据就能对平均值造成极大的影响。

3. 决策树

决策树(decision tree)是在已知情况发生概率的基础上,通过构成决策树求取净现值的期望值大于或等于零的概率,评价项目风险,判断其可行性的决策分析方法,是直观运用概率分析的一种图解法。由于这种决策分支画成图形很像一棵树的枝干,故称为决策树。

决策树是一种简单却使用广泛的分类器,通过训练数建立决策树对未知数据进行高效分类。一棵决策树一般包括根节点、内部节点和叶子节点;叶子节点对应最终决策结果,每一次划分过程遍历所有划分属性找到最好分割方式。在机器学习中,决策树是一个预测模型,它代表的是对象属性与对象值之间的一种映射关系。决策树(分类树)是一种十分常用的分类方法。它是一种监督学习。

决策树的目标是将数据按照对应的类属性进行分类,通过特征属性的选择将不同类别数据集合贴上对应的类别标签,使分类后的数据集纯度最高,而且能够通过选择合适的特征尽量使分类速度最快,减少决策树深度。

决策树生成过程一般分为 3 个步骤。

(1)特征选择:是指从训练数据中众多的特征中选择一个特征作为当前节点的分裂标准。如何选择特征有着很多不同量化评估标准,从而衍生出不同的决策树算法。

(2)决策树生成:根据选择的特征评估标准,从上至下递归地生成叶子节点,直到数据集不可分则停止决策树生长。

(3)剪枝:决策树容易过拟合,一般来说需要剪枝,缩小树结构规模、缓解过拟合。剪枝技术有预剪枝和后剪枝两种。

决策树的优点主要有:

(1)决策树易于理解和实现,人们在学习过程中不需要使用者了解很多的背景知识,这同时使它能够直接体现数据的特点,只要通过解释后都有能力去理解决策树所表达的意义。

(2)对于决策树,数据的准备往往是简单或者不必要的,而且能够同时处理数据型和常规型属性,在相对短的时间内能够对大型数据源得出可行且效果良好的结果。

(3)易于通过静态测试对模型进行评测,可以测定模型可信度;如果给定一个观察的模型,那么根据所产生的决策树很容易推出相应的逻辑表达式。

决策树的缺点主要有:

(1)对连续性的字段比较难预测。

(2)对有时间顺序的数据,需要很多预处理的工作。

(3)当类别太多时,错误可能就会增加得比较快。

(4)一般的算法分类的时候,只是根据一个字段来分类。

4. 卷积神经网络

当人工智能领域在 20 世纪 50 年代开始发展的时候,生物学家提出了简单的数学理论,解释智力和学习的能力如何产生于大脑神经元之间的信号传递。当时的核心思想一直保留到现在。如果这些细胞之间频繁通信,那么神经元之间的联系将得到加强。神经学研究表明,人类大脑在接收到外部信号时,不是直接对数据进行处理,而是通过一个多层的网络模型来获取数据的规律。这种层次结构的感知系统使视觉系统需要处理的数据量大大减少，并保留了有用的结构信息。由于这些信息的结构一般都很复杂，因此构造深度的机器学习算法实现一些人类的认知活动是很有必要的。

这里主要介绍一个经典的深度学习算法——卷积神经网络（Convolutional Neural Network，CNN）。卷积神经网络是近年发展起来，并引起广泛重视的一种高效识别方法。受生物自然视觉认知机制启发而来。20 世纪 60 年代，D. H. Hubel 和 T. Wiesel 在研究猫脑皮层中用于局部敏感和方向选择的神经元时，发现其独特的网络结构可以有效地降低反馈神经网络的复杂性。受此启发，1980 年，福岛邦彦提出了 CNN 的前身——神经认知机（neocognitron）。

20 世纪 90 年代，燕乐纯等发表论文，设计了一种多层的人工神经网络，取名 LeNet-5，可以对手写数字进行分类。LeNet-5 确立了 CNN 的现代结构，在每一个采样层前加入卷积层，如图 2-29 所示。在图像识别领域，CNN 已经成为一种高效的识别方法。

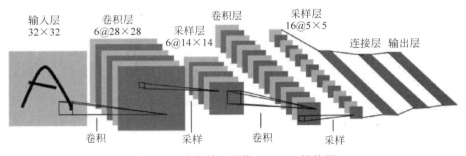

图 2-29　卷积神经网络 LeNet-5 结构图

卷积神经网络是一种前馈神经网络，它的人工神经元可以响应一部分覆盖范围内的周围单元。一般地，CNN 的基本结构包括两层。其一为特征提取层，每个神经元的输入与前一层的局部接受域相连，并提取该局部的特征。一旦该局部特征被提取后，它与其他特征间的位置关系也随之确定下来。其二是特征映射层，网络的每个计算层由多个特征映射组成，每个特征映射是一个平面，平面上所有神经元的权值相等。特征映射结构采用影响函数核小的 sigmoid 函数作为卷积网络的激活函数，使得特征映射具有位移不变性。此外，由于一个映射面上的神经元共享权值，因而减少了网络自由参数的个数。卷积神经网络中的每一个卷积层都紧跟着一个用来求局部平均与二次提取的计算层，这种特有的两次特征提取结构减小了特征分辨率。

CNN 主要用来识别位移、缩放及其他形式扭曲不变性的二维图形。由于 CNN 的特征检测层通过训练数据进行学习，所以在使用 CNN 时，避免了显示的特征抽取，而隐式地从训练数据中进行学习；再者由于同一特征映射面上的神经元权值相同，所以网络可以并行学习，这也是卷积网络相对于神经元彼此相连网络的一大优势。卷积神经网络以其局部权值共享的特殊结构在语音识别和图像处理方面有着独特的优势，其布局更接近于实际的生物神经网络，权值共享降低了网络的复杂性，特别是多维输入向量的图像可以直接输入网络这一特点避免了特征提取和分类过程中数据重建的复杂度。

2.5.2　人机语音交互技术

语音交互是人机交互的一种重要方式。本节首先介绍了人机交互技术的常用模型及设计原则;着重介绍了当前语音合成技术的实现流程及基本含义,同时详细说明了语音合成技术常用的两种方法:参数合成法与波形拼接法,并对两种方法的优劣进行了对比说明。另外,还介绍了语音识别技术的实现流程及基本含义,以及目前常用的语音识别实现方法。

1. 人机交互

人机交互(Human-Computer Interaction,HCI)技术是指选用某种有效的互动方式,使人与机器完成某种确定任务的信息交换过程,实现人与机器对话的技术。

目前公认较为经典的人机交互模型是 Norman 模型,它由执行和评估两个阶段组成。用户首先在机器上执行一个明确的工作,在执行过程中,用户根据每一个阶段的执行结果,评估下一步的执行结果,并依次确定下一步工作计划。根据用户的操作,Norman 模型分为7个阶段:

(1) 建立目标。

(2) 形成意向。

(3) 指定动作序列。

(4) 执行动作。

(5) 感知系统状态。

(6) 解释系统状态。

(7) 对照目标和意向评估系统状态。

Norman 模型不关注界面处理系统,而是将注意力完全放在与用户交互的观点上,从而形成一个执行-评估循环流程。

人机交互系统分为用户、输入、系统、输出 4 个部分。首先用户根据自身需求制定目标并将目标通过语音的形式输入到设备,翻译成机器可以识别的语言传送给任务系统,系统按照规则完成执行流程,至此,用户和系统之间就建立了沟通的机制和渠道;任务完成后系统将运行结果反馈给用户,同时将结果和预期的目标进行对比判断完成目标的评估流程。

人机交互流程包含 4 个阶段,如图 2-30 所示。

图 2-30　人机交互设计流程

(1) 需求:以用户为中心,建立起确切的需求。

(2) 分析:用特定方式对用户需求进行分析,与设计的后续阶段进行交流。

(3) 设计:使用标准形式的设计规则和指南,增强系统的可交互特性,使实用性最大化;迭代和原型化:对一个交互式系统的可用性、功能性、可接受性进行测试与评估,发现问题并提出解决方案。

(4) 实现和安装:依照设计进行制造和安装,包括编写代码、制作硬件、编写文档和使用手册。

2. 语音合成技术

语音交互是一种高效的交互方式,是人以自然语音或机器合成语音同计算机进行交互的综合性技术,结合了语言学、心理学、工程和计算机技术等领域的知识。语音交互不仅要对语音识别和语音合成进行研究,还要对人在语音通道下的交互机理、行为方式等进行研究。语音交互过程包括 4 部分:语音采集、语音识别、语义理解和语音合成。语音采集完成音频的录入、采样及编码;语音识别完成语音信息到机器可识别的文本信息的转化;语义理解根据语音识别转换后的文本字符或命令完成相应的操作;语音合成完成文本信息到声音信息的转换。作为人类沟通和获取信息最自然便捷的手段,语音交互比其他交互方式具备更多优势,能为人机交互带来根本性变革,是大数据和认知计算时代未来发展的制高点,具有广阔的发展前景和应用前景。

1) 基本概念

语音合成(Text To Speech,TTS)技术将文本内容转变为声音内容,是给机器装上嘴巴,模拟人的声音,让其开口说话,从而自动将任意文本实时转换为自然语言。

语音合成技术通过使用语音学规则、语义学规则词汇规则等各种规则及方法,保证语音合成的效果能够满足清晰度和自然度的要求。文本转换为语音要把文本信息按照相应规则变换成音韵序列,再将音韵序列转换为声音波形,因此文本信息转换为声音信息可分为两个阶段:第一阶段,文本转化为声音,该部分除使用韵律生成规则外,还涉及字音转换、分词等处理技术;第二阶段,生成语音波形,应用了语音学、语义学等语言学规则及算法,保证能够实时输出自然度高和清晰度高的语音流。由此可见,语音合成系统研究涉及语言学知识及相应的数字信号处理技术。

2) 语音合成的方法

语音合成技术的核心是按照一定规则将文本信息转换成声音信息。在多年的研究中,目前能够满足实用要求的语音合成技术主要使用了两种方法:波形拼接法及参数合成法。两种方法的实现原理和基本思想如下。

(1) 基于波形拼接的语音合成技术。

波形拼接法的基本思想是,先将合成语音的基本单元存储到语音库中,在合成时根据文本合成的要求,从语音库中读取基本单元,通过对波形的拼接和处理,最终合成所需要的语音。波形拼接法有两种实现形式:一是波形编码合成,类似于语音编码中的波形编解码,直接把要合成的语音的发音的波形进行波形编码压缩,然后在合成时再解码组合输出;二是波形编辑合成,语音合成使用波形编辑技术,通过在语音库中选择自然语音的合成单元的波形,然后将这些波形编辑拼接后输出。波形拼接合成法是一种比较简单的语音合成技术,通常用来合成有限词汇的语音段。

(2) 基于参数合成的语音合成系统。

参数合成法是一种比较复杂的方法,首先需要录制大量用来训练的声音,这些声音涵盖了人发音过程中所有读音,再对语音信号进行预处理,提取出语音的声学参数,使用隐马尔可夫模型(Hidden Markov Model,HMM)对自然语言的声学特征参数进行建模,整合成一个完整的音库。在发音过程中,首先根据需要发的音,从音库中选择合适的声学参数,通过语音合成算法产生 TTS 语音。参数语音合成方法的优点是语音库数据规模一般较小,并且标注精度要求相对降低,自然度高;缺点是参数合成技术的算法复杂,参数多,合成时占用的 CPU 资源较多,合成出的音质相对较差,带有合成器风格。

表 2-1 给出了语音合成方法的对比情况。

表 2-1 语音合成方法对比

对比项	波形拼接法	参数合成法
语音合成的自然度	自然度较好,但是不稳定	自然度较好,且稳定
合成语音的音质	音质较好	音质一般
表现力	受音库录音风格限制	表现力一般,但变化能力强
与原始发音人的相似度	相似度较高	相似度较差
系统大小	很大(2GB)	很小(1MB)
系统构建难度	很难	很快捷
多语种能力	支持较差,工作量较大	支持较好,工作量很小
合成效率	效率较高,内存消耗大	效率一般,模型复杂,CPU 消耗大
拓展能力	无	可衍生

通过表 2-1 可以看出,两种合成方法各有优劣,适用场景各不相同。例如,波形拼接法,适用于从大规模自然语流数据库中遵循适合的声学、合成算法提取出连续的语流,使合成的语音自然度接近甚至超过普通人的说话水平;而 HMM 的参数合成法适用于嵌入式应用,在保证合成语音清晰流畅的同时,充分降低合成系统的存储消耗,解决了嵌入式设备上的资源受限问题。

3. 语音识别技术

1)基本概念

语音识别(Automatic Speech Recognition,ASR)技术是将语音信息转化为机器可识别的文本信息。ASR 技术是一项综合性技术,涉及信号处理、声学、模式识别、计算机科学等学科。当前人说话方式的要求、词汇量、对说话的依赖程度是语音识别系统分类的 3 个依据。人说话方式的要求分为孤立词语音识别和连续语音识别,对说话人的依赖程度分为特定人和非特定人语音识别。不同的语音识别系统构建的流程及方法也不相同,图 2-31 是一个比较通用的语音识别系统构建示意图。

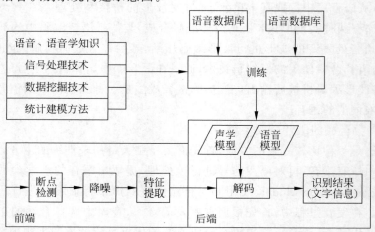

图 2-31 语音识别系统构建示意图

语音识别系统的搭建包含两个阶段：数据训练阶段和模型匹配识别阶段。在数据的训练阶段，首先对提前收集的语音数据进行信号处理及特征挖掘，得到语音识别阶段所需的语言模型和声学模型，该阶段是离线完成的；在模式匹配识别阶段，是对用户的语音数据进行自动匹配与识别，该过程通常是在线完成。识别过程通常又可以分为"前端"和"后端"两大模块："前端"模块主要的作用是进行断点检测（去除多余的静音和非说话声）、降噪、特征提取等；"后端"模块的作用是利用训练好的"声学模型"和"语言模型"对用户说话的特征向量进行统计模式识别（又称"解码"），得到其包含的文字信息，此外，后端模块还存在一个"自适应"的反馈模块，可以对用户的语音进行自学习，从而对"声学模型"和"语音模型"进行必要的"校正"，进一步提高识别的准确率。

2）语音识别方法

（1）动态时间调整（Dynamic Time Warping，DTW）。

语音信号是随机性的，同一个人说同一句话结果也会有所不同，在声调、时间等方面必然存在差距。动态时间调整算法的思想就是把未知量均匀地伸长或缩短，直到与参考模式的长度一致。在这一过程中，未知单词的时间轴要不均匀地扭曲或弯折，以使其特征与模型特征匹配，实际是规定范围内对不同的路径进行比较匹配，找到最优解作为匹配结果。该算法计算量较大，虽然识别效果不错，但实时性较差。

（2）隐马尔可夫模型（Hidden Markov Model，HMM）。

HMM 现已成为语音识别的主流技术，目前大多数大词汇量、连续语音的非特定人语音识别系统都是基于 HMM 模型的。语音信号虽然有很大的不确定性，但每次的语音信号的语义是确定的。基于这种特性，HMM 是对语音信号的时间序列结构建立统计模型，将之看作数学上的双重随机过程：一个是用具有有限状态数的马尔可夫链模拟语音信号统计特性变化的隐含的随机过程，另一个是与马尔可夫链的每一个状态相关联的观测序列的随机过程。前者通过后者表现出来，但前者的具体参数是不可测的。人的言语过程实际上就是一个双重随机过程，语音信号本身是一个可观测的时变序列，是由大脑根据语法知识和言语需要（不可观测的状态）发出的音素的参数流。可见，HMM 合理地模仿了这一过程，很好地描述了语音信号的整体非平稳性和局部平稳性，是较为理想的一种语音模型。

（3）人工神经元网络。

人工神经网络方法是 20 世纪 80 年代末期提出的一种新的语音识别方法。人工神经网络（Artificial Neural Networks，ANN）本质上是一个自适应非线性动力学系统，模拟了人类神经活动的原理，具有自适应性、并行性、鲁棒性、容错性和学习特性，其强大的分类能力和输入输出映射能力在语音识别中都很有吸引力。但是，ANN 系统由于存在识别时间、训练太长的缺点，目前仍处于实验探索阶段。

2.5.3　DSL

DSL（DomainSpecific Language，领域特定语言）与其对应的处理引擎是公共智能引擎中的重要模块。DSL 是针对某一种特定的应用领域开发的编程或操作语言，专门应用于一个相对独立的领域。这里的领域是指某种商业上的（例如，银行业、保险业等）上下文，也可以指某种应用程序的（例如，Web 应用、数据库等）上下文。这和通用语言（General-Purpose Language，GPL，请注意不要和 GPL 许可证混淆）不一样。计算机编程语言大部分都比较通用,可以为多种应用领域编写程序。GPL 则没有特定针对的领域,设计者不可能知道这种语言会在什么领域被使用,更不清楚用户打算解决的问题是什么,因此 GPL 会被设计成可用于解决任何一种问题、适合任何一种业务、满足任何一种需求。例如,Java 就属于GPL,它可以在 PC 或移动设备上运行,嵌入银行、金融、保险、制造业等各种行业的应用中。

因为 GPL 的通用性,无法照顾到某一个具体的领域,所以采用通用计算机语言来实现某一个具体领域的应用时就比较麻烦,需要专业的程序员经过复杂的编程工作。而 DSL 语言则是针对某一个很细的功能领域开发,专门应用于这个特定的领域。这样就可以针对这个特定的领域建立一些内置对象,定义领域特定的动作,并根据领域的习惯,定义领域特有的语法。采用 DSL 语言编写领域应用,就非常简单。HTML 是 DSL 的一个典型,它是在 Web应用上使用的语言,尽管 HTML 无法进行数字运算,但不影响它在这方面的广泛应用。

DSL 的目的是在某个领域中记录一些需求和行为,在某些方面(例如,金融商品交易),DSL 的适用场景可能更加狭窄。业务团队和技术团队能通过 DSL 有效地协同工作,因此DSL 除了在业务用途上有所发挥,还可以让设计人员和开发人员用于设计和开发应用程序。

从使用方式的角度,语言可以划分出以下两类:使用 DSL 形式编写或表示的语言和用于执行或处理 DSL 的语言(也叫宿主语言,host language)。由不同的语言编写并由另一种宿主语言处理的 DSL 被称为外部 DSL(extern DSL)。比如,以下就是可以在宿主语言中处理的 SQL 形式的 DSL:

```
SELECT account
FROM accounts
WHERE account = '123'AND branch = 'abc'AND amount > = 1000
```

可见,只要在规定了词汇和语法的情况下,DSL 也可以直接使用英语编写,并使用诸如ANTLR 这样的解析生成器(parser generator)以另一种宿主语言处理 DSL:

```
if smokes then increase premium by 10 %
```

如果 DSL 和宿主语言是同一种语言,那么这种 DSL 称为内部 DSL(internal DSL),其中 DSL 由以同一种语义的宿主语言编写和处理,因此又称为嵌入式 DSL(embedded DSL)。以下是两个例子。

1) Bash 形式的 DSL 可以由 Bash 解释器执行

```
if today_is_christmas;then apply_christmas_discount;fi
```

同时这也是一段看起来符合英语语法的 Bash。

2) 使用类似 Java 语法编写的 DSL

```
orderValue = orderValue
.applyFestivalDiscount()
.applyCustomerLoyalityDiscount()
.applyCustomerAgeDiscount();
```

很多语言都可以作为 DSL 使用。

- Web 应用：HTML。
- Shell：用于类 UNIX 系统的 sh、Bash、CSH 等；用于 Windows 系统的 MS-DOS、Windows Terminal、PowerShell 等。
- 标记语言：XML。
- 建模：UML。
- 数据处理：SQL 及其变体。
- 业务规则管理：Drools。
- 硬件：Verilog、VHD。
- 构建工具：Maven、Gradle。
- 数值计算和模拟：MATLAB(商业)、GNU Octave、Scilab。
- 解析器和生成器：Lex、YACC、GNU Bison、ANTLR。

现在有很多软件工具，可以用于定义 DSL，并提供执行解释引擎。开源的 DSL 软件包括：

- Xtext——Xtext 可以与 Eclipse 集成，并支持 DSL 开发。它能够实现代码生成，因此一些开源和商业产品都用它来提供特定的功能。用于农业活动建模分析的多用途农业数据系统(Multiplurpose Agriculture Data System，MADS)就是基于 Xtext 实现的一个项目。
- JetBrains MPS：JetBrains MPS 是一个可供开发 DSL 的集成开发环境，它将文档在底层存储为一个抽象树结构(Microsoft Word 也使用了这一概念)，因此它也自称为一个投影编辑器。JetBrains MPS 支持 Java、C、JavaScript 和 XML 的代码生成。

在物联网操作系统的公共智能引擎模块中，也应该提供 DSL 语言开发及解释的功能，以方便物联网特定场景的调用。

2.6　集成开发环境

集成开发环境是任何一个完备的操作系统所必须提供的功能组件，程序员通过集成开发环境的辅助，完成具体应用的开发，这些应用最终运行在目标操作系统上。比如，针对 Linux 操作系统的 GCC 开发工具套件、面向 Windows 操作系统的 Microsoft Visual Studio 集成开发环境以及跨平台的 Eclipse 集成开发环境等。

开发环境是丰富壮大操作系统生态圈的最核心组件，同时也是形成"二级开发模式"的基础。所谓二级开发模式，指的是包含操作系统平台本身功能开发的第一级开发，以及基于操作系统平台，进行应用程序开发或操作系统内核定制的二次开发。其中第一级开发，是由操作系统厂商或者开源社区完成。而第二级的二次开发，则是由具体的应用厂商开发完成。这两个层次的开发所用的工具是不同的。在第一级开发中，一般采用系统级的开发工具，大部分都是命令行模式，采用的开发语言，也是以 C/C++ 语言，甚至汇编语言为主。而第二级开发的时候，操作系统基础架构已构筑起来，对应的编程开发环境也已经完善，因此大部分采用图形化的开发环境。相对来说，第二级开发所需要的系统级的开发技能也相对较低。注意，这里说的是"系统级"的开发技能，主要是指对计算机 CPU 和硬件、操作系统内核等的理解和技能,并不是说面向应用的开发技能。实际上,无论是哪个层级的开发,只要深入进去,都不会太简单。

物联网领域也是如此。在物联网操作系统本身的开发中,会采用不同的相对专业的开发工具。在操作系统发布之后,也要提供一套完整的开发工具,方便物联网领域的程序员开发物联网应用。

一般的集成开发环境是由一系列工具组合而成的,比如 Microsoft 公司 Visual Studio 集成开发环境,虽然它是一个类似于 Office Word 的独立应用程序,程序员可以在其中完成程序的编写、编译、调试、运行,发布等全软件声明周期的所有活动,但是它也是由若干个独立工具组合在一起形成的集成软件工作台,比如编译工具、连接工具、调试工具、软件代码一致性检查工具等。面向物联网操作系统的集成开发环境也不例外,它是由一系列相互独立但又相互依赖的独立工具组成的。

集成开发环境必须具备如下特点:

(1) 物联网操作系统要提供丰富灵活的 API,供程序员调用,这组 API 应该能够支持多种语言。

(2) 最好充分利用已有的集成开发环境。比如可以利用 Eclipse、Visual Studio 等集成开发环境,这些集成开发工具具备广泛的应用基础,可以在 Internet 上直接获得良好的技术支持。

(3) 除配套的集成开发环境外,还应定义和实现一种紧凑的应用程序格式(类似 Windows 的 PE 格式),以适用物联网的特殊需要。通过对集成开发环境进行定制,使得集成开发环境生成的代码可以遵循这种格式。

(4) 应提供一组工具,方便应用程序的开发和调试。比如,提供应用程序下载工具、远程调试工具等,支持整个开发过程。

这里以华为 LiteOS 为例。华为 LiteOS 集成开发环境 IoT Studio 如图 2-32 所示。

图 2-32　华为 LiteOS 集成开发环境 IoT Studio

IoT Studio 是支持 LiteOS 嵌入式系统软件开发的工具,提供了代码编辑、编译、烧录及调试等"一站式"开发体验,支持 C、C++、汇编等多种开发语言。

IoT Studio 目前支持 Cortex-M0、Cortex-M4、Cortex-M7、Cortex-A7、ARM926EJ-S、RISC-V 等芯片架构。

IoT Studio 目前已经适配了多种开发板,主流支持小熊派 IoT 开发条件,另外还包括 GD、ST、HiSilicon、Fudan Microelectronics 等主流厂商的开发板,具体包括:

- ST 系列——STM32F429IG、STM32F411RE、STM32L431RB、STM32L431RC、STM32F746ZG。
- GD——GD32VF103V-EVAL。
- HiSilicon——Hi3516CV300。
- Fudan Microelectronics——FM33A04xx。

IoT Studio 支持新增 MCU 列表,以满足用户其他开发板的业务需求。

在 Windows 上搭建 IoT Studio 开发环境,编译调试 LiteOS 应用,LiteOS 提供了一键安装和手动安装两种方式。使用手动安装方式,需安装如下 8 个工具:

(1) gcc-arm-none-eabi——交叉编译链。

(2) OpenOCD——StLink 烧写调试工具。

(3) Ctags——用来生成 C 代码的 tags 文件,辅助智能编辑。

(4) Global——用来定位源文件中的各种对象。

(5) GNU Make——构建工具。

(6) Cflow——为源码生成直接和反向流程图。

(7) StLink——烧录、调试驱动。

(8) Jlink——烧录、调试驱动。

物联网操作系统集成开发环境目前仍然处于发展的初级阶段,未来的发展趋势主要有:

(1) 开发语言。针对设备侧、云平台侧和应用侧的语言选择并没有完全统一的标准。以应用侧为例,目前来说,未见专门面向物联网应用开发的语言,这不利于推动物联网的大发展,因此,必须选择一种适合物联网特点的开发语言。根据物联网本身的特征,适合物联网应用开发的语言,必须具备下列特征:

开发语言必须是跨硬件平台的。跨硬件平台的好处是,针对某一类功能相同或类似的物联网设备编写的应用程序,可以在这一类物联网设备上通用,而不管这类设备是不是同一个厂家的。比如针对智能摄像头而言,A 厂商的摄像头的配置,可能是 ARM 的 CPU,USB 接口,分辨率是 1024×768 等,而 B 厂商的摄像头可能是基于 x86 的 CPU,SPI 接口。基于摄像头编写一个人脸识别程序,如果采用跨平台的编程语言,则针对 A 厂商设备编写的应用程序,可以直接在 B 厂商的设备上使用。但是如果编程语言不是跨硬件平台的,比如 C/C++语言,则针对 A 厂商的摄像头编写的应用程序,必须经过重新编译(甚至还需要大量的修改)之后,才能在 B 厂商的摄像头上运行。物联网设备的碎片化特征,决定了开发语言必须是跨硬件平台的。

开发语言最好是面向对象的开发语言。面向对象编程方法,可以让程序员以更接近实际的方式理解应用场景,建立程序开发模型,同时也可以大大加快开发速度。对于大型的软件,面向对象思想可以简化开发维护过程,降低开发成本。在物联网领域,面向对象编程思想更有价值。因为开发者面对的是一个一个的"物",每个物体都可以抽象为程序开发领域的一个对象,通过不同对象(物)之间的消息交互,可以快速完成复杂应用系统的开发。要支持面向对象的编程思想,面向对象的编程语言是必需的。

开发语言最好能支持完善的"事件驱动"机制。与以人为中心的传统软件开发模式不同,物联网时代的软件,都是受"事件"驱动的。面向物联网的程序,大多数情况下处理的是一个一个的外部事件,根据外部事件做出响应。比如一个火警探测设备,会针对"探测到起火"等异步事件做出对应的动作。物联网软件开发,很多情况下就是编写一个一个的事件处理程序,并与事先定义好的事件关联在一起。这样一旦外部事件发生,则处理程序就会被调用。这种以"事件"为中心的物联网编程方法,必须配以能够支持完善事件驱动机制的开发语言。

在当前应用侧开发语言中,华为 LiteOS 操作系统已经包含了 JS 框架和 JS 虚拟机的运行引擎。

(2) 运行库。除了对编程语言的支持之外,另外一个集成开发环境的核心部件,是"物联网运行库"(物联网 Runtime)。任何一种开发语言,都有一个与之对应的运行库,比如针对 C 语言的 libc,针对 Java 语言的 J2SE/J2EE/J2ME 等配套库。这些运行库提供了开发过程中最常用的功能或函数,比如字符串操作、数字操作、I/O、数据库访问等。物联网开发领域也一样,必须有一套物联网运行库,提供最常见的物联网开发功能支持。下列与物联网应用开发相关的功能,应该在物联网运行库中实现:

- 支持物联网应用开发的最基本操作,比如字符串操作、文件 I/O、网络功能、任务管理、内存管理、数据库访问等。
- 常见传感器的访问接口,比如针对温度、湿度、重力、加速度、光照等常见传感器设计一套标准的访问接口,然后把这套访问接口作为物联网运行库的一部分进行实现。对应用程序来说,只需要调用这些接口即可访问对应的传感器,而不用关心传感器的物理参数(厂商,接口类型等)。
- 支撑物联网软件开发的基本编程机制,比如事件驱动机制的框架,面向对象机制的对象管理,等等。这些基本的机制,也需要在物联网运行库中实现,应用程序直接调用即可。
- 公共安全服务。比如用户或设备认证、访问鉴权、数据通信加密/解密等。这些基本的安全服务,在几乎每个物联网应用场景中都会涉及,因此作为公共服务,纳入物联网运行库中进行实现。
- 物联网协同框架提供的基本服务,也可以纳入物联网运行库中,暴露给应用程序。比如 IoTivity 协同框架的 API、CoAP 协议的 API,都可以作为物联网运行库的一部分功能来实现。
- 其他与具体领域相关的公共服务,比如物联网后台连接服务等,都可以作为领域特定物联网运行库的一部分来实现。

物联网运行库必须与物联网开发语言强相关,且物联网运行库的大部分代码,都是由物联网开发语言实现的。如果以 JavaScript 作为物联网开发语言,那么与之对应的物联网运行库,大部分会以 JavaScript 语言实现。物联网运行库有两种存在方式。一种是作为集成开发环境的一部分,在代码编译链接阶段,编译连接器从物联网运行库中选择与应用程序有关的代码片段,与应用程序编译在一起,形成一个可运行的程序包。在这种模式下,不需要加载全部物联网运行库,而只需要加载应用程序需要的一部分。另外一种存在方式,是在物联网操作系统的内核中。在这种情况下,物联网应用程序与物联网运行库是独立存在的,物联网应用程序在运行时,操作系统会根据需要,临时加载物联网运行库(或其中的一部分相关内容),支持物联网应用程序的运行。

(3)社区共享。物联网应用开发语言,物联网运行库,以及对应的编辑、编译、连接、调试等工具,组成了物联网开发环境的核心部分。除此之外,为了方便开发、分享、交流的目的,一个完善的开发社区也是必需的。开发者可以在这个社区上共享代码,讨论技术问题等。更重要的是,物联网集成开发环境可以与开发社区紧密结合,可以把成功的代码或有价值的模块发布到社区中。物联网开发环境可以直接根据程序员的需要,从社区中下载代码,并纳入到项目中。

2.7　安全框架

随着我国科技水平的不断提高,物联网已经逐渐普及并广泛应用,与此同时,物联网系统核心(操作系统)的安全问题越发显得急迫和突出。

随着物联网设备与应用逐渐增多,物联网操作系统面临的安全风险也逐渐增大。任何一个存在系统漏洞的物联网设备都会给整个物联网系统带来潜在的安全威胁,因此,亟待提出能更加有效保护物联网操作系统的安全机制。物联网设备、通信协议和应用场景的多样化与异构性也使对物联网操作系统很难构建一个系统的安全框架/体系。这些也是研究人员和厂商不断努力进一步完善物联网操作系统安全机制的动力。本书第4章将对物联网操作系统安全机制的相关知识做详细介绍,本节只做简要叙述。

2.7.1　物联网操作系统的安全需求

从总体上看,物联网操作系统的安全需求包括数据信息安全、用户隐私保护、攻击防护性能、访问权限控制和系统安全模型。

1. 数据信息安全

与传统互联网相比,物联网设备多半处于没有安全保护的状态下,因此,对于设备所含有的数据信息的安全防护功能具有较强的需要。另外,在物联网时代中,系统对于数据安全危害抵御能力的要求也得到了相应的提升,同时,由于物联网设备具有复杂性,因此,数据安全技术与模型算法也应进一步优化。

2. 用户隐私保护

相关资料显示,在物联网时代中,作为用户关注度最高的环节之一,用户隐私的保护成为物联网从业人员无法避开的重要问题。总的来看,用户隐私保护工作主要包括设备的使用与维修等两个方面。对于用户而言,物联网设备中存储了大量的用户私人信息,信息所涉及的领域包括账号密码、聊天记录、通话记录以及采购计划等诸多方面,此类信息一旦管理不善出现泄露,就会对用户个人造成极大的影响与困扰,因此,积极提升用户隐私保护性能,将会是物联网发展过程中的重要任务。

3. 攻击防护性能

与互联网操作系统相比,物联网操作系统所涉及的硬件设备相对较为复杂,数量也更为庞大,因此对于恶意攻击的监测与防护难度相对更为严峻。同时,由于物联网设备的分布较为广泛,且多数设备处于移动状态中,因此管理与防护的难度更大。同时,对于一些小型物联网设备,由于受到成本限制,导致其安全性能相对较低,从而易于受到攻击,且不利于安全管理人员的有效控制。因此,积极推动操作系统对于攻击的有效防护,是物联网发展的重要战略目标。

4. 访问权限控制

从设备的使用上来看,多数物联网设备的使用者具有不固定的特点,例如,在家庭中,不同使用者对于空调温度、电视亮度以及热水器水温等信息的喜好存在差异性,因此,在操作系统内部,应有效做好设备访问权限的控制工作,从而确保设备的安全应用。

5. 系统安全模型

在系统应用的问题上,为了有效确保系统的合理使用,应积极做好安全模型的创建工作,从 CPU 模型、安全模型、量产模型以及售后模型等方面对操作系统进行有效的创新与优化,以便为系统安全提供坚实的保障。

2.7.2 物联网操作系统安全框架的设计方案

1. 操作系统的创建环节

1) 保障系统框架的安全性

在创建环节,设计人员应有效保障操作系统框架具有较强的安全性,为了实现这一目的,在系统设计的过程中,设计人员应对系统运行过程中所涉及的安全问题进行较为全面的考虑,从而避免安全漏洞的出现。

2) 系统内核的合理设计

作为操作系统的中心,系统内核主要用于实现系统内存的管理与进程的调度工作,因此,为了保障操作系统的安全,应做好内核的合理设计工作。现阶段,我国针对内核研发的主要任务包括增加内容验证模块和优化原有内核设计方向两个环节。研究表明,通过上述优化工作的落实,可以实现系统对于攻击防护性能的优化。

3) 系统执行环境的创设

由于物联网所涉及的领域相对较为广泛,如果针对各个领域进行相应的防护,必将造成系统研发成本的增加。因此,在进行系统创设的过程中,为了确保核心程序的有效应用,应做好相应执行环境的创设工作。其中,在软件隔离方面,应通过对软件实施错误隔离的方式实现控制流的监测,以便保障系统运行的稳定性;在硬件隔离方面,可以通过安全协处理器的应用保障中央处理器的合理运行。

2. 操作系统的安全性能

1) 系统组件的有效管理

现阶段,我国物联网供应商的数量相对较多,且各个厂商定制的系统组件具有一定的差异性,不利于操作系统的统一管理。针对这一问题,在应用过程中,可以从组件的启动管理、运行验证以及更新控制等方面做好有效的协同管理,确保各个组件间的合理配合与协同运作,从而最大限度地实现碎片化问题的缓解与优化。

2) 漏洞监测技术的应用

相关研究表明,物联网操作系统的代码中多数存在已知的安全漏洞,不利于数据信息的有效管理,针对这一问题,相关部门应积极做好漏洞监测技术的引入与优化,推动监测范围的扩大与精度的提升,以便更好地提升对于系统运行的监测效果。

3. 操作系统的防御性能

1）落实轻量级系统防御

多数物联网设备以微型嵌入式设备为主,所使用的软件与硬件资源具有较强的限制性,往往仅能完成少量的计算工作,从而导致了防御性能的缺失与弱化。针对这一问题,应有效做好轻量级系统防御性能的研发与落实,以便保障系统防御能力的提升。

2）系统异常行为的管理

在运行过程中,物联网系统对于异常操作行为应具备相应的监测与管理能力,从运行方面看,在检测工作中,最大的问题在于物联网设备功能具有较强的差异性,不利于系统对于各个设备的统一管理与监测。针对这一情况,可以使用固定属性阈值与频率管理的方式进行异常行为的检查与干预,从而提升系统监测工作的适用性。

3）数据信息的隔离加密

相关调查显示,伴随着可穿戴设备的普及,物联网对于日常生活的影响不断提升,与此同时,用户隐私信息的管理工作逐渐得到社会各界的高度关注。为了解决这一问题,操作系统应积极对数据信息进行隔离与加密管理,以便确保信息的安全性。在启动过程中,用户可以对存储器进行自定义管理,以便保障数据信息的分区隔离,从而实现系统对于数据管理能力的强化。

2.7.3　实际应用

目前各大厂商都十分重视操作系统安全问题,纷纷在各自的物联网操作系统产品中使用有效方案。

比如2015年推出的华为LiteOS,就在内核层、传输层和应用层分别设计了安全机制。比如在内核层,LiteOS使用SafeArea技术使得进程之间相互隔离,保护敏感数据（如密钥、证书等）只能通过保护API访问;LiteOS区分用户态和内核态,限制应用对硬件和资源的访问;LiteOS设计了安全加载,对可信应用和非可信应用采取不同的加载和资源分配机制。在传输层,LiteOS采用了基于TLS/DTLS的加密传输机制。在应用层,LiteOS采用了可信应用签名和API认证机制。

又如AliOS Things物联网操作系统。该系统采取的安全框架从上往下分别由安全传输层协议、信任框架服务、网络设备ID、秘钥管理、可信执行环境等组成。安全传输层协议继承于Mbed TLS,对封装进行了高度优化;信任框架服务可以对接大部分的安全服务的框架;网络设备ID针对可信的IoT设备身份属性设计;秘钥管理通过使用硬件的安全功能提供可信的运行根（runtime root）;可信执行环境提供完整的可信执行环境。

2.8　小结

上述物联网操作系统内核、外围模块、应用开发环境等,都是支撑平台,支撑着更上一层的行业应用。行业应用才是最终产生生产力的软件,但是物联网操作系统是行业应用得以茁壮生长和长期有效生存的基础,只有具备了强大灵活的物联网操作系统,物联网这棵大树才能结出丰硕的果实。

习题

1. 简述物联网操作系统的体系结构。
2. 物联网操作系统内核具有哪些功能？
3. 内存管理一般具有哪些算法？
4. 线程间通信一般采用哪些方式？
5. 简述协同框架的基本功能。
6. 简述公共智能引擎的功能和实例。

## 第 3 章

典型物联网操作系统

操作系统是物联网时代的战略制高点,ARM、Google、Microsoft、华为、阿里巴巴等国内外著名的 IT 企业纷纷推出物联网操作系统,整个产业呈现出群雄逐鹿的壮观景象。传统的嵌入式系统公司也不甘示弱,纷纷通过开源和并购策略推出面向物联网软件平台,比如 Intel、风河、芯科和 Micrium。在一轮新的产业浪潮中,国内创业公司也走在风口浪尖上,他们纷纷推出自己的物联网操作系统,比如庆科、Ruff 和 RT-Thread。

物联网操作系统是架设在物联网设备上的,物联网设备种类众多,结构迥异,但是从计算资源和存储能力上大体可以分为两类:面向运算、存储能力较强的嵌入式设备,例如,工业网关、采集器等;面向对功耗、存储、计算资源有苛刻限制的终端设备,例如,单片机、芯片、模组。因此物联网操作系统从系统体积和功能应用上大致也可以分为两类:一类以 Android Things,Windows 10 IoT 等为典型代表,运行内存较大,运算能力较强;另一类是轻量级物联网操作系统,典型代表是华为 LiteOS,华为官方宣称 LiteOS 内核可精简至 10KB 左右。

由于 Linux 在嵌入式领域的强势地位,有相当数量的物联网操作系统将 Linux 内核作为操作系统的基础内核裁剪,优化设计后进行使用,比如 Android Things、Ostro 等。也有在实时嵌入式系统中广泛应用的实时操作系统在丰富组件和服务的支持下重新在物联网领域内得到广大爱好者喜爱和使用的例子,如 RT-Thread。RT-Thread 具有庞大的、活跃度较高的社区开发群体。

本章介绍目前的主流物联网操作系统。

3.1 RT-Thread

RT-Thread(Real Time-Thread)是一个集实时操作系统(RTOS)内核、中间件组件和开发者社区于一体的技术平台,RT-Thread 也是一个组件完整丰富、高度可伸缩、简易开发、超低功耗、高安全性的物联网操作系统。RT-Thread 具备一个 IoT OS 平台所需的所有关键组件,例如,图形用户界面 GUI、网络协议栈、安全传输、低功耗组件等。经过十多年的累积、发展,RT-Thread 已经拥有一个国内最大的嵌入式开源社区,同时被广泛应用于能源、车载、医疗、消费电子等多个行业,累积装机量超过两千万台,成为国人自主开发、国内最成熟稳定和装机量最大的开源 RTOS。

RT-Thread 拥有良好的软件生态,支持市面上所有主流的编译工具如 GCC、Keil、IAR

等,工具链完善、友好,支持各类标准接口,如 POSIX、CMSIS、C++应用环境、JavaScript 执行环境等,方便开发者移植各类应用程序。商用支持所有主流微控制器架构,如 ARM Cortex-M/R/A、MIPS、x86、Xtensa、C-Sky、RISC-V,几乎支持市场上所有主流的 MCU 和 WiFi 芯片。RT-Thread 主要采用 C 语言编写,浅显易懂,方便移植。它把面向对象的设计方法应用到实时系统设计中,使得代码风格优雅、架构清晰、系统模块化并且可裁剪性非常好。针对资源受限的 MCU 系统,可通过方便易用的工具,裁剪出仅需要 3KB Flash、1.2KB RAM 内存资源的 NANO 版本(NANO 是 RT-Thread 官方于 2017 年 7 月发布的一个极简版内核);而对于资源丰富的物联网设备,RT-Thread 又能使用在线的软件包管理工具,配合系统配置工具实现直观快速的模块化裁剪,无缝地导入丰富的软件功能包,实现类似 Android 的图形界面及触摸滑动效果、智能语音交互效果等复杂功能。

RT-Thread 系统完全开源,3.1.0 及以前的版本遵循 GPL V2 ＋开源许可协议。从 3.1.0 以后的版本遵循 Apache License 2.0 开源许可协议,实时操作系统内核及所有开源组件可以免费在商业产品中使用,不需要公布应用程序源码,没有潜在商业风险。

3.1.1 RT-Thread 的架构

RT-Thread 与其他很多 RTOS 之间的主要区别之一是,它不仅是一个实时内核,还具备丰富的中间层组件,它更是一个物联网操作系统。RT-Thread 的架构如图 3-1 所示。

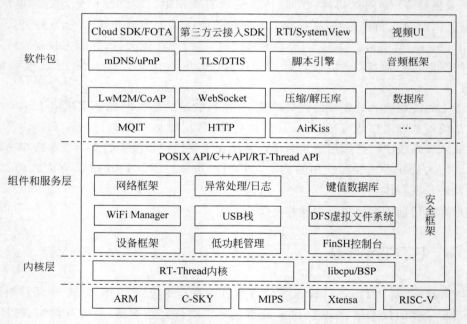

图 3-1 RT-Thread 的架构

具体来说,RT-Thread 包括以下部分。

(1) 内核层:RT-Thread 内核,是 RT-Thread 的核心部分,包括了内核系统中对象的实现,例如,多线程及其调度、信号量、邮箱、消息队列、内存管理、定时器等;与硬件密切相关的 libcpu/BSP(芯片移植相关文件/板级支持包),由外设驱动和 CPU 移植构成。从图 3-1 中可以发现,RT-Thread 支持主流嵌入式架构(如 ARM、MIPS、RISC-V 等)。

（2）组件与服务层：组件是基于 RT-Thread 内核之上的上层软件，例如，虚拟文件系统、FinSH 命令行界面、网络框架、设备框架等。组件与服务层采用模块化设计，做到组件内部高内聚，组件之间低耦合。

（3）RT-Thread 软件包：该软件包运行于 RT-Thread 物联网操作系统平台上，面向不同应用领域的通用软件组件，由描述信息、源代码或库文件组成。RT-Thread 提供了开放的软件包平台，这里存放了官方提供或开发者提供的软件包，该平台为开发者提供了众多可重用软件包的选择，这也是 RT-Thread 生态的重要组成部分。软件包生态对于一个操作系统的选择至关重要，因为这些软件包具有很强的可重用性，模块化程度很高，极大地方便应用开发者在最短时间内，打造出自己想要的系统。RT-Thread 已经支持的软件包数量已经达到 60 多种，下面给出一些例子。

- 物联网相关的软件包：Paho MQTT、WebClient、Mongoose、WebTerminal 等。
- 脚本语言相关的软件包：目前支持 JerryScript、MicroPython。
- 多媒体相关的软件包：Openmv、Mupdf。
- 工具类软件包：CmBacktrace、EasyFlash、EasyLogger、SystemView。
- 系统相关的软件包：RTGUI、Persimmon UI、Lwext4、Partition、SQLite 等。
- 外设库与驱动类软件包：RealTek RTL8710BN SDK。

3.1.2 RT-Thread 内核

操作系统的灵魂是内核，内核是操作系统最基础也是最重要的部分，内核为系统其他部分提供系统服务。图 3-2 为 RT-Thread 内核组成图，从图 3-2 中可以发现，内核处于硬件层之上，内核部分包括内核库、实时内核实现。

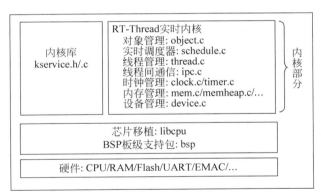

图 3-2 RT-Thread 内核组成

内核的正常工作离不开底层硬件和硬件抽象层的支持。RT-Thread 支持多种 CPU、存储器等设备。硬件抽象层最常见的表现形式是板级支持包 bsp。有关于板级支持包的知识已经在 1.2.1 节中予以说明。

内核库（kernel library）是为了保证内核能够独立运行的一套小型的类似 C 库的函数实现子集。根据编译器的不同，自带 C 库的情况也会有些不同，当使用 GNU GCC 编译器时，会携带更多的标准 C 库实现。RT-Thread Kernel Service Library 仅提供内核用到的一小部分 C 库函数实现，为了避免与标准 C 库重名，在这些函数前都会添加上 rt_前缀。

实时内核(real-time kernel)的实现包括对象管理、线程管理及调度器、线程间通信管理、时钟管理、内存管理和设备管理等。最小的实时内核仅需 3KB ROM、1.2KB RAM 空间。

1) 线程调度

线程是 RT-Thread 操作系统中最小的调度单位,线程调度算法是基于优先级的全抢占式多线程调度算法,即在系统中除了中断处理函数、调度器上锁部分的代码和禁止中断的代码是不可抢占的之外,系统的其他部分都是可以抢占的,包括线程调度器自身。实时内核支持 256 个线程优先级(也可通过配置文件更改为最大支持 32 个或 8 个线程优先级,针对 STM32 默认配置是 32 个线程优先级),0 优先级代表最高优先级,最低优先级留给空闲线程使用;同时它也支持创建多个具有相同优先级的线程,相同优先级的线程间采用时间片轮转调度算法进行调度,使每个线程运行相应时间;另外,调度器在寻找那些处于就绪状态的具有最高优先级的线程时,所经历的时间是恒定的,系统也不限制线程数量的多少,线程数目只与硬件平台的具体内存相关。

2) 内存管理

RT-Thread 支持静态内存池管理及动态内存堆管理。当静态内存池具有可用内存时,系统对内存块分配的时间将是恒定的;当静态内存池为空时,系统将申请内存块的线程挂起或阻塞掉(即线程等待一段时间后仍未获得内存块就放弃申请并返回,或者立刻返回。等待的时间取决于申请内存块时设置的等待时间参数),当其他线程释放内存块到内存池时,如果有挂起的待分配内存块的线程存在,则系统会将这个线程唤醒。动态内存堆管理模块在系统资源不同的情况下,分别提供了面向小内存系统的内存管理算法及面向大内存系统的 SLAB 内存管理算法。

RT-Thread 还有一种动态内存堆管理叫作 memheap(见 2.2.4 节中的介绍),适用于系统含有多个地址可不连续的内存堆。使用 memheap 可以将多个内存堆"粘贴"在一起,让用户操作起来像是在操作一个内存堆。

3) 时钟管理

RT-Thread 的时钟管理以时钟节拍为基础,时钟节拍是 RT-Thread 操作系统中最小的时钟单位。RT-Thread 的定时器提供两类定时器机制:第一类是单次触发定时器,这类定时器在启动后只会触发一次定时器事件,然后定时器自动停止;第二类是周期触发定时器,这类定时器会周期性地触发定时器事件,直到用户手动停止定时器,否则将永远持续执行下去。

另外,根据超时函数执行时所处的上下文环境,RT-Thread 的定时器可以设置为 HARD_TIMER 模式或者 SOFT_TIMER 模式。

通常使用定时器定时回调函数(即超时函数),完成定时服务。用户根据自己对定时处理的实时性要求选择合适类型的定时器。

4) 线程间同步

RT-Thread 实时内核采用信号量、互斥量与事件集实现线程间同步。线程通过对信号量、互斥量的获取与释放进行同步;互斥量采用优先级继承的方式解决了实时系统常见的优先级翻转问题。线程同步机制支持线程按优先级等待或按先进先出方式获取信号量或互斥量。线程通过对事件的发送与接收进行同步;事件集支持多事件的"或触发"和"与触发",适合于线程等待多个事件的情况。

5) 线程间通信

RT-Thread 支持邮箱和消息队列等通信机制。邮箱中一封邮件的长度固定为 4B 大小;消息队列能够接收不固定长度的消息,并把消息缓存在自己的内存空间中。邮箱效率较消息队列更为高效。邮箱和消息队列的发送动作可安全用于中断服务例程中。通信机制支持线程按优先级等待或按先进先出方式获取。

6) I/O 设备管理

RT-Thread 实时内核将 PIN、I²C、SPI、USB、UART 等作为外设,统一通过设备注册完成。实现了按名称访问的设备管理子系统,可按照统一的 API 界面访问硬件设备。在设备驱动接口上,根据嵌入式系统的特点,对不同的设备可以挂载相应的事件。当设备事件触发时,由驱动程序通知上层的应用程序。

下面介绍 RT-Thread 中的几个重要概念。

1. RT-Thread 内核对象模型

RT-Thread 在开发中借鉴了 Linux 内核对象的思想,并且根据自身特性和需求发展了 RT-Thread 内核对象。在 Linux 2.6 内核中,引入了一种称为"内核对象"(kernel object)的设备管理机制,该机制是基于一种底层数据结构,通过这个数据结构,可以使所有设备在底层都具有一个公共接口,以便于设备或驱动程序的管理和组织。kobject 在 Linux 2.6 内核中是由 struct kobject 表示的。通过这个数据结构使所有设备在底层都具有统一的接口,kobject 提供基本的对象管理,是构成 Linux 2.6 设备模型的核心结构。

同理,RT-Thread 内核也采用了面向对象的设计思想进行设计,系统级的基础设施都是一种内核对象,例如,线程、信号量、互斥量、定时器等。内核对象分为两类:静态内核对象和动态内核对象,静态内核对象在系统启动后在程序中初始化;动态内核对象则是从内存堆中创建的,而后手动初始化。

以下代码是一个关于静态线程和动态线程的例子。

```
static struct rt_thread thread1;              /* 线程 1 的对象和运行时用到的栈 */
static rt_uint8_t thread1_stack[512];
void thread1_entry(void * parameter)          /* 线程 1 入口 */
{
    int i;
    while (1)
    {
        for (i = 0; i < 10; i ++)
        {
            rt_kprintf(" % d\n", i);
            rt_thread_mdelay(100);            /* 延时 100ms */
        }
    }
}
void thread2_entry(void * parameter)          /* 线程 2 入口 */
{
    int count = 0;
    while (1)
```

```
        {
            rt_kprintf("Thread2 count:% d\n", ++count);
            rt_thread_mdelay(70);              /* 延时 70ms */
        }
    }
    int thread_sample_init()                   /* 线程例程初始化 */
    {
        rt_thread_t thread2_ptr;
        rt_err_t result;

                                               /* 初始化线程 1 ,线程的入口是 thread1_entry,参
                                                  数是 RT_NULL,线程栈是 thread1_stack,优先级
                                                  是 188,时间片是 8 个 OS Tick */
        result = rt_thread_init(&thread1,
                                "thread1",
                                thread1_entry, RT_NULL,
                                &thread1_stack[0], sizeof(thread1_stack),
                                188, 8);
        if (result == RT_EOK) rt_thread_startup(&thread1);
        thread2_ptr = rt_thread_create("thread2",
                                thread2_entry, RT_NULL,
                                512, 250, 25);    /* 创建线程 2, 线程的入口是 thread2_entry,
                                                     参数是 RT_NULL, 栈空间是 512,优先级是
                                                     250,时间片是 25 个 OS Tick */
        if (thread2_ptr != RT_NULL) rt_thread_startup(thread2_ptr);
        return 0;
    }
```

在这个例子中,thread1 是一个静态线程对象,而 thread2 是一个动态线程对象。thread1 对象所占据的内存空间(包括线程控制块 thread1 与栈空间 thread1_stack)都是编译时决定的,因为代码中都不存在初始值,所以统一放在未初始化数据段中。thread2 运行中用到的空间都是动态分配的,包括线程控制块(thread2_ptr 指向的内容)和栈空间。

静态对象会占用 RAM 空间,不依赖于内存堆管理器,内存分配时间确定。动态对象则依赖于内存堆管理器,运行时申请 RAM 空间,当对象被删除后,占用的 RAM 空间被释放。这两种方式各有利弊,可以根据实际环境需求选择具体使用方式。

2. 内核对象管理架构

RT-Thread 采用内核对象管理系统来访问和管理所有内核对象,内核对象包含了内核中的绝大部分设施,这些内核对象可以是静态分配的静态对象,也可以是从系统内存堆中分配的动态对象。

通过这种内核对象的设计方式,RT-Thread 做到了不依赖于具体的内存分配方式,系统的灵活性得到极大的提高。

RT-Thread 内核对象包括线程、信号量、互斥量、事件、邮箱、消息队列、定时器、内存池和设备驱动等。对象容器中包含了每类内核对象的信息,包括对象类型、大小等。对象容器给每类内核对象分配了一个链表,所有的内核对象都被链接到该链表上,如 RT-Thread 的内核对象容器及链表如图 3-3 所示。

内核对象容器包含了众多的对象信息,其数据结构如下所示。

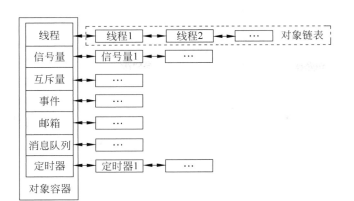

图 3-3 RT-Thread 的内核对象容器及链表

```
struct rt_object_information
{
    enum rt_object_class_type type;        /* 对象类型 */
    rt_list_t object_list;                 /* 对象链表 */
    rt_size_t object_size;                 /* 对象大小 */
};
```

一类对象由一个 rt_object_information 结构体管理,每一个这类对象的具体实例都通过链表的形式挂载在 object_list 上。而这一类对象的内存块尺寸由 object_size 标识出来(每一类对象的具体实例所占有的内存块大小都是相同的)。

图 3-4 显示了 RT-Thread 中各类内核对象的派生和继承关系。rt_object 是各类内核对象的基类,它提供基本的对象管理,是构成 RT-Thread 内核对象模型的核心结构。rt_object 也叫内核对象控制块,它的数据结构如下所示。

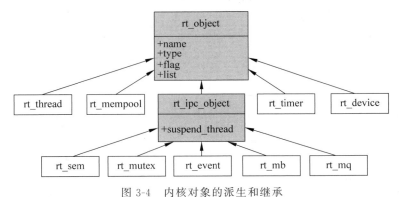

图 3-4 内核对象的派生和继承

```
struct rt_object
{
    char name[RT_NAME_MAX];                /* 内核对象名称 */
    rt_uint8_t type;                       /* 内核对象类型 */
    rt_uint8_t flag;                       /* 内核对象参数 */
    rt_list_t list;                        /* 内核对象管理链表 */
};
```

对于每一种具体内核对象和对象控制块,除了基本结构外,还有自己的扩展属性(私有属性),例如,对于线程控制块 rt_thread,在基类对象基础上进行扩展,增加了线程状态、优先级等属性。这些属性在基类对象的操作中不会用到,只有在与具体线程相关的操作中才会使用。因此从面向对象的观点,可以认为每一种具体对象是抽象对象的派生,继承了基本对象的属性并在此基础上扩展了与自己相关的属性。

在对象管理模块中,定义了通用的数据结构,用来保存各种对象的共同属性,各种具体对象只需要在此基础上加上自己的某些特别的属性,就可以清楚地表示自己的特征。

这种设计方法的优点有:

(1) 提高了系统的可重用性和扩展性,增加新的对象类别很方便,只需要继承通用对象的属性再加少量扩展。

(2) 提供统一的对象操作方式,简化了各种具体对象的操作,提高了系统的可靠性。

图 3-4 中由对象控制块 rt_object 派生出来的有线程对象、内存池对象、定时器对象、设备对象和 IPC 对象(Inter-Process Communication,简称 IPC,即进程间通信。在 RT-Thread 实时操作系统中,IPC 对象的作用是进行线程间同步与通信);由 IPC 对象派生出信号量、互斥量、事件、邮箱与消息队列、信号等对象。

目前内核对象支持的类型如下。

```
enum rt_object_class_type
{
    RT_Object_Class_Thread = 0,            /* 对象为线程类型 */
# ifdef RT_USING_SEMAPHORE
    RT_Object_Class_Semaphore,             /* 对象为信号量类型 */
# endif
# ifdef RT_USING_MUTEX
    RT_Object_Class_Mutex,                 /* 对象为互斥量类型 */
# endif
# ifdef RT_USING_EVENT
    RT_Object_Class_Event,                 /* 对象为事件类型 */
# endif
# ifdef RT_USING_MAILBOX
    RT_Object_Class_MailBox,               /* 对象为邮箱类型 */
# endif
# ifdef RT_USING_MESSAGEQUEUE
    RT_Object_Class_MessageQueue,          /* 对象为消息队列类型 */
# endif
# ifdef RT_USING_MEMPOOL
    RT_Object_Class_MemPool,               /* 对象为内存池类型 */
# endif
# ifdef RT_USING_DEVICE
    RT_Object_Class_Device,                /* 对象为设备类型 */
# endif
    RT_Object_Class_Timer,                 /* 对象为定时器类型 */
# ifdef RT_USING_MODULE
    RT_Object_Class_Module,                /* 对象为模块 */
# endif
    RT_Object_Class_Unknown,               /* 对象类型未知 */
    RT_Object_Class_Static = 0x80          /* 对象为静态对象 */
};
```

在使用一个未初始化的静态对象前，必须先对其初始化。初始化对象使用以下接口：

```
void rt_object_init(struct  rt_object *   object ,
                    enum rt_object_class_type  type,
                    const char * name)
```

当调用这个函数进行对象初始化时，系统会把这个对象放置到对象容器中管理，即初始化对象的一些参数，然后把这个对象节点插入对象容器的对象链表中，对该函数的输入参数的描述如表 3-1 所示。

表 3-1 初始化函数参数

参数	描　　述
object	需要初始化的对象指针，它必须指向具体的对象内存块，而不能是空指针或野指针
type	对象的类型，必须是 rt_object_class_type 枚举类型中列出的除 RT_Object_Class_Static 以外的类型（对于静态对象，或使用 rt_object_init 接口进行初始化的对象，系统会把它标识成 RT_Object_Class_Static 类型）
name	对象的名字。每个对象可以设置一个名字，这个名字的最大长度由 RT_NAME_MAX 指定，并且系统不关心它是不是以 '\0' 作为终结符

从内核对象管理器中脱离一个对象。脱离对象使用以下接口。

```
voidrt_object_detach(rt_object_t object);
```

调用该接口，可使得一个静态内核对象从内核对象容器中脱离出来，即从内核对象容器链表上删除相应的对象节点。对象脱离后，对象占用的内存并不会被释放。

上述描述的都是对象初始化、脱离的接口，都是在已经有面向对象内存块的情况下，而动态的对象则可以在需要时申请，不需要时释放出内存空间给其他应用使用。申请分配新的对象可以使用以下接口。

```
rt_object_t rt_object_allocate(enum  rt_object_class_type type ,
                    const  char *  name)
```

在调用以上接口时，系统首先需要根据对象类型获取对象信息（特别是对象类型的大小信息，以便系统能够分配正确大小的内存数据块），而后从内存堆中分配对象所对应的内存空间，然后再对该对象进行必要的初始化，最后将其插入它所在的对象容器链表中。对该函数的输入参数的描述如表 3-2 所示。

表 3-2 申请分配对象函数参数

参数	描　　述
type	分配对象的类型，只能是 rt_object_class_type 中除 RT_Object_Class_Static 以外的类型。并且经过这个接口分配出来的对象类型是动态的，而不是静态的
name	对象的名字。每个对象可以设置一个名字，这个名字的最大长度由 RT_NAME_MAX 指定，并且系统不关心它是不是以 '\0' 作为终结符

续表

参数	描　　述
返回	—
分配成功的对象句柄	分配成功
RT_NULL	分配失败

对于一个动态对象,当不再使用时,可以调用如下接口删除对象,并释放相应的系统资源。

```
void rt_object_delete(rt_object_t object);
```

当调用以上接口时,首先从对象容器链表中脱离对象,然后释放对象所占用的内存。参数 object 描述了对象的句柄。

3. RT-Thread 内核配置示例

RT-Thread 的一个重要特性是高度可裁剪性,支持对内核进行精细调整,对组件进行灵活拆卸。

配置主要通过修改工程目录下的 rtconfig.h 文件进行,用户可以通过打开/关闭该文件中的宏定义对代码进行条件编译,最终达到系统配置和裁剪的目的。

1) RT-Thread 内核部分

```
#define RT_NAME_MAX 8                   /* 表示内核对象的名称的最大长度,若代码中对象名称的
                                           最大长度大于宏定义的长度,多余的部分将被截掉 */
#define RT_ALIGN_SIZE 4                 /* 字节对齐时设定对齐的字节个数.常使用 ALIGN(RT_
                                           ALIGN_SIZE) 进行字节对齐 */
#define RT_THREAD_PRIORITY_MAX 32       /* 定义系统线程优先级数;通常用 RT_THREAD_PRIORITY_
                                           MAX-1 定义空闲线程的优先级 */
#define RT_TICK_PER_SECOND 100          /* 定义时钟节拍,为 100 时表示 100 个 tick 每秒,一个
                                           tick 为 10ms */
#define RT_USING_OVERFLOW_CHECK         /* 检查栈是否溢出,未定义则关闭 */
#define RT_DEBUG                        /* 定义该宏开启 debug 模式,未定义则关闭 */
#define RT_DEBUG_INIT 0                 /* 开启 debug 模式时:该宏定义为 0 时表示关闭打印组件
                                           初始化信息,定义为 1 时表示启用 */
#define RT_DEBUG_THREAD 0               /* 开启 debug 模式时:该宏定义为 0 时表示关闭打印线程
                                           切换信息,定义为 1 时表示启用 */
#define RT_USING_HOOK                   /* 定义该宏表示开启钩子函数的使用,未定义则关闭 */
#define IDLE_THREAD_STACK_SIZE 256      /* 定义了空闲线程的栈大小 */
```

2) 线程间同步与通信部分
该部分会使用到的对象有信号量、互斥量、事件、邮箱、消息队列、信号等。

```
#define RT_USING_SEMAPHORE      /* 定义该宏可开启信号量的使用,未定义则关闭 */
#define RT_USING_MUTEX          /* 定义该宏可开启互斥量的使用,未定义则关闭 */
#define RT_USING_EVENT          /* 定义该宏可开启事件集的使用,未定义则关闭 */
#define RT_USING_MAILBOX        /* 定义该宏可开启邮箱的使用,未定义则关闭 */
```

```
# define RT_USING_MESSAGEQUEUE            /* 定义该宏可开启消息队列的使用,未定义则关闭 */
# define RT_USING_SIGNALS                 /* 定义该宏可开启信号的使用,未定义则关闭 */
```

3）内存管理部分

```
# define RT_USING_MEMPOOL                 /* 开启静态内存池的使用 */
# define RT_USING_MEMHEAP                 /* 定义该宏可开启两个或两个以上内存堆拼接的使用,未
                                             定义则关闭 */
# define RT_USING_SMALL_MEM               /* 开启小内存管理算法 */
# define RT_USING_SLAB                    /* 关闭 SLAB 内存管理算法 */
# define RT_USING_HEAP                    /* 开启堆的使用 */
```

4）内核设备对象

```
# define RT_USING_DEVICE                  /* 表示开启了系统设备的使用 */
# define RT_USING_CONSOLE                 /* 定义该宏可开启系统控制台设备的使用,未定义则
                                             关闭 */
# define RT_CONSOLEBUF_SIZE 128           /* 定义控制台设备的缓冲区大小 */
# define RT_CONSOLE_DEVICE_NAME "uart1"   /* 控制台设备的名称 */
```

5）自动初始化方式

```
# define RT_USING_COMPONENTS_INIT         /* 定义该宏开启自动初始化机制,未定义则关闭 */
# define RT_USING_USER_MAIN               /* 定义该宏开启设置应用入口为 main 函数 */
# define RT_MAIN_THREAD_STACK_SIZE 2048   /* 定义 main 线程的栈大小 */
```

6）FinSH

```
# define RT_USING_FINSH                   /* 定义该宏可开启系统 FinSH 调试工具的使用,未定义
                                             则关闭 */
# define FINSH_THREAD_NAME "tshell"       /* 开启系统 FinSH 时:将该线程名称定义为 tshell */
# define FINSH_USING_HISTORY              /* 开启系统 FinSH 时:使用历史命令 */
# define FINSH_HISTORY_LINES 5            /* 开启系统 FinSH 时:对历史命令行数的定义 */
# define FINSH_USING_SYMTAB               /* 开启系统 FinSH 时:定义该宏开启使用 Tab 键,未定
                                             义则关闭 */
# define FINSH_THREAD_PRIORITY 20         /* 开启系统 FinSH 时:定义该线程的优先级 */
# define FINSH_THREAD_STACK_SIZE 4096     /* 开启系统 FinSH 时:定义该线程的栈大小 */
# define FINSH_CMD_SIZE 80                /* 开启系统 FinSH 时:定义命令字符长度 */
# define FINSH_USING_MSH                  /* 开启系统 FinSH 时:定义该宏开启 MSH 功能 */
# define FINSH_USING_MSH_DEFAULT          /* 开启系统 FinSH 时:开启 MSH 功能时,定义该宏默认
                                             使用 MSH 功能 */
# define FINSH_USING_MSH_ONLY             /* 开启系统 FinSH 时:定义该宏,仅使用 MSH 功能 */
```

7）关于 MCU

```
# define STM32F103ZE                      /* 定义该工程使用的 MCU 为 STM32F103ZE;系统通过对芯片
                                             类型的定义,定义芯片的引脚 */
# define RT_HSE_VALUE 8000000             /* 定义时钟源频率 */
# define RT_USING_UART1                   /* 定义该宏开启 UART1 的使用 */
```

在实际应用中,系统配置文件 rtconfig.h 是由配置工具自动生成的,无须手动更改。

3.1.3 线程管理

在 RT-Thread 中,线程是实现任务的载体,它是 RT-Thread 中最基本的调度单位,线程描述了一个任务执行的运行环境,也描述了这个任务所处的优先等级。RT-Thread 线程管理的主要功能是对线程进行管理和调度,系统中总共存在两类线程,分别是系统线程和用户线程。系统线程是由 RT-Thread 内核创建的线程,用户线程是由应用程序创建的线程,这两类线程都会从内核对象容器中分配线程对象。当线程被删除时,也会被从对象容器中删除,如图 3-5 所示。每个线程都有重要的属性,如线程控制块、线程栈、入口函数等。

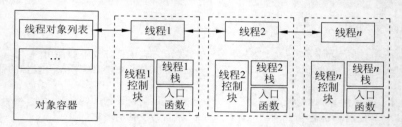

图 3-5　线程管理

RT-Thread 的线程调度器是抢占式的,其主要工作就是从就绪线程列表中查找最高优先级线程,保证最高优先级的线程能够被运行,最高优先级的任务一旦就绪,总能得到 CPU 的使用权。如果一个运行着的线程使一个比它优先级高的线程满足了运行条件,那么当前线程的 CPU 使用权就被剥夺了,或者说被让出了,高优先级的线程立刻得到了 CPU 的使用权。

如果是中断服务程序使一个高优先级的线程满足运行条件,那么中断完成时,被中断的线程挂起,优先级高的线程开始运行。RT-Thread 最大支持 256 个线程优先级(0~255),数值越小的优先级越高,0 为最高优先级。在一些资源比较紧张的系统中,可以根据实际情况选择只支持 8 个或 32 个优先级的系统配置;对于 ARM Cortex-M 系列,普遍采用 32 个优先级。最低优先级默认分配给空闲线程使用,用户一般不使用。

当调度器调度线程切换时,先将当前线程上下文保存起来,当再切回到这个线程时,线程调度器将该线程的上下文信息恢复。

在 RT-Thread 中,线程控制块由结构体 struct rt_thread 表示,线程控制块是操作系统用于管理线程的一个数据结构,它会存放线程的一些信息,例如,优先级、线程名称、线程状态等,也包含线程与线程之间连接用的链表结构、线程等待事件集合等,详细定义如下。

```
struct rt_thread /* 线程控制块 */
{
    /* rt 对象 */
    char name[RT_NAME_MAX];                    /* 线程名称 */
    rt_uint8_t type;                           /* 对象类型 */
    rt_uint8_t flags;                          /* 标志位 */
    rt_list_t list;                            /* 对象列表 */
    rt_list_t tlist;                           /* 线程列表 */
```

```
/* 栈指针与入口指针 */
void      * sp;                                  /* 栈指针 */
void      * entry;                               /* 入口函数指针 */
void      * parameter;                           /* 参数 */
void      * stack_addr;                          /* 栈地址指针 */
rt_uint32_t stack_size;                          /* 栈大小 */
/* 错误代码 */
rt_err_t error;                                  /* 线程错误代码 */
rt_uint8_t stat;                                 /* 线程状态 */
/* 优先级 */
rt_uint8_t current_priority;                     /* 当前优先级 */
rt_uint8_t init_priority;                        /* 初始优先级 */
rt_uint32_t number_mask;
......
rt_ubase_t init_tick;                            /* 线程初始化计数值 */
rt_ubase_t remaining_tick;                       /* 线程剩余计数值 */
struct rt_timer thread_timer;                    /* 内置线程定时器 */
void ( * cleanup)(struct rt_thread * tid);       /* 线程退出清除函数 */
rt_uint32_t user_data;                           /* 用户数据 */
};
```

其中,init_priority 是线程创建时指定的线程优先级,在线程运行过程中是不会被改变的(除非用户执行线程控制函数进行手动调整线程优先级)。cleanup 会在线程退出时,被空闲线程回调一次以执行用户设置的清理现场等工作。最后一个成员 user_data 可由用户挂载一些数据信息到线程控制块中,以提供类似线程私有数据的实现。

在线程运行的过程中,同一时间内只允许一个线程在处理器中运行,从运行的过程上划分,线程有多种不同的运行状态,如初始状态、挂起状态、就绪状态等。在 RT-Thread 中,线程包含 5 种状态,操作系统会自动根据它运行的情况来动态调整它的状态。RT-Thread 中线程的 5 种状态,如表 3-3 所示。

表 3-3 线程的 5 种状态

状态	描　述
初始状态	当线程刚开始创建还没开始运行时就处于初始状态;在初始状态下,线程不参与调度。此状态在 RT-Thread 中的宏定义为 RT_THREAD_INIT
就绪状态	在就绪状态下,线程按照优先级排队,等待被执行;一旦当前线程运行完毕让出处理器,操作系统会马上寻找最高优先级的就绪状态线程运行。此状态在 RT-Thread 中的宏定义为 RT_THREAD_READY
运行状态	线程当前正在运行。在单核系统中,只有 rt_thread_self()函数返回的线程处于运行状态;在多核系统中,可能就不止这一个线程处于运行状态。此状态在 RT-Thread 中的宏定义为 RT_THREAD_RUNNING
挂起状态	也称阻塞状态。它可能因为资源不可用而挂起等待,或线程主动延时一段时间而挂起。在挂起状态下,线程不参与调度。此状态在 RT-Thread 中的宏定义为 RT_THREAD_SUSPEND
关闭状态	当线程运行结束时将处于关闭状态。关闭状态的线程不参与线程的调度。此状态在 RT-Thread 中的宏定义为 RT_THREAD_CLOSE

RT-Thread 提供一系列的操作系统调用接口,使得线程的状态在这 5 种状态之间切换。几种状态间的转换关系如图 3-6 所示。

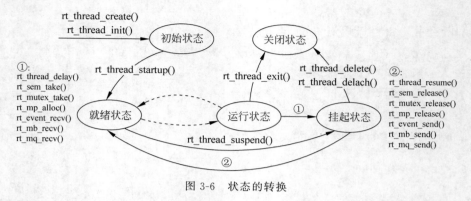

图 3-6　状态的转换

线程通过调用函数 rt_thread_create/init()进入初始状态(RT_THREAD_INIT);初始状态的线程通过调用函数 rt_thread_startup()进入就绪状态(RT_THREAD_READY);就绪状态的线程被调度器调度后进入运行状态(RT_THREAD_RUNNING);当处于运行状态的线程调用 rt_thread_delay()、rt_sem_take()、rt_mutex_take()、rt_mb_recv()等函数或者获取不到资源时,将进入挂起状态(RT_THREAD_SUSPEND);处于挂起状态的线程,如果等待超时依然未能获得资源或由于其他线程释放了资源,那么它将返回就绪状态。挂起状态的线程,如果调用 rt_thread_delete/detach()函数,将更改为关闭状态(RT_THREAD_CLOSE);而运行状态的线程,如果运行结束,就会在线程的最后部分执行 rt_thread_exit()函数,将状态更改为关闭状态。

值得注意的是,在 RT-Thread 中,实际上线程并不存在运行状态,就绪状态和运行状态是等同的。

3.1.4　内存管理

RT-Thread 操作系统在内存管理上,根据上层应用及系统资源的不同,有针对性地提供了不同的内存分配管理算法。总体上可分为两类:内存堆管理与内存池管理,而内存堆管理又根据具体内存设备分为 3 种情况:

- 第 1 种是针对小内存块的分配管理(小内存管理算法);
- 第 2 种是针对大内存块的分配管理(slab 管理算法);
- 第 3 种是针对多内存堆的分配情况(memheap 管理算法)。

小内存管理算法主要针对系统资源比较少,一般用于小于 2MB 内存空间的系统;而slab 内存管理算法则主要是在系统资源比较丰富时,提供了一种近似多内存池管理算法的快速算法。memheap 方法适用于系统存在多个内存堆的情况,它可以将多个内存"粘贴"在一起,形成一个大的内存堆,这样用户使用起来会非常方便。

这几类内存堆管理算法在系统运行时只能选择其中之一或者完全不使用内存堆管理器,他们提供给应用程序的 API 接口完全相同。

正如在 2.2.4 节中介绍的,小内存管理算法是一个简单的内存分配算法。初始时,它是一块大的内存。当需要分配内存块时,将从这个大的内存块上分割出相匹配的内存块,然后把分割出来的空闲内存块还回给堆管理系统中。每个内存块都包含一个管理用的数据头，通过这个头把使用块与空闲块用双向链表的方式链接起来。

RT-Thread 的 slab 分配器是在 DragonFly BSD 创始人 Matthew Dillon 实现的 slab 分配器基础上，针对嵌入式系统优化的内存分配算法。最原始的 slab 算法是 Jeff Bonwick 为 Solaris 操作系统引入的一种高效内核内存分配算法。

RT-Thread 的 slab 分配器实现主要是去掉了其中的对象构造及析构过程，只保留了纯粹的缓冲型的内存池算法。slab 分配器会根据对象的大小分成多个 zone（区），也可以看成每类对象有一个内存池。

内存分配器主要有两种操作：

1）内存分配

假设分配一个 32B 的内存，slab 内存分配器会先按照 32B 的值，从 zone array 链表表头数组中找到相应的 zone 链表。如果这个链表是空的，则向页分配器分配一个新的 zone，然后从 zone 中返回第一个空闲内存块。如果链表非空，则这个 zone 链表中的第一个 zone 节点必然有空闲块存在（否则它就不应该放在这个链表中），那么就取相应的空闲块。如果分配完成后，zone 中所有空闲内存块都使用完毕，那么分配器需要把这个 zone 节点从链表中删除。

2）内存释放

分配器需要找到内存块所在的 zone 节点，然后把内存块链接到 zone 的空闲内存块链表中。如果此时 zone 的空闲链表指示出 zone 的所有内存块都已经释放，即 zone 是完全空闲的，那么当 zone 链表中全空闲 zone 达到一定数目后，系统就会把这个全空闲的 zone 释放到页面分配器中去。

使用 memheap 内存管理可以简化系统存在多个内存堆时的使用：当系统中存在多个内存堆的时候，用户只需要在系统初始化时将多个所需的 memheap 初始化，并开启 memheap 功能就可以很方便地把多个 memheap（地址可不连续）黏合起来用于系统的 heap 分配。

3.1.5 组件与服务

RT-Thread 的组件和服务层建立在基础内核层之上，包含了众多功能强大的组件和服务。该层主要包括各种网络框架、设备框架、异常处理/日志服务、键值数据库、DFS 虚拟文件系统、USB 栈、FinSH 控制台、低功耗管理服务、WiFi Manager 及部分安全框架。

本节介绍几种重要的 RT-Thread 组件与服务。

1. I/O 设备模型框架

RT-Thread 提供了一套简单的 I/O 设备模型框架，如图 3-7 所示，它位于硬件和应用程序之间，共分成 3 层，从上到下分别是 I/O 设备管理层、设备驱动框架层、设备驱动层。

设备模型框架更类似一套驱动框架，涉及 UART、I²C、SPI、SDIO、USB 从设备/主设备、EMAC、NAND 闪存设备等。它会把这些设备驱动中的共性抽象/抽取出来，而驱动工程师只需要按照固定的模式实现少量的底层硬件操作及板级配置。通过这样的方式，让一个硬件外设更容易地对接到 RT-Thread 系统中，并获得 RT-Thread 平台上的完整软件栈功能。

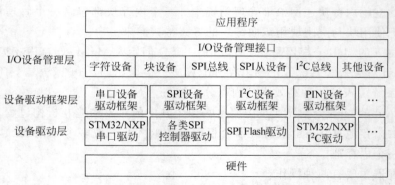

图 3-7　I/O 设备模型框架

应用程序通过 I/O 设备管理接口获得正确的设备驱动,然后通过这个设备驱动与底层 I/O 硬件设备进行数据(或控制)交互。

I/O 设备管理层实现了对设备驱动程序的封装。应用程序通过 I/O 设备层提供的标准接口访问底层设备,设备驱动程序的升级、更替不会对上层应用产生影响。这种方式使得设备的硬件操作相关的代码能够独立于应用程序而存在,双方只需关注各自的功能实现,从而降低了代码的耦合性、复杂性,提高了系统的可靠性。

设备驱动框架层是对同类硬件设备驱动的抽象,将不同厂家的同类硬件设备驱动中相同的部分抽取出来,将不同部分留出接口,由驱动程序实现。

设备驱动层是一组驱使硬件设备工作的程序,实现访问硬件设备的功能。它负责创建和注册 I/O 设备,对于操作逻辑简单的设备,可以不经过设备驱动框架层,直接将设备注册到 I/O 设备管理器中,使用序列图如图 3-8 所示,主要有以下两点:

设备驱动根据设备模型定义,创建出具备硬件访问能力的设备实例,将该设备通过 rt_device_register()接口注册到 I/O 设备管理器中。

应用程序通过 rt_device_find() 接口查找到设备,然后使用 I/O 设备管理接口访问硬件。

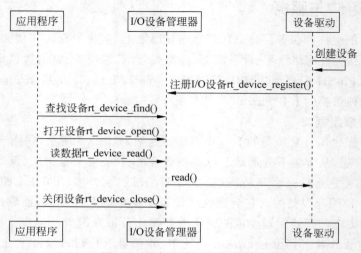

图 3-8　设备驱动层的使用序列

RT-Thread 的设备模型是建立在内核对象模型基础之上的,设备被认为是一类对象,被纳入对象管理器的范畴。每个设备对象都是由基对象派生而来的,每个具体设备都可以继承其父类对象的属性,并派生出其私有属性,图 3-9 是设备对象的继承和派生关系示意图。

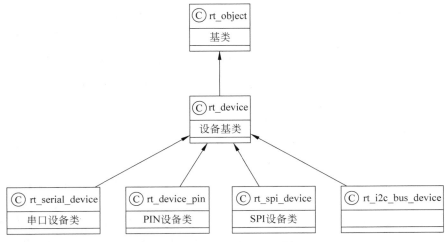

图 3-9 设备对象的继承和派生

设备对象的具体定义如下所示。

```
struct rt_device
{
    struct rt_object        parent;                /* 内核对象基类 */
    enum rt_device_class_type type;                /* 设备类型 */
    rt_uint16_t             flag;                  /* 设备参数 */
    rt_uint16_t             open_flag;             /* 设备打开标志 */
    rt_uint8_t              ref_count;             /* 设备被引用次数 */
    rt_uint8_t              device_id;             /* 设备 ID,0 - 255 */
    rt_err_t ( * rx_indicate)(rt_device_t dev, rt_size_t size);
    rt_err_t ( * tx_complete)(rt_device_t dev, void * buffer);
    const struct rt_device_ops * ops;              /* 设备操作方法 */
                                                   /* 设备的私有数据 */

    void * user_data;
};
typedef struct rt_device * rt_device_t;
```

RT-Thread 支持多种 I/O 设备类型,主要设备类型如下所示。

```
RT_Device_Class_Char                  /* 字符设备 */
RT_Device_Class_Block                 /* 块设备 */
RT_Device_Class_NetIf                 /* 网络接口设备 */
RT_Device_Class_MTD                   /* 内存设备 */
RT_Device_Class_RTC                   /* RTC 设备 */
RT_Device_Class_Sound                 /* 声音设备 */
RT_Device_Class_Graphic               /* 图形设备 */
RT_Device_Class_I2CBUS                /* I2C 总线设备 */
```

```
RT_Device_Class_USBDevice                              /* USB device 设备 */
RT_Device_Class_USBHost                                /* USB host 设备 */
RT_Device_Class_SPIBUS                                 /* SPI 总线设备 */
RT_Device_Class_SPIDevice                              /* SPI 设备 */
RT_Device_Class_SDIO                                   /* SDIO 设备 */
RT_Device_Class_Miscellaneous                          /* 杂类设备 */
```

其中,字符设备、块设备是常用的设备类型,它们的分类依据是设备数据与系统之间的传输处理方式。字符模式设备允许非结构的数据传输,即通常数据传输采用串行的形式,每次一个字节。字符设备通常是一些简单设备,如串口、按键。

块设备每次传输一个数据块,例如,每次传输 512B 数据。这个数据块是硬件强制性的,数据块可能使用某类数据接口或某些强制性的传输协议,否则就可能发生错误。

2. FinSH

FinSH 是 RT-Thread 的命令行组件,提供一套供用户在命令行调用的操作接口,主要用于调试或查看系统信息。它可以使用串口/以太网/USB 等与 PC 进行通信。

用户在控制终端输入命令,控制终端通过串口、USB、网络等方式将命令传给设备中的 FinSH,FinSH 会读取设备输入命令,解析并自动扫描内部函数表,寻找对应函数名,执行函数后输出回应,回应通过原路返回,将结果显示在控制终端上。

当使用串口连接设备与控制终端时,FinSH 命令的执行流程,如图 3-10 所示。

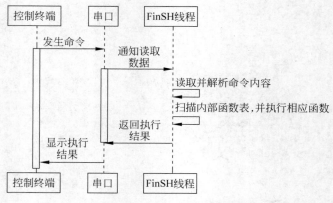

图 3-10   FinSH 命令的执行流程

RT-Thread 具有丰富的组件与服务,由于篇幅限制,此处不再赘述。有兴趣的读者可以在 RT-Thread 官网查阅相关文档获得更多信息。

3. 虚拟文件系统

DFS 是 RT-Thread 提供的虚拟文件系统组件,全称为 Device File System,即设备虚拟文件系统,文件系统的名称使用类似 UNIX 文件、目录的风格。

RT-Thread DFS 组件的主要功能特点有:

- 为应用程序提供统一的 POSIX 文件和目录操作接口,如 read、write、poll/select 等。
- 支持多种类型的文件系统,如 FatFS、RomFS、DevFS 等,并提供普通文件、设备文件、网络文件描述符的管理。

- 支持多种类型的存储设备,如 SD Card、SPI Flash、Nand Flash 等。

DFS 的层次架构如图 3-11 所示,主要分为 POSIX 接口层、虚拟文件系统层和设备抽象层。

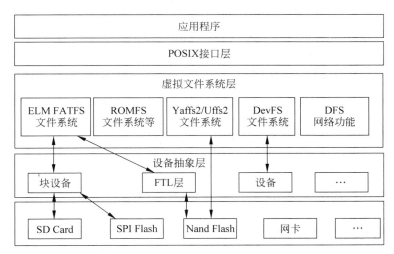

图 3-11 设备虚拟文件系统的层次

1) POSIX 接口层

POSIX 表示可移植操作系统接口(Portable Operating System Interface of UNIX, POSIX),POSIX 标准定义了操作系统应该为应用程序提供的接口标准,是 IEEE 为要在各种 UNIX 操作系统上运行的软件而定义的一系列 API 标准的总称。

POSIX 标准旨在获得源代码级别的软件可移植性。换句话说,为一个 POSIX 兼容的操作系统编写的程序,应该可以在任何其他 POSIX 操作系统(即使是来自另一个厂商)上编译执行。RT-Thread 支持 POSIX 标准接口,因此可以很方便地将 Linux/UNIX 的程序移植到 RT-Thread 操作系统上。

在类 UNIX 系统中,普通文件、设备文件、网络文件描述符是同一种文件描述符。而在 RT-Thread 操作系统中,使用 DFS 来实现这种统一性。有了这种文件描述符的统一性,就可以使用 poll/select 接口来对这几种描述符进行统一轮询,为实现程序功能带来方便。

使用 poll/select 接口可以以阻塞方式同时探测一组支持非阻塞的 I/O 设备是否有事件发生(如可读、可写、有高优先级的错误输出、出现错误等),直至某一个设备触发了事件或者超过了指定的等待时间。这种机制可以帮助调用者寻找当前就绪的设备,降低编程的复杂度。

2) 虚拟文件系统层

用户可以将具体的文件系统注册到 DFS 中,如 FatFS、RomFS、DevFS 等,下面介绍几种常用的文件系统类型。

FatFS 是专为小型嵌入式设备开发的一个兼容 Microsoft FAT 格式的文件系统,采用 ANSI C 编写,具有良好的硬件无关性以及可移植性,是 RT-Thread 中最常用的文件系统类型。

传统型的 RomFS 文件系统是一种简单的、紧凑的、只读的文件系统,不支持动态擦写保存,按顺序存放数据,因而支持应用程序以 XIP(eXecute In Place,片内运行)方式运行,在系统运行时,节省 RAM 空间。

除上述文件系统之外,JFFS2、DevFS 和 NFS 网络文件系统也有较为广泛的应用。

JFFS2 文件系统是一种日志闪存文件系统,基于 MTD 驱动层,特点是:可读写的、支持数据压缩的、基于哈希表的日志型文件系统,并提供了崩溃/掉电安全保护,提供写平衡支持等。

DevFS 即设备文件系统,在 RT-Thread 操作系统中开启该功能后,可以将系统中的设备在/dev 目录下虚拟成文件,使得设备可以按照文件的操作方式使用 read、write 等接口进行操作。

NFS 网络文件系统(Network File System)是一项在不同机器、不同操作系统之间通过网络共享文件的技术。在操作系统的开发调试阶段,可以利用该技术在主机上建立基于 NFS 的根文件系统,挂载到嵌入式设备上,可以很方便地修改根文件系统的内容。

UFFS 是 Ultra-low-cost Flash File System(超低功耗的闪存文件系统)的简称。它是专为嵌入式设备等小内存环境中使用 Nand Flash 的开源文件系统。与嵌入式中常使用的 Yaffs 文件系统相比具有资源占用少、启动速度快、免费等优势。

3) 设备抽象层

设备抽象层将物理设备如 SD Card、SPI Flash、Nand Flash,抽象成符合文件系统能够访问的设备,例如,FAT 文件系统要求存储设备必须是块设备类型。

不同文件系统类型是独立于存储设备驱动而实现的,因此把底层存储设备的驱动接口和文件系统对接起来之后,才可以正确地使用文件系统功能。

3.1.6　软件包

RT-Thread 不仅是一个嵌入式实时操作系统,也是一个优秀的物联网操作系统。这是由于 RT-Thread 具有功能丰富的软件包。随着 RT-Thread 3.0 中的包管理器开启,越来越多的软件组件将以软件包方式出现在 RT-Thread 平台中。RT-Thread 的软件包支持众多的软件模块,本节介绍几个代表性的软件包。

1. ENV

Env 是 RT-Thread 推出的开发辅助工具,针对基于 RT-Thread 操作系统的项目工程,提供编译构建环境、图形化系统配置及软件包管理功能。其内置的 menuconfig 提供了简单易用的配置剪裁工具,可对内核、组件和软件包进行自由裁剪,使系统以搭积木的方式进行构建。

ENV 具有菜单图形化配置界面,该界面交互性好,操作逻辑性强;具有使用灵活,能够自动处理依赖文件和具备彻底开关功能的特点。ENV 能够自动生成 rtconfig. h,无须手动修改,并且可以使用 scons 工具生成工程,提供编译环境,操作简单。ENV 提供多种软件包,模块化软件包耦合关联少,可维护性好,ENV 软件包可在线下载,软件包持续集成,可靠性高。

2. MQTT 软件包

MQTT(Message Queuing Telemetry Transport,消息队列遥测传输协议),是一种基于发布/订阅(publish/subscribe)模式的"轻量级"通信协议,该协议构建于 TCP/IP 协议上,由 IBM 在 1999 年发布。MQTT 的最大优点在于，可以以极少的代码和有限的带宽，为连接远程设备提供实时可靠的消息服务。作为一种低开销、低带宽占用的即时通信协议，MQTT 在物联网、小型设备、移动应用等方面有较广泛的应用。

MQTT 是一个基于客户端-服务器的消息发布/订阅传输协议。MQTT 协议是轻量、简单、开放和易于实现的，这些特点使它适用范围非常广泛。在很多情况下，包括受限的环境中，如，机器与机器（M2M）通信和物联网（IoT）。其在卫星链路通信传感器、偶尔拨号的医疗设备、智能家居及一些小型化设备中已广泛使用。

MQTT 协议运行在 TCP/IP 或其他网络协议之上，它将建立客户端到服务器的连接，提供两者之间的一个有序的、无损的、基于字节流的双向传输。

3. 阿里巴巴云 IoT 软件包

Ali-iotkit 是 RT-Thread 移植的用于连接阿里巴巴云 IoT 平台的软件包。基础 SDK 是阿里巴巴提供的 iotkit-embedded C-SDK。

该物联网套件能够使嵌入式设备快速接入（设备端 SDK）以及能够桥接到阿里巴巴云其他产品，对设备数据进行存储/计算。

Iotkit SDK 为了方便设备上云封装了丰富的连接协议，如 MQTT、CoAP、HTTP、TLS，并且对硬件平台进行了抽象，使其不受具体的硬件平台限制而更加灵活。在代码架构方面，Iotkit SDK 分为 3 层，如图 3-12 所示。

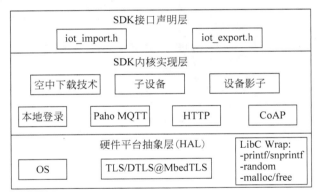

图 3-12　Iotkit SDK 的层次

1）最底层

最底层称为硬件平台抽象层，也简称 HAL 层（Hardware Abstract Layer），该层包括对不同的嵌入式目标板的抽象，操作系统对 SDK 的支撑函数（包括网络收发、TLS/DTLS 通道建立和读写，内存申请是否和互斥量加锁解锁等）。

2）中间层

中间层称为 SDK 内核实现层（IoT SDK Core Implements），该层是物联网平台 C-SDK 的核心实现部分，它基于 HAL 层接口完成了 MQTT/CoAP 通道等的功能封装，包括 MQTT 的连接建立、报文收发、CoAP 的连接建立、报文收发、OTA 的固件状态查询和 OTA 的固件下载等。中间层的封装，使得用户无须关心内部实现逻辑，可以不经修改地应用。

3）最上层

最上层称为 SDK 接口声明层（IoT SDK Interface Layer），该层为应用提供 API，用户使用该层的 API 完成具体的业务逻辑。

下面以阿里巴巴云 IoT 产品中的 SDK 为例说明软件包的文件构成。

iotkit-embedded 软件包是阿里巴巴物联网平台 C-SDK 源码,包含了连接阿里巴巴云 IoT 所必需的软件包。iotkit-embedded 软件包目录结构如下所示。

```
+-- LICENSE              :软件许可证, Apache 2.0 版本软件许可证
+-- make.settings        :功能裁剪配置, 如 MQTT|CoAP, 或裁剪如 OTA|Shadow
+-- README.md            :快速开始导引
+-- sample               :例程目录,演示通信模块和服务模块的使用
|  +-- mqtt              :演示如何使用通信模块 MQTT 的 API
|  +-- coap              :演示如何使用通信模块 CoAP 的 API
|  +-- device-shadow     :演示如何使用服务模块设备影子的 API
|  +-- http              :演示如何使用通信模块 HTTP 的 API
|  +-- ota               :演示如何使用服务模块 OTA 的 API
+-- src
   +-- sdk-impl          :SDK 的接口层,提供总体的头文件,和一些 API 的接口封装
   +-- sdk-tests         :SDK 的单元测试
   +-- mqtt              :通信模块,实现以 MQTT 协议接入
   +-- coap              :通信模块,实现以 CoAP 协议接入
   +-- http              :通信模块,实现以 HTTP 协议接入
   +-- ota               :服务模块,实现基于 MQTT|CoAP + HTTP + TLS 的固件下载通道
   +-- shadow            :服务模块,实现设备影子
   +-- platform          :硬件平台抽象层,需要移植适配
   +-- import            :外部输入目录,存放芯片/模组厂商提供的头文件/二进制库
   +-- configs           :硬件平台编译配置,如交叉编译工具链设置,功能模块裁剪等
   +-- scripts           :编译过程将要外部引用的脚本,用户不必关注
   +-- packages          :SDK 引用的外部软件模块,用户不必关注
   +-- log               :基础模块,实现运行日志
   +-- system            :基础模块,保存全局信息,如 TLS 根证书,设备标识 ID 等
   +-- tls               :基础模块,实现 TLS/DTLS,来自裁剪过的开源软件 Mbed TLS
   +-- utils             :基础模块,实现工具函数,如 SHA1 摘要计算、NTP 对时等
```

3.2 ARM Mbed OS

ARM Mbed 不仅指一个嵌入式系统,也是一个面向 ARM 处理器的设备开发平台, ARM 提供高效、安全、快速开发下一个物联网产品所需的操作系统、工具和云服务,它具体包括 Mbed OS、Mbed HDK、Mbed Web Complier 工具和物联网平台等,内容涉及从硬件软件、从物端到云端等,功能包括安全、通信传输、设备管理等方面,为实现物联网从原型、开发到生产的快速便捷。具体内容如下。

(1) Mbed OS:2014 年,ARM 宣布推出用于物联网低功耗设备的嵌入式操作系统 Mbed OS。ARM Mbed OS 是一个免费的操作系统,专为基于 ARM Cortex-M 处理器的设备而设计。该系统将物联网的所有基本组件(包括安全性、通信和设备管理)集成到一整套软件中,以协助开发低功耗、产品级的物联网设备和并优化生产流程。物联网操作系统 Mbed OS 为其运行的微控制器提供了一个抽象层,因此开发人员可以专注于编写调用一系列匹配硬件的 C/C++ 应用程序。

(2) HDK:Mbed 硬件开发套件(Mbed HDK)是一系列硬件设计资源,以协助开发受

益于 Mbed 生态系统的定制硬件,如 DAPLink。使用基于 Mbed HDK 的开发板是开始使用 Mbed 平台的最有效方式。

（3）SDK：Mbed SDK 旨在提供直观、简洁,但功能强大,足以构建复杂项目的硬件抽象。它基于低级 ARM CMSIS API 构建,目的是屏蔽不同 MCU 厂商微处理之间的差异,对于用户来说,只需使用抽象层与接口打交道即可,不需要担心底层硬件层驱动,减少了开发难度,SDK 可以使基于 Mbed 开发的应用很方便地转移到其他 ARM 微处理器上。

（4）Web Complier：Mbed 为在线编译,Mbed 编译器提供了一个轻量级的在线 C/C++IDE,通过它代替传统的离线编译器,使整个开发在浏览器中完成,使用它以在 Mbed 微控制器上运行而不必进行任何安装或设置操作,省去了用户搭建开发环境的麻烦,用户只要上网就可以开发。

（5）ARM Mbed 物联网设备平台（ARM Mbed IoT Device Platform）：ARM 于 2018 年 8 月发布的 ARM Pelion 平台,为产业首个专为混合环境提供 IoT 连接、设备和资料管理的平台。该平台能够基于 ARM 微控制器以最短的时间创建支持商用与互操作的物联网设备。ARM Mbed 物联网设备平台提供了所有关键组件,通过 ARM 的 Mbed 操作系统、Mbed 设备服务器以及 Mbed 社区生态系统创建安全、高效的物联网应用。

ARM Mbed 物联网设备平台能够提供用于开发物联网设备的通用操作系统基础,以解决嵌入式设计的碎片化问题。该平台支持所有重要的连接性与设备管理开放标准,以实现面向未来的设计。该平台使安全可升级的边缘设备支持新增处理能力与功能。ARM Mbed 物联网设备平台通过自动电源管理解决复杂的能耗问题。该平台提供基于云的开发工具套装,帮助用户以前所未有的速度开发自身产品。

ARM Mbed 物联网设备平台为构建物联网应用提供了理想的构件。Now Reference Apps 是针对 Mbed 及其源代码打造的完整图形 Web 应用程序,为系统集成商、原始设备制造商和 Web 开发人员提供了一套无与伦比的解决方案,以快速部署基于 Mbed 设备服务器的物联网服务。

此外,Mbed 还有丰富的功能组件提供需要的功能。总之,Mbed 提供了物联网整套服务,是一个方便快捷的物联网应用平台。

与其他操作系统一样,Mbed OS 在硬件和硬件抽象层上运行,下面简要介绍 ARM 相关处理器和硬件抽象层 CMSIS。

3.2.1　硬件及硬件抽象层

1. Cortex 内核

最初的 ARM 处理器型号都是用数字命名的,直到最后一个系列 ARM11,在此之后,所有的处理器都改用 Cortex 命名,目前 Cortex 处理器分为 A、R、M 三大类,为不同市场需求服务：A 系列面向尖端的基于虚拟内存的操作系统和用户应用；R 系列针对实时系统；M 系列对微控制器。

ARM 对处理器明确分为三大系列。

（1）Application Processors（应用处理器）：适用于具有高计算要求、运行丰富操作系统以及提供交互媒体和图形体验的应用领域,比如手机、数码家电、路由器、上网本等,具有高效低耗的特点,目前 Cortex-A 正朝着提供完整 Internet 体验的方向发展。

（2）Real-time Processors(实时处理器)：适用于实时应用领域，比如汽车应用中的安全气囊、制动系统、企业应用中的打印机、网络设备等。多数实时处理器不支持 MMU,不过通常具有 MPU、Cache 和其他针对工业应用设计的存储器功能。Cortex-R 运行时的时钟频率非常高,一般为 200MHz～1GHz,同时。虽然实时处理器不能运行完整版本的 Linux 和 Windows 操作系统,但是支持大量的实时操作系统(RTOS),响应延迟非常低。

（3）Microcontroller Processors(微控制器处理器)：Cortex-M 通常面积比较小、能效比较高,这一类的处理器被设计用来满足嵌入式应用的需要。相较于其他处理器,它能以更低的时钟频率工作,一般小于 200MHz,拥有基于架构的睡眠模式支持。并且新的 Cortex-M 处理器家族设计得极其容易使用。所以,ARM Cortex-M 处理器的主要应用领域是在单片机和嵌入式应用市场,也是较常用的一款处理器。

综上所述,ARM 处理器系列分类如表 3-4 所示。

表 3-4　Cortex 处理器分类

比较项目	Cortex-A	Cortex-R	Cortex-M
设计特点	高时钟频率,长流水线,高性能,对媒体处理支持(NEON 指令集扩展)	高时钟频率,较长流水线,高确定性(中断延迟低)	通常较短的流水线,超低功耗
系统特征	内存管理单元(MMU),高速缓存,ARM TrustZone 安全扩展	内存保护单元(MPU),高速缓存,紧耦合内存(TCM)	内存保护单元(MPU),嵌套向量中断控制器(NVIC),唤醒中断控制器(WIC),最新 ARM TrustZone 安全扩展
目标市场	移动计算,智能手机,高效能服务器,高端微处理器	工业微控制器,汽车电子,硬盘控制器,基带	微控制器,深度嵌入系统(例如,传感器、MEMS、混合信号 IC、IoT)

Cortex-M 处理器家族更多地集中在低性能端,但是这些处理器相比于许多微控制器使用的传统处理器性能仍然很强大。例如,Cortex-M4 和 Cortex-M7 处理器应用在许多高性能的微控制器产品中,它们可以以高达 400MHz 的时钟频率工作。

当然,性能不是选择处理器的唯一指标。在许多应用中,低功耗和成本是关键的选择指标。因此,Cortex-M 处理器家族包含各种产品来满足不同的需求,如表 3-5 所示。

表 3-5　Cortex-M 处理器分类

处理器	描述
Cortex-M0	面向成本低、超低功耗的微控制器和深度嵌入应用的非常小的处理器(最少 12K 个门电路)
Cortex-M0+	针对小嵌入式系统的最高能效的处理器,与 Cortex-M0 处理器接近的尺寸大小和编程模式,但是具有扩展功能,如单周期 I/O 接口和向量表重定位功能
Cortex-M1	针对 FPGA 设计优化的小处理器,利用 FPGA 上的存储器块实现了紧耦合内存(TCM)。和 Cortex-M0 有相同的指令集
Cortex-M3	针对低功耗微控制器设计的处理器,面积小但是性能强劲,支持快速处理复杂任务的丰富指令集。具有硬件除法器和乘加指令(MAC)。并且,Cortex-M3 支持全面的调试和跟踪功能,使软件开发者可以快速开发应用

处理器	描　述
Cortex-M4	不但具有 Cortex-M3 的所有功能,并且扩展了面向数字信号处理(DSP)的指令集,比如单指令多数据指令(SMID)和更快的周期 MAC 操作。此外,它还有一个可选的支持 IEEE 754 浮点标准的单精度浮点运算单元
Cortex-M7	针对高端微处理器和数据处理密集的应用开发的高性能处理器,具备 Cortex-M4 支持的所有指令功能,扩展支持双精度浮点运算,并且具备扩展的存储器功能,例如,Cache 和紧耦合存储器(TCM)
Cortex-M23	面向超低功耗、低成本应用设计的小处理器,和 Cortex-M0 相似,但是支持各种增强的指令集和系统层面的功能特性。Cortex-M23 还支持 TrustZone 安全扩展
Cortex-M33	主流的处理器设计,与之前的 Cortex-M3 和 Cortex-M4 处理器类似,但系统设计更灵活,能耗比更高,性能更高。Cortex-M33 还支持 TrustZone 安全扩展

2. CMSIS

CMSIS 的英文全称为 Cortex Microcontroller Software Interface Standard,专为 Cortex-M 而设计,是独立于供应商的硬件抽象层。

通过 CMSIS 中提供的处理器和外设软件间的标准接口,使得以简单的接口调用就可以实现程序开发,而不用了解过多的处理器硬件原理,极大地降低了开发难度,简化了软件开发流程,缩短了开发中的学习过程。

嵌入式行业认为软件的创建是主要的成本因素。而 CMSIS 的产生,在极大程度上缩减了这一成本,尤其是在设备迁移和创建新项目时,这一成本的降低更为明显,使用 CMSIS 编写的程序在迁移设备时几乎不用做过多的改动,只需要适配到新的接口。

CMSIS 可以分为多个软件层次,分别由 ARM 公司、芯片供应商提供。其中,ARM 提供了下列部分,可用于多种编译器。

内核设备访问层:包含了用来访问内核的寄存器设备的名称定义、地址定义和助手函数。同时也为 RTOS(实时操作系统)定义了独立于微控制器的接口,该接口包括调试通道定义。

中间设备访问层:为软件提供了访问外设的通用方法。芯片供应商应当修改中间设备访问层,以适应中间设备组件用到的微控制器上的外设。

微控制器外设访问层:提供片上所有外设的定义。

外设的访问函数(可选):为外设提供额外的助手函数。CMSIS 为 Cortex-Mx 微控制器系统定义了:

- 访问外设寄存器的通用方法和定义异常向量的通用方法。
- 内核设备的寄存器名称和内核异常向量的名称。
- 独立于微控制器的 RTOS 接口,带调试通道。
- 中间设备组件接口(TCP/IP 协议栈、闪存文件系统)。

图 3-13 显示了 CMSIS 的组成情况。

CMSIS 包含以下组件:

- CMSIS-CORE——提供与 Cortex-M0、Cortex-M3、Cortex-M4、SC000 和 SC300 处理器与外围寄存器之间的接口。

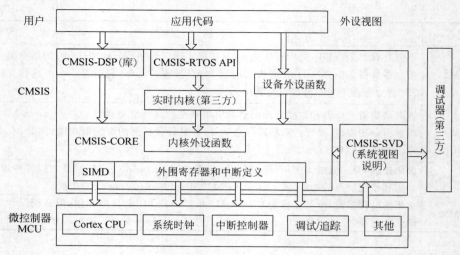

图 3-13　CMSIS 的组成

- CMSIS-DSP——包含以定点(分数 q7、q15、q31)和单精度浮点(32 位)实现的 60 多种函数的 DSP 库。
- CMSIS-RTOS API——用于线程控制、资源和时间管理的实时操作系统的标准化编程接口。
- CMSIS-SVD——包含完整微控制器系统(包括外围设备)的程序员视图的系统视图描述 XML 文件。

如图 3-14 所示,CMSIS-RTOS 在用户的应用代码和第三方的 RTOS Kernel 直接架起一道桥梁,一个设计在不同的 RTOS 之间移植,或者在不同 Cortex MCU 之间直接移植的时候,如果两个 RTOS 都实现了 CMSIS-RTOS,那么用户的应用程序代码完全可以不做修改。

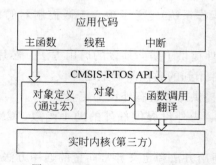

图 3-14　CMSIS-RTOS 的作用

3.2.2　Mbed OS 功能框架及优势

1. Mbed OS 功能框架

Mbed OS 功能框架如图 3-15 所示,Mbed OS 所提供的具有物联网需求的功能和协议包括 6LoWPAN、Web 传输受限制的应用协议(CoAP)、超文本传输协议(HTTP)、用于机器对机器(M2M)连接的消息队列遥测传输(MQTT)、密码协议传输层安全协议(TLS)、数据包传输层安全性协议(DTLS)、开放移动联盟轻量级 M2M(OMA LwM2M)标准等。

图 3-15 Mbed OS 功能框架图

Mbed OS 操作系统可提供核心操作系统、稳健的安全基础、基于标准的通信功能以及针对传感器、I/O 设备和确认的驱动程序,能够加快从初始创意到部署产品的进程。Mbed OS 操作系统是模块化的可配置软件堆栈,有助于用户轻松针对目标开发设备对其进行自定义,以及通过排除不必要的软件组件降低内存要求。

Mbed OS 操作系统在微控制器上属于 Mbed IoT 设备平台的客户端部分,专为与 Mbed 设备连接器、Mbed 设备服务器和 Mbed 客户端配合使用而设计。总的来说,这一平台为用户提供全面的 IoT 解决方案。

Mbed OS 操作系统提供了 C++ 应用框架及组件架构,用于创建设备应用,从而减少了大量通常与 MCU 代码开发相关的底层工作。

2. Mbed OS 的优势

首先,Mbed OS 作为嵌入式操作系统的优势在于:

(1) 首先,相较于过去的开发工具和操作系统,Mbed 提供了一个相对更加系统和更加全面的智能硬件开发环境。Mbed 不但把当前智能硬件可能会涉及的外设(红外、电机、蜂鸣器、陀螺仪等)基本都进行了标准化处理,还提供了这些外设的原理、关键知识、示例代码等,这对于当前很多不太熟悉智能硬件的人来说,帮助都是十分巨大的。

(2) 将很多与硬件相关的程序使用中间件进行封装,这使得操作硬件不必再特意关心底层驱动,开发者只需要调用好接口即可,极大地降低了嵌入式开发的难度。

(3) 高度抽象,将硬件和软件完全分离开。Mbed OS 屏蔽了不同 MCU 厂商提供的微处理之间的差异(通过 Cortex-M-CMSIS 框架),换句话说,基于 Mbed 的用户可以轻松地替换来自不同制造商的 ARM 微处理器,而不用修改工程代码,但是,这里还是仅限于支持 Mbed 的处理器。

其次,也是更重要的是 Mbed OS 是专为 IoT 设备而特别构建。默认情况下,Mbed 操作系统是事件驱动的单线程架构,而非多线程(实时操作系统)环境。这确保了它可以扩展到尺寸最小、成本最低且功耗最低的 IoT 设备。该操作系统包含事件驱动的、可向用户和系统事件提供服务的简单调度程序。

微控制器和 IoT 设备的硬件功能和要求有所不同。Mbed 操作系统包含低级硬件抽象层(HAL)以及适用于常见硬件外设(例如 SPI 和 I²C 端口、GPIO 针和计时器)的高级抽象驱动程序。此外,Mbed OS 操作系统中的硬件抽象层和驱动程序还为电源管理提供了深层集成支持,加上调度程序中的能效认知功能,可帮助 mbed 操作系统应对高要求应用程序(在这些应用程序中,能效对操作至关重要)。

1) 安全

ARM Mbed IoT 设备平台在多个层级解决了安全问题:

- Mbed 设备安全架构的基础是 Mbed OS,它在微控制器中创建和强制实施独立的安全域。通过使用分隔系统的敏感部分,Mbed OS 解决了安全难题,不仅保护了启动流程和调试会话,确保了固件更新的安全安装,还阻止了恶意或错误代码升级权限和泄露秘密。目前,Mbed OS 需要使用带内存保护单元(MPU)的 Cortex-M3 或 Cortex-M4。
- Mbed OS 还会利用 Mbed TLS 提供最先进的通信安全功能。首先也是最重要的一点是,Mbed TLS(及相关的 Mbed OS)支持传输层安全(TLS)协议。TLS 以及相关的 Datagram TLS(DTLS 数据包传输层安全)协议是标准协议,用于保护 Internet 通信安全,已被证实能够防止窃听、篡改和伪造消息。此外,Mbed TLS 还包括一系列常用加密原语、证书处理及其他加密功能的参考质量软件实施。
- ARM 近年来收购了 Sansa Security,这使得在 Mbed OS 的后续版本中可以加入成熟的、功能丰富的轻量级生命周期安全功能。

2) 连接性和联网

Mbed OS 操作系统中支持的核心连接性技术包括以太网、WiFi、IPv6、6LoWPAN、线程和 BLE(Bluetooth Low Energy)。

ARM 主动帮助标准机构开发适用于 IoT 的协议和标准并确保现有行业标准在 IoT 环境中运作良好。

3) 可管理性

现场管理设备的能力是实现大规模部署的关键,同时也是 Mbed IoT 设备平台的核心部分,支持如下协议:

- OMA 轻量级 M2M(LwM2M)——用于监控和管理嵌入式设备的常用协议。它在 Mbed 操作系统、Mbed 客户端和 Mbed 设备服务器中为其提供支持。
- 受限应用程序协议(CoAP)——专为解决使用高效数据共享机制和 RESTful 通信跨受限网络进行通信的难题而设计。Mbed OS 和 Mbed 客户端为其提供支持,用户可以在其他嵌入式操作系统和 Linux 中实施这些协议。

3.3 Android Things/Brillo

2016 年 12 月,Google 公司发布了 Developer Preview 版的 Android Things,该平台为利用 Android 这一世界上最受支持的操作系统的强大功能构建物联网产品铺平了道路。但它并不是一个全新的操作系统,而是通过同样由 Google 开发的物联网操作系统 Brillo 改进优化的一个操作系统。

尽管 Brillo 的核心是 Android 系统,但是它的开发和部署明显不同于常规 Android 开发。Brillo 把 C++作为主要开发环境,Android Things 面向所有 Java 开发者,不管开发者有没有移动开发经验。

Android Things 主要在 Android 的核心框架中扩展了一些支持物联的 API。开发者可以利用这些 API 直接与自定义的硬件打交道,Android Things 同时简化了单个程序的应用,开机可以自动运行用户程序。

由图 3-16 可见,Android Things 与 Android 一样,仍然使用 Linux 内核作为其操作系统内核。这样 Linux 在物联网领域应用的一些弊端,就被完整地继承到了 Brillo 中。比如,Linux 内核对运行内存的要求较高,同时 Linux 还需要 CPU 硬件支持 MMU(内存管理单元)功能等。这样就间接导致 Android Things 的运行内存要求较高,同时要求 CPU 支持 MMU 功能。这样大量的低端 CPU 或 MCU,比如 STM32 系列,就无法运行 Android Things,因为这些 CPU 的片上内存一般不超过 1MB,同时一般不提供 MMU 功能。由于这些原因,大大限制了 Android Things 的应用范围(Google 公司建议内存都在至少 32 MB 以上,实际都在百兆以上)。这一点和它的主要竞争对手 Windows 10 IoT 不相上下。

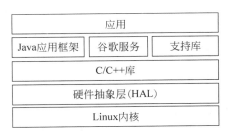

图 3-16　Android Things 的层次

实际上 Android Things 现在支持 4 款开发板:Intel Edison 开发板、Intel Joule 开发板、NXP Pico i. MX6UL 开发板和 Raspberry Pi 3 开发板。这 4 款开发板兼顾了 ARM 和 x86 架构,并且也兼顾了 32 位和 64 位的系统。所有的开发板都支持 WiFi 和蓝牙。

在 Linux 内核之上,Android Things 保留了 Android 操作系统中的一个硬件访问层(Hardware Access Layer,HAL)。这个层次的主要功能是对底层的硬件进行统一的抽象提供给应用程序访问接口。从功能上说,这一层软件并无明显的价值,但是其简化了对硬件的操作,给程序开发带来了较大的便利。按照一般的软件分层规则,这一层软件应该还是属于操作系统内核的一部分,因为它并没有提供额外的附加功能,在代码量上与内核相比也非常少,在某些情况下甚至可以忽略掉。因此,在展示上,应该与操作系统内核放在一起。但是 Google 为了区分这一层软件是来源于 Android 系统,而不是 Linux,才把它单独列出来了。

再往上就是支撑操作系统运行的一些辅助功能组件。主要有谷歌服务(Google Services)、Java API 框架和支持库。这些服务数量众多,功能强大,比如 Weave 框架、在线更新(OTA Updates)、安全相关的一些组件和机制以及在线数据分析和性能测量等。Android Things 整合了物联网设备通信平台 Weave,Weave SDK 将嵌入设备中进行本地和远程通信。Weave Server 是用来处理设备注册、命令传送、状态存储以及与 Google 助手等

Google 服务整合的云服务。在线更新机制可以使运行 Android Things 操作系统的物联网设备在运行过程中就可以更新软件,而不用中断运行。这个特性是非常有价值的。由于 Android Things 是一个复杂的系统,其版本更迭和补丁发布非常频繁,如果不提供在线更新功能,每发布一个新的版本和补丁都需要现场更新物联网设备,显然这是不可操作的。因此,Google 设计了这个特性来支撑在线实时软件更新功能。只要与 Android Things 的后台服务器连接上,Android Things 会自动检查更新,并安排更新,而不会影响设备的正常运行。安全机制主要提供了设备认证、数据加密等功能。在线性能统计和分析功能可以帮助用户实时查看和分析设备状态、性能、消息数量等数据,为设备维护人员提供一个基础的管理平台。开发者可以根据需要,选择启用或关闭这些外围辅助功能。

3.4 Contiki

Contiki 首先是一个适用于有内存的嵌入式系统的开源的、高度可移植的、支持网络的多任务操作系统,包括一个多任务核心、TCP/IP 堆栈、程序集以及低能耗的无线通信堆栈。Contiki 采用 C 语言开发的非常小型的嵌入式操作系统,运行只需要几千字节的内存。

Contiki 拥有出色的 TCP/IP 网络支持,包括 IPv4 和 IPv6,以及 6LoWPAN 报文压缩、RPL 路由、CoAP 应用层等。其中 6LoWPAN 已经成为 IETF 规范,也被 ZigBee SEP 2.0 标准以及 ISA 100.11a 标准所采纳。Contiki 已经成为无线传感器网络和物联网感知层低功耗无线组网协议研发和实验的主要平台。

Contiki 由瑞典计算机科学学院的 Adam Dunkels 和他的团队开发,已经应用在许多项目中,由于具有良好的网络通信能力,Contiki 被视为一款优秀的开源物联网操作系统,主要应用于无线传感器网络和物联网。Contiki 使用 C 语言开发,支持多任务、支持网络、高度可移植和可裁剪。

Contiki 支持 IPv4/IPv6 通信,提供了 uIPv6 协议栈、IPv4 协议栈(uIP),支持 TCP/UDP,还提供了线程、定时器、文件系统等功能。Contiki 具有低功率无线通信功能,提供了完整的网络协议栈和低功率无线通信机制。Contiki 的低功率无线通信协议栈是 Rime,实现了多种传感器网络协议,包括数据采集、最大努力网络洪泛、多跳批量数据传输及数据传播。

Contiki 提供 Web 浏览器访问传感的交互方式,通过 Web 浏览器查看、显示、存储及设置传感器数据。这种方式大大降低了传感器节点的操作方式。在功耗方面,Contiki 严格控制各传感器节点上的功耗,延长了传感器网络生命周期。同时 Contiki 还提供基于 Flash 的文件系统,方便在传感器节点上存储数据。在应用开发方面,Contiki 提供多任务编程模式,开发人员将各应用作为独立的任务,通过创建任务方式将各应用隔离。

3.4.1 架构分析

Contiki 系统的核心模块包括网络(net)、文件系统(cfs)、外部设备(dev)、链接库(lib)等,还包含时钟、I/O、ELF 装载器、网络驱动等的抽象;处理器支持 arm、avr、msp430 等,同时支持开发人员自己扩展处理器支持;硬件平台包括 stm32、mx231cc、micaz、sky、win32 等,支持开发人员扩展硬件平台支持;同时还自带 FTP、hell、WebServer 等应用程序;还提供诸如 HelloWorld 等应用编程安全案例,方便开发人员编写应用程序。

　　Contiki 是一个事件驱动型系统,任务负责处理相应的事件而创建,中断与任务、任务与任务间都是通过事件交互。图 3-17 是 Contiki 的运行架构图,系统运行过程中包含 3 类主体:中断、任务及事件。其中,中断和任务是运行实体,而事件是中断与任务及任务与任务之间的交互对象。事件由中断或任务发起,并且由事件接收者任务负责处理。系统运行时先调度任务,当任务空时,再调度事件,根据事件找到对应的接收者任务,调度该任务去处理事件。

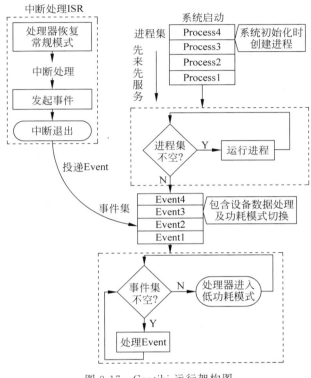

图 3-17　Contiki 运行架构图

3.4.2　任务管理

　　Contiki 中的任务是 process。一个 process 结构包含名字、入口地址、状态、是否需要轮询标识及上下文栈。系统内核通过单向链表管理所有任务,任务控制块中的 next 指针指向下一个任务;name 描述任务名称;thread 指向任务入口地址;pt 是任务的控制标签;state 标识任务状态中 needspoll 标识任务是否需要轮询,当需要轮询时,处理该任务。

　　任务调度方式是先来先服务,没有优先级,任务间不可强占,只有中断能够强占任务的执行。系统内的 process 都是挂载在一条链上,指针 next 指向下一个 process,在任务调度时,摘取该链链头上的 process 运行。任务的名字由 name 记录,指示该任务名称。任务的入口地址由 thread 记录,入口函数有 3 个参数,分别是任务游标、事件、数据。这里的参数事件指定了该任务需要处理的事件。

```
struct process {
struct process * next;
# if PROCESS_CONF_NO_PROCESS_NAMES
# define PROCESS_NAME_STRING( process) " "
# else
const char * name;
# define PROCESS _ NAME _ STRING ( process) ( process) ->
name
# endif
PT_THREAD( ( * thread) ( struct pt * ,process_event_t,
process_data_t) ) ;
struct pt pt;
unsigned char state,needspoll;
};
```

　　系统中的任务调度服务由 process_run 接口负责。该接口根据系统中是否有任务需要处理循环处理每个任务。如果系统中有任务,则循环遍历任务链表上的任务,逐个处理,直到任务链表为空。

　　这种类型的任务属于轻型任务,结构简单,占用资源少,调度简单,不需要优先级。任务一次性执行,不会被其他任务抢占,没有时间片轮转,只有在调用系统中的阻塞服务时才会被阻塞。这种轻型任务设计约束在设计任务处理过程中,尽量将任务处理流程精简化,以免任务运行时间过长影响其他任务的执行。

```
Int process_run( void)
{
if( poll_requested) {
do_poll( ) ;
}
do_event( ) ;
return nevents + poll_requested;
};
```

3.4.3　事件机制

　　中断与任务及任务与任务间是通过事件进行交互的。Contiki 系统的事件分为同步事件和异步事件。同步事件意味着事件发送者任务在发送完成事件后,立即执行接收者任务。事件发送者任务通过调用接口 process_post_synch 主动切换到接收者任务。

　　异步事件是通过事件队列维护当前的一些事件。事件发送者在发送事件时将事件添加到事件队列,该事件标识了接收者。系统在任务调度结束后,会查询事件队列上的事件,如果有事件,则弹出事件,解析事件接收者,再执行接收者任务,由接收者任务完成事件处理。

　　Contiki 中定义的事件有 9 种,如表 3-6 所示。事件接收者只能是任务,而发送者可以是中断,也可以是任务,还可以是广播任务。任务发送时,指定了接收者。发送同步事件时,发送者执行完成事件发送后,调用同步服务接口切换到接收者执行任务,同步事件发起者只能是任务。异步事件由发起者将事件插入到系统事件队列中。

表 3-6　Contiki 事件类型表

序号	事件标识	事件描述
1	EVENT_NONE	不是具体事件
2	EVENT_INIT	用于进程初始化
3	EVENT_POLL	事件的轮询标记
4	EVENT_EXIT	进程结束,释放或解除相关资源
5	EVENT_CONTINUE	等待释放处理器事件
6	EVENT_MSG	任务间传递消息
7	EVENT_EXITED	通知其他进程,某个进程结束
8	EVENT_TIMER	事件时钟失效事件
9	EVENT_COM	串口通信事件

系统通过事件队列维护所有的异步事件,在没有任务可调度的情况下,系统再调度事件队列中的事件,解析事件接收者,并调用接收者处理事件。由于系统资源受限,事件队列大小在系统配置时固定,只能维护固定数量的异步事件。如果系统异步事件过多,没能及时处理,则事件会被忽略。

综合来看,Contiki 作为一款典型的物联网操作系统,具备物联网应用需求的基本功能,能够作为占用资源极少,功耗极低,并且简化物联网应用的开发模式。

3.5　Windows 10 IoT Core

Windows 10 IoT Core 是面向各种智能设备的 Windows 10 版本系列,涵盖了从小的行业网关到大的更复杂的设备(如销售点终端和 ATM)的各种应用。结合最新的 Microsoft 开发工具和 Azure IoT 服务,合作伙伴可以收集、存储和处理数据,从而打造可行的商业智能和有效的业务结果。在构建基于 Windows 10 IoT Core 的解决方案后,合作伙伴将在利用一系列 Microsoft 技术提供端到端的解决方案时发现更多机会。

由于 Windows 10 IoT Core 是全新产品,它在用户群和经验丰富的开发者方面显然落后于其他许多物联网操作系统。但这款操作系统大有潜力,如果开发者希望在内部开发应用程序,更是如此。最终,那些习惯使用 Visual Studio 和 Azure 物联网服务,针对 Windows 从事开发工作的人会被整套 Windows 10 IoT Core 方案吸引过去。

Microsoft 更强调在 Windows 10 上提出的 Windows One 策略,即希望一个 Windows 适应所有的设备和屏幕,并为用户及开发人员提供一致的体验。这种方式使该系统具有强大的功能,但是势必导致其体量过大。目前 Windows10 IoT Core 提供两个版本,分别针对有显示屏和无显示屏两种场景[也叫有头和无头模式(headed or headless mode)]。无头模式需要 256MB 内存和 2GB 存储,有头模式需要 512MB 内存和 2GB 存储。

Windows 10 for IoT 相关文档可以登录 https://docs.microsoft.com/zh-cn/windows/iot-core/windows-iot-core 页面获得更多信息和资料。

3.6　Ostro

Ostro 是由 Intel 主导创建的一个开源物联网操作系统项目,它的目的是开发一个针对物联网应用的专门操作系统,这个操作系统的名字是 Ostro。它是基于 Linux 内核进行裁剪,并针对物联网领域的智能设备进行定制,专门应用于物联网的操作系统。

  Ostro 可被安装在 USB 存储器或者 SD 卡上,可以直接启动物联网硬件设备。当然,物联网应用开发者也可以根据自己的需要,对 Ostro 进行二次裁剪,自定义一个符合自身应用场景的全新内核。这个特征完全符合物联网操作系统的要求。

  Ostro 支持 Intel 的 Quark 和 Intel Atom 处理器,支持采用 Node. JS、Python、Java 和 C/C++ 等语言进行应用程序开发。程序员可通过 RestFUL API 对设备状态进行查询。Ostro 支持符合 OCF 标准的设备发现机制和符合 OCF 标准的 JavaScript API。Ostro 具有较高的安全等级,包含可信启动、应用程序内存隔离、权限管理、OS 镜像完整性验证等安全机制。Ostro 具有丰富的通信技术支持,包括 Bluetooth/BLE、WiFi、6LowPAN 以及 CAN 总线等。最后,Ostro 支持 VirtualBox 虚拟机。

  图 3-18 示意了 Ostro 物联网操作系统的整体架构。

  在硬件层之上的 Linux 内核,Ostro 的内核就是通用的 Linux 内核,它包括了最基本的驱动程序支持、硬件适配支持、网络支持、文件系统以及设备管理机制等。为了适应物联网的应用,Ostro 对 Linux 内核做了一些微调,使得内核可以支持更多的传感器(Sensor),能够支持更多的连接类型,比如蓝牙、WiFi、ZigBee 等。但是由于 Linux 内核本身的复杂性和不可分割性,使得 Ostro 物联网操作系统很难满足物联网操作系统所应该具备的高度伸缩性要求。

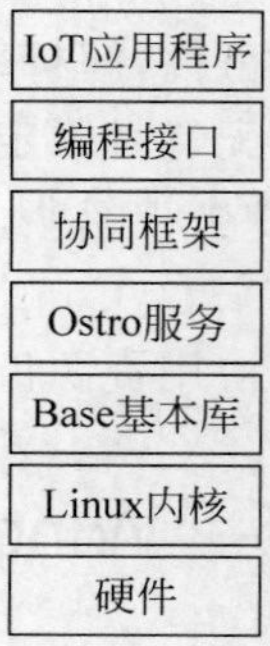

图 3-18　Ostro 物联网操作系统的整体架构

  Linux 内核是 Ostro 基本库。Ostro 基本库包括随 Linux 内核一起发行的最基本运行库,比如最常用的 C 运行库等。当然,Ostro 可以根据需要,动态地扩展基本库的范围。

  Ostro 服务在基本库层的上一层次。Ostro 服务主要是指系统级的一些进程或线程,这些进程或线程负责管理网络连接,加载必要的支撑服务,以及提供进程间通信(IPC)支持等。在 Ostro 操作系统中,保留了大部分 Linux 操作系统所支持的 systemd、D-Bus 等。除此之外,在线软件更新也是 Ostro 提供的基本服务之一。这是专门为物联网应用提供的一个基本服务,可以快速完成物联网设备的软件更新,而且只需要最小的软件下载量,只需要重新启动必要的物联网设备,而不需要重新启动所有的物联网设备。在线软件更新是确保物联网可管理、可维护的核心机制,通过物联网操作系统与后端云平台的协同,使得物联网设备的软件始终保持在最新和最安全的状态。

  物联网协同框架是 Ostro 操作系统非常重要的组成部分。Ostro 内置了对 IoTivity 的支持。2.4.5 节中已经介绍过,IoTivity 是一个开源的软件框架,用于无缝地支持设备到设备的互联,以及人与设备的简便互联。其主要是为了满足物联网开发的需要,构建物联网的生态系统,使得设备和设备之间可以安全可靠地连接。IoTivity 通过提供一系列框架和服务加速设备的互联应用开发。该项目由 Open Interconnect Consortium(OIC)组织赞助,相当于是 OIC 标准的一个参考实现。

  编程接口是 Ostro 提供给应用程序开发者使用的,用于开发各种各样的物联网应用程序。就目前情况来说,Ostro 提供了多种多样的编程接口供程序员根据自己的喜好和特定应用场景调用。主要有：

- Java 和 Python 编程接口，物联网应用程序开发者可以采用 Python 和 Java 语言，开发特定的应用程序。Ostro 提供了常用的支持类库。
- Node.JS 编程接口。Ostro 提供了 Node.JS 的运行期支持，以及特定的一些 JavaScript API(以 Node.JS 模块方式提供)。这些 Java Script API 涵盖了相对广泛的物联网应用场景，比如包含了开放连接基金会(OCF)定义的 API 接口。这样就非常便于物联网应用程序开发者直接使用这些 API，调用 IoTivity 等协同框架的功能。
- Soletta 编程接口。Soletta 是一个开源的物联网应用程序开发框架，它提供了一些常用的物联网应用开发库，便于程序员方便快速地开发物联网应用程序。Soletta 是一种编程框架，可以采用传统的 C 语言进行应用程序开发，也可以采用一种叫作"基于流的编程语言"(Flow-based Programming)来进行物联网应用的开发。

总之，Ostra 提供了相对丰富的编程框架，供应用开发者选择。

IoT 应用程序位于整个系统的顶层。这个层次包含了所有使用 Ostro 编程接口所开发的物联网应用程序。当前的 Ostro 版本并没有开发任何特定的应用程序实例，仅提供了如何开发应用程序的指导以及一些简单的代码片段。随着 Ostro 的发展，会有针对特定典型场景的物联网应用程序(比如智慧家庭应用程序)，被纳入这个层次中发布。

官方网站地址为 https://ostroproject.org/。

3.7　AliOS Things

阿里巴巴云 IoT 物联网操作系统(又名 AliOS Things)是阿里巴巴云面向物联网领域的、高可伸缩物联网操作系统。AliOS Things 致力于搭建云端一体化 IoT 基础设施，具备极致性能、极简开发、云端一体、丰富组件、安全防护等关键能力。AliOS Things 支持多种多样的设备连接到阿里巴巴云 Link 平台，可广泛应用于智能家居、智慧城市、工业、新出行等领域。AliOS Things 开源代码遵循 Apache 2.0 license 开源协议。

AliOS Things 架构适用于分层架构和组件化架构。一般来说，从底部到顶部，AliOS Things 包括板级支持包、硬件抽象层、内核(包括 Rhino 实时操作系统内核、Yloop、VFS、KV 存储)、协议栈[包括 TCP/IP 协议栈(LwIP)、uMesh 网络协议栈]、安全组件、中间件(包括常见的物联网组件和阿里巴巴增值服务中间件)和示例应用(包含各种示例代码)。

AliOS Things 的内核是 Rhino 实时操作系统内核，其特点主要有：

(1) 体积小。为大多数的内核对象提供静态和动态分配。为小内存块设计的内存分配器。大部分的内核特性都是可以裁剪的。通过.h 文件进行配置和裁剪。K_config.h 文件一般位于开发板目录结构下。

(2) 功耗低。提供了 CPU 的 tickless idle 模式来帮助系统节约电能和延长时间。类似于 FREERTOS 的 tickless idle 模式。

(3) 实时性。Rhino 提供了两个调度策略：基于优先级的抢占式调度和 round-robin 循环调度策略。对于这两个调度策略而言，具有最高优先级的任务都是被优先处理的。

（4）调试方便。Rhino 可以支持 stack 溢出、内存泄漏、内存损坏的检测。

下面介绍 AliOS Things 的基本管理功能。

1. 任务管理

现代操作系统都建立在任务的基础上，任务是内核 Rhino 中代码的一个基本执行环境，有的操作系统也称之为线程(thread)。

多任务的运行环境提供了一个基本机制让上层应用软件来控制/反馈真实的/离散的外部世界，从宏观上可以看作单个 CPU 执行单元上同时执行多个任务；从微观上看，CPU 快速地进行切换来执行任务。Rhino 实时操作系统支持多任务机制。

每个任务都具有上下文(context)。上下文是指当任务被调度执行的时候此任务能看见的 CPU 资源和系统资源，当发生任务切换的时候，任务的上下文被保存在任务控制块(ktask_t)中，这些上下文包括当前任务的 CPU 指令地址(PC 指针)、当前任务的栈空间、当前任务的 CPU 寄存器状态等。

任务管理功能的相关源码位于/kernel/rhino/core/目录中。

头文件内容如下：

```
# include < aos/aos.h>
# include < aos/kernel.h>
# include "k_task.h"
```

表 3-7 显示了内核 Rhino 的任务管理 API 情况。

表 3-7　任务管理 API 列表

API 名称	说　明
aos_task_new()	动态创建一个任务，任务句柄不返回，创建完成后自动运行
aos_task_new_ext()	动态创建一个任务，传入任务句柄，并指定优先级，创建完成后自动运行
aos_task_exit()	任务自动退出
aos_task_delete()	任务删除
aos_task_name()	返回任务名
aos_task_key_create()	返回任务私有数据区域的空闲块索引(目前用于 yloop，2.1 版本后不用于 yloop)
aos_task_key_delete()	删除任务私有数据区域的空闲块索引(目前用于 yloop，2.1 版本后不用于 yloop)
aos_task_setspecific()	设置当前任务私有数据区域的某索引空闲块内容(目前用于 yloop，2.1 版本后不用于 yloop)
aos_task_getspecific()	获取当前任务私有数据区域的某索引数据块内容(目前用于 yloop，2.1 版本后不用于 yloop)
aos_msleep()	任务挂起若干毫秒

2. 内存管理

内存管理是指软件运行时对系统内存资源进行分配和使用的技术。其最主要的目的是如何高效、快速地分配，并且在适当的时候释放和回收内存资源。表 3-8 列举了内核 Rhino 的内存管理常用 API。

表 3-8 内存管理 API 列表

API 名称	说　明
aos_malloc()	从系统堆中分配内存给用户
aos_zalloc()	从系统堆中分配内存区域给用户,并且将分配的内存初始化为 0
aos_calloc()	从系统堆中分配连续的块内存区域给用户,并且将分配的内存初始化为 0
aos_realloc()	重新调整之前调用 aos_malloc(aos_calloc、aos_zalloc)所分配的内存块的大小
aos_free()	释放分配的内存

3. 定时器管理

AliOS Things 提供基本的软件定时器功能,包括定时器的创建、删除、运行,以及单次和周期定时器。定时器管理涉及 tick。

tick 一般是作为任务延迟调度的内部机制,其接口主要是系统内部使用。对于使用操作系统的应用软件,也需要定时触发相关功能的接口,包括单次定时器和周期定时器。

从用户层面来讲,不关注底层 CPU 的定时机制以及 tick 的调度。用户希望的定时器接口是,可以创建和使能一个软件接口定时器,时间到了之后,用户的钩子函数能被执行。而对于操作系统的定时器本身来讲,也需要屏蔽底层定时模块的差异。因此,在软件层次上,对于定时器硬件相关的操作由 tick 模块完成,定时器(timer)模块基于 tick 作为最基本的时间调度单元,即最小时间周期,来推动自己时间轴的运行。表 3-9 列举了内核 Rhino 的定时器管理模块的常用 API。

表 3-9 定时器管理 API 列表

API 名称	说　明
aos_timer_new()	动态创建软件定时器
aos_timer_start()	软件定时器启动
aos_timer_stop()	软件定时器停止
aos_timer_change()	改变软件定时器的周期
aos_timer_free()	删除软件定时器

4. 信号量(semphore)

该处理方式可以避免软件在访问共享资源的读写时发生相互影响甚至冲突。

对于多任务,甚至多核的操作系统,需要访问共同的系统资源。共享资源包括软件资源和硬件资源,软件共享资源主要在于共享内存,包括共享变量、共享队列等,硬件共享资源包括一些硬件设备的访问,例如,输入/输出设备、打印机等。

为了避免软件访问共享资源的读写发生的相互影响甚至冲突,一般在保护共享资源时,有下列几种处理方式。

- 开关中断:一般用于单核内多任务之间的互斥,其途径在于关闭任务的调度切换,从而达到单任务访问共享资源的目的。缺点是会影响实际的中断调度效率。
- 信号量:多任务可以通过获取信号量来获取访问共享资源的"门禁",可以配置信号量数目,让多个任务同时获取"门禁",当信号量无法获取时,相关任务会按照优先级排序等待信号量释放,并让出 CPU 资源。信号量的缺点是存在高低任务优先级反转的问题。

- 互斥量：任务也是通过获取 mutex 来获取访问共享资源的门禁，但是只有一个任务能获取到该互斥量。互斥量通过动态调整任务的优先级来解决高低优先级反转的问题。表 3-10 列举了内核 Rhino 的信号量常用 API。

表 3-10　信号量 API 列表

API 名称	说　明
aos_sem_new()	动态创建信号量
aos_sem_free()	删除信号量
aos_sem_signal()	释放一个 sem 信号量，并唤醒一个高优先级阻塞任务
aos_sem_signal_all()	释放一个 sem 信号量，并唤醒所有阻塞任务
aos_sem_wait()	信号量获得
aos_sem_is_valid()	判断信号量是否有效

5. 工作队列

在内核中，用户只需要创建一次工作队列（workqueue）即可构建多个挂载不同处理函数的工作队列。

在一个操作系统中，如果需要进行一项工作，往往需要创建一个任务来加入内核的调度队列。一个任务对应一个处理函数，如果要进行不同的事务处理，则需要创建多个不同的任务。任务作为 CPU 调度的基础单元，任务数量越大，则调度成本越高。工作队列机制简化了基本的任务创建和处理机制，一个工作队列对应一个实体任务处理，工作队列下面可以挂载多个工作实体。

当在某些实时性要求较高的任务中，需要进行较繁重的钩子处理时，可以将其处理函数挂载在工作队列中，其执行过程将位于工作队列的上下文，而不会占用原有任务的处理资源。工作队列还提供了工作的延时处理机制，用户可以选择立即执行或是延时处理。

由此可见，在需要创建大量实时性要求不高的任务时，可以使用工作队列来统一调度；或者将任务中实时性要求不高的部分处理延后到工作队列中处理。如果需要设置延后处理，则需要使用工作机制。另外该机制不支持周期工作的处理。

工作队列功能的相关源码位于/kernel/rhino/目录中（v2.1.0 之前位于/kernel/rhino/core/目录中）。

头文件内容如下：

```
# include < aos/aos.h>
# include < aos/kernel.h>
# include "k_workqueue.h"
```

表 3-11 列举了内核 Rhino 的常用工作队列 API。

表 3-11　工作队列 API 列表

API 名称	说　明
aos_workqueue_create()	创建一个工作队列，内部会创建一个任务关联工作队列
aos_work_init()	初始化一个工作，暂不执行
aos_work_destroy()	删除一个工作

API 名称	说　　明
aos_work_run()	运行一个工作,使其在某工作队列内调度执行
aos_work_sched()	运行一个工作,使其在默认工作队列 g_workqueue_default 内调度执行
aos_work_cancel()	取消一个工作,使其从所在的工作队列中删除

6. 内核配置文件 k_config. h

每一个 AliOS Things 支持的单板,都配套有一个 k_config. h,用于设定本单板环境下特定的内核 Rhino 配置。

AliOS Things 的内核(Rhino)可以通过宏进行功能配置。完整的配置宏可以在 k_default_config. h 文件中看到,里面的宏可分为两类——开关类与数值设置类。开关类负责打开或关闭一个内核模块,数值设置用于设定一些参数。k_default_config. h 文件位于 Rhino 内核代码中(文件路径:. /kernel/rhino/include/k_default_config. h),其对每个可配置宏都进行了默认值的设置。

k_config. h 文件中的宏配置值通常与 k_default_config. h 值不同。k_config. h 位于 \board\ * \目录下,其中星号(*)为具体的单板名称。

AliOS Things 内部组件都是通过"♯include "k_api. h""来使用这些配置宏的,k_api. h 中固定包含顺序如下。

```
# include "k_config.h"
# include "k_default_config.h"
```

因此,单板特定的宏设置优先于默认设置,以信号量功能开关为例,可以在以下代码中看出最终 RHINO_CONFIG_SEM 生效值为 1,即信号量功能打开。

表 3-12 列举了内核 Rhino 的常用配置选项。

表 3-12　常用配置选项说明

配置项名称	功能描述
RHINO_CONFIG_SEM	信号量模块的开关,0 表示关闭,1 表示打开。主要对应 k_sem. h 中的功能
RHINO_CONFIG_TASK_SEM	任务信号量模块的开关,0 表示关闭,1 表示打开。主要对应 k_task_sem. h 中的功能。对比信号量用于同步或互斥场景,任务信号量只用于同步,提供更高效方便的方式
RHINO_CONFIG_QUEUE	队列模块的开关,0 表示关闭,1 表示打开。主要对应 k_queue. h 中的功能
RHINO_CONFIG_BUF_QUEUE	缓存队列模块的开关,0 表示关闭,1 表示打开。主要对应 k_buf_queue. h 中的功能
RHINO_CONFIG_PWRMGMT	功耗管理模块的开关,0 表示关闭,1 表示打开。用于开启低功耗功能(该功能需要厂商 BSP 配合 OS 一同完成)
RHINO_CONFIG_TIMER	timer 模块的开关,0 表示关闭,1 表示打开。主要对应 k_timer. h 中的功能

配置项名称	功能描述
RHINO_CONFIG_TIMER_TASK_PRI	timer 模块打开时,定时器超时回调都在内核创建的定时器任务上下文中执行。该任务优先级通过上述宏配置。timer 任务优先级与用户的回调实际工作有关,通常优先级设定的较高
RHINO_CONFIG_TIMER_TASK_STACK_SIZE	timer 模块打开时,定时器超时回调都在内核创建的定时器任务上下文中执行。该任务栈大小通过上述宏配置,单位是 4B(例如,宏值默认设定为 256,表示任务栈实际为 1024B 大小)。 timer 任务栈大小与用户的回调实际工作有关,初始可以设定大一点,运行时通过 cli 的 tasklist 命令查看,若 timer 任务(timer_task)栈最小空闲值较大,则可以减小该宏以节省内存
RHINO_CONFIG_SCHED_RR	任务 round robin 调度方式开关,0 表示关闭,1 表示打开。Rhino 为实时调度内核,即高优先级任务会持续优先于低优先级任务执行。而对于相同优先级的任务,则有两种调度策略。 (1) RR,即相同优先级任务分享时间片,每个任务执行到一定时间后自动让出 CPU,供下一个同优先级任务执行。 (2) FIFO,即相同优先级任务先进入 ready 状态的先执行,只有本任务发生阻塞(例如,sleep 或者等待信号量等)后,才能轮到相同优先级下一个任务执行。 RHINO_CONFIG_SCHED_RR 为 0 和 1 分别对应 RR 与 FIFO 方式
RHINO_CONFIG_TIME_SLICE_DEFAULT	当任务 round robin 调度方式打开时(即 RHINO_CONFIG_SCHED_RR 为 1),每个任务的时间片可在创建时指定,若创建时填写 0 则为该宏的默认值。单位为毫秒
RHINO_CONFIG_TICKS_PER_SECOND	配置每秒系统的 tick 数。例如,100 表示每 10ms 到来一个系统 tick,1000 表示每 1ms 都有一个 tick。系统 tick 是内核计时的基础单位。超时时间(如 sleep、sem_take 等)与定时器控制,内部都以 tick 为计数基础。因此该宏值越高,表示计时精度越高,但系统处理 tick 中断本身的消耗也就越大
RHINO_CONFIG_SYSTEM_STATS	内核系统统计开关,0 表示关闭,1 表示打开。打开后完成以下统计。统计全系统的最长关中断时间、最长关任务调度时间与任务切换次数
RHINO_CONFIG_MM_TLF	堆管理算法开关,0 表示关闭,1 表示打开。打开后 Rhino 接管 malloc、free 等 C 库的内存管理,并提供 k_mm.h 中的功能
RHINO_CONFIG_MM_BLK	小内存块优化算法开关,0 表示关闭,1 表示打开。 RHINO_CONFIG_MM_TLF 打开后,Rhino 使用 TLF 算法管理内存,该算法更加健壮但会消耗一定的内存。针对小内存块(例如,小于 32B),可以通过 RHINO_CONFIG_MM_BLK 宏开启 BLK 算法优化,提高内存利用率
RHINO_CONFIG_MM_TLF_BLK_SIZE	小内存块优化空间大小,单位为字节。 RHINO_CONFIG_MM_BLK 打开后,需要配置 RHINO_CONFIG_MM_TLF_BLK_SIZE 来决定堆中多少内存划分给 BLK 算法
RHINO_CONFIG_MM_DEBUG	缓存队列模块的开关,0 表示关闭,1 表示打开。主要对应 k_mm_debug.h 中的功能。打开后,当用户申请内存不足,或者 rhino 检测到内存越界时,都会有详细的输出信息。CLI 中也有 dumpsys mm_info 命令可以查看详细内容

3.8 μT/OS

大连悠龙软件科技有限公司从 2008 年开始借鉴 Google 在 Android 上的成功商业模式,以 μT-Kernel 规范为基础,2009 年年底研发出世界上第一个支持 Cortex-M3 和 μT-Kernel 规范的实时操作系统内核,后来逐渐加上 Linux 上的成熟轻量级开源中间件,推出了中国人自己的物联网开源实时操作系统——μTenux,在 μTenux 中遵循 μT-Kernel 规范的内核被命名为 μT/OS。μTenux 支持 Cortex-M0/M3/M4、ARMV4T、ARMV5E 等多种 32 位内核微控制器,在 2010 年和 2011 年陆续成为 ATMEL 和 ARM 公司全球操作系统战略合作伙伴。

近期 μT/OS v3.0 已经启动,支持 ST 全系列 Nucleo 开发板,支持 STM32 Cube 库,支持动态下载程序,增加安全 API。

Github 地址为 https://github.com/TenuxOS。

3.9 MiCO

MiCO IoT OS 由上海庆科联合阿里巴巴智能云于 2014 年 7 月发布,是国内首款真正意义上的物联网操作系统。MiCO(MCU based Internet Connectivity Operating System)是一个基于微控制器的互联网接入操作系统,是一个开发物联网设备的软件平台。

MiCO 内含一个面向 IoT 设备的实时操作系统内核,特别适合运行在资源受限的微控制设备上。MiCO 包含了底层芯片驱动、无线网络协议、射频控制技术、应用框架,此外,MiCO 还包含了网络通信协议栈、安全算法和协议、硬件抽象层、编程工具等开发 IoT 必不可少的软件功能包。它提供 MCU 平台的抽象化,使得基于 MiCO 的应用程序开发不需要关心 MCU 具体件功能的实现,通过 MiCO 中提供的各种编程组件快速构建 IoT 设备软件。简单地说,它是基于 MCU 的全实时物联网操作系统,是面向智能硬件设计、运行在微控制器上的高度可移植的操作系统和中间件开发平台,已被广泛应用于智能家电、照明、医疗、安防、娱乐等物联网应用市场。

开发者可以在各种微控制器平台上基于 MiCO 来设计接入互联网的创新智能产品,实现人物互联。

3.10 Ruff

Ruff 是一个支持 JavaScript 开发应用的物联网操作系统,为软件开发者提供开放、高效、敏捷的物联网应用开发平台,让 IoT 应用开发更简单。

Ruff 对硬件进行了抽象,使用了基于事件驱动、异步 I/O 的模型,使硬件开发变得轻量而且高效。除了使用 JavaScript 作为开发语言,它还拥有自己的软件仓库,从模块到驱动一应俱全,提高了软件兼容性,降低了硬件开发门槛。

整个 Ruff 开发体系包括 Ruff OS、Ruff SDK、Ruff 软件仓库、Ruff Kit 开发套件。只要用户有软件开发经验,就可以用 Ruff 开发硬件应用。

3.11　Zephyr

Linux 基金会宣布了一个微内核项目——Zephyr，由 Intel 主导，风河提供技术。Zephyr 微内核将被用于开发针对物联网设备的实时操作系统。Zephyr 项目得到了 Intel、NXP 半导体、Synopsys 和 UbiquiOS 等公司的支持，Intel 子公司 Wind River 向 Zephyr 项目捐赠了它的 Rocket RTOS 内核。Zephyr 微内核能运行在只有 10KB RAM 的 32 位微控制器上，相比之下基于 Linux 的微控制器项目 uClinux 需要 200KB RAM。

官方网站 https://www.zephyrproject.org/。

3.12　TinyOS

TinyOS 是 UC Berkeley(加州大学伯克利分校)开发的开放源代码操作系统，专为嵌入式无线传感网络设计，操作系统基于构件(component-based)的架构使得快速的更新成为可能，而这又缩短了受传感网络存储器限制的代码长度。TinyOS 是一个具备较高专业性，专门为低功耗无线设备设计的操作系统，主要应用于传感器网络、普适计算、个人局域网、智能家居和智能测量等领域。

TinyOS 作为一个专业性非常强的操作系统，主要存在如下几个特点。

1. 拥有专属的编程语言

TinyOS 应用程序都是用 NesC 编写，其中 NesC 是标准 C 的扩展，在语法上和标准 C 没有区别，它的应用背景是传感器网络这样的嵌入式系统，这类系统的特点是内存有限，且存在任务和中断两类操作，它的编译器一般都是放在 TinyOS 的源码工具路径下。

2. 开放源代码

所有源码都免费公开，可以访问官方网站 www.tinyos.net 去下载相应的源代码，由全世界的 TinyOS 的爱好者共同维护，目前最新的版本是 2.1.1。

3. 基于组件的软件工程建构

inyOS 提供一系列可重用的组件，一个应用程序可以通过连接配置文件(AWiringSpecification)将各种组件连接起来，以完成它所需要的功能。

4. 通过任务和事件来管理并发进程

Tasks：一般用在对于时间要求不是很高的应用中，且任务之间是平等的，即在执行时是按先后顺序执行的，一般为了减少任务的运行时间，要求每一个任务都很短小，能够使系统的负担较轻；支持网络协议的替换。

事件：一般用在对于时间的要求很严格的应用中，而且优于任务执行，它可以被一个操作的完成或是来自外部环境的事件触发，在 TinyOS 中一般由硬件中断处理来驱动事件。

5. 支持网络协议组件的替换

除了默认协议之外，还提供其他协议供用户替换，并且支持客户自定义协议，这对于通信协议分析以及通信协议的研究工作非常有帮助。

6. 代码短小精悍

TinyOS 的程序采用的是模块化设计，所以它的程序核心往往都很小。一般来说，核心代码和数据为 400B 左右；能够突破传感器存储资源少的限制，这能够让 TinyOS 很有效地运行在无线传感器网络上并去执行相应的管理工作等。

TinyOS 的特性决定了其在传感器网络中的广泛应用，使其在物联网中占据了举足轻重的地位。

相对于主流操作系统的庞大体积来说，TinyOS 显得十分迷你，只需要几千字节的内存空间和几十千字节的编码空间就可以运行，而且功耗较低，特别适合传感器这种受内存、功耗限制的设备。

TinyOS 在构建无线传感器网络时，通过一个基本控制台控制各个传感器子节点，聚集和处理各子节点采集到的信息。TinyOS 在控制台发出管理信息，然后由各个节点通过无线网络互相传递，最后达到协同一致的目的。

更多内容请参考 http://tinyos.stanford.edu/tinyos-wiki/index.php/Main_Page。

3.13　小结

本章介绍了目前主流的物联网操作系统，表 3-13 对典型的物联网操作系统及特性做了简要总结。

表 3-13　典型物联网操作系统及其特性

操作系统	特性简述
Contiki	支持平台较多，能在多平台(如嵌入式设备和传感器等)上运行，较容易开发
Android Things	使用 Weave 的通信协议，实现设备与云端相连，并且与 Google 助手等服务交互
ARM Mbed	ARM 处理器专用，采用事件驱动的单线程架构，可用于尺寸小、低功耗的物联网设备
Lite OS	华为公司开发的轻量级的物联网操作系统，具备零配置、自组网、跨平台的能力
Ruff	JavaScript 编程，跨平台
Ostro	基于 Linux 操作系统进行裁剪，丰富的通信技术支持
RT-Thread	开源，组件完整丰富、高度可伸缩、简易开发、低功耗

从 2014 年 ARM Mbed OS 发布开始计算，当前市场已经有几十种开源的 IoT OS，还有一些商业 IoT OS，更准确地说，是支持 IoT 应用的商业嵌入式操作系统。在一个新的物联网项目启动的时候，开发者通过芯片公司生态系统能很方便地接触到 1 或 2 种支持 IoT OS 的开发板，比如 STM32 Discovery kit IoT node。从当前主流的物联网操作系统技术来看，IoT OS 更趋向是一种集成技术，将已经成熟的操作系统、通信和云计算技术集成到从传感器到云的物联网场景中。IoT OS 不只是提供 CPU 资源管理和应用编程接口(API)的传统意义的操作系统，IoT OS 也无法只布置设备端，它需要端云联动。IoT OS 一直由产业界在推动其发展，产业界也在寻找可以解决物联网开发过于烦琐、开发团队顾此失彼而延误开发周期的问题。

习题

1. 简述 RT-Thread 的系统结构。
2. RT-Thread 系统的内存管理有何特点？
3. 简述 Mbed OS 的功能框架。
4. CMSIS 包含哪些组件？
5. 简述 Contiki 的系统架构。
6. 简述 Contiki 的任务管理机制。
7. 尝试下载本章介绍的某个物联网操作系统内核镜像并安装测试。

## 第 4 章

物联网操作系统安全

鉴于物联网操作系统作为物联网系统架构的核心,其安全问题将会严重影响整个物联网生态系统,所以物联网操作系统逐渐成为攻击者的重点目标。

近年来,随着物联网应用领域的扩大,物联网系统安全问题越发严重。例如,2010 年曝光的"震网病毒",攻击者利用其入侵多国核电站、水坝、国家电网等工业与公共基础设施的操作系统,造成了大规模的破坏。2016 年爆发的"IoT 僵尸网络 Mirai",其控制物联网设备的方法除了利用默认的用户名和口令,还主要利用了物联网设备中的系统漏洞(如缓冲区溢出)等,从而控制了大量物联网设备。

本章首先描述了物联网操作系统面临的安全威胁和不同场景下的物联网操作系统的安全需求,然后从 3 个方面介绍了物联网操作系统的安全机制,接着介绍了 Mbed OS 的安全机制,最后展望了物联网操作系统安全技术的未来。

4.1 物联网操作系统面临的安全威胁

1. 不安全的系统构建

目前,物联网操作系统安全问题产生的根本原因主要是在系统构建时忽略了或者不够重视安全因素。由于大部分小型厂商并不具备安全系统构建的专业知识,所以需要安全研究人员设计出实用的且额外成本低的安全系统构建框架供物联网设备厂商选择使用。

另外,研究人员可设计额外的安全评估模块,在系统设计过程中就预先对其进行安全性分析,防患于未然。

2. 设备资源的有限性

由于物联网设备的计算、存储资源有限,并对设备的成本和功耗有着较高的要求,所以在保证操作系统安全的同时还要使附加的安全机制的功耗和资源使用降到最低,才能切实提高安全机制的实用价值。现有轻量加密算法、轻量认证算法以及轻量级系统防御措施的资源消耗和安全性均无法满足现阶段轻量级物联网设备的安全需求。

3. 不可接触的物理设备

物联网环境中很多设备都会面临长期物理不可接触,如嵌入式医疗设备、特殊环境的工业控制系统和军用设备等。如何验证这些设备关键操作的可信性及数据的可靠性逐渐成为现阶段物联网操作系统研究的一大热点,需要研究人员提出更加轻量化且高效的远程可信认证方案来解决这一难题。

4. 存在漏洞的系统

现阶段物联网应用的操作系统中存在大量安全漏洞,但现有的物联网安全测试工具与漏洞挖掘方法过于简单或直接照搬原有 Android 系统的测试方法,无法挖掘出更加深入的物联网系统中的安全问题,同时发现的安全问题也不够全面。

5. 隐私数据泄露

随着物联网设备越发普及,智能家居、智能医疗设备等还会收集用户大量的隐私信息,如室温变化、体征变化等,保管传输不当会导致严重的用户隐私泄露问题。但这些物联网设备存储资源均十分有限,系统防御能力十分薄弱,如何在轻量级物联网设备系统中利用更少的系统资源构建出可信安全的存储空间防止隐私数据泄露,需要重点关注。

6. 外围设备安全威胁

目前,物联网设备之间的无线与有线交互越来越频繁,仅保障设备内部系统安全往往是不够的。在物联网系统设计中还需要特别对外围接口的程序设计以及调用进行仔细的检查,防止攻击者利用不安全的外围设备入侵关键设备系统。设计出安全、灵活、广泛适用的程序接口也是现阶段物联网操作系统安全研究中不可忽视的环节。

7. 关键程序入侵

随着物联网设备在工业等关键设施中的广泛应用,其安全问题越发严重,攻击者可以通过入侵控制基础设备的关键程序从而造成严重的物理破坏。故对于控制重要设备的关键程序,一方面,需要为其构造可信隔离的安全执行环境,在操作系统被攻破的前提下仍然保证关键程序不会受到威胁;另一方面,需要构建安全内核,增加操作系统抵御攻击的能力。

8. 各种系统攻击

由于物联网系统普遍存在诸多漏洞,并且随着攻击者能力不断提高,物联网操作系统随时可能遭受多种类型的系统攻击。

4.2 不同物联网场景下的操作系统安全需求

现阶段物联网应用场景逐渐增多,不同场景下的需求不同,设备软硬件资源存在差异,故各应用场景对应的系统安全需求侧重点也不同。本节对各个应用场景的安全需求进行分析。只有明确其安全需求,才能采取有针对性的安全机制。

1. 智能家居

在智能家居越发普及的同时,各种智能家居设备系统中保存和使用的用户隐私信息也越来越多。这些数据不仅包含与用户身份认证直接相关的指纹、密码等隐私信息,还包括用户日常生活中的隐私信息,例如,温度传感器记录了家中各个房间的实时温度信息;智能电表记录了家中的用电情况等。而且目前用户隐私保护意识较差,智能家居产品也缺乏隐私数据使用规范,导致智能家居设备隐私数据泄露日趋严重。

智能家居操作系统的首要安全需求是保护用户的隐私数据,操作系统需要在不影响应用端使用这些隐私数据的同时防止隐私数据泄露。

2. 智能医疗

在智能医疗场景下,设备收集的用户隐私信息会更多,同时智能医疗设备的隐私信息会共享给诸多医疗单位,加剧了用户医疗隐私信息泄露的风险。

另外,该场景下设备运行的稳定性需要得到保证,医疗设备尤其是胰岛素泵、心脏起搏器等人体嵌入式设备尤为重要,一旦这些医疗设备的操作被恶意控制,将会直接威胁用户的生命安全。

针对智能医疗设备的勒索软件也开始逐渐增多。对于智能医疗设备的操作系统,一方面,需要对收集、使用和传输的隐私数据进行严格保护;另一方面,需要对设备的关键程序操作也进行实时的监控,在异常行为最终执行之前采取对应的处理措施,切实保障智能医疗设备的安全运行。

3. 智能工业

现阶段工业生产中应用的物联网设备越来越多,这些物联网设备在方便企业进行更加智能自动化管理和操作的同时,也扩大了其受攻击面。例如,"震网病毒"等对关键工业设施的攻击会对企业和国家产生严重危害。

因此,关键智能工业设备操作系统最重要的安全需求应该是对其控制程序的完整性和可信性的验证。确保控制可信命令得到执行,同时,对于设备的异常行为做到提早发现和快速处理,防止异常程序行为的执行。另外,对关键工业设备的外围接口也要进行安全隔离,防止通过如 U 盘等外围设备插入关键控制设备传播恶意代码。

4. 智能汽车

随着市场上联网的智能汽车逐渐增多,现实中对智能汽车的电子攻击也层出不穷。智能汽车的系统漏洞也逐渐成为不法者盗取汽车的重要手段。另外,用户个人车辆行驶数据具有较大的商业价值,也成为不法者和各大公司窃取的主要目标。

对于智能汽车操作系统,一方面要防止其存储的车辆行驶隐私数据在用户不知情的情况下泄露;另一方面要对车辆系统的控制总线 CAN-Bus 进行特别防护和隔离,防止攻击者借助安全性较低的系统程序(如车载娱乐系统、导航系统等)对其非法访问。另外,智能汽车的安全防护措施必须满足车辆在实际使用时实时性的要求,对关键行驶控制设备必须进行实时监控,及时终止异常行为执行。

4.3　物联网操作系统安全机制分析

目前的物联网操作系统产品在安全设计方面主要存在的 3 个问题。

(1) 直接沿用原有的安全机制。例如,Android Things 直接沿用了 Android 系统的一些基础安全机制,并没有深入分析物联网设备实际的软硬件特性与需求,还有比如 e Linux 也主要是基于 Linux 内核安全机制,并没有为物联网设备设计额外的安全机制。

(2) 缺乏对终端系统安全设计。现有的物联网操作设计时普遍只关注其功能要求。例如,Contiki 主要为实时性做了优化设计,RIOT 主要为支持各种通信协议进行了改进。大多并没有考虑对系统安全进行额外的设计。像 Mbed 操作系统,虽然在设计时考虑了安全因素,但其主要安全保护措施是为了保护通信安全如 SSL,系统的防护措施仍待进一步加强。

(3) 没有充分利用设备自身硬件架构安全特性。物联网操作系统如 FreeRTOS、RIOT 等普遍是运行在 ARM Cortex-M 系列的 CPU 核心上的。但是对于 Cortex-M 自身提供的硬件安全机制,如内存保护单元(MPU),在这些操作系统设计中却没有具体的应用。而这些自带的硬件安全机制如果进行合理的配置和使用,可在不增加额外硬件配置的条件下实现高效的系统防御措施。

通过上述介绍不难发现,在操作系统构建之初就应尽可能全面地考虑其安全问题,分析需求并设计相应方案,这比构建一个脆弱的系统再进行漏洞修补的方案更为高效,能起到事半功倍的效果。然而,由于操作系统的开放性,构建一个永久安全的系统也是无法实现的。所以在系统构建后,及时地对系统进行安全分析发现安全问题也显得十分重要。同时,由于攻击者手段和能力的不断提高,原有设计难以应付日新月异的攻击手段,物联网操作系统侦测攻击的能力也需要不断提升,来抵御各种潜在的系统攻击。图 4-1 显示了物联网操作系统安全机制的流程分析。

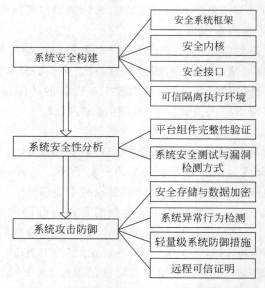

图 4-1 物联网操作系统安全机制流程分析

4.3.1 物联网操作系统安全构建

实现物联网操作系统安全的首要步骤是在系统设计之初就尽可能全面地考虑其安全问题,构建一个相对稳固的、安全的系统。物联网操作系统安全构建包括系统安全框架构建、安全内核设计、安全接口设计和可信隔离执行环境构建 4 个部分。

目前针对物联网操作系统安全框架的设计主要有两个指导性原则:

(1) 支持用户自定义控制系统,在设计时应该让用户拥有自主选择信任范围的权利,而不能盲目相信设备厂商提供的系统或固件。

(2) 对系统提出安全防御措施时要尽可能地减少安全测试复杂度。现阶段一些数据加密、安全启动等安全措施在抵御攻击者的同时,也给设备的安全测试和分析增加了难度。

根据上述指导性原则,有一些措施得以应用。比如在物联网设备中内置安全模块,为用户提供动态检测、诊断、隔离等安全功能,从而使用户摆脱对厂商的依赖,拥有检测设备安全和可信的能力。

内核是操作系统的核心部分,用于完成如进程调度、内存管理等主要功能。对于物联网设备而言,其操作系统本身就十分简洁,绝大多数功能均通过内核来实现。因此,设计安全内核对于物联网操作系统安全构建显得十分重要。轻量级安全内核的设计目前主要可分为两个方面:一方面,是直接改进原有内核的设计增加安全性;另一方面,通过增加额外的模块来对原有内核进行监测和验证。例如,设计独立的、轻量级的可信执行环境,用于保护原有内核的关键操作;增加额外的验证模块用于实时动态地验证原有内核的安全性,从而保证内核关键操作与通信的正确运行。

随着物联网设备在工业与关键基础设施中的应用越发广泛,其安全威胁也逐步增加。但如果对系统所有层攻击都对应采取相应的防御措施会使开销过大,且防御措施也难以面面俱到。所以在系统构建时,通常会设计可信隔离执行环境用于关键程序执行。可信执行环境的构建主要通过硬件和软件这两种方式来实现。比如软件方式主要通过软件错误隔离(Software Fault Isolation,SFI)来实现。软件错误隔离主要是在原有程序中增加对控制流完整性的检查,并对使用的内存进行访问控制,从而实现应用之间控制流与数据流的相互隔离。

4.3.2 系统安全性分析

一个永久安全的系统是不存在的,尤其对于关键工业与基础设施的物联网设备需要严格保证其数据与操作的可信性,这就需要对物联网操作系统进行安全性分析,在验证设备安全的同时可以及时发现并修复系统安全问题。关于物联网操作系统的安全性分析的研究,本节将从平台组件完整性验证、系统安全测试与漏洞检测方法这两个方面来阐述。

1. 平台组件完整性验证

由于物联网设备的多样性,各种物联网设备厂商都会对其设备定制平台组件,导致现阶段系统组件碎片化严重。如何确保各种平台组件的安全性成为物联网操作系统安全性分析的一大难点。现有的安全机制主要通过平台组件完整性验证来及时发现被恶意修改的平台组件,从而保护系统安全。对于平台组件完整性的验证主要可分为安全启动、运行时验证和更新验证 3 个部分。

安全启动主要通过验证各启动模块的数字签名(主要由模块代码散列值和设备厂商提供的私钥组成)并结合可信计算基(Trusted Computing Base,TCB)来保证不可修改的启动顺序。具体验证过程先由硬件 TCB 将系统最先启动的模块(如 BootLoader)加载到内存进行验证,验证通过再加载下一个模块(如内核)对其进行验证,以此类推,其中任何一个启动模块验证失败都会导致安全启动终止,只有所有模块均按顺序通过验证后才可以完成安全启动。安全启动的相关技术现阶段越发成熟并已经广泛应用于大量的移动设备中,例如,ARM 公司推出的 TrustZone 架构就携带了安全启动的功能。

ARM TrustZone 技术是系统范围的安全方法,针对高性能计算平台上的大量应用,包括安全支付、数字版权管理(DRM)、企业服务和基于 Web 的服务。TrustZone 技术与Cortex-A 处理器紧密集成,并通过 AMBA AXI 总线和特定的 TrustZone 系统 IP 块在系统中进行扩展。此系统方法意味着可以保护安全内存、加密块、键盘和屏幕等外设,从而可确保它们免遭软件攻击。4.4.1 节将详细介绍 ARM TrustZone 技术。

要确保平台组件的完整性,只在启动阶段验证是远远不够的,攻击者还可在系统启动后对平台组件进行恶意修改,所以需要在系统运行阶段对平台组件完整性进行验证。现阶段主要是通过一个额外的监测程序不断地对平台组件代码进行验证,并尝试自动修复被恶意篡改的平台组件。该监测程序自身完整性可通过设备密钥对其数字签名进行验证,但这无疑会增加系统运行时额外的开销。

对系统资源十分有限的物联网设备的运行,平台组件完整性验证方法还有待改进。

另外,平台组件由于功能增加或安全漏洞修复会经常需要更新,故需要验证更新组件的完整性与可信性,从而防止攻击者通过假冒更新组件安装恶意程序。Kohnäuser 等提出利用无线网络中的其他设备来验证微型嵌入式系统平台更新代码可信性方案,即在网络中,各设备远程平台代码在更新后,进行互相验证,从而排除处于不可信状态的设备,大大提高了攻击者伪造平台组件更新的难度。但现阶段对单一物联网设备进行安全平台组件更新的方法较为稀少。

2. 系统安全测试与漏洞检测方法

目前,安全问题在物联网设备系统中十分普遍,Costin 等在静态分析了大量物联网设备系统固件及其更新补丁的源码后,发现了许多已知和未知的安全漏洞,例如,未保护的后门私钥泄露问题、存在于通过 WiFi 连接的 Web 服务中的 XSS 漏洞等。因此,对设备本身进行安全测试与漏洞挖掘是十分必要的。

由于物联网设备的异构性,其安全测试与漏洞挖掘方法很难统一,虽然在 2016 年 Sachidananda 等第一个提出了可以应用于不同种类物联网设备的测试框架,但其主要针对已知的设备系统漏洞,并且缺乏对实际产品的大量测试。

概括来说,现阶段物联网操作系统安全测试与漏洞挖掘方法主要存在 3 个亟待解决的问题。

(1) 现阶段的物联网系统测试方法适用范围有限,仅适用于单一应用场景或系统。

(2) 现有的安全测试与漏洞挖掘方法并不全面,仅从设备自身入手没有考虑到物联网设备相互之间的影响,缺乏广泛的实际应用的测试。

(3) 目前的安全测试与漏洞挖掘方法过于单一,大多只依靠静态测试或依赖于已知攻击或常见漏洞的检测,缺乏多种测试方法综合使用以及系统运行时动态测试的方案。

3. 一种安全检测框架的实例

物联网操作系统具有长时间运行、运行程序相对固定、系统内核状态相对固定等特点。根据这些特点,本节介绍的物联网操作系统安全检测框架包括内核检测和进程检测两种机制,可信计算芯片作为独立的计算和存储单元,负责对内核检测和进程检测提供运行和校验帮助。具体架构图如图 4-2 所示。

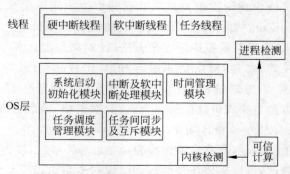

图 4-2　一种物联网操作系统安全检测框架

在该物联网操作系统中，基础内核层的各模块包括系统启动初始化模块、中断处理模块、进程调度管理模块、时间管理模块以及 I/O 管理模块等。这些模块是操作系统内核的基础模块，负责操作系统中各个进程的运行和任务的调度、管理。在这些模块中可设置内核运行完整性检测，检测内核模块中函数功能的完整性。进程检测是通过独立进程检测操作系统内存中各个进程的安全性和完整性。在内核检测和进程检测的执行过程中，将依赖可信计算芯片所提供的独立的存储、加密和运算功能作为辅助。在内核检测中，将使用可信计算模块中的 HASH 计算功能实现内核检测机制中相关数据的比较工作。

进程检测模块重点关注各个任务进程在执行过程中的地址空间等运行时情况，保证各任务进程在运行时不会出现非法访问越界的情况发生，限定了各进程的执行地址，以这种方式保证任务进程的正确执行。在进程检测中，可信计算模块将提供可信的加密数据用于进程检测的相关数据比较。

内核检测机制和进程检测机制能够相互补充。内核检测机制在进程执行时进行同步检测，着重关注内核中各函数的执行完整性。即使在系统关中断期间，内核检测依然能够发挥监督内核执行完整性的作用。而进程检测表现更具有周期性，由于其每隔若干时钟中断周期触发一次，因此若错误能被其检测到，检测时延会控制在一个进程检测周期之内。另外，对于操作系统层发生错误陷入死循环的情况，内核检测无法检出，而进程检测机制可以通过超时检测检出这类错误。

4.3.3　物联网操作系统攻击防御

随着深度学习和大数据时代的到来，攻击者的能力不断提高，攻击手段也更多样化，物联网操作系统在未来会面临更加严重的已知和未知的系统攻击。目前，主要通过在物联网设备中改进嵌入式系统异常行为检测、轻量级抵御系统攻击防御措施、安全隔离存储与数据加密及远程可信证明这 4 种安全机制来应对各种攻击手段。

1. 异常行为检测

物联网操作系统首先应该具备异常行为检测的能力，才可以采取进一步的防御与解决措施。物联网异常行为检测与之前异常行为检测的主要不同在于物联网程序因设备的不同导致其功能差异更大，很难设计出固定的特征检测方法。

为应对物联网这一新特性，研究人员从程序自身入手，通过自动学习正常程序的特征从而检测异常行为。例如，动态运行时的安全监测方案，该方案可通过检查程序运行行为和预定义行为模式的一致性来侦测攻击的发生，该方案避免了传统异常检测只能检测固定属性阈值的缺点，适用于检测未知的物联网系统攻击行为。还比如，通过系统调用频率来检测异常程序行为的方法可以自动学习记录正常应用程序系统调用的频率分布，从而对比发现程序异常的调用行为。该方法适用于各种不同的应用程序，并且其额外系统开销较低，在物联网设备中有很好的应用前景。

2. 轻量级防御措施

由于大多数物联网设备为传感器等微型嵌入式设备，其软硬件资源均十分有限，只能执行少量的专用计算任务，没有足够的资源用于实现抵御系统攻击的防御措施。所以现阶段研究人员主要从软件、硬件两个方面轻量化改进原有系统防御技术，使其适用于轻量级物联网操作系统。例如，针对 ROP 攻击（ROP 全称为 Return-Oriented Programming，意即面向返回的编程,是一种新型的基于代码复用技术的攻击,攻击者从已有的库或可执行文件中提取指令片段,构建恶意代码),加拿大多伦多大学的研究人员结合 Intel MPX 硬件内存保护扩展设计了轻量级的内存保护系统,防止对关键内存区域函数调用堆栈返回地址的修改,实现了比控制流完整性验证(Control Flow Integrity,CFI)更高的安全性,同时大大降低了系统的开销。还有研究人员采用建立内存影子的方法轻量化原有内存检查点设计方法,可以有效抵御基于轻量级 Linux 系统的缓冲区溢出等系统攻击。

但现阶段系统针对攻击的防御技术研究大多忽视了物联网设备互用性的特点。在物联网环境下设备间的互用和依赖关系会越来越紧密,所以仅仅考虑抵御对自身系统的攻击是远远不够的。例如,市场上有些智能窗户控制器会根据温度传感器收集的室温自动打开或关闭窗户。在上述情景下,仅需控制温度传感器的温度值,就可间接实现对智能窗户的控制。

3. 安全隔离存储与数据加密

目前,随着物联网可穿戴设备的发展,与用户的联系更加紧密,物联网设备存储与使用的敏感数据逐渐增多,所以会不可避免地带来用户的隐私安全问题。为避免隐私数据的泄露,禁止未经授权地运行在不可信执行环境的程序访问设备的敏感数据,安全隔离存储与数据对于物联网设备显得十分必要。

同样,由于物联网设备硬件资源十分有限,通过增加额外的安全芯片进行安全存储的方法对于物联网设备而言开销过大。针对这个问题,一方面研究人员提出了软件层面的可动态配置的安全存储策略。即在系统启动阶段,允许用户自定义地将存储器划分为安全存储和非安全存储区域,并记录对应区域的访问控制条件;然后在程序运行阶段,将内存访问指令与记录的访问控制条件进行比对,只允许受保护的安全程序访问安全存储,非安全程序不得访问安全存储中的数据。另一方面,研究人员从实现和设计这两个角度,轻量化数据加密方案来使其适用于物联网设备安全存储,例如,通过改进 S-box 的实现方案轻量化现有加密系统以及设计适用于轻量级物联网设备上的 AAβ 非对称加密方案等。

但现阶段的大多数轻量化密码学方案只注重减少对设备计算与存储资源的使用,缺乏对算法耗电量的评估。而过高的电量消耗会大大降低这些算法的实用价值。所以相关研究人员在设计和实现这些轻量级安全算法时,还需充分考虑对设备电量的消耗。

4. 远程可信证明

由于越来越多的小型物联网设备(如嵌入式医疗设备、特殊环境的工业控制系统及军用设备等)在实际应用中会面临长期物理不可接触的问题,从而导致这些设备被攻击者恶意控制以后,其管理者并没有办法察觉。所以如何远程验证这些设备的关键操作是否可信成为现阶段物联网系统安全研究的热点问题。

远程可信证明是目前解决这一问题最主要也是最有效的方法之一。远程证明一般是对关键安全程序进行验证。主要过程是发送端首先根据需要验证程序的状态信息或控制流的关键属性计算出摘要信息;其次再利用 TCB 存储的设备私钥对摘要信息进行加密。接收端也用与发送端同样的方法计算出原始程序的摘要信息;最后接收端再用发送端的公钥对加密的摘要信息进行解密从而完成对远程程序的可信证明。但现有远程证明方法在物联网设备中的应用主要存在两个问题。

(1)验证过程摘要信息会不可避免地泄露程序的状态信息。为了解决敏感程序状态信息泄露的问题,有研究人员提出了基于软件属性的可信认证方法,即对软件原始属性都建立对应的安全证书,在加载软件时对每个属性证书都进行验证。然而,如何确定和提取软件的属性还是现有研究中的一大难点。

(2) 可信证明在实现过程中会占用过多的系统资源,并不适用于轻量级物联网设备系统。所以研究人员提出只验证部分的关键安全服务程序,然后常规应用程序再利用这些安全服务程序进行可信安全操作,从而简化远程可信证明过程。目前比较实用的方案是将认证密钥存储在基于 PUF 的密钥存储器中。

4.4 Mbed OS 物联网操作系统典型安全技术介绍

Mbed OS 物联网操作系统安全机制由芯片设计领域巨头 ARM 公司推出,是一款适用于物联网的安全机制。Mbed OS 安全机制相对于其他物联网安全机制,可以应用在大部分物联网应用中使用的处理器,通用性较强,具有良好的研究和实用价值。

本节从 Mbed OS 的内核层和传输层的视角出发,分别介绍应用于上述层次中的 ARM TrustZone 技术与 uVisor 设备安全组件和 TLS/DTLS 协议。

4.4.1 TrustZone 技术

视频讲解

在 4.3.2 节中已经提到了 ARM TrustZone 技术在安全启动环节的重要表现,其实 ARM TrustZone 技术(以下简称 TrustZone 技术)是业界主流嵌入式处理器 IP 供应商 ARM 公司针对物联网/嵌入式系统的安全性提出的一套系统级安全解决方案,它在尽量不影响原有处理器设计的情况下提高了系统的安全性,引起了业界和学术界广泛关注。它通过将保护措施集成到 ARM 处理器、总线架构和系统外设 IP 等措施来保证系统的安全性,并提供安全软件平台,保证半导体厂商、原始设备制造商(OEM)和操作系统合作商可在一个共用的框架上扩展和开发自己的安全解决方案。也正是通过硬件和软件组件的合理配合,该技术提供了一个具有高度安全性的系统架构,而对于内核的功耗、性能和面积的影响微乎其微。此系统方法可以保护安全内存、加密块、键盘和显示器等外设,确保它们免遭软件攻击,并且能够建立一个隔离的可信执行环境(Trust Execution Enviroment,TEE)为安全敏感应用提供安全服务。

本节重点分析 TrustZone 技术提供的安全隔离系统基本架构、安全机制的实现方式及如何构建可信执行环境。

1. TrustZone 硬件架构

TrustZone 硬件架构如图 4-3 所示,它将 CPU 内核隔离成安全和普通两个区域,即单个的物理处理器包含了两个虚拟处理器核:安全处理器核和普通处理器核。这样单个处理器内核能够以时间片的方式安全有效地同时从普通区域和安全区域执行代码。这种虚拟化技术是在 CPU 设计时通过硬件扩展实现的,这些扩展可以保证安全内存和安全外设能够拒绝非安全事务的访问。因此,它们可以在正常操作系统中很好地隐藏和隔离自己,从而实现真正意义上的系统安全。这样便无须使用专用安全处理器内核,从而节省了芯片面积和功耗,并且允许高性能安全软件与普通区域操作环境一起运行。

TrustZone引入一个特殊的机制——监控模式,监控模式是管理安全与普通处理器状态切换的一个强大的安全网关。在大多数设计中,它的功能类似于传统操作系统的上下文切换,确保切换时能安全地保存处理器切换前的环境,并且能够在切换后的环境正确地恢复系统运行。普通环境想要进入监控模式是严格被控制的,仅能通过以下的方式:中断、外部中断或直接调用SMC(Secure Monitor Call)指令。而安全环境进入监控模式则更加灵活,可以直接通过写程序状态寄存器(Current Program Status Register,CPSR),另外也可通过异常机制切换到普通环境。

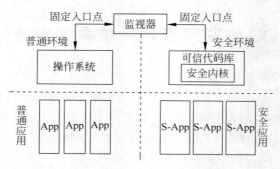

图 4-3　TrustZone 的硬件架构

为了隔离所有SoC(片上系统)的软硬件资源,使它们分属于两个区域:用于安全子系统的安全区域和用于存储其他所有内容的普通区域,它在硬件架构上做了充分扩展。首先对内存进行了隔离,CPU在安全环境(TEE)和普通环境(Rich Execution Enviroment,REE)下执行进程时有各自独立的物理地址空间,REE仅能访问自身对应的空间,而TEE有权限访问两个环境的物理地址空间。这样,当软件在CPU处于REE下执行时,会被阻止查看或篡改TEE内存空间。负责对物理内存进行安全区域划分的是地址空间控制器(TrustZone Address Space Controller,TZASC)和存储适配器(TrustZone Memory Adapter,TZMA),前者是AXI总线的一个主设备,用来将它从设备的地址空间划分为一系列内存区间,通过运行在安全环境的安全软件可以将这些区间配置为安全或非安全;后者负责对片上静态内存RAM或片上ROM进行安全分区。

ARM扩展了一些协处理器,协处理器可以通过扩展指令集或提供配置寄存器来扩展内核的功能。其中最重要的是CP15协处理器,它用来控制Cache、可信加密模块(TCM)和存储器管理。协处理器的某些寄存器在普通环境和安全环境各有一个,对这种寄存器的修改只能对所在的执行环境起作用。有的寄存器则会影响全局,比如控制对Cache进行锁定操作的寄存器,对这类寄存器必须严格控制,一般只对安全环境提供读写权限,而对普通环境提供只读权限。

中断是保证安全环境的重要一环,可以防止恶意软件通过进入中断向量的方法来对系统进行一系列的破坏。为此,对中断控制进行了扩展,普通环境和安全环境分别采用中断输入IRQ和FIQ(快中断)作为中断源,因大多数操作系统都采用IRQ作为中断源,故采用FIQ作为安全中断源对普通环境操作系统的改动最少。如果中断发生在相应的执行环境中,则不需要进行执行环境的切换;否则,由监控器来切换执行环境,且执行监控器代码时应该将中断关闭。CP15协处理器中包含了一个只能被安全环境软件访问的控制寄存器,能够用来阻止普通环境软件修改 CPSR 的 F 位(屏蔽 FIQ)和 A 位(屏蔽外部中断),这样可以防止普通环境的恶意软件屏蔽安全环境的中断。外设的安全主要由 AXI-to-APB 桥负责,比如,中断控制器、计数器和用户 I/O 设备等。这使得其能够解决比仅提供一个安全的数据处理环境更加广泛的安全问题。该桥包含一个输入信号 TZPCDECPORT 决定外设是否配置为安全,该信号可以在 SoC 设计时静态地设置,也可以在程序运行时通过对 TrustZone 保护控制器(TrustZone Protection Controller,TZPC)进行编程动态设置。而 TZPC 的安全状态是在 SoC 设计时确定的,它被设置为安全设备,只能被安全的软件环境使用。

上述硬件扩展是 TrustZone 系统架构的安全基础,可以看出,它是在设计开始时就将安全措施集成到 SoC 中,并在尽量不影响原有处理器设计的情况下提高了安全性。

2. TrustZone 软件架构

TrustZone 软件架构扩展将安全性植入处理器中,这样为将安全性从普通操作系统(Rich OS,ROS)中分离出来提供了基础,即可以实现一个新的安全操作系统(Trusted OS,TOS),并加入监控代码区实现 ROS 和 TOS 之间的切换。TOS 和 ROS 同时运行在同一个物理 CPU 上,它们之间的交互限制在消息传递和共享内存传递数据。TOS 有独立的异常处理、中断处理、调度、应用程序、进程、线程、驱动程序和内存管理页表。监控代码区提供将两个系统衔接在一起的虚拟管理程序,并在两个系统过渡期间存储和恢复两个环境下寄存器的状态,并保证过渡到新环境下系统能够重新执行。

为了保证整个系统的安全,必须从系统引导启动开始就保证其安全性。许多攻击者都会尝试在系统断电的时候进行攻击以便擦除或修改存放在 Flash 中的系统镜像。因此,TrustZone 实行安全启动,大概流程是:设备上电复位后,一个安全引导程序从 SoC 的 ROM 中运行,该引导程序将首先进入 TEE 初始化阶段并启动 TOS,逐级核查 TOS 启动过程中各个阶段的关键代码以保证 TOS 的完整性,也防止未授权或受恶意篡改的软件的运行,随后运行 REE 的引导程序并启动 ROS,至此就完成了整个系统的安全引导过程。ARM 公司也定义了标准的应用程序接口(TrustZone API,TZAPI),这保证了软件和硬件开发者编写的应用程序可以被应用于不同安全平台的设备中,并允许客户端应用能够访问 TOS 以达到管理和使用安全服务的目的。

3. TrustZone 安全机制的实现方式

TrustZone 技术通过对 CPU 架构和内存子系统的硬件设计升级,引入安全区域的概念。NS(Non-Secure)位是其对系统的关键扩展,以指明当前系统是否处于安全状态。NS位不仅影响 CPU 内核和内存子系统,还能影响片内外设的工作。Monitor(监视器)用来控制系统的安全状态和指令、数据的访问权限,通过修改 NS 位来实现安全状态和普通状态的切换。

Monitor 不仅作为系统安全的网关,还负责保存当前的上下文状态。并通过对内存子系统 Cache 和 MMU(Memory Managent Unit,内存管理单元)增加相应的控制逻辑来实现增强的内存管理。其中,Cache 的每个 Tag 域都增加了一个 NS 位,这样,Cache 中的数据可以标记为安全和普通两类数据。两个虚拟的 MMU 分别对应两个虚拟的处理器核。页表项增加了一个 NS 位,相对应的是 TLB 的每个 Tag 域也增加了一个 NS 位,所有的 NS 位联合来进行动态验证,以确保仅得到授权的操作可以访问标记为安全的数据。根据应用需求,该技术还可以将安全性扩展到系统其他层次的内存和外设上。

为了确保安全环境中的资源不能被普通环境下的组件访问,保证两个环境具备强大的安全边界,相应对 AXI 总线上每个读写信道都增加了额外的控制信号,分别是总线写事务控制信号(AWPROT)和总线读事务控制信号(ARPROT)。这样,在 CPU 请求访问内存时,除了将内存地址发送到 AXI 总线上,还需要将 AWPROT 和 ARPROT 控制信号发送到总线上,以表明本次访存是安全事务还是非安全事务。AXI 总线协议会将安全状态信息加载在两个读写信道控制信号 AWPROT 和 ARPROT,然后系统的地址译码器会根据 CPU的安全状态使用这些信号来产生不同的地址映射。比如,含有密钥的寄存器仅仅能被处于安全状态的 CPU 访问,实现访问操作是通过译码器 AWPROT 或 ARPROT 置成低电平实现的。当 CPU 在非安全状态尝试访问这个密钥时,AWPROT 或 ARPROT 置成高电平,并且地址译码器将会产生访问失败,产生"外设不存在于这个地址"的错误。AXI-APB 桥负责保护外设的安全性,在普通环境下不能访问安全外设,这样就为外设安全筑起了强有力的安全壁垒。将敏感数据放在安全环境中,并在安全处理器内核中运行软件,可确保敏感数据能够抵御各种恶意攻击,同时在硬件中隔离安全敏感外设,可确保系统能够抵御平常难以防护的潜在攻击,比如使用键盘或触摸屏输入密码。

TrustZone 技术所实现的运行环境使得安全性措施能应用于一个复杂嵌入式系统的很多层。普通操作将完全运行在 ROS 内,无须该技术的协助。为了在 ROS 中实现安全性,该技术针对攻击方式提供 3 种方式的完整性安全策略:首先,从片内执行引导程序完成系统安全状态的配置才启动操作系统,只有通过安全验证的模块才允许被加载;其次,在系统运行期间,由 TrustZone 技术提供的安全代码区会处理普通代码区的安全请求,在处理之前把安全请求保存在共享内存中,当安全检测通过后请求会被处理;最后,一组受限的、可信的进程可以在远离 ROS 的私有空间内安全地执行。

4. TrustZone 构建的可信执行环境

Global Platform(以下简称 GP)基于 TrustZone 技术制定了可信执行环境(TEE)的标准。TrustZone 是一种软硬件结合的系统范围的安全解决方案,通过硬件架构将资源隔离成安全环境与普通环境两个并行的执行环境,软件架构提供能够支持完全可信的执行环境、安全敏感应用程序和安全服务的平台。正是由于 TrustZone 技术在处理器内核设计时就通过硬件对资源进行了安全隔离,才有了实现 GP TEE 系统架构的基础。GP 制定的可信执行环境可作为一个独立的执行环境驻留在其所连接的支持 TrustZone 主处理器上的安全区域,以确保在可信执行环境中实现敏感数据的存储、处理和保护,其 TEE 系统架构如图 4-4所示。

在该系统架构中,TEE 是与设备上的 ROS 并行运行的独立执行环境,并且给 ROS 提供安全服务,TEE 内部由可信操作系统(TOS)和运行其上的应用程序,即可信应用(TA)组成。TOS 用来管理 TEE 的软硬件资源,并包含负责 REE 和 TEE 两种执行环境切换的监控器。TEE 所能访问的软硬件资源与 ROS 是分开的,TEE 提供 TA 的安全执行环境,同时也保护 TA 的资源和数据保密性、完整性和访问权限。TEE 中的每个 TA 都是相互独立的,不经授权不能互相访问。TEE 自身在启动过程中必须要通过安全验证并且保证与ROS 隔离。TEE 客户 API 则是让运行在 ROS 中的客户端应用(CA)访问 TA 服务和数据的底层通信接口。TEE 功能 API 是对客户 API 的封装,封装了客户端与具体安全服务的

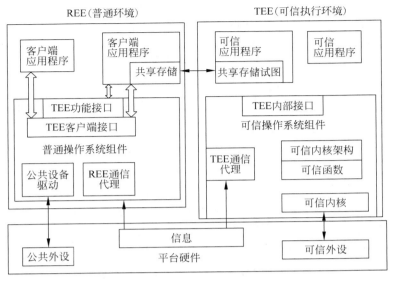

图 4-4 可信执行环境（TEE）系统架构

通信协议，使得客户端能够以开发者熟悉的编程模式来访问安全服务，比如加密或可信存储。TEE 内部 API 提供给其 TA 的编程接口，内部 API 主要包括密钥管理、密码算法、安全存储、安全时钟资源和服务及扩展的可信 UI 等 API。可信 UI 是指在关键信息的显示和用户关键数据（如口令）输入时，屏幕显示和键盘灯等硬件资源完全由 TEE 控制和访问，而 ROS 中的软件则不能访问。

REE 通信代理提供了 CA 与 TA 之间通信的桥梁。基于 TrustZone 系统安全平台构建的可信执行环境，一般都根据 GP TEE 系统架构标准。电子科技大学的王熙友将 Android 系统作为 ROS，搭建了如图 4-5 所示的可信执行环境系统架构。

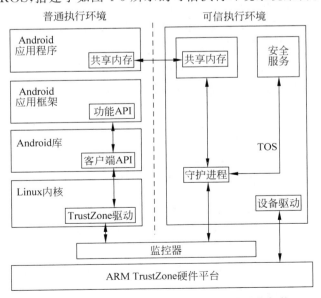

图 4-5 基于 TrustZone 的可信执行环境系统架构

虽然 TrustZone 技术是提高嵌入式系统安全性比较行之有效的系统级安全解决方案,体现了很多的安全特性,如平台的识别和认证、密钥管理、底层加密技术、I/O 访问控制、安全数据存储、智能卡控制及代码/完整性核查等。然而,它不是万能的,自身也存在许多不足,主要体现在以下几个方面。

首先,它只能很好地防御各种软件攻击,难以防止物理攻击,比如物理篡改设备的主存。另外,虽然它可以通过度量机制保证安全隔离内核代码的安全性,也会定期对 ROS 内核做完整性检查,但此时攻击已经发生,因此无法真正防御对系统的恶意攻击。

其次,它仅仅提供了一个隔离的执行环境,而没有向用户或远程者证明这个环境是可信的。

最后,为系统平台提供一个可靠的可信根是整个系统安全的基石,而目前该技术是通过在片上系统固化设备密钥作为可信根,这种方法存在密钥更新困难,一旦泄露会导致整个平台无法使用的弊端。且这种方法需要将设备密钥长期存储在设备上,其安全很难保证,比如如何防御旁道攻击、故障攻击和逆向工程等类型的攻击。因此,如何在不需要在 TrustZone 现有硬件安全基础架构内增加硬件的前提下提供一个可同时防御物理攻击和软件攻击的信任根,保证系统从设备上电到运行都在可信的执行环境下,也必须要重点考虑。当然,面对嵌入式领域日益严峻的安全需求,如何保证基于 TrustZone 安全隔离的执行环境在提供各种敏感数据处理和安全服务的同时保证其 TCB 尽量小,使 TOS 安全性得到足够保障也非常关键。

4.4.2　Mbed uVisor 设备安全组件

在 Cortex-M3、Cortex-M4 系列的 MCU 中,MCU 工作时所处的模式分为两种,分别是特权模式和非特权模式。其内部运行的代码又分为两类,分别是在特权模式下运行的特权代码和在非特权模式下运行的非特权代码。当处于非特权模式时,MCU 会限制内部非特权代码在运行时对一些特殊寄存器进行操作,如 MPU 寄存器。Mbed uVisor 利用 MPU 可以针对不同的工作模式为内存空间划分不同的访问权限的特点,实现内存访问权限的设置,进而确保应用程序出现漏洞后不能随意访问内存空间。

MPU 设置的内存权限有多种组合,如在特权模式可读写、在非特权模式不可读写,在特权模式可读写、在非特权模式只读等。内存权限划分示意图如图 4-6 所示。

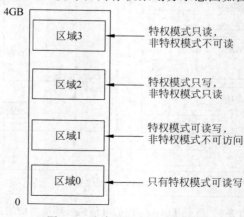

图 4-6　内存权限划分示意图

由于在 Cortex-M3、Cortex-M4 系列的处理器中,硬件外设接口资源以地址空间的形式存在,通过对外设接口资源的地址进行赋值可以实现外设接口资源的控制,因此通过 MPU 还可以实现对外设接口资源的访问控制。

Mbed uVisor 设备安全组件依托 MPU 的硬件特性,提供接口对应用程序按功能进行模块化划分,并为每个功能模块分配相应的内存空间和外设接口资源。每个划分后的功能模块在本书中统称为 BOX。BOX 一共分成两类,分别是私有 BOX 与公有 BOX。公有 BOX 内的相关资源可以被私有 BOX 直接访问,私有 BOX 的资源不能被其他 BOX 访问。当某一 BOX 内部代码出现漏洞后,通过资源划分可有效阻止其非法访问其他 BOX 的数据和外设接口资源,减少出现漏洞后带来的影响。BOX 之间资源访问示意图如图 4-7 所示。

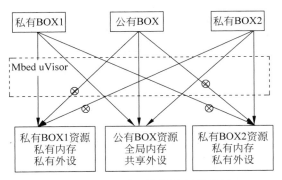

图 4-7　BOX 之间资源访问示意图

不同的 BOX 承担不同的任务,BOX 之间必须相互配合、协同运行才能完成预期的功能。当图 4-7 中的 BOX1 调用 BOX2 的内部函数时,MCU 处于 BOX1 的上下文环境中,无法调用 BOX2 内部函数获取所需的相关资源,因此需要进行上下文切换,切换到 BOX2 中,由 BOX2 执行被调用的函数。为了解决函数调用时需进行上下文切换的问题,Mbed uVisor 引入 BOX 间通信机制 RPC(Remote Procedure Call,远程过程调用),实现 BOX 之间的函数调用。

首先,BOX1 通过 BOX2 提供的 RPC 网关接口,触发 SVC(Supervisor Call,系统调用)异常,Mbed uVisor SVC 异常进行响应。将 MCU 所处的模式转换为特权模式,并依据之前为 BOX2 设定的资源对 MPU 重新赋值,确保 BOX2 获取相应外设接口资源。然后,切换到 BOX2 的上下文中,执行 BOX2 的内部函数。执行完毕后,再次进行上下文切换,切换回 BOX1 中。通过设定 BOX 间通信机制,限制 MCU 运行状态的切换,避免发生非法修改 MPU,破坏访问权限的问题。整个切换示意图如图 4-8 所示。

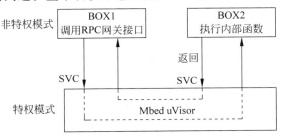

图 4-8　BOX 切换示意图

4.4.3 Mbed TLS 通信安全组件

1. SSL/TLS

SSL 是套接层安全协议,由美国 Netscape 公司于 1994 年设计,专为应用层数据提供安全服务和压缩服务。1999 年 IETF 对 SSL 的第 3 版进行了标准化,确定为传输层标准安全协议 TLS,TLS 通常是从 HTTP 接收数据,但其实也可以从其他应用层协议接收数据。

TLS 由两个部分组成:第一部分叫作 TLS 记录协议,位于传输层上方;第二部分由 TLS 握手协议、密钥更新协议和告警协议组成,位于记录协议和应用层协议之间,如图 4-9 所示。

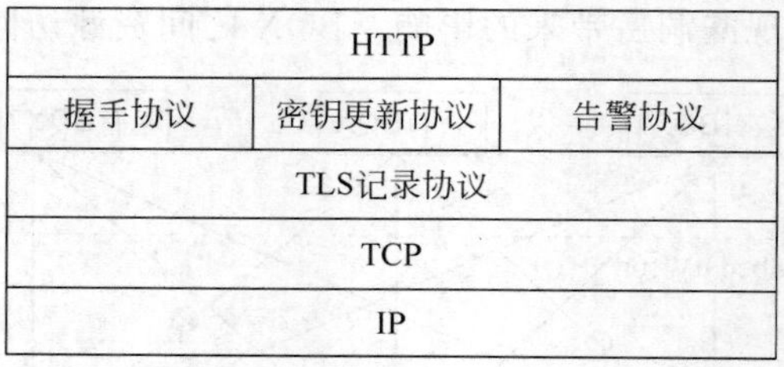

HTTP		
握手协议	密钥更新协议	告警协议
TLS 记录协议		
TCP		
IP		

图 4-9 TLS 协议结构

TLS 的握手协议用于通信双方约定使用哪些加密算法、哪个密码套件和哪些参数。在确定了这些信息后,双方的通信将由 TLS 记录协议接管,包括将大数据包进行分片、压缩数据块、数据块签名、在数据块前添加记录协议报头并传送给对方。密钥更新协议允许通信双方在某一会话阶段更新算法或参数。告警协议用于通知对方在通信过程中出现的问题和异常情况。下面将分别简要介绍握手协议和记录协议的工作内容与流程。

1) 握手协议

TLS 握手协议提供客户端和服务器认证,允许双方协商使用哪一组密码套件和加密算法,它是各协议中最复杂的协议。整个握手过程分为 4 个阶段,如图 4-10 所示。

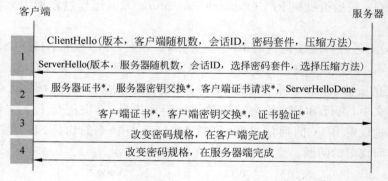

图 4-10 TLS 握手协议

第一个阶段是通信双方协商确定接下来信息交换要采用的加密算法,第二个阶段是对服务器进行认证并交换密钥,第三个阶段是对客户端进行认证并交换密钥,第四个阶段是改变密码规格通知并结束整个握手过程。此后将转用 TLS 记录协议进行后续的通信。

2) 记录协议

在握手协议完成之后,客户端和服务器统一了双方通信所使用的密码算法、算法参数、密钥和压缩算法。客户端 TLS 记录协议将使用这些算法、参数和密钥对每个数据分片片段都进行压缩、认证和加密处理,然后将消息发送给服务器,如图 4-11 所示。

然而,当服务器收到客户端发来的 TLS 记录协议包时的处理过程与客户端发送数据的处理过程相反,服务器首先将数据包解密,验证 HAMC(Hash-based Message Authentication Code,哈希运算消息认证码),然后进行解压还原成片段消息。同理,从服务器发送给客户端的数据也按照上述方式处理,双方间的通信保密性和完整性由此得到保护。

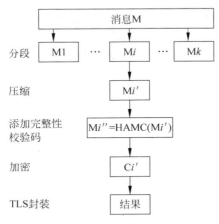

图 4-11 TLS 记录协议

2. Mbed TLS 通信安全组件

Mbed TLS(前身 PolarSSL)是一个由 ARM 公司开源和维护的 SSL/TLS 算法库。其使用 C 编程语言以最小的编码占用空间实现了 SSL/TLS 功能及各种加密算法,易于理解、使用、集成和扩展,方便开发人员轻松地在嵌入式产品中使用 SSL/TLS 功能。Mbed TLS 通信安全组件采用的是裁剪优化传统密码算法的策略,但其相对以往经过优化的密码算法又有着通用性更强、体系更为完善的优势,能应用在绝大多数的 MCU 和通信协议中。Mbed TLS 内部包含 SSL/TLS(Secure Socket Layer/Transport Layer Security,安全套接层/安全传输层协议)模块、加密模块、证书解析模块等相关模块,功能强大。开发者可以根据实际使用的通信协议及 MCU 的性能来选用 Mbed TLS 中的功能模块,实现相应的通信安全子系统。如使用 TCP 连接的通信协议,可以基于 Mbed TLS 实现 TLS 协议,在通信双方之间建立 TLS 连接来确保通信安全。

Mbed TLS 软件包能够实现完整的 SSL v3、TLS v1.0、TLS v1.1 和 TLS v1.2 协议,实现 X.509 证书处理,可以完成基于 TCP 的 TLS 传输加密功能和基于 UDP 的 DTLS(Datagram TLS)传输加密功能。

Mbed TLS 的基本工作流程如下:

(1) 初始化 SSL/TLS 上下文。

(2) 建立 SSL/TLS 握手。

(3) 发送、接收数据。

(4) 完成交互,关闭连接。

下面简要介绍 Mbed TLS 的 API。应用层 API 是提供给用户在 App 中直接使用的

API,这部分 API 屏蔽了 Mbed TLS 内部具体的操作步骤,简化了用户使用。

1) Mbed TLS 初始化

```
int mbedtls_client_init(MbedTLSSession * session, void * entropy, size_t entropyLen);
```

Mbed TLS 客户端初始化函数,用于初始化底层网络接口、设置证书、设置 SSL 会话等。表 4-1 列举了 Mbed TLS 客户端初始化函数的参数。

表 4-1　Mbed TLS 客户端初始化函数的参数

参　　数	描　　述
session	入参,Mbed TLS 会话对象 MbedTLSSession
entropy	入参,Mbed TLS 熵字符串
entropyLen	入参,Mbed TLS 熵字符串长度
返　　回	描　　述
=0	成功
!0	失败

2) 配置 Mbed TLS 上下文

```
int mbedtls_client_context(MbedTLSSession * session);
```

SSL 层配置,应用程序使用 mbedtls_client_context 函数配置客户端上下文信息,包括证书解析、设置主机名、设置默认 SSL 配置、设置认证模式(默认 MBEDTLS_SSL_VERIFY_OPTIONAL)等。表 4-2 列举了 mbedtls_client_context 函数参数。

表 4-2　mbedtls_client_context 函数参数

参　　数	描　　述
session	入参,Mbed TLS 会话对象 MbedTLSSession
返　　回	描　　述
=0	成功
!0	失败

3) 建立 SSL/TLS 连接

```
int mbedtls_client_connect(MbedTLSSession * session);
```

使用 mbedtls_client_connect 函数为 SSL/TLS 连接建立通道。这里包含整个的握手连接过程,以及证书校验结果。表 4-3 列举了 mbedtls_client_connect 函数参数。

表 4-3　mbedtls_client_connect 函数参数

参　　数	描　　述
session	入参,Mbed TLS 会话对象 MbedTLSSession
返　　回	描　　述
=0	成功
!0	失败

4）写入数据

向加密连接写入数据

```
int mbedtls_client_write(MbedTLSSession * session, const unsigned char * buf , size_t len);
```

表 4-4 列举了 mbedtls_client_write 写入数据函数参数。

表 4-4 写入数据函数参数

参　　数	描　　述
session	入参，Mbed TLS 会话对象 MbedTLSSession
buf	入参，待写入的数据缓冲区
len	入参，待写入的数据长度
返　　回	描　　述
=0	成功
!0	失败

5）从加密连接读取数据

```
int mbedtls_client_read(MbedTLSSession * session, unsigned char * buf , size_t len);
```

表 4-5 列举了 mbedtls_client_read 函数参数。

表 4-5 mbedtls_client_read 函数参数

参　　数	描　　述
session	入参，Mbed TLS 会话对象 MbedTLSSession
buf	入参，Mbed TLS 读取内容的缓冲区
len	入参，Mbed TLS 待读取内容长度
返　　回	描　　述
=0	成功
!0	失败

6）关闭 mbedtls 客户端

```
int mbedtls_client_close(MbedTLSSession * session);
```

客户端主动关闭连接或者因为异常错误关闭连接，都需要使用 mbedtls_client_close 关闭连接并释放资源。表 4-6 列举了关闭 Mbed TLS 客户端函数参数。

表 4-6 关闭 Mbed TLS 客户端函数参数

参　　数	描　　述
session	入参，Mbed TLS 会话对象 MbedTLSSession
返　　回	描　　述
=0	成功
!0	失败

4.4.4 DTLS

DTLS 全称是 Datagram Transport Layer Security,即数据报传输层安全,主要用来保证基于 UDP 传输的数据安全。其基本设计理念是设计一个可用于 UDP 传输的 TLS 协议。起初,传输层安全主要采用 TLS 协议保证安全,其优点是提供了一个透明的面向连接的通道,因此通过在传输层和应用层之间部署 TLS 协议可以很容易地保证应用层数据的安全。然而,在过去的几年中,越来越多的应用层协议开始使用 UDP 传输,如会话发起协议 SIP、电子游戏等。

由于 TLS 协议要求传输层以 TCP 协议为基础,且协议的设计过程中使用了许多 TCP 协议面向连接传输的特性,因此使用 UDP 协议传输的应用层协议无法使用 TLS 协议保证安全。虽然许多应用层协议都提供好的安全属性,但它们往往需要通过大量的努力来进行设计,而采用标准协议既减少了设计的难度,也减少了部署的开销,因此设计新的基于 UDP 的传输层安全协议变得非常迫切。在这样的背景下,IETF 工作组 2006 年发布了 DTLS 1.0 标准,该标准基于 TLS 1.1 完成,之后在 2012 年又发布了基于 TLS 1.2 的 DTLS 1.2 标准。

1. DTLS 分层模型

由于 DTLS 协议是根据 TLS 协议改进的,因此它和 TLS 协议具有相同的体系结构。DTLS 协议也是由一组协议组成的分层协议,共由 5 个部分组成,分别是记录层协议、握手协议、改变密码规格协议、警报协议和应用层数据协议。DTLS 协议的具体分层结构及它在 TCP/IP 协议栈中的位置如图 4-12 所示。

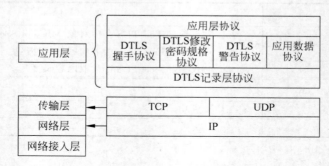

图 4-12　DTLS 分层结构

2. 记录层协议

DTLS 记录层协议处于底层,它是一个封装协议,所有通过 DTLS 协议发送的数据都被添加了一个 13B 长的 DTLS 记录层头部。这个头部指定了消息的内容(如是应用数据还是握手数据)、采用的协议版本、64b 的序列号以及记录的长度。其中在 64b 的序列号中,起始的 16b 用来指定消息的 epoch,每次服务器和客户端完成了新的加密参数协商,epoch 就会加 1。

其他协议(如握手协议、警报协议等)的数据是记录层协议载荷,处于记录层协议头部之后。如果服务器和客户端没有协商出安全机制,那么紧随记录层的是明文,否则是 DTLS 分组密码数据。记录层协议对数据的处理过程见图 4-13。进行数据发送的时候,记录层需要对数据进行分组、压缩(可选)，计算 MAC 值以及加密，最后再加入上述的记录层头部。完成这些操作后，DTLS 对数据的协议封装完成，将数据交给传输层。在进行数据接收的时候则执行相反的操作。

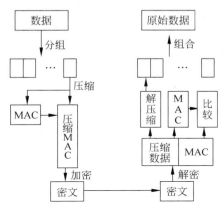

图 4-13　DTLS 记录层对数据的处理过程

3. 握手协议

分组密码使用的密钥材料和密码套件都是由客户端和服务器在握手阶段协商得到的。通过握手协议达成 3 个方面的目的：

(1) 客户端和服务器协商双方通信过程中使用的密码算法。

(2) 协商加密使用的密钥。

(3) 通信双方进行认证，确认身份的合法性。

DTLS 共有 3 种类型的握手，分别是无认证、服务器认证和全认证握手。在无认证握手中，通信双方不进行身份认证；在服务器认证握手中，只有服务器提供其身份信息，客户端对服务器进行认证；在全认证握手中，通信双方都需要提供身份信息，客户端和服务器进行互相认证。只有握手阶段完成后才能进行应用数据的发送。DTLS 握手过程如图 4-14 所示。

DTLS 的握手阶段可以使用不同的方式进行身份认证，主要有预共享密钥 PSK、原生的公私钥对和基于证书的方式。基于预共享密钥 PSK 的方法采用客户端和服务器提前共享的密钥进行身份认证，由于采用对称密钥，认证开销较小，但是密钥的分发和管理比较困难，只适用于固定服务器的认证，不具有扩展性和互操作性。基于证书的方案是目前互联网中使用的主流方法，具有较强的互操作性，但是开销较大，无法直接在资源受限的设备上使用。

在 DTLS 的全认证握手过程中，单独的消息可以根据发送的方向和序列组成一个消息航程(message flights)一起发送。Flight 1 和 Flight 2 是 DTLS 引入的可选消息，在 TLS 协议中没有出现，该消息主要用于防止拒绝服务攻击。当客户端发送 ClientHello 消息给服务器后，服务器回复 HelloVerifyReuqest 消息，之后客户端必须重新发送添加了 cookie 的 ClientHello 消息。

服务器验证 cookie 有效后才开始进行正式的握手过程。该机制强迫客户端(或攻击者)接受 cookie，这使得伪装 IP 攻击非常困难，不过该机制不能防止来自有效 IP 地址的

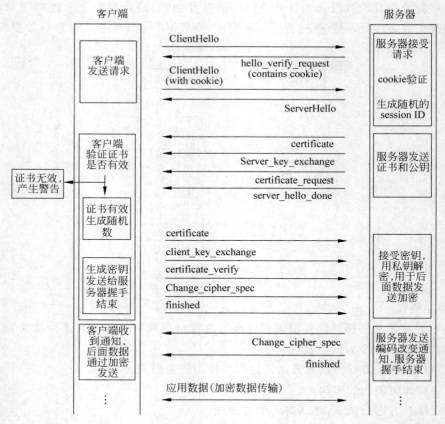

图 4-14   DTLS 握手过程

攻击。

在 ClientHello 消息中包含客户端支持的协议版本和密码套件,服务器收到 ClientHello 消息后在客户端提供的套件列表中选择自己支持的密码套件,通过 ServerHello 消息发送给客户端。

同时在这一航程中,服务器还可以发送自己的证书等密钥材料来证明自己的身份,如果服务器要求认证客户端的身份,那么可以发送 CertificateRequest 消息要求客户端发送自己的证书等密钥材料,并发送 ServerHelloDone 消息表明完成了消息的发送。

如果客户端支持该请求,那么它会在接下来发送自己的证书等密钥材料。 ClientKeyExchange 消息中提供了客户端产生的预主密钥(pre-master secret)随机数,并利用服务器的公钥进行了加密,以保证安全。之后通过预主密钥随机数产生加密通信所需的密钥。虽然服务器提供的预主密钥随机数之前在 ServerHello 消息中以明文发送,但是由于客户端提供的预主密钥随机数通过服务器的公钥进行了加密,因此只能被拥有对应私钥的合法服务器获得,从而保证密钥材料的安全。

在 CertificateVerify 消息中,客户端通过用自身的私钥对所有握手消息的摘要签名来证明自身确实拥有合法的私钥,服务器可以根据这个消息判断客户端的合法性。 ChangeCipherSpec 消息表明所有接下来客户端发送的消息都会通过协商的密码套件和密钥材料进行加密。Finished 消息包括加密之前的握手过程中所有消息的摘要，从而保证通信双方确实基于相同的握手数据进行交互。服务器回复它自己的 ChangeCipherSpec 消息和 Finished 消息来完成握手。

4. 改变密码规格协议和警报协议

改变密码规格协议(Change Cipher Spec Protocol)和警报协议都属于 DTLS 的连接管理协议，修改密码规格协议只有一字节，当一方改变密码套件时通过此消息告知另一方，之后使用新的密码套件保护通信的安全。警报协议用于将检测到的错误告知通信对方，警报一般分为警告信息和致命错误两种。如果是警告信息，可以通过缓存信息来恢复连接。如果是致命错误，则通常直接中断连接。

值得注意的是，华为 LiteOS 也采用了 TLS/DTLS 技术。

4.5 安全机制的未来发展方向

根据 4.1 节介绍的物联网操作系统所面临的挑战与机遇，本节简单介绍物联网操作系统安全机制未来发展方向。

4.5.1 轻量化细粒度系统防御与可信计算技术

现阶段，许多传感器和小型物联网设备软硬件资源均十分有限，操作系统也十分轻量，并不具备如 DEP、ASLR 等普通计算机的系统防御措施，甚至硬件架构也不支持 MMU 等内存管理功能。但如果依靠增加外围硬件如安全芯片来实现可信计算，开销过大且不易推广。为了解决细粒度的系统保护与资源有限的矛盾，需要充分利用现有设备的软硬件资源，例如 ARM 架构的 MPU 和 TrustZone 等，构建适用范围更广的轻量级系统防御与可信计算技术。

4.5.2 广泛适用的安全系统框架、内核、接口设计方法

现阶段，物联网设备种类越来越多，并逐步应用于医疗、家居、交通和工业等各种不同的场景，所以设备间软硬件架构普遍存在异构性。但是，对每种设备都定制化构建安全系统是不切实际的。如何对这些异构设备设计出广泛适用的安全系统构建方法、安全内核及外围接口将成为物联网系统安全研究的一大难点。

4.5.3 高效的物联网安全测试与漏洞检测方法

现阶段，各种物联网设备和系统层出不穷，许多未经严格安全测试存在大量安全漏洞的物联网产品已经流入市场。现有的物联网设备测试方法并不成熟，缺乏大量的产品测试，而且测试方法也过于简单，无法挖掘出深层次的安全漏洞，例如，设备间互用导致的安全问题。如何对各种物联网产品进行深入全面的系统测试和漏洞检测逐步成为物联网操作系统安全研究领域亟待解决的一大问题。

4.5.4 物联网系统生存技术

在对物联网操作系统安全研究现状进行深入分析时发现，现阶段物联网操作系统还没

有关于系统生存技术的相关研究。随着物联网设备种类与功能的不断增加,物联网操作系统也会更加复杂,移除所有存在于物联网系统中可能被攻击者利用的漏洞是一件十分困难的事情,因此,生存技术在物联网操作系统中的应用十分必要。

入侵容忍系统在部分组件被妥协的状况下,仍能保证整个系统发挥正常的功能。关于传统的系统生存技术,目前已有许多研究成果。例如,对当前操作系统进行自动评估,并帮助用户选择和配置相应的生存与入侵容忍机制以及为入侵行为构建状态转换模型用户自动学习入侵特征等。但这些技术过于复杂还无法直接应用于物联网系统中,目前尚未发现适用于物联网系统的生存技术,亟待相关研究人员填补这项空白。

4.6 小结

物联网操作系统是物联网发展的重要基础,只有保证物联网操作系统的安全,才能进一步保证物联网的安全,促进物联网产业快速发展与普及,更好地服务于人们的日常生活。

表 4-7 列举了不同场景下物联网操作系统采取的安全技术。在可预见的未来,轻量化细粒度系统防御与可信计算技术、广泛适用的安全系统框架、内核、接口设计方法、高效的物联网安全测试与漏洞检测方法、物联网系统生存技术等这些物联网操作系统安全技术将会成为热点研究的方向。

表 4-7 不同场景下物联网操作系统采取的安全技术

场景	技术
智能家居	安全存储与数据加密、平台组件完整性验证
智能医疗	安全存储与数据加密、可信隔离的执行环境、远程可信证明
智能工业	可信隔离的执行环境、异常行为检测、安全接口、远程可信证明
智能汽车	安全内核、可信隔离的执行环境、平台组件完整性验证

习题

1. 列举物联网操作系统所面临的安全威胁。
2. 列举在智能家居和智能汽车场景下的物联网操作系统的安全需求。
3. 如何构建物联网操作系统安全机制?
4. 物联网操作系统有哪些攻击防御手段?
5. 简述 TrustZone 技术的系统架构。
6. 描述 TLS 协议结构。
7. DTLS 协议经常被用到 RT-Thread、华为 LiteOS 等操作系统中,简述其握手协议。
8. 简述物联网操作系统安全机制的发展方向。

第 5 章

CHAPTER 5

连接与协议

连接是物联网的基本特性之一,也是物联网操作系统的基本需求之一。通信技术对于物联网的连接来说十分常用且关键,通信技术是互联网各单位之间进行信息传输和交流的物质基础。没有通信技术,物联网就不能"联",也就不能构成"网"。无论是近距离无线传输技术还是移动通信技术,都影响着物联网的发展。

物联网涵盖了广泛的行业和用例,从单一受限设备扩展到嵌入式技术和云系统的大规模跨平台部署,实时连接。将所有这些结合在一起的是众多传统和新兴的通信协议,它们允许设备和服务器以新的、更加互连的方式相互通信。与此同时,数十个组织和联盟正在形成,希望统一破碎的有机物联网景观。图 5-1 显示了物联网连接示意。

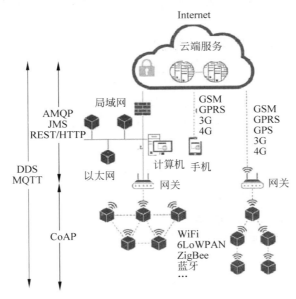

图 5-1 物联网连接示意图

物联网的通信环境有以太网、WiFi、RFID、NFC(近距离无线通信)、ZigBee、6LoWPAN(IPv6 低速无线版本)、蓝牙、GSM、GPRS、GPS、3G、4G 等网络,而每一种通信应用协议都有一定适用范围。

针对物联网的特点,低功耗广域网和低功耗局域网应运而生。目前,全球范围内主要形成两大技术阵营,在智能家居、工业的数据采集等局域网的场合下,一般采用的是短距离通信技术,如 ZigBee 和蓝牙 4.0。对于范围较广,距离较远的连接,就会采用远距离的通信技术,包括 LoRa、NB-IoT、Sigfox、Weightless,这些技术虽然特点各异,但都能满足物联网低成本、低功耗、大量连接的需求。

低功耗广域网(Low-Power Wide-Area Network,LPWAN)是为了满足越来越多远距离物联网设备的连接要求,即为了物联网应用中的 M2M(Machine to Machine,机器对机器)通信场景而优化、发展的一项新技术。低功耗广域网具有低功耗、远距离、低运维成本等特点,可以真正实现大区域物联网低成本全覆盖,在未来的智慧城市的建设发展过程中,低功耗广域网的应用将会越来越多。根据是否授权,低功耗广域网又分为两个分支:使用授权频段与使用非授权频段的低功耗广域网,使用授权频段的是 NB-IoT、LTE-M 等,使用非授权频段的是 Sigfox、LoRa 等。

低功耗局域网也是多种技术并存,例如 ZigBee、蓝牙 4.0、WiFi 等技术,每个技术都有自己的优势和领域。相对于低功耗广域网,低功耗局域网具有产业链成熟、应用普及、稳定性强等优点,能够满足物联网应用的需要。

物联网操作系统对于低功耗物联网通信技术的需求与支持力度都很大。比如华为 LiteOS 支持的接入方式就包括 NB-IoT、2G、3G、4G 等。

在第 1 章介绍的物联网的 3 个层次中,感知层和应用层中的信息或数据需要通过传输层进行通信。目前 TCP/IP 已经成为互联网事实上的标准协议,而物联网通信协议主要也是运行在互联网 TCP/IP 之上的设备通信协议,负责设备通过互联网等各类网络实现通信和数据交换。

通信协议与通信技术及相关硬件的关联度较高,现有的产品标准尚未完全确立,因此可以预见到未来的物联网接入所采用的数据通信协议仍将是百花齐放的格局。目前应用层的网络通信协议主要有 HTTP、MQTT、CoAP、XMPP 等,通过这些协议实现系统与系统、物与物之间的信息交换。

以华为物联网平台为例,华为物联网平台目前支持设备采用协议包括 MQTT、CoAP、LwM2M 等,如表 5-1 所示。

表 5-1　华为物联网平台支持的主要协议

通信协议	协议描述	应用场景
LwM2M	LwM2M 是开发移动联盟 OMA 定义的用于设备管理的应用层通信协议,主要是用在资源受限的嵌入式设备上	NB-IoT 设备接入平台,适合业务实时性要求不高、功耗低、信号覆盖广的场景
CoAP	CoAP 是资源受限设备和受限网络专用的 Web 传输协议,专为机器对机器的应用而设计。CoAP 提供请求/响应交互模型,支持内置的服务和资源发现。需要底层实现 UDP 协议	NB-IoT 设备接入平台,适合业务实时性要求不高、功耗低、信号覆盖广的场景
MQTT	MQTT 是一种物联网连接协议,提供非常轻量级的发布/订阅消息传输方式,用于在低带宽、不可靠的网络的设备管理。该协议构建于 TCP/IP 协议上	对设备的可靠性和实时性要求高,适合长连接的场景,如智能路灯等

MQTT 是安全的基于 TLS 的加密协议。采用 MQTT 协议接入平台的设备,设备与物联网平台之间的通信过程,数据都是加密的,具有一定的安全性。MQTT 应用于计算能力有限,且工作在低带宽、不可靠的网络的远程传感器和控制设备,适合长连接的场景,如智能路灯等。

再比如 AliOS Things。AliOS Things 支持丰富的云端连接协议:

- Alink——阿里巴巴云平台,适用于智能生活;也包括 WiFi 配置组件 YWSS。
- MQTT——标准 MQTT 协议;已与阿里巴巴云物联网套件良好结合。
- CoAP——基于 UDP 的轻量级协议。和 CoAP FOTA 结合便可为 NB-IoT 设备建立一个只有 UDP 的系统。

本章首先介绍 NB-IoT 接入技术和 LoRa 技术,然后介绍 LiteOS 支持的 MQTT 协议、CoAP 协议和 LwM2M 协议。

5.1 NB-IoT

近年来,随着通信技术的不断发展,物联网技术应用也进一步地提上各国发展日程,工业 4.0、智能城市、智能家居、智慧农业等方向蓬勃发展。NB-IoT(Narrow Band Internet of Things,基于蜂窝的窄带物联网)通信技术,作为现阶段全世界发展最快的无线物联网通信技术,其广域传输的技术特点是真正实现万物互联的关键技术,近年来受到电信运营商、物联网设备制造商、物联网基站制造商以及传感器制造商等业内人士的广泛重视。

NB-IoT 通信技术有广域连接、低成本、低能耗、高稳定性等优势,再加之我国三大电信运营商对网络的不断优化,使其更加安全,所以近年来大多智慧农业、智慧城市等应用相关领域都在加速 NB-IoT 的设备部署以及应用。图 5-2 显示了 NB-IoT 系统与网络体系架构。

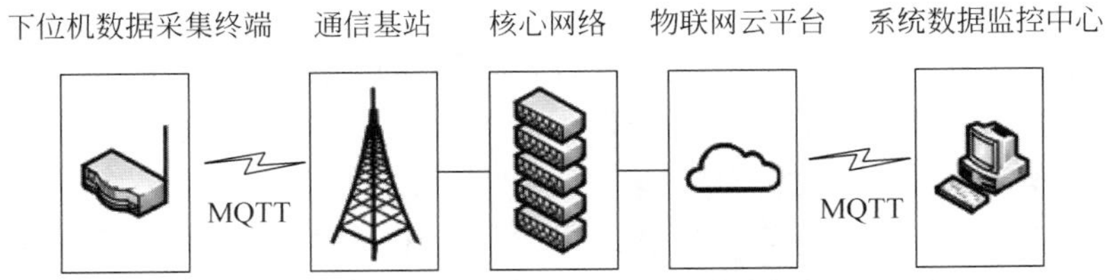

图 5-2 NB-IoT 系统与网络体系架构

如图 5-2 所示,NB-IoT 系统与网络体系架构基本分为以下 5 个部分:下位机数据采集终端、通信基站、核心网络、物联网云平台和系统数据监控中心。本节主要介绍 NB-IoT 技术。

5.1.1 NB-IoT 的技术特点

NB-IoT 的诞生大大推进了物联网发展的脚步一跃成为全球热点,前景广阔。NB-IoT 的技术特点体现在以下几个方面。

1. NB-IoT 网络覆盖强

NB-IoT 设计标准中物联网通信 MCL(Minimum Coupling Loss,最小耦合路径损耗)定为 164dB,在 GSM 网络覆盖基础上强度提升 20dB。信号覆盖分为上行与下行信号增强技术。

上行信号增强技术:虽然 NB-IoT 设备终端上行发射功率(23dBm)比传统 GSM(33dBm)终端上行发射功率低,但是 NB-IoT 上行信号通过缩窄传输带宽从而提高上行信号发射功率谱的密度提升信号覆盖,同时增加上行数据重复发送次数,数据最大重复次数可达 2048 次,从而提升信号覆盖。

下行信号增强技术:下行 NB-IoT 信号比 GSM 信号发射功率大,从而提升覆盖强度,另外三大运营商搭建基站以高发射率向终端传输信息,比终端高很多的发射率可以进一步提升信号的覆盖。从网络覆盖范围来看,NB-IoT 的信号覆盖半径是 GSM/LTE 的 4 倍。NB-IoT 信号覆盖能力的提升提高了物联网终端设备的通信效率。

2. NB-IoT 低功耗运行

在 NB-IoT 标准制定之初,3GPP(the 3rd Generation Partnership Project,第三代合作伙伴)制定的目标电池寿命为 10 年,所以 NB-IoT 标准中引入了 PSM(Power Saving Mode,省电模式)和 eDRX(extended Discontinuous Reception,增强型非连续性接收)模式。

PSM 模式是 3GPP R12 中引入的一种节能状态,凡是支持 PSM 模式的物联网终端在进入空闲模式一段时间后,就会切换至 PSM 模式;此时物联网终端模块的 PA(射频)部分停止工作,终端模块 AS(接入层)部分相关功能停止工作从而减少射频、信号处理等部分功耗,以达到低功耗的目的。由于设备进入 PSM 模式后射频停止工作,终端模块便无法接收到服务器发来的信息,数据信息无法发送至终端模块。当从 PSM 模式唤醒后,也就可以直接收发数据。

eDRX 模式是 3GPP R13 中引入的一种节能状态,其是在 DRX(Discontinuous Reception,不连续接收模式)模式技术上加以扩展,得以支持更长周期的寻呼。将 DRX 技术用于 IDLE 中进行周期性监听寻呼,如有通信请求可以立即唤醒,如果没有可以降低终端的功耗。

NB-IoT 通过使用 PSM 和 eDRX 技术以达到高效的数据传输与高效的能耗控制,从而使 NB-IoT 终端设备拥有更好的场景适应能力。

3. NB-IoT 低成本

NB-IoT 模块设计之初就本着低功耗、低带宽、低速率的需求按照 NB-IoT 标准进行设计,从而达到低成本优势。在上述需求中,低传输速率使得传输模块不需要较大的缓存空间,模块低功耗代表着模块射频(Radio Frequency,RF)设计要求较低,数据传输低带宽说明模块不需要较为复杂的均衡算法,从而大大简化了盲检次数、调制解调的编码,缩小了传输块等,简化了天线模块设计。这样就使得 NB-IoT 芯片模块相对 LTE 芯片模块设计大幅简化,进而较其他物联网芯片模块拥有低成本的优势。

NB-IoT 设备模块仅支持 FDD 半双工(Half-Duplex FDD,HD-FDD)模式,因此上、下行信号在频率上分开,模块将发送与接收分开处理,以达到节省元器件成本的目的。NB-IoT 模块在收发信号时,上行信号中前面的子帧和后面的子帧都只接收上行信号,不会接收到下行信号,从而延长保护时隙,降低设备需求,并且提高信号可靠性。此外,半双工设计中改变收、发模式只需增加切换器即可,比全双工成本更低;在简化设计的同时降低电池能耗。

因为运营商无须重新建设 NB-IoT 网络基站,所以除去运营商的成本外,NB-IoT 的成本主要是成熟产业链带来的成本。现在市面上所有主流移动通信芯片和模块厂商都对 NB-IoT 计划给予大量支持,例如,华为、中兴、联发科、移远等制造商,这对于 NB-IoT 整个生态链都大有好处,并且还可大大降低制造成本。

4. NB-IoT 容量大

NB-IoT 的应用场景众多,例如,智慧农业、智能抄表等,这些应用主要以上传数据为主,下行数据相对较少,上行数据中子载波带宽有两种,分别是 15kHz 与 3.75kHz。NB-IoT 的上行数据业务主要由 MAR(Mobile Autonomous Reporting)例外报告和 MAR 周期性报告两部分组成。MAR 例外报告多应用于智能仪表的用电情况通知、意外报警通知等,此类应用场景属于事件报告类机制,设备模块只有在监测到某种特定事件发生后才发送上行数据,由于此类事件较为稀少(几个月或几年发生一次),上行数据流量使用很低,因而此类应用场景对于 NB-IoT 网络的容量可以忽略不计。

5.1.2 NB-IoT 网络构架与部署模式

1. NB-IoT 网络构架

1)NB-IoT 主要网络构架

NB-IoT 作为新型物联网其众多优势特点源于 NB-IoT 网络构架的独特性,NB-IoT 的网络架构主要沿用的是 LTE 的网络架构,其网络架构主要由核心网与无线接入网(RAN)组成,如图 5-3 和图 5-4 所示。

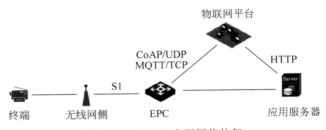

图 5-3 NB-IoT 主要网络构架

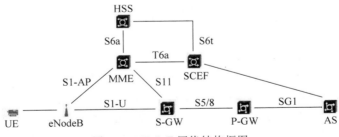

图 5-4 NB-IoT 网络结构框图

如图 5-3 所示,NB-IoT 主要网络构架由以下 5 个部分组成。

(1) 终端(User Equipment,UE),通过空口接入连接到 LTE 架构基站 eNodeB (evolved NodeB,E-UTRAN 基站)。

(2) 无线网侧:无线网侧有整体式无线接入网(Singel RAN)与 NB-IoT 新建网这两种组网方式,整体式无线接入网包括 2G、3G、4G 和 NB-IoT 无线网,NB-IoT 新建网则主要用

S1-lite 接口与 IoT 核心网进行直接连接,将非接入层数据转发给高层网元处理,从而达到空口接入处理与网络小区管理等功能。

(3) EPC(Evolved Packet Core,演进数据封包核心网):承担与 EU 非接入层交互的功能,并将数据信息转发到 IoT 平台进行数据处理。

(4) 物联网平台:现在国内物联网平台众多主要以 OneNET-中国移动物联网平台、中国电信物联网开放平台、中国联通物联网平台、阿里巴巴云物联网平台、华为 OceanConnect 物联网平台为主。

(5) 应用服务器:应用服务器使用内部通信协议和平台通信,通过调用物联网平台的开放端口来控制终端设备,物联网平台将终端设备上传的数据消息发送至应用服务器。

2) NB-IoT 网络结构细分

NB-IoT 网络主要有如下一些概念。

(1) MME(Mobility Management Entity,移动管理节点)是接入网络的关键控制节点,加入控制包括安全和许可控制,可在空闲模式下进行 UE 的寻呼控制。通过与 HSS(Home Subscribe Server,归属用户服务器)通信交流,完成用户安全许可验证。

(2) SCEF(Service Capa-bility Exposure Function,服务能力开放平台)为新增网元,支持对于新的 PDN(Public Data Network,公用数据网)类型 Non-IP 的控制侧数据传输。

(3) S-GW(Serving GW,服务网关)主要将用户数据包进行路由与转发。对于 UE 来说 S-GW 是下行数据的终点,并在下行数据到达时触发对 UE 的寻呼。

(4) P-GW(PDN GateWay,PDN 网关),提供 UE 与外部分组数据网络连接点的接口传输,进行上、下行业务等级计费。

(5) X2 接口是在 eNodeB 之间进行消息命令传输和数据交互。NB-IoT 系统中新基站在 X2 接口向旧基站发起用户上下文获取流程,从旧基站获取终端在旧基站挂起时保存的用户上下文信息,以便在新基站上快速恢复该 UE。

(6) S1 接口分别作用于控制侧与用户侧两方面,以实现控制侧的 eNodeB 和 MME 之间消息命令的传输、用户侧的 eNodeB 和 SGW 之间的用户侧数据传输。在 NB-IoT 系统中,S1 接口特性主要包括无线接入技术数据上报、UE 无线传输能力消息指示、优化消息命令流程支持控制侧与用户侧优化数据传输方案等。

3) NB-IoT 传输方式

NB-IoT 包含 3 种传输方式:IP、Non-IP、SMS。

在扇区内 NB-IoT 的 UE 接入数量远大于 LTE 的 UE 接入数量(Long Term Evolution, LTE,意即长期演进,是由 3GPP 组织制定的通用移动通信系统技术标准的长期演进,于 2004 年 12 月在 3GPP 多伦多 TSG RAN♯26 会议上正式立项并启动),则 NB-IoT 控制侧建立与释放的数据次数远大于 LTE;另外,LTE 的 UE 从空闲状态进入连接状态使用网络数据量较大。此外,LTE/EPC 的复杂指令流程对 UE 造成巨大能耗。从系统架构上进行分析,NB-IoT 从控制侧和用户侧方面对效率进行增强与优化。因此将 NB-IoT 传输优化方案分为控制侧传输优化方案与用户侧传输优化方案两种。

控制侧数据传输方式对小报数据传输进行优化,不用建立 DRB(Data Radio Bearer,无线承载)以及基站与 S-GW 间的 S1-U 承载。采用控制侧传输方案时,使用基站将小包数据通过 NAS 信令传输到 MME,并通过 MME 与 S-GW 之间建立连接,从而使小包数据在

MME 与 S-GW 之间进行传输。当 S-GW 收到下行传输数据时该连接依旧存在,S-GW 会将下行传输的数据发给 MME,反之则触发 MME 执行寻呼状态。控制侧传输方案有以下两个传输路径:

UE—eNodeB—MME—S-GW— P-GW

UE—eNodeB—MME—SCEF

用户侧传输是通过挂起流程与恢复流程,使用户从空闲状态迅速进入到连接状态。当 UE 从连接状态恢复到空闲状态时,MME 存储 UE 的 S1-AP 关联信息和承载上、下行数据,与此同时,不需要重新建立承载和安全信息的重协商。另外,小数据报文通过用户侧直接进行传输时,需要建立 S1-U 和 DRB。

2. NB-IoT 部署方式

在 NB-IoT 部署方式多样,在运营商未建设部署 LTE /FDD 网络的地区部署 NB-IoT,相当于重新建设网络成本极高,如果无现成空闲频段,还需要调整现有 GSM 网络频段。难度较高,如果有已部署的 LTE FDD 网络,部署 NB-IoT 可利用现成的 4G LTE 网络设备,通过部分软件升级进行部署。NB-IoT 可以直接部署在 GSM、UMTS(3GSM)或者 LTE 网络设施上,可以通过 LTR 网络平滑过渡,也可直接部署于单独的 180kHz 通信频段。NB-IoT 的 3 种部署方式为 ST(Stand-aloneoperation,独立部署)、GB(Guard Bandoperation,保护带部署)以及 IB(In-Bandoperation,带内部署)。

(1)独立部署:不依靠 LTE 网络基站,可以重新利用 GSM 网络频段因为其带宽为 200kHz,所以 NB-IoT180kHz 带宽刚好可以有部署空间。独占部署不可与现有系统共存并属于频谱独占。NB-IoT 载波可以单独取代或者可以几个载波组合进行使用,多个载波捆绑在一起使用类似于 LTE 的 CA(Carrier Aggregation,载波聚合)技术,如图 5-5 所示。

(2)保护带部署:利用现有 LTE 网络频谱外的带宽,也就是主频谱边缘保护频带中未使用的 180kHz 带宽。可以提升频谱资源利用率,如图 5-5 所示。

(3)带内部署:需要运营商在搭建 LTE 网络时提前考虑带内部署 NB-IoT,使用多个 NB-IoT 载波来取代相应的多个 LTE 载波的 PRB(Physical Resource Block,物理资源块),如图 5-5 所示。

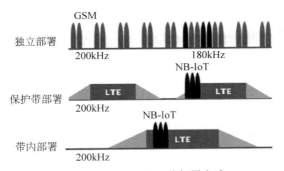

图 5-5 NB-IoT 的 3 种部署方式

NB-IoT 在 3GPP R13 中专门定义了半双工模式,该模式中 UE 无法同时进行接收与发送。半双工模式分为 Type A 和 Type B。

• Type A:UE 在上行信号发送时,前一子帧下行信号的最后一个符号不做接收,从

而作为 GP(Guard Period,保护时隙);

- Type B：UE 在上行信号发送时,前一个子帧与后一个子帧对下行信号都不做接收,从而增长 GP。

NB-IoT 支持 R13 中定义的半双工 Type B 模式,如图 5-6 所示。

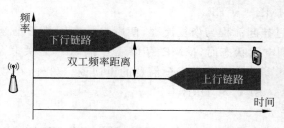

图 5-6　NB-IoT 网络半双工 Type B 模式

NB-IoT 只部署在 FDD LTE 网络上,FDD 就是上、下行频率分开,UE 也将发送与接收分开。半双工需要一个切换器,用来改变发送与接收模式切换,相比全双工,设计更简,成本更低。

3. NB-IoT 信道以及信道映射

1) NB-IoT 上行信道

NB-IoT 上行信道定义 NPUSCH(Narrowband Physical Uplink Shared Channel,窄带物理上行共享信道)和 NPRACH(Narrowband Physical Random Access Channel,窄带物理随机接入信道)两种物理信道。

NPUSCH 是发送上行消息与控制信息,使用多频音和单频音这两种模式。子载波 15kHz 间隔时连续包含 12 个子载波;子载波 3.75kHz 间隔时连续包含 48 个子载波。NPUSCH 以时域和频域两个维度资源的灵活组合为调度单位,不同于 LTE 系统中以 PRB 为调度单位,基本的调度单位为资源单位 RU,如表 5-2 所示。

表 5-2　物理上行共享信道对比

PUSCH	NB-IoT	Legacy LTE R8
频域	3.75kHz 间隔,单频音 15kHz 间隔,单频音 15kHz 间隔,12/6/3 tones	15kHz 子载波间隔,RB,12 个子载波
时域	15kHz 和 Legacy LTE 对齐 3.75kHz 下,定义 2ms Slot	1ms 子帧调度周期
信息	NPUSCH　1　上行数据 NPUSCH　2　ACK/NACK	PUSCH 上行数据,也可以携带 ACK/NACK
资源分配	按照 RU 分配资源 不同频域带宽对应不同 RU 资源时长	按照 RB 分配资源,RB 数量为 2、3、5 的倍数
编码	1/3 Turbo	1/3 Turbo
调制	Single Tone Pi/2-BPSK Single Tone Pi/4-QPSK Multi Tone QPSK	QPSK,16QAM
RV 版本	支持 RV0,RV2	支持 RV0,RV1,RV2,RV3

NPUSCH 支持两种格式。格式 1 承载上行共享信道,可以上传用户设备数据指令,通过一个或几个资源块进行调度,支持两种子载波传输方式;格式 2 承载上行控制信息,只能使用单频音模式。

2)NB-IoT 下行信道

NB-IoT 定义了 NPBCH(Narrowband Physical Broadcast Channel,窄带物理层广播信道)、NPDCCH(Narrowband Physical Downlink Control Channel,窄带物理层下行链路控制信道)和 NPDSCH(Narrowband Physical Downlink Shared Channel,窄带物理层下行链路共享信道)3 种不同的下行物理层信道。

NB-IoT 下行物理层信道都为 QPSK(Quadrature Phase Shift Keying,正交相移键控);为减少用户 UE 编码译码难度,编码方式为 TBCC(Tail Biting Convolutional Coding,咬尾卷积码),降低了物联网系统的应用门槛。

NPBCH 一个广播周期 64 帧有 640ms,在 80ms 内传输一个数据块并且重复发送,数据块内包含 8 个独立解码数据块;NPBCH 每次传输都保持其位置在无线帧中的 0# 子帧上,每次传输 0# 子帧的前 3 个符号都不占用,如图 5-7 和图 5-8 所示。数据经 QPSK 调制解调后得出的编码,每个编码数据块都重复发送 8 次,因此每个无线帧上的 0 号子帧恰好都装满了 NPBCH 的符号。

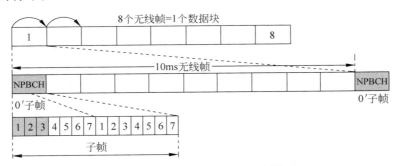

图 5-7 NB-IoT 窄带物理层广播信道

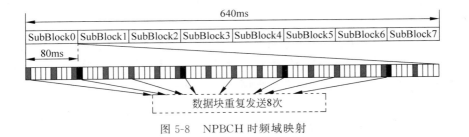

图 5-8 NPBCH 时频域映射

NPDCCH 承载多种 DCI(DownlinkControlInformation,下行控制信息),作为 NB-IoT 整个系统的控制核心,NPDCCH 中包含设备之间的资源分配和控制信息。NPDCCH 的信道处理有以下几个步骤:加扰处理、调制解调、层映射(Layer mapping)、预编码(Precoding)、资源映射等。加扰处理方法会重新初始化 NPDCCH 子帧的加扰序列;调制解调采用 QPSK 调制方式;层映射和预编码与 LTE 网络相似,使用与 NPBCH 相同的天线端口;在资源映射时需要注意避开广播信道、同步信号以及参考信号等信号频段。

5.2 LoRa 及 LoRaWAN

5.2.1 概述

LoRa 是低功耗广域网通信技术中的一种,是 Semtech 公司专有的一种基于扩频技术的超远距离无线传输技术。LoRaWAN 是为 LoRa 远距离通信网络设计的一套通信协议和系统架构。它是一种介质访问控制(MAC)层协议。LoRaWAN 在协议和网络架构的设计上,充分考虑了节点功耗、网络容量、QoS(Quality of Service,服务质量)、安全性和网络应用多样性等因素。使用 LoRaWAN 协议的网络可以完成安全的双向通信、移动化和本地服务,设置过程中的配置环节省时、省力、省事,因此物联网的使用者们(开发商、移动用户和使用单位)有更加自由的操作空间。

如果按协议分层 LoRaWAN 是 MAC 层(因此 LoRaWAN 原来也被叫作 LoRaMAC),LoRa 是物理层。LoRa 与 LoRaWAN 的层次关系如图 5-9 所示。

应用			应用层
LoRaWAN			
MAC选项			MAC层
双向终端设备 (Class A)	确定接收时隙的双向终端设备 (Class B)	最大化接受时隙的双向终端设备 (Class C)	
LoRa模块化			物理层
区域性频段			

图 5-9 LoRa 与 LoRaWAN 的层次关系

LoRaWAN 是一种流行且广泛部署的 LPWAN 通信标准,在 ISM(工业,科学,医疗)频段使用未经许可的无线电频谱,频率约为 900MHz 或 430MHz(世界各地的精确频率各不相同)。使用未经许可的频谱意味着公司可以轻松推出网络,并为企业提供专用网络。LoRaWAN 定义了网络的通信协议和系统架构。

LoRa 网络具有星状布局,其中数百或数千个设备与连接到核心网络的网关以及最终的互联网进行双向通信。来自单个传感器或设备的信号由范围内的所有网关接收,这提高了可靠性并开辟了定位服务的可能性。该网络使用复杂的"自适应数据速率"算法来微调每个设备和网关之间的通信,以最小化功耗并最大化可靠性。一个 LoRaWAN 架构中包含了终端、网关、服务器这 3 个部分,如图 5-10所示。LoRa 节点一般与传感器连接,负责收集传感数据,然后通过 LoRaWAN 协议传输给网关。

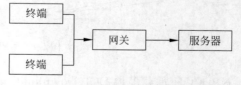

图 5-10 LoRaWAN 系统架构示意图

LoRaWAN 的优势主要包括:

1) 低功耗与使用寿命

低功耗和低峰值电流需求,LoRaWAN 数据传输和接收需要低电流(低于 50mA),大大降低了设备的功耗,一次充电可以使设备具有长达十年的使用寿命,大大降低了支持和维护成本。

2)节省成本

广泛的覆盖范围和相对较低的网关成本显著降低了 LoRaWAN 网络部署的成本。对于设备,通信模块的价格在 10 美元范围内,未经许可的频谱意味着连接成本仅为 1 美元/年。

3)定位服务

由于来自特定设备的信号可以被多个网关接收,因此可以根据每个基站的信号强度和/信号到达时间来计算设备的位置,从而实现基于位置的服务功能,可用于跟踪或对设备进行电子围栏。

4)深度穿透

LoRa 无线电调制允许深度室内穿透,并增加了到达位于地下的水表或煤气表的传感器的能力。

5)无须获取任何频率许可

LoRaWAN 网络部署在免费的 ISM 频段(EU 868、AS 923、US 915MHz)上,允许任何服务提供商或公司部署和运营 LoRaWAN 网络,而无须获得任何频率的许可证。

6)快速搭建和商用

LoRaWAN 开放标准与无成本运行频率和低成本基站相结合,使运营商能够在短短几个月内以最少的投资推出网络。双向通信完全支持各种需要上行链路和下行链路的用例,例如,街道照明、智能灌溉、能源优化或家庭自动化。

7)一站式管理

LoRaWAN 网络支持多种垂直解决方案,允许服务提供商使用一个平台和标准来管理各种用例,如智能建筑、精准农业、智能计量或智能城市。

5.2.2　工作模式和终端设备分类

在 LoRaWAN 协议中,终端有 3 种工作模式:双向终端设备(Class A)、具有确定接收时隙的双向终端设备(Class B)和具有最大化接收时隙的双向终端设备(Class C),3 种工作模式的特点见表 5-3。

表 5-3　LoRaWAN 3 种工作模式的特点

双向终端设备	具有确定接收时隙的 双向终端设备	具有最大化接收时隙的 双向终端设备
电池供应	低延时	最小延时
双向通信	在指定的持续时间内双向通信	双向通信
单播消息	单播和多播消息	单播和多播消息
终端设备启动通信(上行链路)	额外的接收窗口	服务器可以随时启动传输
服务器在预定的响应窗口期间与终端设备进行通信	服务器在指定的时隙内启动传输	终端设备不断接收

双向终端设备是 LoRa 网络中的基础工作模式,所有 LoRa 终端都必须满足双向终端设

备定义的所有功能。在双向终端设备工作模式下,节点主动上报,先发送一个上行链路帧,后紧跟两个下行接收窗口,要求应用在终端上行传输后的很短时间内进行服务器的下行数据传输,以此实现双向传输。双向终端设备模式是最省电的一种工作模式,终端只有在发送上行数据后,才可以接收网关下发的下行数据,服务器在其他任何时间进行的下行数据传输都需要等到终端的下一次上行数据上传之后。

在具有确定接收时隙的双向终端设备工作模式下,终端有更多的接收窗口,除了双向终端设备中两个随机时隙以外,终端设备还会在系统特定的持续时间内开启其余的接收窗口,持续时间由网关下发的时间同步信标帧指定。具有确定接收时隙的双向终端设备模式兼顾实时性和低功耗,对时间同步性要求较高。

具有最大化接收时隙的双向终端设备模式是常发常收模式,意味着接收窗口长时间处于开放状态,关闭的时段也仅仅是发送持续的时段,因此,具有最大化接收时隙的双向终端设备模式下的 LoRa 终端设备比双向终端设备和具有确定接收时隙的双向终端设备对应的设备消耗更多电量,但是设备的延时也最低,实时性最好,适合不考虑功率或需要大量下行数据控制的应用场景。

网关是部署 LoRaWAN 网络的关键设备,主要负责将终端节点采集的传感器数据传输给服务器,缓解海量节点数据上报引发的并发冲突,同时完成数据从 LoRa 方式到网络方式的转换。其中,网关收到上行的传感器数据后,不对数据包进行解析和解密处理,只封装成 JSON(JavaScript Object Notation)数据包然后上传至 LoRa 服务器。LoRaWAN 网关的主要特点如下。

(1) 网络拓扑简单,星状网络可靠性高,功耗低;

(2) 接入方式可扩展,单网关最大能够容纳几万个节点,节点非固定入网,数目可扩展;

(3) 兼容性强,只要应用能够符合 LoRaWAN 协议,该应用就是可接入的;

(4) 网络建设成本和运营成本较低。

根据 LoRaWAN 的规定,LoRa 服务器保证了 LoRaWAN 系统的运行维护和数据处理过程,并向下发送主要的控制命令。LoRa 服务器包括 3 部分,分别是网络服务器(Network Server,NS)、应用服务器(Application Server,AS)和客户服务器(Customer Server,CS),每个部分的分工和职能都各不相同,其中 NS 和 AS 是完成 LoRaWAN 协议必不可少的重要组成部分。其中与网关进行通信的是 NS,NS 收到网关发来的信息后,首先验证数据的合法性,验证通过后从中提取数据,对数据进行解析,然后整理成 NS 的 JSON 数据包上传至 AS。数据包上传至 AS 后,AS 负责上行数据的解密和下行数据的加密,以及对终端节点的入网请求进行处理,并生成两个重要的通信密钥——NwkSKey 和 AppSKey,NwkSKey 用于数据的校验,AppSKey 用于数据的加密和解密。客户服务器负责将 AS 发送的数据处理成用户自定义的数据协议格式,主要的表现形式为使用者开发的基于 B/S 或 C/S 架构的服务器,用于处理实际应用过程中的业务和数据展示部分。

LoRaWAN 终端设备根据协议规定被分为 Class A/Class B/Class C 3 类终端设备,这 3 类设备基本覆盖了物联网所有的应用场景。Class A/Class B/Class C 的应用和区别如表 5-4 所示。

表 5-4 Class A/Class B/Class C 的应用和区别

Class	介绍	下行时机	应用场景
A（全部）	所有 LoRaWAN 设备必须实现 Class A 的功能，在节点每次发送上行数据后都会紧跟两个短暂的下行接收窗口，以此实现双向通信，Class A 主打低功耗	必须等待终端节点上报数据后才能下发数据	主要用于小数据采集控制实时性不高的场景，如垃圾桶检测、烟雾报警、气体监测等
B（信标）	除了 Class A 的接收窗口，还会在指定时间打开接收窗口。为了让终端可以在指定时间打开接收窗口，终端需要从网关接收同步时间的信标	在约定的时间下发数据，相比于 Class A 控制的实时性有所提高	阀控水、汽、电表等
C（持续）	Class C 和 Class A 比较类似，只是在 Class A 休眠的时间打开接收窗口 2，Class C 是没有休眠的，除了发送的时候，其他时间要么开着接收窗口 1，要么开着接收窗口 2	任意时刻	路灯控制等

5.2.3 LoRaWAN 帧结构

上行链路信息是由传感器向上发送，在传送过程中跳转经过一个或者多个网关到达网络服务器的传感器数据信息。上行链路的物理帧结构如图 5-11 所示。下行链路信息则是由网络服务器发送给终端设备的信息，每条信息对应的监测设备都是唯一确定的，并且只经过一个网关中转。下行链路的物理帧结构如图 5-12 所示。

前导码	物理帧头	循环冗余校验的物理帧头	有效负载	循环冗余校验

图 5-11 上行链路物理帧结构

前导码	物理帧头	循环冗余校验的物理帧头	有效负载

图 5-12 下行链路物理帧结构

上下行物理帧中都包含前导码（Preamble）、物理帧头（PHDR）、循环冗余校验的物理帧头（PHDR_CRC）和有效负载（PHYPayload），不同的是，上行链路物理帧的最后还有循环冗余校验（CRC），下行链路物理帧中没有，CRC 的作用是保证有效负载的完整性。物理帧中 Preamble、PHDR、PHDR_CRC 和 CRC 都是由硬件设备生成的，无须软件参与，只有有效负载 PHYPayload 需要软件的参与。

以上行链路信息为例，其 MAC 信息帧的结构如图 5-13 所示。

PHYPayload 以单字节的 MAC 层帧头（MHDR）开始，以 4B 的消息一致码（MIC）结尾，其余部分是 MAC 层负载（MACPayload）。MHDR 中有区别消息类型的 MType 字段。LoRaWAN 定义了 6 种不同的 MAC 消息类型，不同的消息类型用不同的方法保证消息的一致性。MAC 层负载又由 MAC 层负载头（FHDR）、MAC 层数据的通道号（FPORT）和加密的 MAC 层负载（FRMPayload）3 部分组成。FHDR 由 4B 的终端地址（DevAddr）、1B 的

前导码	物理帧头	CRC的物理帧头	有效负载	CRC

有效负载	MAC层帧头	MAC层负载	消息一致码

MAC层负载	MAC层负帧头	MAC层数据的通道号	加密的MAC层负载

MAC层负载头	终端地址	帧控制字	帧序号	帧配置

图 5-13　MAC 信息帧的结构

帧控制字(FCtrl)、2B 的帧序号(FCnt)和用来传输 MAC 命令的帧配置字段(FOpts)4 个部分组成。

5.2.4　LoRaWAN 网络架构和入网模式

LoRaWAN 的网络架构如图 5-14 所示。LoRaWAN 的网络实体分为 4 个部分：终端节点、LoRa 网关、LoRaWAN 服务器和应用服务器。

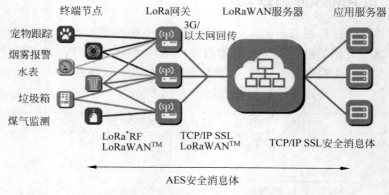

图 5-14　LoRaWAN 的网络架构

- 终端节点(End Node)：一般是各类传感器，进行数据采集、开关控制等。
- LoRa 网关(Gateway)：对收集到的节点数据进行封装转发。
- LoRaWAN 服务器(NetworkServer)：主要负责上下行数据包的完整性校验。
- 应用服务器(ApplicationServer,AS)：主要负责 OTAA 设备的入网激活，应用数据的加密和解密。用户服务器 customerServer 从 AS 中接收来自节点的数据，进行业务逻辑处理，通过 AS 提供的 API 接口向节点发送数据。

LoRa 终端节点在上电之后处于非入网模式，需要先激活入网才能和服务器进行通信，LoRaWAN 主 要 的 入 网 模 式 分 为 两 种：一 种 模 式 是 手 动 激 活（Activation By Personalization,ABP），另一种模式是空中激活（Over-The-Air Activation,OTAA）。接下来对两种入网模式进行介绍。

OTAA 是一种安全系数很高的入网机制，它的代价是实现复杂；ABP 是一种简单的入网机制，适合于建设私网，缺点是不如 OTAA 模式安全。无论是哪种激活方式，其核心原理都是在服务器和终端双方保存以下 3 个参数：DevAddr(终端设备地址)、NwkSKey(网络会话密钥)和 AppSKey(应用会话密钥)。DevAddr 是终端在当前网络中的识别码,该地址可以由网络管理员分配；NwkSKey 是分配给终端设备的网络会话密钥,服务器和终端用它来计算和校验所有信息的 MIC,保证收发数据的一致,也可以对 MAC 负载进行加/解密；AppSKey 是分配给终端设备的应用会话密钥,服务器和终端设备用来对应用指定的负载字段进行加密和解密,也可以用来计算和校验应用层 MIC。

ABP 模式时,直接把以上 3 个参数存到终端设备中,终端设备启动时就已经具备了加入指定 LoRa 网络所需要的信息。OTAA 模式的入网原理如图 5-15 所示。

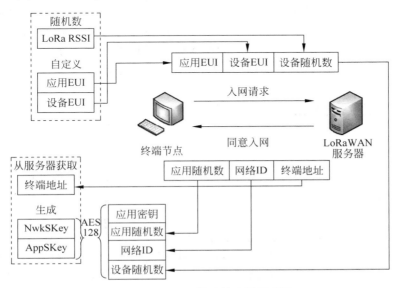

图 5-15　OTAA 模式的入网原理图

首先,每个终端设备都需要配置设备 EUI(Device Extended Unique Identifier,设备扩展唯一标识)和应用 EUI(Application Extended Unique Identifier,应用扩展唯一标识),并且取 LoRa 芯片的 RSSI 随机值,得到设备随机数(Dev Nonce),将这 3 个参数组成入网请求数据帧,发送给 LoRaWAN 服务器。服务器接收到入网请求帧后,分配 DevAddr,连同应用随机数(AppNonce)和网络 ID 组成统一入网数据帧,回应给终端设备。终端设备收到同意入网数据帧后,提取 DevAddr,结合应用密钥(AppKey)(被服务器和设备终端共享使用的重要数据)、AppNonce、网络 ID 和 DevNonce,使用 AES128 加密生成两个密钥：NwkSKey 和 AppSKey,完成入网。

最后从以下几个方面对 NB-IoT 技术和 LoRa 技术进行对比。

1) 通信距离

NB-IoT 和 LoRa 都属于低功耗广域网技术,即远程覆盖是它们的共同特点之一。NB-IoT 的通信距离可达 18～21km,不过 NB-IoT 的通信依赖运营商的蜂窝数据,所以在郊区或农村等没有强大 4G 覆盖的地区,通信效果稍逊于城市等通信状况较好的地区。LoRa 技术在郊区无线通信距离最高可达 20km,且 LoRaWAN 不依赖蜂窝数据或 WiFi,在 LoRaWAN 能够覆盖的区域内通信效果足够稳健。

2) 电池寿命

LoRaWAN 是基于 ALOHA 协议的异步通信方式,可以通过实际的使用需求进行工作状态的调节,继而做到准确的休眠时间设置,这样可以达到充分利用电池电量的目的。NB-IoT 工作在 1GHz 以下的授权频段,设备必须相对频繁地与网络进行同步,同步的过程需要联网,这样所需要的"峰值电流"比采用非线性调制的 LoRa 技术多几个数量级,使得电池电量有较大的压力。

3) 组网成本

对终端节点而言,LoRa 比 NB-IoT 的终端节点更加简单且容易开发,NB-IoT 的协议和调制机制比较复杂,那么在电路的设计上需要花费更多的工夫,也就意味着更高的成本,同时 NB-IoT 采用授权频段,知识产权相关费用更高,提高了 NB-IoT 的总成本。同时,由于 LoRa 工作在非授权频段,企业可以轻松组建私网,并同时使用公共网络处理设备外信息和活动,创建混合型物联网模型,而 NB-IoT 只能用于公共网络模式。

5.3　MQTT 协议

5.3.1　概述

MQTT(Message Queuing Telemetry Transport,消息队列遥测传输协议)是一种基于发布/订阅(publish/subscribe)模式的轻量级通信协议,该协议构建于 TCP/IP 协议上,由 IBM 在 1999 年发布。

MQTT 是一个基于客户端-服务器的消息发布/订阅传输协议。MQTT 协议是轻量、简单、开放和易于实现的,这些特点使其适用范围非常广泛。比如在机器与机器(M2M)通信领域和物联网领域这些受限的环境中。另外,MQTT 协议在通过卫星链路通信的传感器、智能家居、智慧城市等环境中也广泛使用。

OASIS(结构化信息标准促进组织)现在已经发布了官方的 MQTT v5.0 标准,这对于已经为物联网所用的消息传输协议来说是一个大飞跃。基于早期的 v3.1.1 标准,它具有重要的更新,同时最大限度地减少与现有版本的不兼容性。除标准版外,还有一个简化版 MQTT-SN,该协议主要针对嵌入式设备,这些设备一般工作于 TCP/IP 网络,如 ZigBee。

由于物联网的环境是非常特别的,所以 MQTT 遵循以下设计原则:

(1) 精简,不添加可有可无的功能。

(2) 发布/订阅(Pub/Sub)模式,方便消息在传感器之间传递。

(3) 允许用户动态创建主题,零运维成本。

(4) 把传输量降到最低以提高传输效率。

(5) 把低带宽、高延迟、不稳定的网络等因素考虑在内。

(6) 支持连续的会话控制。

(7) 客户端计算能力可能很差。

(8) 提供服务质量管理。

(9) 假设数据不可知,不强求传输数据的类型与格式,保持灵活性。

与 HTTP、CoAP、XMPP 等通信协议相比,MQTT 协议具有以下的优势:

(1) MQTT 基于 TCP 的协议,在反控设备的应用中比 CoAP 等基于 UDP 的协议更为可靠,比如 CoAP 在进行 3G 通信的时候必须通过相关技术实现 CoAP overTCP,否则反控很不稳定。

(2) MQTT 通过异步模式实现通信,类似发短信,无须等待对方确认便可以继续发送信息,而不像 HTTP 那种必须等待对方应答才能返回的同步模式,大大简化了连接过程。

(3) MQTT 为物联网通信提供了许多满足特定需求的设计,比如 QoS、"遗嘱(用于通知同一主题下的其他设备发送遗言的设备已经断开了连接)"等。

(4) MQTT 的二进制格式是轻量级的,几乎能轻易嵌入到任何终端中,终端通信模块的功耗也大大降低,尤其适合无线终端的电池供电工作模式。

轻巧可扩展、对低功耗低速率网络的绝佳适应性,再加上 MQTT 完全开源开放,国内外的公有云供应商如阿里巴巴、百度、腾讯、AWS、Microsoft Azure、IBM Bluemix 等都以各种形式加入了对 MQTT 的支持,已经形成了良好的 MQTT 生态圈。因此,MQTT 协议是当前符合上述要求的物联网通信协议。

MQTT 协议的主要实现和应用包括:

(1) 已经有 PHP、Java、Python、C、C♯等多个语言版本的协议框架。

(2) IBM Bluemix 的一个重要部分是其 IoT Foundation 服务,这是一项基于云的 MQTT 实例。

(3) 移动应用程序也早就开始使用 MQTT,如 Facebook Messenger 和 Com 等。

5.3.2 MQTT 协议工作原理

1. 工作过程

MQTT 的工作原理如下:

(1) 使用发布/订阅消息的模式,提供一对多的消息发布,并实现应用程序的解耦合。

(2) 实现对负载内容进行屏蔽的消息传输。

(3) 使用 TCP/IP 提供网络连接,相比 HTTP 协议,MQTT 数据包的头部开销非常小,头部是固定的,且只有两字节。

(4) 提供 3 种消息发布的服务,用户能够针对网络的实际情况以及服务要求选择 3 种不同的通信质量等级,分别是:

① 至多一次,消息发布完全依赖底层网络的 TCP/IP,可能发生消息丢失。这一等级适用于环境数据采集等应用场景,丢失一次数据影响不大,因为不久后还会有第二次的数据发送。

② 至少一次,能够确保消息到达,但消息可能会重复发送。

③ 只有一次,确保消息到达一次。这一等级适用于可靠的消息送达的应用场景,例如计费系统。

(5) 支持遗嘱机制。根据用户设置的遗嘱机制,当由于网络因素等非正常原因导致终端连接断开时,将以发布话题的方式通知可能对该终端感兴趣的其他终端。

MQTT 协议中主要包含了消息发布者(Publish)、消息订阅者(Subscribe)以及消息代理(Broker)。消息发布者和消息订阅者的主要工作是发布消息和订阅消息,所以两者是以客户端的形式存在,客户端可以:

(1) 发布其他客户端可能会订阅的信息。

（2）订阅其他客户端发布的消息。

（3）退订或删除应用程序的消息。

（4）断开与服务器连接。

消息代理作为消息的"中转商"，所以是以服务器的形式存在，MQTT 服务器可以：

（1）接收来自客户的网络连接。

（2）接收客户发布的应用信息。

（3）处理来自客户端的订阅和退订请求。

（4）向订阅的客户转发应用程序消息。

消息的发布/订阅过程作为一个双向通信的过程，消息发布者和消息订阅者两者之间可以相互订阅，两者的身份可以互相转换。MQTT 协议原理如图 5-16 所示。

图 5-16　MQTT 协议原理图

MQTT 传输的消息分为主题（Topic）和负载（payload）两部分。

（1）主题，可以理解为消息的类型，订阅者订阅（Subscribe）后，就会收到该主题的消息内容（payload）。

（2）负载，可以理解为消息的内容，是指订阅者具体要使用的内容。

2. MQTT 协议中的订阅、主题、会话

1）订阅（Subscription）

订阅包含主题筛选器（Topic Filter）和最大服务质量（QoS）。订阅会与一个会话（Session）关联。一个会话可以包含多个订阅。每一个会话中的每个订阅都有一个不同的主题筛选器。

2）会话（Session）

每个客户端与服务器建立连接后都是一个会话，客户端和服务器之间有状态交互。会话存在于一个网络之间，也可能在客户端和服务器之间跨越多个连续的网络连接。

3）主题名（Topic Name）

连接到一个应用程序消息的标签，该标签与服务器的订阅相匹配。服务器会将消息发送给订阅所匹配标签的每个客户端。

4）主题筛选器（Topic Filter）

一个对主题名通配符筛选器，在订阅表达式中使用，表示订阅所匹配到的多个主题。

5）负载（Payload）

消息订阅者所具体接收的内容。

3. MQTT 协议中的方法

MQTT 协议中定义了一些方法（也被称为动作）来表示对确定资源所进行操作。这个资源可以代表预先存在的数据或动态生成数据，这取决于服务器的实现。通常来说，资源指服务器上的文件或输出。主要方法有：

（1）Connect。等待与服务器建立连接。

（2）Disconnect。等待 MQTT 客户端完成所做的工作，并与服务器断开 TCP/IP 会话。

（3）Subscribe。等待完成订阅。

（4）UnSubscribe。等待服务器取消客户端的一个或多个主题订阅。

（5）Publish。MQTT 客户端发送消息请求，发送完成后返回应用程序线程。

5.3.3 MQTT 协议数据包结构

在 MQTT 协议中，一个 MQTT 数据包由固定头（Fixed header）、可变头（Variable header）、消息体（Payload）3 部分构成。MQTT 数据包结构如图 5-17 所示。

固定头
可变头
消息体

图 5-17 MQTT 数据包结构

（1）固定头存在于所有 MQTT 数据包中，表示数据包类型及数据包的分组类标识。

（2）可变头存在于部分 MQTT 数据包中，数据包类型决定了可变头是否存在及其具体内容。

（3）消息体存在于部分 MQTT 数据包中，表示客户端收到的具体内容。

1. MQTT 固定头

固定头存在于所有 MQTT 数据包中，其结构如图 5-18 所示。

bit 地址	7	6	5	4	3	2	1	0
Byte 1	MQTT数据包类型				不同类型MQTT数据包的具体标识			
Byte 2 ⋮	剩余长度							

图 5-18 MQTT 固定头

如图 5-18 所示，MQTT 数据包类型位于 Byte 1 中的 bit7～bit4。相于一个 4 位的无符号值，类型、取值及描述如表 5-5 所示。

表 5-5 MQTT 数据包类型

名称	值	流方向	描述
Reserved	0	不可用	保留位
CONNECT	1	客户端到服务器	客户端请求连接到服务器
CONNACK	2	服务器到客户端	连接确认
PUBLISH	3	双向	发布消息
PUBACK	4	双向	发布消息
PUBREC	5	双向	发布收到(保证第 1 部分到达)
PUBREL	6	双向	发布释放(保证第 2 部分到达)
PUBCOMP	7	双向	发布完成(保证第 3 部分到达)
SUBSCRIBE	8	客户端到服务器	客户端请求订阅
SUBACK	9	服务器到客户端	订阅确认
UNSUBSCRIBE	10	客户端到服务器	请求取消订阅

续表

名称	值	流方向	描述
UNSUBACK	11	服务器到客户端	取消订阅确认
PINGREQ	12	客户端到服务器	PING 请求
PINGRESP	13	服务器到客户端	PING 应答
DISCONNECT	14	客户端到服务器	中断连接
Reserved	15	不可用	保留位

标识位位于 Byte 1 中的 bit 3～bit 0。在不使用标识位的消息类型中,标识位被作为保留位。如果收到无效的标志,接收端必须关闭网络连接。表 5-6 列举了标识位在不同情况下的取值。

表 5-6 标识位的取值

数据包	标识位	bit 3	bit 2	bit 1	bit 0
CONNECT	保留位	0	0	0	0
CONNACK	保留位	0	0	0	0
PUBLISH	MQTT 3.1.1 使用	DUP[1]	QoS[2]	QoS[2]	RETAIN[3]
PUBACK	保留位	0	0	0	0
PUBREC	保留位	0	0	0	0
PUBREL	保留位	0	0	0	0
PUBCOMP	保留位	0	0	0	0
SUBSCRIBE	保留位	0	0	0	0
SUBACK	保留位	0	0	0	0
UNSUBSCRIBE	保留位	0	0	0	0
UNSUBACK	保留位	0	0	0	0
PINGREQ	保留位	0	0	0	0
PINGRESP	保留位	0	0	0	0
DISCONNECT	保留位	0	0	0	0

注:1. DUP:发布消息的副本。用来保证消息的可靠传输,如果设置为 1,则在下面的变长中增加 MessageId,并且需要回复确认,以保证消息传输完成,但不能用于检测消息重复发送。

2. QoS:发布消息的服务质量,即保证消息传递的次数。
- 00:最多一次,即≤1。
- 01:至少一次,即≥1。
- 10:一次,即=1。
- 11:预留。

3. RETAIN:发布保留标识,表示服务器要保留这次推送的信息,如果有新的订阅者出现,则将消息推送给它;如果没有,则推送至当前订阅者后释放。

剩余长度(Remaining Length)的地址是 Byte 2。

固定头的第二字节用来保存变长头部和消息体的总大小,但不是直接保存的。这一字节是可以扩展的,其前 7 位用于保存长度,最后 1 位用作标识。当最后 1 位为 1 时,表示长度不足,需要使用两字节继续保存。

2. MQTT 可变头

MQTT 数据包中包含一个可变头,它位于固定的头和负载之间。可变头的内容因数据包类型而不同,较常见的应用是作为包的标识,表 5-7 列举了可变头的取值情况。

表 5-7 可变头的取值

长度/B	位								存在的报文类型
	7	6	5	4	3	2	1	0	
1~8	Protocol name(协议名)								CONNECT
1	Protocol Version(版本号)								CONNECT
1	Connect Flags(连接标记)								CONNECT
1	User Name Flag	Password Flag	Will Retain	Will QoS	Will Flag	Clean Session	Reserved		CONNECT
2	Keeping Alive timer(心跳时长)								CONNECT
1	Connect return code(连接返回码)								CONNACK
3~32 767	Topic name(主题名称)								PUBLISH
2	Message ID(消息 ID)								PUBLISH(QoS>0), PUBACK, PUBREC, PUBREL, PUBCOMP, SUBSCRIBE, SUBACK, UNSUBSCRIBE, UNSUBACK

很多类型数据包中都包括一个 2B 的数据包标识字段,这些类型的包有 PUBLISH(QoS>0)、PUBACK、PUBREC、PUBREL、PUBCOMP、SUBSCRIBE、SUBACK、UNSUBSCRIBE、UNSUBACK。

3. Payload 消息体

Payload 消息体位于 MQTT 数据包的第三部分,包含 CONNECT、SUBSCRIBE、SUBACK、UNSUBSCRIBE 4 种类型的消息。

(1) CONNECT:消息体内容主要是客户端的 ClientID、订阅的 Topic、Message 以及用户名和密码。

(2) SUBSCRIBE:消息体内容是一系列的要订阅的主题以及 QoS。

(3) SUBACK:消息体内容是服务器对于 SUBSCRIBE 所申请的主题及 QoS 进行确认和回复。

(4) UNSUBSCRIBE:消息体内容是要订阅的主题。

5.4 CoAP 协议

CoAP(Constrained Application Protocol,受限应用协议),是应用于无线传感网中的协议。由于目前物联网中的很多设备都是资源受限型的,只有少量的内存空间和有限的计算能力,传统的 HTTP 协议在物联网应用中就会显得过于庞大而不适用,因此,IETF 的 CoRE 工作组提出了一种基于 REST 架构、传输层为 UDP、网络层为 6LowPAN(面向低功耗无线局域网的 IPv6)的 CoAP 协议。

CoAP 协议具有如下特点。

- 报头压缩:CoAP 包含一个紧凑的二进制报头和扩展报头。它只有短短的 4B 基本报头,基本报头后面跟扩展选项。一个典型的请求报头为 10~20B。
- 方法和 URI:为了实现客户端访问服务器上的资源,CoAP 支持 GET、PUT、POST 和 DELETE 等方法。CoAP 还支持 URI(Uniform Resource Identifier,统一资源标识符),这是 Web 架构的主要特点。
- 传输层使用 UDP 协议:CoAP 协议建立在 UDP 协议之上,以减少开销和支持组播功能。它也支持一个简单的停止和等待的可靠性传输机制。
- 支持异步通信:HTTP 对 M2M(Machine-to-Machine)通信不适用,这是由于事务总是由客户端发起。CoAP 协议支持异步通信,这对 M2M 通信应用来说是常见的休眠/唤醒机制。
- 支持资源发现:为了自主地发现和使用资源,CoAP 支持内置的资源发现格式,用于发现设备上的资源列表,或者用于设备向服务目录公告自己的资源。它支持 RFC5785 中的格式,在 CoRE 中用/. well-known/core 的路径表示资源描述。
- 支持缓存:CoAP 协议支持资源描述的缓存以优化其性能。

CoAP 默认运行在 UDP 上,但它也支持运行在 SMS、TCP 等数据传输层上。本节主要介绍基于 UDP 上的 CoAP 协议。CoAP 协议框架如图 5-19 所示。CoAP 协议主要包括消息模型和资源请求/响应模型。

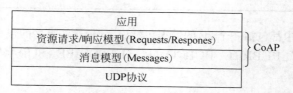

图 5-19 CoAP 协议框架

1. 消息模型

CoAP 协议通信是通过在 UDP 上传输消息类完成的。若将 UDP 比作公路,消息就是公路上的汽车。

CoAP 采用与 HTTP 协议相同的请求响应工作模式,CoAP 协议共有 4 种不同的消息类型,来实现设备端与云端之间双向通信。

- CON——需要被确认的请求,如果 CON 请求被发送,那么对方必须做出响应。
- NON——不需要被确认的请求,如果 NON 请求被发送,那么对方不必做出回应。
- ACK——应答消息,接收到 CON 消息的响应。
- RST——复位消息,若接收者接收到的消息包含一个错误,接收者解析消息或者不再关心发送者发送的内容,那么复位消息将会被发送。

基于 4 种消息类型,可以实现 2 种传输质量,即可靠消息传输与不可靠消息传输。

可靠消息传输主要是通过确认及重传机制来实现的,客户端发送消息后,需要等待服务器收到通知,如果在规定时间内没有收到消息,则需要重新发送数据。可靠传输是基于CON 消息传输的,服务器端收到 CON 类型的消息后,需要返回 ACK 消息,客户端在指定时间 ACK_TIMEOUT 内收到 ACK 消息后,才代表这个消息可以可靠地传输到服务器端。

不可靠消息传输是客户端只管发送消息,不管服务器端有没有收到,因此可能存在丢包。不可靠传输是基于 NON 消息传输的。服务器端收到 NON 类型的消息后,不用回复ACK 消息。

2. 资源请求/响应模型

对于物联网,可以将服务器上的资源简单看作为物联网设备的实时运行影子,通过访问服务器上资源就可以实现与设备间数据的交互。如果把消息模型比作汽车,那么资源请求及响应就好比汽车上的货物。资源请求及响应内容最终会被放在 CoAP 消息包里面。CoAP 请求与响应与 HTTP 类似,且是根据 RESTFUL 架构设计的。CoAP 客户端发出请求,CoAP 服务端进行请求处理然后发送响应。

CoAP 请求 Request 方法:请求方法与 HTTP 协议类似,有 GET、PUT、POST、DELETE,所有的请求方法都会放在 CoAP CON/NON 消息里面进行传输。

CoAP 请求响应 Response 代码:响应内容也与 HTTP 协议类似。主要有如下 3 类:
- Success 2.xx 代表客户端请求被成功接收并被成功处理;
- Client Error 4.xx 代表客户端请求有错误,比如参数错误等;
- Server Error 5.xx 代表服务器在执行客户端请求时出错。

所有的请求服务器响应放在 CoAP CON/NON/ACK 消息里面进行传输。针对 CoAP携带 CON 消息请求,响应如果快速处理完(有些请求的处理耗时多,服务器无法立即响应),则可直接放在 ACK 消息包里面返回。对于无法立即响应的,服务器携带资源准备好后,会单独发一个响应消息包给客户端

服务器上可访问资源统一用 URL 来定位(比如/deviceID/temp 访问某个设备的温度信息)。客户端通过某个资源的 URL 来访问服务器具体资源,通过 4 个请求方法(GET、PUT、POST、DELETE)完成对服务器上资源的增、删、改、查操作。

举个例子,比如某个设备需要从服务器端查询当前温度信息。

请求消息(CON):GET/temperature,请求内容会被包在 CON 消息里面。

响应消息(ACK):2.05 Content "22.5 C",响应内容会被放在 ACK 消息里面。

通信过程如图 5-20 所示。

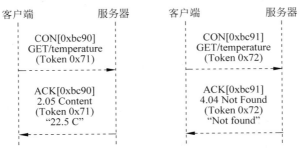

图 5-20　通信过程

MQTT 和 CoAP 都是行之有效的物联网协议,但两者有很大区别,比如 MQTT 协议是基于 TCP,而 CoAP 协议是基于 UDP 的。从应用方向来分析,主要区别有以下几点:

(1) MQTT 协议不支持带有类型或者其他帮助客户端理解的标签信息,也就是说,所有 MQTT Clients 必须要知道消息格式。而 CoAP 协议则相反,因为 CoAP 内置发现支持和内容协商,这样便允许设备相互窥测以找到数据交换的方式。

(2) MQTT 是长连接而 CoAP 是无连接。MQTT 客户端与代理之间保持 TCP 长连接,这种情形在 NAT 环境中不会产生问题。如果在 NAT 环境下使用 CoAP,则需要采取一些 NAT 穿透性手段。

(3) MQTT 是多个客户端通过中央代理进行消息传递的多对多协议。它主要通过让客户端发布消息、代理决定消息路由和复制来解耦消费者和生产者。MQTT 相当于消息传递的实时通信总线。CoAP 基本上就是一个在服务器和客户端之间传递状态信息的单对单协议。

表 5-8 列举了 MQTT 与 CoAP 的对比情况。

表 5-8　MQTT 与 CoAP 的对比

项目	MQTT	CoAP
通信机制	异步	同步
连接方式	TCP	UDP
通信模式	多对多(服务器对服务器,设备对服务器,设备对 App)	多(设备)对一(服务器,系统架构类似于传统 Web)
使用场景	更适用于推送和 IM	物联网
功耗	功耗高	功耗低
支持平台	华为、电信、移动	阿里巴巴云、百度、腾讯 QQ 物联平台、中移动 OneNet、Amazon IoT 服务
反向控制	可反向控制	CoAP 不能反向控制

5.5　LwM2M 协议

5.5.1　概述

LwM2M 全称 lightweight Machine to Machine,是 OMA(Open Mobile Alliance,开放移动通信联盟)定义的物联网协议,主要使用在资源受限(包括存储、功耗等)的嵌入式设备上。

LwM2M 协议支持多 LwM2M Server 和基于资源模型的简单对象,支持 TLV/JSON/Plain Text/Opaque 等数据格式,使用 DTLS 安全协议,可以对资源实现创建/检索/更新/删除/属性配置等操作。

LwM2M 定义了两个逻辑实体:LwM2M 服务器和 LwM2M 客户端,客户端负责执行服务器的命令和上报执行结果。

在这两个逻辑实体之间有 4 个逻辑接口:

(1) 设备发现和注册(Device Discovery and Registration)。

该接口让客户端注册到服务器并通知服务器客户端所支持的能力(也就是说,支持哪些资源 Resource 和对象 Object)。

(2) 引导程序(Bootstrap)。

Bootstrap server 通过该接口来配置客户端,比如 LwM2M 服务器的 URL 地址。

(3) 设备管理和服务实现(Device Management and Service Enablement)。

该接口是最主要的业务接口。LwM2M 服务器发送指令给客户端并收到回应。

(4) 信息上报(Information Reporting)。

LwM2M 客户端利用该接口上报其资源信息,比如传感器温度。上报方式可以是事件触发,也可以是周期性的。

这些接口的操作目标为对象(Object)、对象实例(Object Instance)及资源(Resources)。

对象是逻辑上用于特定目的的一组资源的集合。例如,固件更新对象,它就包含了用于固件更新目的的所有资源,例如,固件包、固件 URL、执行更新、更新结果等。使用对象的功能之前,必须对该对象进行实例化,对象可以有多个对象实例,对象实例的编号从 0 开始递增。

OMA 定义了一些标准对象,LwM2M 协议为这些对象及其资源已经定义了固定的 ID。为实现不同功能划分,协议定义了 8 种对象,其 ID 及名称分别为 0. Security Object、1. Server Object、2. Access Control Object、3. Device Object、4. Connectivity Monitoring Object、5. Firmware Update Object、6. Location Object、7. Connectivity Statistics Object。例如,固件更新对象的对象 ID 为 5,该对象内部有 8 个资源,资源 ID 分别为 0~7,其中"固件包名字"这个资源的 ID 为 6。因此,URI 5/0/6 表示:固件更新对象第 0 个实例的固件包名字这个资源。

具体标准对象如表 5-9 所示。

表 5-9 OMA 定义的标准对象

对 象	对象 ID	说 明
LwM2M 安全对象(LwM2M Security)	0	LwM2M(bootstrap)服务器的 URI,Payload 的安全模式,一些算法/密钥,服务器的短 ID 等信息
LwM2M 服务器(LwM2M Server)	1	服务器的短 ID,注册的生命周期,服务器对象的最小/最大周期,绑定模型等
访问控制(Access Control)	2	每个对象的访问控制权限
设备(Device)	3	设备的制造商、型号、序列号、电量、内存等信息
连接监控(Connectivity Monitoring)	4	网络制式、链路质量、IP 地址等信息
固件(Firmware)	5	固件包、包的 URI、状态、更新结果等
定位(Location)	6	经纬度、海拔高度、时间戳等
连接状态(Connectivity Statistics)	7	收集期间的收发数据量、包大小等信息

资源是一个逻辑概念,相当于一个对象实现一个功能所占用的资源。资源可以配置不同的权限:只读、或读写,可由操作 Access Control 对象进行维护。

接口的具体功能是由一系列的操作来实现的,LwM2M 的 4 种接口被分为上行操作和下行操作。

- 上行操作:LwM2M Client -> LwM2M Server。
- 下行操作:LwM2M Server-> LwM2M Client LwM2M Server。

使用设备管理和服务实现接口访问 LwM2M 客户端的对象实例和资源。该接口包括
7 种操作：创建、读数据、写数据、删除、执行、写属性和显示。

5.5.2　轻量级 M2M 协议栈

LwM2M 协议栈包括以下组成部分,如图 5-21 所示。

(1) LwM2M 对象(LwM2M Objects)：每个对象都对应
客户端的某个特定功能实体。LwM2M 规范定义了一下标准
Objects,比如,

urn:oma:lwm2m:oma:2；(LwM2M 服务器对象);

urn:oma:lwm2m:oma:3；(LwM2M 访问控制对象)。

图 5-21　LwM2M 协议栈

(2) LwM2M 协议(LwM2M Protocol)：定义了一些逻辑
操作,比如读、写、执行、创建和删除。

(3) CoAP：是 IETF 定义的 Constrained Application Protocol 用来作为 LwM2M 的传
输层,下层可以是 UDP 或 SMS。UDP 是必须支持的,SMS 是可选的。CoAP 有自己的消
息头、重传机制等。

(4) DTLS：DTLS 协议为数据报协议提供通信隐私。该协议允许客户端/服务器应用
程序以防止窃听、篡改或消息伪造的方式进行通信。DTLS 协议是基于传输层安全性
(TLS)协议并提供等效的安全保证的协议。

5.5.3　LwM2M 体系架构

LwM2M 体系架构如图 5-22 所示。

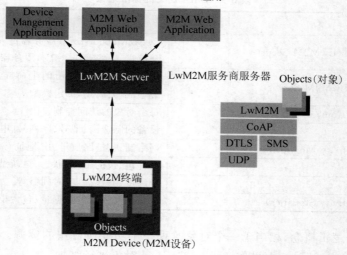

图 5-22　LwM2M 体系架构

一个终端至少可以接入一个服务商服务器,也可以接入多个服务商服务器。当接入多
个服务器时需要进行选择操作,依据为引导(bootstrap)时获取的相关信息。

在引导完成后进行注册(registration)操作,如终端服务器交互工作模式：U(UDP)、

UQ(UDP with Queue Mode)、S(SMS)、SQ、US、UQS(UDP with Queue Mode and SMS)，
而 UQSQ and USQ 在 V1.0.1 版本中不支持。

在注册完成后，才可启用设备管理与服务使能(Device Management and Service
Enablement)及信息报告(Information Report)的接口服务，而这两类接口服务的主控方为
服务器。如信息报告(Information Reporting)接口，网络可以通过观察(Observe)、停止观
察(Cancel Observation)等操作来进行客户端 Notify 信息上报开关的控制。

5.6 小结

除了本章介绍的 MQTT、CoAP 和 LwM2M 协议之外，目前在物联网中常见的协议有
十余种。表 5-10 对一些常见协议做了简要比较，限于篇幅，本书不对这些协议一一介绍，有
兴趣的读者可以查阅资料进一步学习。

表 5-10 常见物联网协议对比

协议	DDS	MQTT	AMQP	XMPP	JMS	REST/HTTP	CoAP
抽象	Pub/Sub	Pub/Sub	Pub/Sub	NA	Pub/Sub	Requset/Reply	Requset/Reply
架构风格	全局数据空间	代理	P2P 或代理	NA	代理	P2P	P2P
QoS	22 种	3 种	3 种	NA	3 种	通过 TCP 保证	确认或非确认消息
互操作性	是	部分	是	NA	否	是	是
性能	1000 msg/s/sub	1000 msg/sub	1000 msg/s/sub	NA	1000 msg/s/sub	100req/s	100req/s
硬实时	是	否	否	否	否	否	否
传输层	默认为 UDP,TCP 也支持	TCP	TCP	TCP	不指定，一般为 TCP	TCP	UDP
订阅控制	消息过滤的主题订阅	层级匹配的主题订阅	队列和消息过滤	NA	消息过滤的主题订阅和队列订阅	N/A	支持多播地址
编码	二进制	二进制	二进制	XML 文本	二进制	普通文本	二进制
动态发现	是	否	否	NA	否	否	是
安全性	提供方支持，一般基于 SSL 和 TLS	简单用户名/密码认证,SSL 数据加密	SASL 认证,TLS 数据加密	TLS 数据加密	提供方支持，一般基于 SSL 和 TLS、JAAS API 支持	一般基于 SSL 和 TLS	

从当前物联网应用发展趋势看,MQTT 协议具有一定的优势。因为目前国内外主要的云计算服务商,比如阿里巴巴云、AWS、百度云、Azure 以及腾讯云均支持 MQTT 协议。另外,MQTT 协议比 CoAP 出现早,所以 MQTT 具有一定的先发优势。但随着物联网的智能化和多变化的发展,后续物联网应用平台肯定会兼容更多的物联网应用层协议。

习题

1. 列举你所知道的物联网的连接方式和通信协议,并简要叙述它们的基本情况。
2. NB-IoT 有哪些技术特点?
3. LoRa 与 LoRaWAN 有何联系? 有何区别?
4. LoRaWAN 的网络架构是什么?
5. 简述 MQTT 协议的设计原则和优势。
6. 简述 MQTT 协议的数据包构成。
7. 简述 MQTT 协议的工作原理。
8. CoAP 协议的特点主要有哪些?
9. 试比较 MQTT 协议与 CoAP 协议的异同。
10. 简述 LwM2M 协议的构成。

<table>
<tr><td>第 6 章
CHAPTER 6</td><td># LiteOS 操作系统</td></tr>
</table>

2015 年 5 月 20 日,在 2015 华为网络大会上,华为发布了物联网操作系统华为 LiteOS。

华为 LiteOS 是华为针对物联网领域推出的轻量级物联网操作系统,是华为物联网战略的重要组成部分,遵循 BSD-3 开源许可协议,具备轻量级、低功耗、互联互通、组件丰富、快速开发等关键能力。华为 LiteOS 基于物联网领域业务特征打造的领域性技术栈,为开发者提供"一站式"完整软件平台,能有效降低开发门槛、缩短开发周期,可广泛应用于可穿戴设备、智能家居、车联网、城市公共服务、制造业等领域。

华为 LiteOS 自开源社区发布以来,构建了开源的物联网生态,推出了一批开源开发套件和行业解决方案,帮助众多行业客户快速推出物联网终端和服务,涵盖智慧抄表、智慧停车、智慧路灯、智慧环保、共享单车、智慧物流等众多行业,加速了物联网产业发展和行业数字化转型。

本章首先介绍 LiteOS 和 LiteOS SDK 的架构与组成,然后介绍 LiteOS 的基础内核的组成与文件构成,接着阐述基础内核的各个组成部分的相关知识。

6.1 LiteOS 与 LiteOS SDK

华为 LiteOS 是华为面向物联网领域开发的一个基于实时内核的轻量级操作系统。华为 LiteOS 现有基础内核支持任务管理、内存管理、时间管理、通信机制、中断管理、队列管理、事件管理、定时器等操作系统基础组件,可更好地支持低功耗场景,支持 tickless(无滴答时钟)机制,支持定时器对齐。

华为 LiteOS 同时通过 LiteOS SDK 提供端云协同能力,集成了 LwM2M、CoAP、Mbed TLS、LwIP 全套 IoT 互联协议栈,且在 LwM2M 的基础上,提供了 AgentTiny 模块,用户只需关注自身的应用,而不必关注 LwM2M 的实现细节,直接使用 AgentTiny 封装的接口即可简单快速地实现与云平台安全可靠的连接。

6.1.1 LiteOS 操作系统概述

LiteOS 操作系统的架构如图 6-1 所示。

LiteOS 目前支持包括 ARM、x86、RISC-V 等在内的多种处理器架构,对 Cortex-M0、Cortex-M3、Cortex-M4、Cortex-M7 等芯片架构具有非常好的适配能力,LiteOS 支持 30 多种开发板,其中包括 ST、NXP、GD、MIDMOTION、SILICON、ATMEL 等主流厂商的开发板。

视频讲解

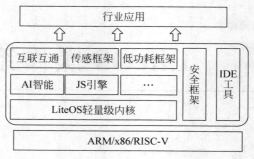

图 6-1　LiteOS 操作系统的架构

LiteOS 操作系统采用"1+N"架构。这个"1"指的是 LiteOS 内核,它包括基础内核和扩展内核,部分开源,提供物联网设备端的系统资源管理功能。"N"指的是 N 个中间件,其中最重要的是:互联互通框架、传感框架、安全框架、运行引擎和 JavaScript 框架等。

1. 互联互通框架

互联互通框架提供 IP、TCP/UDP、CoAP 完整协议栈,降低了开发门槛,实现了互联,提供可灵活配置的应用 Profile,实现了不同设备的互通。在这种框架下可以实现快速自愈、具有高可靠性,支持 1000+节点、组网时间小于 20 分钟等多种功能。

互联互通框架中最重要的是端云互通组件:LiteOS SDK 端云互通组件是终端对接到 IoT 云平台的最重要组件,集成了 LwM2M、CoAP、MQTT、Mbed TLS、LwIP 等全套 IoT 互联互通协议栈,大大减少了开发周期。图 6-2 显示了互联互通框架的组成与一个典型应用场景。

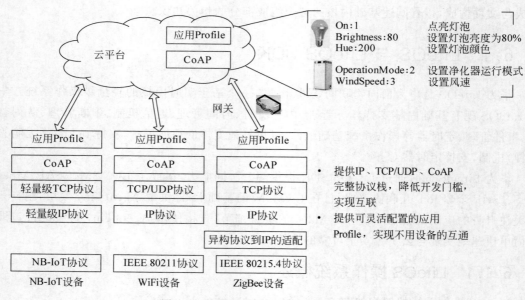

图 6-2　互联互通框架的组成与典型应用

该框架具有如下特征:

(1) 多场景互联支持——支持智慧家庭、设备、工业环境等。

（2）多协议互联支持——支持多种连接协议。

（3）多样距离互联支持——支持多种长距或短距连接协议。

该框架的意义在于可以同时支持多种连接协议，而不必担心会被既有的使用某些特定物联网协议的开发者所遗弃；可以最大限度地满足现有物联网领域开发者的需求，从而极大地拓展自身的生态圈。

2. 传感器框架

传感器框架提供多种传感算法，应用无须开发，直接调用，抽象不同类型传感器接口，屏蔽硬件细节，实现即插即用。

该框架有如下3方面的主要特征：

（1）实时传感器事件机制。以事件处理的形式管理实时传感器所涉及的数据感应。

（2）多传感器数据融合算法。不是依次简单处理单个传感器的传感数据，而是采用数据融合算法将多个传感器的传感数据融合处理获取维度更广的实时数据，以支撑系统做出智能决策。

（3）传感器管理。鉴于物联网时代的智能设备绝对不会集成数量极少的传感器，而是集成数量庞大的传感器，那么如何有效地管理这些传感器就成为一个极有挑战性的问题。

传感器框架以事件机制来管理实时传感器数据，可以简化编程模型，对于未来的智能设备开发者多有裨益；以多传感器数据融合算法为基础，可以在更多传感器数据基础上进行更加智能的系统决策；更进一步地，在将来的 AR、VR 和 MR 时代中，此类多传感器的使用场景不在少数，而该框架为这类场景提供了最佳的解决方案基石。

传感器框架如图 6-3 所示，可以发现，该框架的组成模块做到了 3 个统一：统一的驱动接口、统一的传感器交互管理和统一的传感算法库。BSP 管理程序实现了对具体的传感器，如温湿度、光照、心率等传感器以及同步/异步串口，I^2C 总线，GPIO 接口等接入方式的硬件抽象，提供了安全的、标准的、统一的驱动接口，实现打开、读写、控制等操作。传感器管理程序通过配置、采样、上报等单元实现了标准的交互管理。算法库如上文所述以多传感器融合算法为基础，针对特定对象，如指纹分析、运动监测、心率计算等，目标是实现标准化的统一运用。

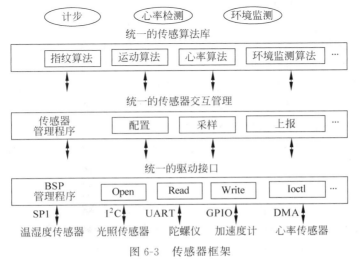

图 6-3 传感器框架

3. 安全框架

LiteOS 在安全性方面做了大量设计,比如构建低功耗安全传输机制、支持双向认证、FOTA 固件差分升级、DTLS/DTLS＋等。其中 DTLS 与云端共同拥有保证数据安全。

LiteOS 的安全框架的结构如图 6-4 所示。可以看到,该安全框架从终端安全、传输安全和端云安全 3 个方面完全覆盖了物联网操作系统安全机制的需求。

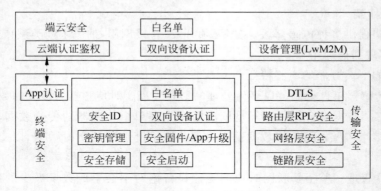

图 6-4 安全框架的结构

4. JavaScript 框架

物联网领域开发者可以基于 JavaScript 框架开发应用。JavaScript 框架的优势主要包括:

- 简化跨硬件平台和中间件的系统集成。
- 用高级语言抽象来隐藏部分编程细节。
- 兼容大量已有的第三方库来丰富平台功能。
- JavaScript 虚拟机提供了基于语言的安全性。
- JavaScript 框架经常和运行引擎结合使用。

5. 运行引擎

该框架中最主要的组成部分是轻量级 JavaScript 引擎,它构建于华为 LiteOS 内核之上,支撑 JavaScript 运行时环境。

JavaScript 运行时引擎的意义包括:可以将为数众多的 JavaScript 程序员作为目标群体,并且可以有效降低物联网领域开发者的入门门槛;构建于低功耗内核之上的运行时引擎可以与内核协同优化性能和功耗;更轻框架、更好性能,应用智能化;高性能、轻量级 JavaScript 虚拟机;极小的 ROM 和内存占用空间;提供独立用户空间和应用隔离,保护应用安全,面向物联网的应用开发框架;使能轻量级物联网设备 JavaScript 开发;JavaScript 框架、JavaScript 虚拟机和操作系统协同优化性能和功耗。

除了上述重要组件之外,LiteOS 还包括一些重要组成部分。比如集成开发环境 LiteOS Studio。LiteOS Studio 是 LiteOS 集成开发环境,一站式开发工具,支持 C、C++、汇编等语言。

低功耗框架:LiteOS 是轻量级的物联网操作系统,最小内核尺寸仅为 6KB,具备快速启动、低功耗等优势,Tickless 机制显著降低了传感器的数据采集功耗。

OpenCPU 架构:专为 LiteOS 小内核架构设计,满足硬件资源受限需求,比如 LPWA

场景下的水表、气表、车检器等,通过 MCU 和通信模组二合一的 OpenCPU 架构,显著降低了终端体积和终端成本。

SOTA 远程升级,通过差分方式降低升级包的尺寸,更能适应低带宽网络环境和电池供电环境,经过特别优化差分合并算法,对 RAM 资源要求更少,满足海量低资源终端的升级诉求。

SOTA 升级的主要流程为:

(1) 检查设备软件升级能力。

(2) 制作软件升级版本包。

(3) 上传软件升级版本包。

(4) 创建软件升级任务。

6. 轻量级人工智能框架

图 6-5 列举了端侧 AI 及其面临的挑战。可以看到,当前物联网端侧 AI 面临着很多限制,比如内存限制、功耗限制、定点/浮点计算能力限制、安装包大小限制等,在云侧也面临着诸如内存复用、模型压缩、混合精度计算和框架层轻量化的需求。

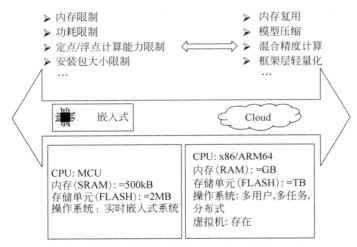

图 6-5　端侧 AI 及其面临的挑战

为了应对端侧 AI 及其面临的挑战,华为推出了“LiteOS＋ MindSpore Lite”面向物联网端侧的轻量级 AI 解决方案,突破端侧设备资源受限、算力低等限制,设计提供超轻量级 AI 推理解决方案,帮助开发者快速部署 AI 模型,满足智能设备端侧 AI 应用需求,提升 Mobile＆ IoT 解决方案的竞争力。基于 LiteOS 的端侧 AI 框架如图 6-6 所示。

LiteOS 现已集成轻量 AI 框架 MindSpore Life,在 LiteOS Studio 中输入模型文件,例如,人脸识别、指纹识别等模型文件,MindSpore 进行模型解析、优化,生成模型 AI 代码,再链接预置算子库后与 LiteOS 工程进行编译,即可将 AI 模型快速部署到端侧实现端侧 AI 推理。图 6-7 显示了针对 MindSpore 的开发流程。

6.1.2　LiteOS 基础内核

华为 LiteOS 操作系统的灵魂是 LiteOS 内核。Linux 操作系统中的“内核”指的是一个

图 6-6　基于 LiteOS 的端侧 AI 框架图

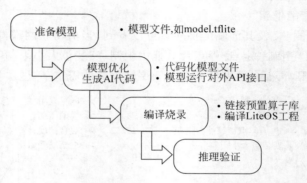

图 6-7　LiteOS Studio 开发流程

提供硬件抽象层、磁盘及文件系统控制、多任务等功能的系统软件,内核为系统其他部分提供系统服务。LiteOS 是基于 Linux 开发的操作系统,其内核也受到 Linux 内核的影响。当然由于 LiteOS 是轻量级内核,因此它只包含必要的、关键的功能组件。一套建立在 LiteOS 内核之上的包含扩展中间件、安全框架及 SDK 的完整操作系统叫作 LiteOS 操作系统。

华为 LiteOS 的内核分为两个层次:第一层是基础内核,第二层是扩展内核。其中基础内核的源码是开源的,华为 LiteOS 基础内核源码项目地址为 https://github.com/Huawei/Huawei_LiteOS_Kernel。

基础内核为用户终端设备提供 RTOS 特性,提供的能力包括任务调度、内存管理、中断机制、队列管理、事件管理、IPC 机制、时间管理、软定时器和双向链表等。扩展内核提供运行-暂停机制和动态框架。

基于这种两层内核,华为 LiteOS 的主要特征包括实时内核、轻量级、低功耗、快速启动、可裁剪和分散加载。

图 6-8 显示了华为 LiteOS 基础内核架构。

LiteOS 基础内核如图 6-8 所示,它是开源内核,基础内核体积可以裁剪至不到 10KB,支持动态加载、分散加载和静态裁剪。从图 6-8 中可见,在第三方 MCU/通信芯片之上是硬件抽象层。LiteOS 基础内核架设在硬件抽象层之上。华为 LiteOS 提供一套华为 LiteOS 接口,同时支持 CMSIS 接口。LiteOS 基础内核具有 6 个主要的子系统,分别负责任务管理、内存管理、任务同步、任务间通信、时间管理、中断和硬件定时器管理功能。

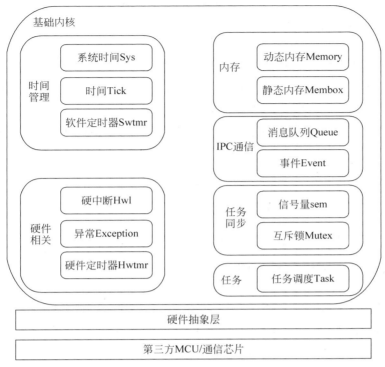

图 6-8 华为 LiteOS 基础内核架构

1. 任务管理

任务管理模块负责管理 CPU 资源的调度,以便让各个任务都能以尽量公平的方式访问 CPU。任务管理模块提供任务的创建、删除、延迟、挂起、恢复等功能,以及锁定和解锁任务调度。LiteOS 内核支持任务按优先级的高低抢占调度及同优先级时间片轮转调度。概括来说,内核任务调度活动就是在 CPU 上实现了多个任务的抽象。任务调度源码可参考 ./LiteOS/kernel/base/core 目录。

2. 内存管理

LiteOS 内核所管理的另外一个重要资源是内存。内存管理策略是决定系统性能好坏的一个关键因素。内核在有限的可用资源之上提供了静态内存和动态内存两种算法,支持内存申请、释放。目前支持的内存管理算法有固定大小的 BOX 算法、动态申请 SLAB、DLINK 算法。并且提供内存统计、内存越界检测功能。内存管理的源码可以在 ./LiteOS/kernel/base/core/mem 中找到。

3. 任务同步

同步是指按预定的先后次序进行运行,LiteOS 基础内核的任务同步是指多个任务通过特定的机制(如互斥锁,信号量)来控制任务之间的执行顺序,也可以说是在任务之间通过同步建立起执行顺序的关系,如果没有同步,那么任务之间将是无序的。

4. 任务间通信

不同线程之间的通信是操作系统的基本功能之一。LiteOS 认为一个任务就是一个线程。LiteOS 内核通过支持 POSIX 规范中标准的 IPC(Inter Process Communication)机制和其他许多广泛使用的 IPC 机制实现进程间通信。IPC 不管理任何硬件,它主要负责 LiteOS 系统中进程之间的通信,比如最常见的消息队列、事件等。

5. 时间管理

LiteOS 基础内核的时间功能主要包括对系统时间、Tick 事件和软件定时器的管理。 其中系统时间是由定时/计数器产生的输出脉冲触发中断而产生的。Tick 是操作系统调度 的基本时间单位,对应的时长由系统主频及每秒 Tick 数决定,由用户配置。软件定时器是 以 Tick 为单位的定时器功能,软件定时器的超时处理函数在系统创建的 Tick 软中断中被 调用。

6. 中断和硬件定时器管理

LiteOS 基础内核中的硬件相关部分和其他操作系统(如 Linux)的硬件管理不一样, LiteOS 基础内核的硬件相关部分实际上是对中断和硬件定时器的管理。

视频讲解

6.1.3 LiteOS 内核源码目录结构

为了实现 LiteOS 内核的基本功能,LiteOS 内核源码的各个目录也大致与此相对应,其 组成如下。

Arch 目录包括了所有和 CPU 体系结构相关的核心代码。它下面的每个子目录都代表 一种 LiteOS 支持的 CPU 体系结构,例如,ARM-M 就是 ARM-M CPU 家族(M0、M3、M4、 M7)及 cmsis 的子目录。其子目录主要包括对应核的中断、调度、Tick 等相关代码。cmsis 目录中存放了 cmsis os 接口实现代码。

Include 目录包括 API 功能的大部分头文件,例如,与 nb_iot 有关的头文件在 nb_iot 子 目录下。

Components 目录包含各种组件,包括连接组件、文件系统组件、库组件、网络组件、空 间下载组件、安全组件。

连接(connectivity)组件实现了 LiteOS 支持的各种协议。比如 agent_tiny 子目录包含 了 agent_tiny 端云互通组件,包括公共头文件、示例代码、客户端实现代码、操作系统适配层 代码。lwm2m 子目录包含了 LwM2M 协议实现代码。Nbiot 子目录包含了 LiteOS 对于 NB-IoT 网络的 API 代码。

Fs 目录包含了 LiteOS 支持的文件系统类型。比如 devfs、fafs、kifs、ranfs 等。Lib 目录 包含了运行库 libc 和 cjson。Net 目录包含了 AT 组件的设备、框架、sal 套接字抽象层组件 以及 lwip 组件(包括驱动程序、操作系统适配代码和协议实现)。Ota(Over-the-Air Technology,空间下载技术)目录中是推送更新数据包的代码。Security 目录包含了移植过 来的 Mbed TLS 协议。

Test 目录存放了测试代码,比如针对 agent_tiny 端云通信的测试代码。

Kernel 目录存放了内核管理的核心代码。该目录主要包含 base、extended 和 include 子目录。base 目录下:core 子目录存放了 LiteOS 的基础内核代码,包括队列,task 调度等 功能;OM 子目录存放了与错误处理相关的文件;include 存放了内核内部使用的头文件; mem 子目录存放了内存管理的代码;ipc 子目录包含了线程通信的相关代码;misc 目录包 含了内存对齐与休眠功能的代码。include 子目录存放了内核头文件,请读者把它与一级目 录 include 区别开来。extended 子目录当前只有低功耗框架代码 tickless 及头文件。

targets 目录里是基于特定开发板的供开发者测试 LiteOS 内核的 demo 示例。比如 Cloud_STM32F429IGTx_FIRE 目录中存放了对应了 STM32F429（ARM Cortex-M4）开发板系统的 demo 示例。该开发板使用以太网、ESP8266 串口 WiFi、SIM900A GPRS、NB-IoT BC95 4 种连接方式的 LiteOS SDK 端云。内部用编译宏区分，其中 WiFi、GPRS、NB-IoT 使用 LiteOS SDK 的 AT 框架实现。

Osdepends 目录下包含了从 ARM 移植过来的 cmsis 组件，用来实现对设备的抽象。华为 LiteOS 提供一套华为 LiteOS 接口，同时支持 CMSIS 接口，它们功能一致，但混用 CMSIS 和华为 LiteOS 接口可能会导致不可预知的错误，例如，用 CMSIS 接口申请信号量，但用华为 LiteOS 接口释放信号量。

Doc 目录下是一些文档，是对 LiteOS 的使用和 API 的具体说明。

6.1.4 LiteOS 代码入口

视频讲解

作为资源受限设备上运行的一款轻量级内核的操作系统，LiteOS 的启动与嵌入式 Linux 有着明显的区别。LiteOS 入口在工程对应的 main.c 中，读者可以在 targets 目录的目标板目录中找到相关代码，其基本流程如下。

```
int main(void)
{
    UINT32 uwRet = LOS_OK;          /* 定义一个任务创建的返回值,默认为创建成功 */
    HardWare_Init();
    uwRet = LOS_KernelInit();
        if (uwRet != LOS_OK)
    {
        return LOS_NOK;
    }
    LOS_Inspect_Entry();
    LOS_Start();
}
```

该代码段反映了 LiteOS 的启动过程。

（1）首先进行硬件初始化 HardWare_Init()，硬件初始化这一步还属于裸机的范畴，可以把需要使用到的硬件都初始化好而且测试好，确保无误。

（2）初始化 LiteOS 内核 LOS_KernelInit()，LiteOS 系统初始化。在 main() 函数中，需要对 LiteOS 核心部分进行初始化，因为 LiteOS 的核心初始化成功之后，用户才能调用系统相关的函数进行创建任务、消息队列、信号量等操作。假如 LiteOS 核心部分初始化成功，则继续进行创建应用任务、创建内核对象，假如初始化失败，则返回错误码。LOS_KernelInit() 函数源码如下所示。

```
LITE_OS_SEC_TEXT_INIT UINT32 LOS_KernelInit(VOID)
{
    UINT32 uwRet;
    osRegister();
/* 根据 target_config.h 中的 LOSCFG_BASE_CORE_TSK_LIMIT 来配置最大支持的任务个数,默认为
LOSCFG_BASE_CORE_TSK_LIMIT + 1,包括空闲任务 IDLE. */
```

```
        m_aucSysMem0 = OS_SYS_MEM_ADDR;
        uwRet = osMemSystemInit();
/* 初始化 LiteOS 管理的内存模块,系统管理的内存大小为 OS_SYS_MEM_SIZE. */
        if (uwRet != LOS_OK)
        {
            PRINT_ERR("osMemSystemInit error % d\n", uwRet);      /* lint !e515 */
            return uwRet;
        }
#if (LOSCFG_PLATFORM_HWI == YES)
        {
            osHwiInit();
        }
/* 如果在 target_config.h 中使用了 LOSCFG_PLATFORM_HWI 这个宏定义,则进行硬件中断模块的初
始化.则表示 LiteOS 接管了系统的中断,使用时需要注册中断,否则无法响应中断,而如果不使用
LOSCFG_PLATFORM_HWI 这个宏定义,系统中断将由硬件响应,系统不接管中断的操作与裸机基本是差
不多的 */
#endif
#if (LOSCFG_PLATFORM_EXC == YES)
        {
            osExcInit(MAX_EXC_MEM_SIZE);
        }
#endif
        uwRet = osTaskInit();
/* 初始化任务模块相关的函数,进行分配任务内存,初始化相关链表,为后面创建任务做准备. */
        if (uwRet != LOS_OK)
        {
            PRINT_ERR("osTaskInit error\n");
            return uwRet;
        }
#if (LOSCFG_BASE_CORE_TSK_MONITOR == YES)
        {
            osTaskMonInit();
        }
#endif
#if (LOSCFG_BASE_CORE_CPUP == YES)
        {
            uwRet = osCpupInit();
            if (uwRet != LOS_OK)
            {
                PRINT_ERR("osCpupInit error\n");
                return uwRet;
            }
        }
#endif
#if (LOSCFG_BASE_IPC_SEM == YES)
        {
            uwRet = osSemInit();
            if (uwRet != LOS_OK)
            {
```

```
                 return uwRet;
        }
    }
# endif
# if (LOSCFG_BASE_IPC_MUX == YES)
    {
        uwRet = osMuxInit();
        if (uwRet != LOS_OK)
        {
            return uwRet;
        }
    }
# endif
# if (LOSCFG_BASE_IPC_QUEUE == YES)
    {
        uwRet = osQueueInit();
        if (uwRet != LOS_OK)
        {
            PRINT_ERR("osQueueInit error\n");
            return uwRet;
        }
    }
# endif
# if (LOSCFG_BASE_CORE_SWTMR == YES)
    {
        uwRet = osSwTmrInit();
        if (uwRet != LOS_OK)
        {
            PRINT_ERR("osSwTmrInit error\n");
            return uwRet;
        }
    }
# endif
    # if(LOSCFG_BASE_CORE_TIMESLICE == YES)
    osTimesliceInit();
    # endif
    uwRet = osIdleTaskCreate();
    if (uwRet != LOS_OK)
    {
        return uwRet;
    }
# if (LOSCFG_TEST == YES)
    uwRet = los_TestInit();
    if (uwRet != LOS_OK)
    {
        PRINT_ERR("los_TestInit error\n");
        return uwRet;
    }
```

```
# endif
    return LOS_OK;
}
# ifdef __cplusplus
# if __cplusplus
}
# endif /* __cpluscplus */
# endif /* __cpluscplus */
```

在完成一系相关的初始化之后,创建任务,LiteOS 就完全可以启动了,接着只需要补充用户的应用代码。

(3) 初始化内核例程 LOS_Inspect_Entry()。

(4) 最后调用 LOS_Start(),接着开始 task 调度,LiteOS 开始正常工作。当开启任务调度的时候,任务会进行切换,任务切换包含获取就绪列表中最高优先级任务、切出任务上文保存、切入任务下文恢复等动作。

LOS_Start()的代码如下所示。

```
LITE_OS_SEC_TEXT_INIT UINT32 LOS_Start(VOID)
{
    UINT32 uwRet;
# if (LOSCFG_BASE_CORE_TICK_HW_TIME == NO)
    uwRet = osTickStart();
/* 系统必要的时钟打开,本质是配置 SysTick,系统的时钟节拍根据用户自定义的 OS_SYS_CLOCK 与
LOSCFG_BASE_CORE_TICK_PER_SECOND 进行设置. */
    if (uwRet != LOS_OK)
    {
        PRINT_ERR("osTickStart error\n");
        return uwRet;
    }
# else
    extern int os_timer_init(void);
    uwRet = os_timer_init();
    if (uwRet != LOS_OK)
    {
        PRINT_ERR("os_timer_init error\n");
        return uwRet;
    }
# endif
# if (LOSCFG_LIB_LIBC_NEWLIB_REENT == YES)
    extern VOID osTaskSwitchImpurePtr(VOID);
    osTaskSwitchImpurePtr();
# endif
    LOS_StartToRun();
/* LOS_StartToRun()函数采用汇编实现,定义在 los_dispatch_keil.S 文件夹下 */
    return uwRet;
}
```

6.2 LiteOS SDK

6.2.1 SDK 的分类和软件结构

为了帮助设备快速连接到物联网平台,华为提供了 Agent Lite SDK、Agent Tiny SDK 和 LiteOS SDK。如图 6-9 所示,支持 TCP/IP 协议栈的设备集成 Agent Lite SDK 或 Agent Tiny SDK 后,可以直接与物联网平台通信。不支持 TCP/IP 协议栈的设备,例如蓝牙设备、ZigBee 设备等需要利用网关将设备数据转发给物联网平台,此时网关需要事先集成 Agent Lite SDK。如果是智能设备,则可以集成 LiteOS 操作系统,利用 LiteOS SDK 与物联网平台通信。

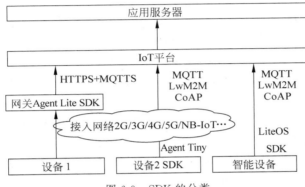

图 6-9　SDK 的分类

Agent Lite SDK 和 Agent Tiny SDK 两者的区别如表 6-1 所示。

表 6-1　Agent Lite SDK 和 Agent Tiny SDK 的区别

SDK 种类	SDK 集成场景	SDK 支持的物联网通信协议
Agent Lite SDK	面向运算、存储能力较强的嵌入式设备,例如,工业网关、采集器等	HTTPS+MQTTS
Agent Tiny SDK	面向对功耗、存储、计算资源有苛刻限制的终端设备,例如,单片机、芯片、模组	LwM2M over CoAP、MQTT

1. Agent Lite SDK

Agent Lite SDK 架构如图 6-10 所示,主要分为以下几个模块。

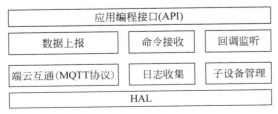

图 6-10　Agent Lite SDK 架构

- 应用编程接口：通过应用编程接口将 Agent Lite SDK 能力开放给设备,终端设备调用 SDK 功能,快速完成华为物联网平台的接入、业务数据上报、下发命令处理等。
- 数据上报：上报网关和子设备数据到物联网平台。
- 命令接收：接收来自物联网平台下发给网关和子设备的命令。
- 回调监听：为第三方应用提供 Agent Lite 接收到物联网平台消息后,从 Agent Lite 获取消息的能力。
- 端云互通：提供终端采用 MQTT 协议接入华为物联网平台的能力。
- 日志收集：提供终端运行日志收集能力。
- 子设备管理：提供子设备添加、删除、设备状态更新等能力。
- 硬件平台抽象层(Hardware Abstraction Layer,HAL)：提供交叉编译能力,以便于 Agent Lite 集成在不同硬件平台。

2. Agent Tiny SDK

Agent Tiny SDK 软件结构如图 6-11 所示,主要分为以下几层：

- 应用编程接口——通过应用编程接口将 Agent Tiny SDK 能力开放给设备,终端设备调用 SDK 能力,快速完成华为物联网平台的接入、业务数据上报、下发命令处理等。
- 端云互通组件——提供了终端采用 MQTT、CoAP、LwM2M 等多种协议接入华为物联网平台的能力。
- 物联组件——集成了 LwM2M、CoAP、MQTT 等物联网标准协议,用户可以根据现有设备特征,添加自定义的协议。
- 基础组件——提供了驱动、传感器、AT 指令等框架,用户可以基于 SDK 提供的框架,根据具体的硬件平台进行适配。
- OS 适配层——提供了 LiteOS、Linux 等操作系统内核,用户也可以添加第三方操作系统内核。
- HAL(硬件平台抽象层)——提供交叉编译能力,以便于 Agent Tiny 集成在不同硬件平台。

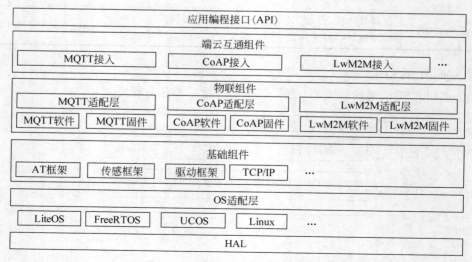

图 6-11　Agent Tiny SDK 软件结构

3. 华为 LiteOS SDK

华为 Lite OS SDK 是部署在具备广域网能力、对功耗/存储/计算资源有苛刻限制的终端设备上的轻量级互联互通中间件,用户只需调用 API 接口,便可实现设备快速接入到物联网平台以及数据上报和命令接收等功能。

SDK 提供端云协同能力,集成了 MQTT、LwM2M、CoAP、Mbed TLS、LwIP 全套 IoT 互联互通协议栈,且在这些协议栈的基础上,提供了开放 API,用户只需关注自身的应用,而不必关注协议内部实现细节,直接使用 SDK 封装的 API,通过连接、数据上报、命令接收和断开 4 个步骤就能简单快速地实现与华为 OceanConnect 云平台的安全可靠连接。使用 SDK,用户可以大大减少开发周期,聚焦自己的业务开发,快速构建自己的产品。

SDK 的结构图如图 6-12 所示。

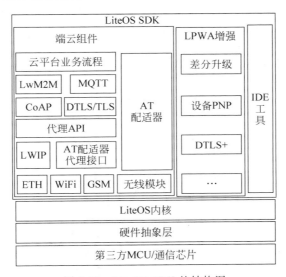

图 6-12　LiteOS SDK 的结构图

从图 6-12 中可以发现,LiteOS SDK 主要由端云组件、LPWA 增强和 IDE 集成开发环境组成。SDK 端云组件包含了很多 API、协议、适配器(adapter)。具体来说,LiteOS SDK 端云互通组件软件主要由 3 个层次构成。

- 开放 API 层: LiteOS SDK 端云互通组件的开放 API 为应用程序定义了通用接口,终端设备调用开放 API 能快速完成华为 OceanConnect IoT 平台的接入、业务数据上报、下发命令处理等。对于外置 MCU＋模组的场景,LiteOS SDK 端云互通组件还提供了 AT 命令适配层,用于对 AT 命令做解析。
- 协议层: LiteOS SDK 端云互通组件集成了 LwM2M/CoAP/DTLS/TLS/UDP 等协议。
- 驱动及网络适配层: LiteOS SDK 端云互通组件为了方便终端设备进行集成和移植,提供了驱动及网络适配层,用户可以基于 SDK 提供的适配层接口列表,根据具体的硬件平台适配硬件随机数、内存管理、日志、数据存储以及网络 Socket 等接口。

LiteOS SDK 端云互通组件集成需要满足一定的硬件规格:要求模组/芯片有物理网络硬件支持,能支持 UDP 协议栈。模组/芯片有足够的 Flash(大于 128KB)和 RAM(大于

32KB)资源供 LiteOS SDK 端云互通组件协议栈做集成。

LiteOS SDK 支持 NB-IoT、2G/3G/4G、有线网络等。

LPWA 增强是 SDK 的重要组成部分,主要包括即插即用(Device PnP)、DTLS+、差分升级等组件。即插即用(Device PnP)终端出厂无须写入 IoT 平台地址,现场上电后自动获取,十分便捷,可以有效降低终端厂商备货成本。DTLS+基于原 DTLS(数据报传输层安全)优化,功耗更低;保持了原 DTLS 安全要求。差分升级是高效差分工具,降低了升级包尺寸,可实现可靠升级机制(如断点续传、掉电保护)。

LiteOS SDK 针对"单模组、单 MCU"和"外置 MCU+模组"两种应用场景,提供了不同的软件架构。主要区别在于对于外置 MCU+模组的场景,LiteOS SDK 端云互通组件还提供了 AT 命令适配层,用于对 AT 命令做解析。外置 MCU 是整个设备的主 MCU,负责与周围传感器对接;芯片和模组这部分主要是提供云端联网能力,比如外置的 NB-IoT 模组。

图 6-13 也显示了针对"外置 MCU+模组"应用场景的 SDK 的软件架构。

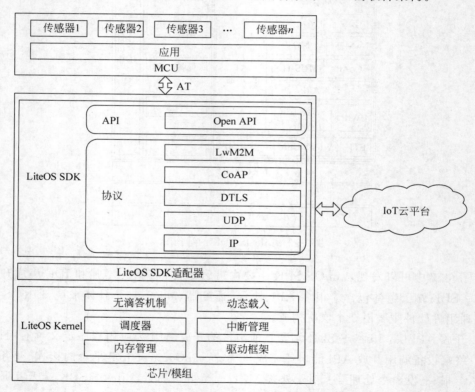

图 6-13　SDK 端云组件的结构层次图

6.2.2　SDK 源代码目录

为了实现 SDK 的功能,SDK 源码的各个目录也大致与此相对应,其组成如下。

- Doc 目录存放使用文档及 API 说明等文档。
- Drivers 目录存放了第三方 MCU 厂商的板级支持包(BSP)库。比如 ST 公司的 BSP。

- Iot_link 目录是 SDK 中最重要的目录,包含了功能丰富的组件。比如,
  At 子目录包含了 AT 指令框架实现代码。cJSON 子目录包含了 cJSON 的实现代
  码。JSON(JavaScript Object Notation,JS 对象标记)是一种轻量级的数据交换格
  式。它是基于 ECMAScript(W3C 制定的 JS 规范)的一个子集,采用完全独立于编
  程语言的文本格式来存储和表示数据。cJSON 是一个超轻巧、携带方便、单文件、
  简单的可以作为 ANSI—C 标准的 JSON 解析器。

Compression_algo 子目录存放了压缩算法(LZMA)。

Driver 子目录存放了驱动框架。

Fs 子目录存放了各种文件系统,包含 VFS、SPIff、RAMf、KIf、DEVf、FATf。

Inc 子目录存放了内核内部使用的头文件。

Network 子目录存放了各种适配及协议实现代码。包括 CoAP、DTLS、LwM2M、
MQTT、TCPIP 适配及协议栈实现代码。

Os 子目录存放了对 Linux、MacOS、LiteOS 这些操作系统的适配代码。

Ota 子目录存放了 OTA 升级代码实现。

Queue 子目录存放了队列组件的代码实现。

6.2.3　OS 适配

对于 SDK 而言,其运行依赖于操作系统,同理,为了让 SDK 能够得到更广泛的应用,也
必须更好地适配 LiteOS 和其他第三方操作系统。因此,OSAL(Operating System Abstract
Layer,操作系统抽象层)得以出现。SDK 内部集成的组件以及 SDK 本身使用的 OS 功能,
调用的都是 OSAL 接口,因为 SDK 要运行,必须注册相关的操作系统进入 OSAL。也就是
说,如果使用第三方的操作系统,那么需要将相关的操作系统进行抽象,提供相关的任务创
建删除、互斥锁、信号量、内存管理接口。SDK 中调用的所有系统相关的接口,通过注册机
制,最终都会调用到用户注册的函数。

目前 SDK 已经适配了 LiteOS/Linux/MacOS 等,这意味着 SDK 可以在这些系统下运
行。如果用户需要在非上述系统下运行 SDK,则需要将新系统适配进 OSAL,保障 SDK 需
要的操作系统功能正常。用户可以调用 osal_install 函数进行注册操作系统服务。

相关的定义如下。

```
typedef struct
{
    const char          * name;       //操作系统名,比如 linux,macos
    const tag_os_ops    * ops;        //系统功能接口
}tag_os;
int osal_install(const tag_os * os);  //向抽象层注册操作系统
```

需要在系统初始化完毕之后,调用 osal_install 接口将系统注册进 SDK。使用该接口需
要包含<osal_imp.h>,相关的宏定义在<osal_type.h>中。

osal_install 函数如下所示。

```
int osal_install(const tag_os * os)
{
    int ret = -1;
    if(NULL = = s_os_cb)
    {
        s_os_cb = os;
        ret = 0;
    }
    return ret;
}
```

osal 的 API 接口声明在<osal.h>中,使用相关的接口需要包含该头文件。osal 的 API 接口种类众多,分别包括任务相关接口,任务同步机制,内存接口和其他相关接口。下面的章节中会对基础内核的接口、更易使用和开发的 osal 的 API 接口予以说明。

6.3 任务管理

LiteOS 将任务定义为竞争系统资源的最小运行单元。任务可以使用或等待 CPU、使用内存空间等系统资源,并独立于其他任务运行。LiteOS 的任务主要按照优先级抢占,辅以时间片轮转的方式进行调度。也就是说,LiteOS 的任务可认为是一系列独立任务的集合。每个任务在自己的环境中运行。在任何时刻,都只有一个任务得到运行,LiteOS 调度器决定运行哪个任务。调度器会不断地启动、停止每一个任务,从宏观上看,所有的任务都在同时执行。作为任务,不需要对调度器的活动有所了解,在任务切入切出时保存上下文环境(寄存器值、栈内容)是调度器主要的职责。为了实现这一目的,每个 LiteOS 任务都需要有自己的栈空间。当任务切出时,它的执行环境会被保存在该任务的栈空间中,这样当任务再次运行时,就能从栈中正确地恢复上次的运行环境,任务越多,需要的栈空间就越大,而一个系统能运行多少个任务,取决于系统的可用的存储单元 SRAM 的大小。

内核的任务管理主要包括任务的操作和维护保护创建、删除、调用、挂起、恢复、切换、睡眠等。任务间的交互可以通过消息或事件进行,同时支持使用互斥锁(MUX)或信号量(semphore)来进行活动的互斥同步。

6.3.1 任务的表示和切换

视频讲解

任务管理是 LiteOS 内核中最重要的子系统,它主要提供对 CPU 的访问控制。由于计算机中的 CPU 资源是有限的,而众多的任务都要使用 CPU 资源,所以需要"任务管理模块"对 CPU 进行调度管理。

LiteOS 内核通过一个被称为任务控制块的结构体(Task Control Block,TCB)管理任务,这个结构体记录了任务的最基本的信息,它的所有域按功能可以分为任务上下文栈指针、任务状态、任务优先级、任务 ID、任务名、任务栈大小等信息。TCB 可以反映出每个任务运行情况。任务控制块中不仅包含许多描述任务属性的字段,而且包含一系列指向其他数据结构的指针。内核把每个任务的控制块信息放在一个叫作任务队列的双向循环链表中,它定义在.kernal/base/include/los_task.ph 文件中。

```
typedef struct tagTaskCB
{
    VOID     * pStackPointer;           /*任务上下文栈指针 */
    UINT16   usTaskStatus;              /*任务状态 */
    UINT16   usPriority;                /* 任务优先级 */
    UINT32   uwStackSize;               /* 任务栈大小 */
    UINT32   uwTopOfStack;              /*任务栈栈顶 */
    UINT32   uwTaskID;                  /*任务 ID */
    TSK_ENTRY_FUNC    pfnTaskEntry;     /*任务入口函数 */
    VOID     * pTaskSem;                /*任务阻塞在哪个信号量 */
    VOID     * pTaskMux;                /*任务阻塞在哪个互斥锁 */
    UINT32   uwArg;                     /*参数 */
    CHAR     * pcTaskName;              /* 任务名 */
    LOS_DL_LIST      stPendList;
    LOS_DL_LIST      stTimerList;
    UINT32           uwIdxRollNum;
    EVENT_CB_S       uwEvent;
    UINT32   uwEventMask;               /*事件掩码 */
    UINT32   uwEventMode;               /*事件模式 */
    VOID     * puwMsg;                  /*内存分配给队列 */
} LOS_TASK_CB;
```

下面简要解释该结构体中的一些成员。

- 任务入口函数：每个新任务得到调度后将执行的函数。该函数由用户实现，在任务创建时，通过任务创建结构体指定。
- 任务 ID：在 LiteOS 中，任务 ID 是非常重要的，因为它作为任务的一个非常重要的标识，具有唯一性。在任务创建时通过参数返回给用户，用户可以通过任务 ID 对指定任务进行任务挂起、任务恢复、任务名查询等操作。
- 任务上下文：任务在运行过程中使用到的一些资源，如寄存器等，称为任务上下文。当这个任务挂起时，其他任务继续执行；在任务恢复后，如果没有把任务上下文保存下来，则任务切换可能会修改寄存器中的值，从而导致未知错误。因此，华为 LiteOS 在任务挂起时会将本任务的任务上下文信息保存在自己的任务栈中，以便任务恢复后，从栈空间中恢复挂起时的上下文信息，从而继续执行被挂起时被打断的代码。
- 任务栈：每一个任务都拥有一个独立的栈空间，这就是任务栈。任务栈的大小按 8B 对齐。栈空间里保存的信息包含局部变量、寄存器、函数参数、函数返回地址等。任务在任务切换时会将切出任务的上下文信息保存在自身的任务栈空间里面，以便任务恢复时还原现场，从而在任务恢复后在切出点继续开始执行。
- 任务优先级：优先级表示任务执行的优先顺序。任务的优先级决定了在发生任务切换时即将要执行的任务。在就绪列表中的最高优先级的任务将得到执行。任务可以分为不同的优先级，优先级用 0～31 表示，其中 0 为最高优先级。

```
#define OS_TASK_PRIORITY_HIGHEST        0
#define OS_TASK_PRIORITY_LOWEST         31
```

华为 LiteOS 系统中的每一个任务都有多种运行状态。系统初始化完成后,创建的任务就可以在系统中竞争一定的资源,由内核进行调度。任务可具有的状态如下所示。

```
#define OS_TASK_STATUS_UNUSED          0x0001
#define OS_TASK_STATUS_SUSPEND         0x0002
#define OS_TASK_STATUS_READY           0x0004
#define OS_TASK_STATUS_PEND            0x0008
#define OS_TASK_STATUS_RUNNING         0x0010
#define OS_TASK_STATUS_DELAY           0x0020
#define OS_TASK_STATUS_TIMEOUT         0x0040
#define OS_TASK_STATUS_EVENT           0x0400
#define OS_TASK_STATUS_EVENT_READ      0x0800
#define OS_TASK_STATUS_SWTMR_WAIT      0x1000
#define OS_TASK_STATUS_PEND_QUEUE      0x2000
#define OS_TASK_STATUS_PEND_MUT        0x4000
#define OS_TASK_STATUS_PEND_SEM        0x8000
```

在 LiteOS 中,任务状态主要有以下 4 种:
- 就绪(Ready)——该任务在就绪列表中,只等待 CPU。

```
#define OS_TASK_STATUS_READY           0x0004
```

- 运行(Running)——该任务正在执行。

```
#define OS_TASK_STATUS_RUNNING         0x0010
```

- 阻塞(Blocked)——该任务不在就绪列表中,包含任务被挂起、任务被延时、任务正在等待信号量、读写队列或者等待读写事件等。

```
#define OS_TASK_STATUS_PEND            0x0008
```

- 退出态(Dead)——该任务运行结束,等待系统回收资源。

```
#define OS_TASK_STATUS_UNUSED          0x0001
```

需要说明的是,LiteOS 任务的状态由内核自动维护,对用户不可见,不需要用户去操作。

任务状态的切换如图 6-14 所示。

下面对任务状态切换进行说明。

- 就绪态→运行态。

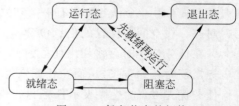

图 6-14　任务状态的切换

任务创建后进入就绪态,发生任务切换时,就绪列表中最高优先级的任务被执行,从而进入运行态,但此刻该任务依旧在就绪列表中。

- 运行态→阻塞态。

正在运行的任务发生阻塞(挂起、延时、获取互斥锁、读消息、读信号量等待等)时,该任务会从就绪列表中删除,任务状态由运行态变成阻塞态,然后发生任务切换,运行就绪列表中剩余最高优先级任务。

- 阻塞态→就绪态(阻塞态→运行态)。

阻塞的任务被恢复后(任务恢复、延时时间超时、读信号量超时或读到信号量等),此时被恢复的任务会被加入就绪列表,从而由阻塞态变成就绪态;此时如果被恢复任务的优先级高于正在运行任务的优先级,则会发生任务切换,将该任务由就绪态变成运行态。

- 就绪态→阻塞态。

任务也有可能在就绪态时被阻塞(挂起),此时任务状态会由就绪态转变为阻塞态,该任务从就绪列表中删除,不会参与任务调度,直到该任务被恢复。

- 运行态→就绪态。

有更高优先级任务创建或者恢复后,会发生任务调度,此刻就绪列表中最高优先级任务变为运行态,那么原先运行的任务由运行态变为就绪态,依然在就绪列表中。

- 运行态→退出态。

运行中的任务运行结束,内核自动将此任务删除,任务状态由运行态变为退出态。

- 阻塞态→退出态。

阻塞的任务调用删除接口,任务状态由阻塞态变为退出态。

内核提供 osSchedule 函数和 LOS_Schedule 函数实现任务的切换。这两个函数的源码可参见 ./arch/arm/arm-m/src.osSchedule,函数原型如下所示。

```
LITE_OS_SEC_TEXT VOID osSchedule(VOID)
{
    osTaskSchedule();
}
```

LOS_Schedule 函数如下所示,该函数用来确定是否需要任务调度。

```
LITE_OS_SEC_TEXT VOID LOS_Schedule(VOID)
{
    UINTPTR uvIntSave;
    uvIntSave = LOS_IntLock();
    g_stLosTask.pstNewTask = LOS_DL_LIST_ENTRY(osPriqueueTop(), LOS_TASK_CB, stPendList);
    /* 寻找最高优先级任务 */
    if(g_stLosTask.pstRunTask != g_stLosTask.pstNewTask)    /* 如果正运行的任务不是最
                                                               高的,那么重新安排 */
    {
        if((!g_usLosTaskLock))
        {
            (VOID)LOS_IntRestore(uvIntSave);
            osTaskSchedule();
            return;
        }
    }
    (VOID)LOS_IntRestore(uvIntSave);
}
```

6.3.2 任务管理模块的主要功能

任务管理模块主要提供的功能包括任务的创建和删除、锁任务调度、解锁任务调度、挂起、恢复、延时等操作,同时也可以设置任务优先级和获取任务优先级。

1. 任务的创建

创建任务前需要了解创建任务需要的数据,结构体如下。

```
typedef struct tagTskInitParam
{
    TSK_ENTRY_FUNC pfnTaskEntry;              /* 任务入口函数 */
    UINT16 usTaskPrio;                        /* 任务优先级 */
    UINT32 uwArg;                             /* 任务入口参数 */
    UINT32 uwStackSize;                       /* 任务栈大小 */
    CHAR * pcName;                            /* 任务名 */
    UINT32 uwResved;                          /* 保留 */
} TSK_INIT_PARAM_S;
```

对该结构体中的一些成员做简要解释。

- uwArg:指任务入口参数,比如任务入口参数为 void Task1(UINT32 arg),在创建任务时将 xx.auwArgs[0]设置为 0,则在刚开始调取任务时就会将 0 传到 Task1 函数。
- uwResved:该保留是定义在任务执行完后是否自删除。

LiteOS 任务的创建可以由两个函数实现:LOS_TaskCreateOnly 和 LOS_TaskCreate,其函数原型如下所示。

```
LITE_OS_SEC_TEXT_INIT  UINT32  LOS_TaskCreateOnly(UINT32 * puwTaskID, TSK_INIT_PARAM_S *
pstInitParam)
LITE_OS_SEC_TEXT_INIT   UINT32   LOS_TaskCreate(UINT32   * puwTaskID, TSK_INIT_PARAM_S *
pstInitParam)
```

其中 LOS_TaskCreateOnly 创建任务,并使该任务进入阻塞态,并不调度;LOS_TaskCreate 创建任务,并使该任务进入就绪态,并调度。

需要说明的是,创建新任务时,会对之前自动删除任务的任务控制块和任务栈进行回收,非自动删除任务的控制块和栈在任务删除的时候已经回收。

2. 任务的删除

LiteOS 任务的删除可以由 LOS_TaskDelete()函数实现,其函数原型如下。

```
LITE_OS_SEC_TEXT_INIT UINT32 LOS_TaskDelete(UINT32 uwTaskID)
```

3. 任务状态控制

LiteOS 任务状态控制主要分为:

- 恢复挂起的任务。实现函数为 LOS_TaskResume,函数原型如下。

```
LITE_OS_SEC_TEXT_INIT UINT32 LOS_TaskResume(UINT32 uwTaskID)
```

- 挂起指定的任务。实现函数为 LOS_TaskSuspend，函数原型如下。

```
LITE_OS_SEC_TEXT_INIT UINT32 LOS_TaskSuspend(UINT32 uwTaskID)
```

- 任务延时等待。实现函数为 LOS_TaskDelay，函数原型如下。

```
LITE_OS_SEC_TEXT UINT32 LOS_TaskDelay(UINT32 uwTick)
```

- 显式放权，调整指定优先级的任务调度顺序。实现函数为 LOS_TaskYield，函数原型如下。

```
LITE_OS_SEC_TEXT_MINOR UINT32 LOS_TaskYield(VOID)
```

4. 任务优先级的控制

LiteOS 任务优先级控制主要分为：

- 设置当前任务的优先级。实现函数为 LOS_CurTaskPriSet，其函数原型为

```
LITE_OS_SEC_TEXT_MINOR UINT32 LOS_CurTaskPriSet(UINT16 usTaskPrio)
```

- 设置指定任务的优先级。实现函数为 LOS_TaskPriSet，其函数原型为

```
LITE_OS_SEC_TEXT_MINOR UINT32 LOS_TaskPriSet(UINT32 uwTaskID, UINT16 usTaskPrio)
```

- 获取指定任务的优先级。实现函数为 LOS_TaskPriGet。其函数原型为

```
LITE_OS_SEC_TEXT_MINOR UINT16 LOS_TaskPriGet(UINT32 uwTaskID)
```

下面通过代码及注释介绍任务的优先级是如何选择确定的。
首先，全局变量 g_pstLosPriorityQueueList 的初始化如下。

```
LITE_OS_SEC_TEXT VOID osPriqueueInit(VOID)
{
    UINT32 uwPri = 0;
    UINT32 uwSize = 0;
    uwSize = OS_PRIORITY_QUEUE_PRIORITYNUM * sizeof(LOS_DL_LIST);/* 这里的 OS_PRIORITY_
QUEUE_PRIORITYNUM 表示最大支持的优先级 */
    g_pstLosPriorityQueueList = (LOS_DL_LIST * )LOS_MemAlloc(m_aucSysMem0, uwSize);
    if(NULL == g_pstLosPriorityQueueList)
    {
        return;
    }
    for(uwPri = 0; uwPri < OS_PRIORITY_QUEUE_PRIORITYNUM; ++uwPri)      /* 申请空间 */

    {
        LOS_ListInit(&g_pstLosPriorityQueueList[uwPri]);
    }
}
```

```
LITE_OS_SEC_ALW_INLINE STATIC_INLINE VOID LOS_ListInit(LOS_DL_LIST * pstList)
/* 每个优先级都对应一个双向链表 */
{
    pstList -> pstNext = pstList;
    pstList -> pstPrev = pstList;
}/* 每个优先级都对应一个双向链表 */
```

其次,如何插入全局变量 g_pstLosPriorityQueueList 中,其源码如下。

```
LITE_OS_SEC_TEXT VOID osPriqueueEnqueue(LOS_DL_LIST * ptrPQItem, UINT32 uwPri)
{
    LOS_ListTailInsert(&g_pstLosPriorityQueueList[uwPri], ptrPQItem);
/* 第一个形参是指向线程的指针,第二个形参是线程的优先级 */
}
/* g_pstLosPriorityQueueList 是一个以优先级为 index 的数组,数组中的每一项都是一个链表,这
个链表中的每一个节点都是一个线程,同一个链表中的优先级相等 */
```

最后,再看看如何选择下一个要运行的线程。

```
LITE_OS_SEC_TEXT LOS_DL_LIST * osPriqueueTop(VOID)
{
    UINT32 uwPri = 0;
    for (uwPri = 0; uwPri < OS_PRIORITY_QUEUE_PRIORITYNUM; ++uwPri)
    {
        if (!LOS_ListEmpty(&g_pstLosPriorityQueueList[uwPri]))
                            /* 检测当前优先级是否有对应的线程要运行 */
        {
            return LOS_DL_LIST_FIRST(&g_pstLosPriorityQueueList[uwPri]);
                            /* 返回这个优先级队列第一个线程 */
        }
    }
    return (LOS_DL_LIST * )NULL;
}
```

5. 任务调度的控制

LiteOS 任务调度控制主要分为:

- 锁任务调度。实现函数为 LOS_TaskLock,其函数原型为

```
LITE_OS_SEC_TEXT_MINOR VOID LOS_TaskLock(VOID)
{
    UINTPTR uvIntSave;
    uvIntSave = LOS_IntLock();
    g_usLosTaskLock++;
    (VOID)LOS_IntRestore(uvIntSave);
}
```

- 解锁任务调度。实现函数为 LOS_TaskUnlock,其函数原型为

```
LITE_OS_SEC_TEXT_MINOR VOID LOS_TaskUnlock(VOID)
{
    UINTPTR uvIntSave;
    uvIntSave = LOS_IntLock();
    if (g_usLosTaskLock > 0)
    {
        g_usLosTaskLock -- ;
        if (0 == g_usLosTaskLock)
        {
            (VOID)LOS_IntRestore(uvIntSave);
            LOS_Schedule();
            return;
        }
    }
    (VOID)LOS_IntRestore(uvIntSave);
}
```

需要说明的是。锁任务调度必须和解锁任务调度配合使用。

6. 任务信息的获取

LiteOS 任务信息的获取主要分为:

```
LITE_OS_SEC_TEXT UINT32 LOS_CurTaskIDGet(VOID)          /* 获取当前任务的 ID */
LITE_OS_SEC_TEXT_MINOR UINT32 LOS_TaskInfoGet(UINT32 uwTaskID, TSK_INFO_S * pstTaskInfo)
                                                       /* 获取指定任务的信息 */
LITE_OS_SEC_TEXT_MINOR UINT32 LOS_TaskStatusGet(UINT32 uwTaskID, UINT32 * puwTaskStatus)
                                                       /* 获取指定任务的状态 */
LITE_OS_SEC_TEXT CHAR * LOS_TaskNameGet(UINT32 uwTaskID)
                                                       /* 获取指定任务的名称 */
LITE_OS_SEC_TEXT_MINOR UINT32 LOS_TaskInfoMonitor(VOID)  /* 监控所有任务,获取所有任务的信息 */
LITE_OS_SEC_TEXT UINT32 LOS_NextTaskIDGet(VOID)          /* 获取即将被调度的任务的 ID */
```

下面通过一个例子说明任务管理的运行机制(包括任务的基本操作,如任务创建、任务延时、任务锁与解锁调度、挂起和恢复、查询当前任务 PID、根据 PID 查询任务信息等),阐述任务优先级调度的机制以及各接口的应用。

```
# include "math.h"
# include "time.h"
# include "los_task.h"
# include "los_api_task.h"
# include "los_inspect_entry.h"
static UINT32 g_uwTskHiID;
static UINT32 g_uwTskLoID;
# define TSK_PRIOR_HI 4
# define TSK_PRIOR_LO 5
static UINT32 Example_TaskHi(VOID)
{    UINT32 uwRet = LOS_OK;
    dprintf("Enter TaskHi Handler.\r\n");
```

```
            uwRet = LOS_TaskDelay(5);        /* 延时 5 个 Tick,延时后该任务会挂起,执行剩余任务中高优
                                                 先级的任务(g_uwTskLoID 任务) */
            if (uwRet != LOS_OK)
            {        dprintf("Delay Task Failed.\r\n");
                return LOS_NOK;
            }
            dprintf("TaskHi LOS_TaskDelay Done.\r\n");    /* 2 个 tick 时间到了后,该任务恢复,继续执行 */
            uwRet = LOS_TaskSuspend(g_uwTskHiID);    /* 挂起自身任务 */
            if (uwRet != LOS_OK)
            {
                dprintf("Suspend TaskHi Failed.\r\n");
                uwRet = LOS_InspectStatusSetByID(LOS_INSPECT_TASK,LOS_INSPECT_STU_ERROR);
                if (LOS_OK != uwRet)
                {
                    dprintf("Set Inspect Status Err\n");
                }
                return LOS_NOK;
            }
                dprintf("TaskHi LOS_TaskResume Success.\r\n");
                    uwRet = LOS_InspectStatusSetByID(LOS_INSPECT_TASK,LOS_INSPECT_STU_SUCCESS);
            if (LOS_OK != uwRet)
            {
                dprintf("Set Inspect Status Err\n");
            }
                if(LOS_OK != LOS_TaskDelete(g_uwTskHiID))            /* 删除任务 */
            {
                dprintf("TaskHi delete failed .\n");
                return LOS_NOK;
            }
                return LOS_OK;
    }
    static UINT32 Example_TaskLo(VOID)                /* 低优先级任务入口函数 */
    {    UINT32 uwRet;
        dprintf("Enter TaskLo Handler.\r\n");
        uwRet = LOS_TaskDelay(10);        /* 延时 10 个 Tick,延时后该任务会挂起,执行剩余任务中高
                                             优先级的任务(背景任务) */
        if (uwRet != LOS_OK)
        { dprintf("Delay TaskLo Failed.\r\n");
            return LOS_NOK;
        }
        dprintf("TaskHi LOS_TaskSuspend Success.\r\n");

        uwRet = LOS_TaskResume(g_uwTskHiID);        /* 恢复被挂起的任务 g_uwTskHiID */
        if (uwRet != LOS_OK)
        {        dprintf("Resume TaskHi Failed.\r\n");
            uwRet = LOS_InspectStatusSetByID(LOS_INSPECT_TASK,LOS_INSPECT_STU_ERROR);
            if (LOS_OK != uwRet)
            {
```

```
                dprintf("Set Inspect Status Err\n");
            }
        return LOS_NOK;
    }
        if(LOS_OK != LOS_TaskDelete(g_uwTskLoID))      /*删除任务*/
    {       dprintf("TaskLo delete failed .\n");
                return LOS_NOK;
        }
    return LOS_OK;
}
#ifdef __cplusplus
#if __cplusplus
}
#endif /* __cpluscplus */
#endif /* __cpluscplus */
```

编译运行得到的结果为

```
LOS_TaskLock() Success!
Example_TaskHi create Success!
Example_TaskLo create Success!
Enter TaskHi Handler.
Enter TTaskHi LOS_TaskDelay Done.
skLo Handler.
TaskHi LOS_TaskSuspend Success.
TaskHi LOS_TaskResume Success.
```

6.3.3　osal 的 API 接口——任务相关

osal 中关于任务的 API 接口主要包括:

1. 创建任务 osal_task_create

其函数原型如下:

```
void * osal_task_create(const char * name, int ( * task_entry)(void * args),\
                        void * args, int stack_size, void * stack, int prior)
{
    void * ret = NULL;
    if((NULL != s_os_cb) &&(NULL != s_os_cb -> ops) &&(NULL != s_os_cb -> ops -> task_
create))
    {
        ret = s_os_cb -> ops -> task_create(name, task_entry, args, stack_size, stack, prior);
    }
    return ret;
}
```

2. 删除某个任务(一般是对非自任务操作)osal_task_kill

其函数原型如下:

```
int osal_task_kill(void * task)
{
    int ret = -1;
    if((NULL != s_os_cb) &&(NULL != s_os_cb->ops) &&(NULL != s_os_cb->ops->task_kill))
    {
        ret = s_os_cb->ops->task_kill(task);
    }
    return ret;
}
```

3. 任务退出 osal_task_exit

其函数原型如下:

```
void osal_task_exit()
{

    if((NULL != s_os_cb) &&(NULL != s_os_cb->ops) &&(NULL != s_os_cb->ops->task_exit))
    {
        s_os_cb->ops->task_exit();
    }
    return ;
}
```

4. 任务休眠 osal_task_sleep

其函数原型如下:

```
void osal_task_sleep(int ms)
{
    if((NULL != s_os_cb) &&(NULL != s_os_cb->ops) &&(NULL != s_os_cb->ops->task_sleep))
    {
        s_os_cb->ops->task_sleep(ms);
    }
    return ;
}
```

6.4 内存管理

2.2.4 节中已经介绍了内存管理的基本知识。LiteOS 操作系统将内核与内存管理分开实现,操作系统内核仅规定了必要的内存管理函数原型,而不关心这些内存管理函数是如何实现的,所以在 LiteOS 中提供了多种内存分配算法(分配策略),但是上层接口(API)却是统一的。LiteOS 内存管理模块提供了内存的初始化、分配以及释放等功能,它没有采用 C 标准库中的内存管理函数 malloc()和 free(),其主要原因是:

(1) 小型嵌入式设备的 RAM 不足,导致这些函数在有些情况下无法使用;

(2) malloc()函数和 free()函数的实现占据了较大的一块代码空间;

(3) 对于物联网操作系统不安全,执行时间不确定;

（4）容易产生碎片，这两个函数会使得连接器配置变得非常复杂。

在一般的实时嵌入式系统中，由于实时性的要求，很少使用虚拟内存机制。所有的内存都需要用户参与分配，直接操作物理内存，所分配的内存不能超过系统的物理内存，系统所有的内存堆都由用户自己管理。

同时，在嵌入式实时操作系统中，对内存的分配时间要求更为苛刻，分配内存的时间必须是确定的。

在嵌入式系统中，内存是十分有限而且是十分珍贵的，用一块内存就少了一块内存，而在分配中随着内存不断被分配和释放，整个系统内存区域会产生越来越多的碎片，因为在使用过程中，申请了一些内存，其中一些释放了，导致内存空间中存在一些小的内存块，它们地址不连续，不能够作为一整块大内存分配出去，所以一定会在某个时间，系统已经无法分配到合适的内存了，导致系统瘫痪。其实系统中是有内存的，但是因为小块的内存的地址不连续，导致无法分配成功，所以需要一个优良的内存分配算法来避免这种情况的出现。

不同的嵌入式系统具有不同的内存配置和时间要求。所以单一的内存分配算法只可能适合部分应用程序。因此，LiteOS将内存分配作为可移植层面（相对于基本的内核代码部分而言），LiteOS有针对性地提供了不同的内存分配管理算法，这使得不同的应用程序可以提供适合自身的具体实现。

华为LiteOS的内存管理分为静态内存管理和动态内存管理模式。这两种模式已经在2.2.4节中予以说明。动态内存是在动态内存池中分配用户指定大小的内存块，该方式灵活高效，但是碎片问题不能忽视。静态内存是在静态内存池中分配用户初始化时预设（固定）大小的内存块。该模式只能申请到初始化预设大小的内存块，不能按需申请。静态内存管理和动态内存管理的优缺点如下。

动态内存：在动态内存池中分配用户指定大小的内存块。

- 优点：按需分配。
- 缺点：内存池中可能出现碎片。

静态内存：在静态内存池中分配用户初始化时预设（固定）大小的内存块。

- 优点：分配和释放效率高，静态内存池中无碎片。
- 缺点：只能申请到初始化预设大小的内存块，不能按需申请。

6.4.1　静态内存管理

当用户需要使用固定长度的内存时，可以使用静态内存分配的方式获取内存，一旦使用完毕，就可以通过静态内存释放函数归还所占用内存，使之可以重复使用。

视频讲解

LiteOS采用的静态内存分配方法是BOX算法。BOX算法中内存块的大小是由初始化的时刻固定的。提供magic赋值方式用于内存检查，即在每块申请空间前一个word用于填写固定值的方式检查内存破坏情况。读者可对照2.2.4节介绍的小内存管理算法。

1. 使用结构体

LOS_MEMBOX_INFO（也叫内存控制块）在连续存储空间开始作为头信息。

```
typedef struct
{
```

```
        UINT32      uwBlkSize;                      /*块大小*/
        UINT32      uwBlkNum;                       /*块个数*/
        LOS_MEMBOX_NODE stFreeList;                 /*维护可申请空闲内存的地址链表*/
} LOS_MEMBOX_INFO;
typedef struct tagMEMBOX_NODE/* LOS_MEMBOX_NODE      /*用来链接节点地址的链表*/
{
        struct tagMEMBOX_NODE  * pstNext;           /*节点链表指针*/
} LOS_MEMBOX_NODE;
```

2. 初始化

一块连续存储空间,经过 BOX 算法初始化函数初始化后,结构形式如图 6-15 所示。

图 6-15　初始化内存

LOS_MEMBOX_INFO 的信息,包含块大小、个数及可使用内存块链表的头节点。内存块(block1-n)的大小相同,均为 LOS_MEMBOX_INFO 中 uwBlkSize 大小。在初始化时,每个存储空间块的头地址作为节点链表地址,即作为 tagMEMBOX_NODE 指针使用,来维护链表。LOS_MemboxInit 负责初始化静态内存池,源码见 los_membox.c。函数原型如下:

```
UINT32 LOS_MemboxInit(VOID * pBoxMem,                /*内存池地址,需要用户自定义 */
                      UINT32 uwBoxSize,               /*内存池大小*/
                      UINT32 uwBlkSize);              /*内存块大小 */
```

3. 分配

申请时,从空闲内存块链表中得到一个块(block),并返回相应的地址,同时删除相应链表节点。如图 6-16 所示连续申请两个内存块的情况。

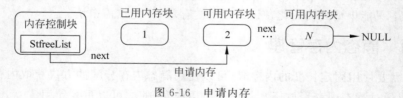

图 6-16　申请内存

注意,返回的地址 1 和地址 2 并不完全等同于 block1 和 block2 的起始地址,取决于是否在 block 块开始部分占用存储空间用于内存检查。

使用的函数为 LOS_MemboxAlloc,代码如下:

```
LITE_OS_SEC_TEXT VOID * LOS_MemboxAlloc(VOID * pBoxMem)
{
    LOS_MEMBOX_INFO * pstBoxInfo = (LOS_MEMBOX_INFO * )pBoxMem;
    LOS_MEMBOX_NODE * pstNode = NULL;
```

```
    LOS_MEMBOX_NODE * pRet = NULL;
    UINTPTR uvIntSave;
    if (pBoxMem == NULL)
    {
        return NULL;
    }
    uvIntSave = LOS_IntLock();
    pstNode = &pstBoxInfo->stFreeList;
    if (pstNode->pstNext != NULL)
    {
        pRet = pstNode->pstNext;
        pstNode->pstNext = pRet->pstNext;
        OS_MEMBOX_SET_MAGIC(pRet);
        pstBoxInfo->uwBlkCnt++;
    }
    (VOID)LOS_IntRestore(uvIntSave);
    return pRet == NULL ? NULL : OS_MEMBOX_USER_ADDR(pRet);
}
```

4. 释放

释放时,将相应释放的内存块加入空闲链表,如图 6-17 所示。

图 6-17 释放内存

使用函数为 LOS_MemboxFree,代码如下:

```
LITE_OS_SEC_TEXT UINT32 LOS_MemboxFree(VOID * pBoxMem, VOID * pBox)
{
    LOS_MEMBOX_INFO * pstBoxInfo = (LOS_MEMBOX_INFO * )pBoxMem;
    UINT32 uwRet = LOS_NOK;
    UINTPTR uvIntSave;
    if (pBoxMem == NULL || pBox == NULL)
    {
        return LOS_NOK;
    }
    uvIntSave = LOS_IntLock();
    do
    {
        LOS_MEMBOX_NODE * pstNode = OS_MEMBOX_NODE_ADDR(pBox);
        if (osCheckBoxMem(pstBoxInfo, pstNode) != LOS_OK)
        {
            break;
        }
        pstNode->pstNext = pstBoxInfo->stFreeList.pstNext;
        pstBoxInfo->stFreeList.pstNext = pstNode;
```

```
        pstBoxInfo->uwBlkCnt--;
        uwRet = LOS_OK;
    } while (0);
    (VOID)LOS_IntRestore(uvIntSave);
    return uwRet;
}
```

需要说明的是,静态内存池区域可以通过定义全局数组或调用动态内存分配接口方式
获取。如果使用动态内存分配方式,那么在不需要静态内存池时,应注意释放该段内存,避
免内存泄漏。

6.4.2　动态内存管理

LiteOS 动态内存管理主要是在用户需要使用大小不等的内存块的场景中使用。当用
户需要分配内存时,可以通过操作系统的动态内存申请函数索取指定大小内存块,一旦使用
完毕,就通过动态内存释放函数归还所占用内存,使之可以重复使用。

LiteOS 动态内存支持 DLINK 和 Bestfit_Little 两种算法。

1. DLINK

DLINK 动态内存管理结构如图 6-18 所示。

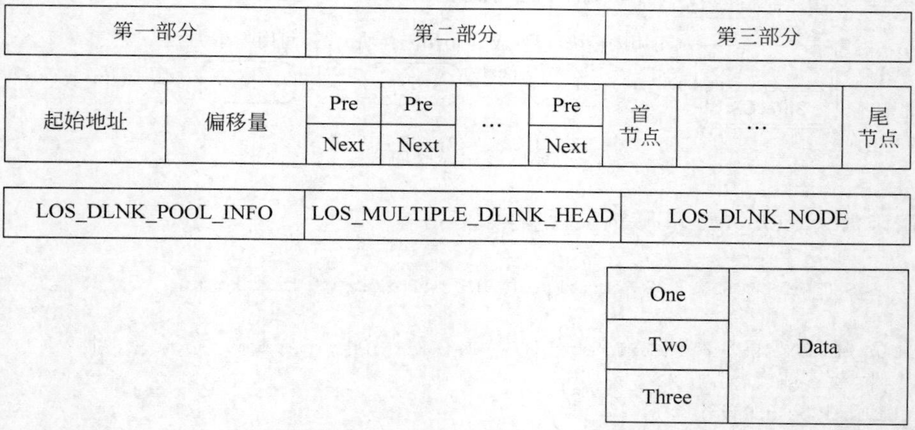

图 6-18　DLINK 动态内存管理结构

在图 6-18 中,

One:空闲内存节点。

Two:指向上一个内存节点的指针。

Three:当前节点的标志和大小。

这三者合起来就是一个节点控制头。

第一部分:整体的内存池的地址起始地址及大小。

第二部分:一个双向链表的表头数组,对应着空闲的不同大小的存储空间链表表头。

第三部分:存放各节点的实际区域。

1) 使用的结构体

下面介绍内存管理涉及的主要数据结构。

LOS_MEM_POOL_INFO 该结构体是内存池的起始地址和内存池的大小,位于内存池的开始位置。

```
typedef struct tagLOS_MEM_POOL_INFO
{
    VOID * pPoolAddr;                    /* 内存池起始地址 */
    UINT32 uwPoolSize;                   /* 内存池大小 */
} LOS_MEM_POOL_INFO;
```

LOS_MEM_DYN_NODE 该结构体是内存管理的基本单元,每分配一次内存就是在找大小合适的节点,未使用的内存也是通过这样的节点一个个组织起来的。

```
typedef struct tagLOS_MEM_DYN_NODE
{
    LOS_DL_LIST stFreeNodeInfo;          /* 没有使用的内存节点链表 */
    struct tagLOS_MEM_DYN_NODE * pstPreNode;  /* 前一个内存节点 */
    UINT32 uwSizeAndFlag;                /* 当前节点的管理内存的大小,最高位表示
                                            内存是否已经被分配 */

}LOS_MEM_DYN_NODE;
```

LOS_MEM_DYN_NODE 结构体如图 6-19 所示。该结构体由 stFreeNodeInfo、pstPrevNode 和 uwSizeAndFlag 组成。

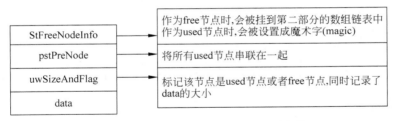

图 6-19　LOS_MEM_DYN_NODE 结构体

LOS_DL_LIST 是一个双向链表,用来组织没有使用的内存。

```
typedef struct LOS_DL_LIST
{
    struct LOS_DL_LIST * pstPrev;        /* 指向链表的前一个节点 */
    struct LOS_DL_LIST * pstNext;        /* 指向链表的后一个节点 */
} LOS_DL_LIST;
```

LOS_MULTIPLE_DLNK_HEAD 该结构体是内存管理模块一个比较重要的结构体,该数组中的每一个元素都是一个链表,主要用来管理没有使用的内存,并且按照 2 的幂次方大小范围管理,每次分配内存都是首先试图找到该数组中合适的链表,然后找到链表中合适的元素进行分配。

```
typedef struct LOS_MULTIPLE_DLNK_HEAD
{
    LOS_DL_LIST stListHead[OS_MULTI_DLNK_NUM];   /* 链表数组 */
} LOS_MULTIPLE_DLNK_HEAD;
```

动态内存的典型场景开发流程如下。

(1) 使用 LOS_MemInit()函数初始化动态内存。

(2) 使用 LOS_MemAlloc()函数申请任意大小的动态内存。判断动态内存池中是否存在申请量大小的空间,若存在,则划出一块内存块,以指针形式返回;若不存在,则返回NULL。当内存池中存在多个空闲内存块(FreeNode)的时候进行申请内存,系统将会遍历内存块链表适配最合适大小的空闲内存块用来新建内存块,以减少内存碎片。若申请的内存块不等于被使用的空闲内存块的大小,则在申请内存块后,多余的内存又会被标记为一个新的空闲内存块。

(3) 使用 LOS_MemFree()函数释放动态内存,回收内存块,以便系统下一次申请使用。

2) 内存初始化

LOS_MemInit()函数负责实现 LiteOS 内核动态内存池的初始化工作,源码见 los_memory.c。该函数的参数可以看作一个数组的起始地址和数组的大小,事实上 LiteOS 中这两个参数确实对应的是一个数组,该数组就是被管理的内存池。LOS_MemInit 函数源码如下:

```
UINT32 LOS_MemInit(VOID * pPool, UINT32 uwSize)
{
    LOS_MEM_DYN_NODE * pstNewNode = (LOS_MEM_DYN_NODE * )NULL;
    LOS_MEM_DYN_NODE * pstEndNode = (LOS_MEM_DYN_NODE * )NULL;
    LOS_MEM_POOL_INFO * pstPoolInfo = (LOS_MEM_POOL_INFO * )NULL;
    UINTPTR uvIntSave;
    LOS_DL_LIST * pstListHead = (LOS_DL_LIST * )NULL;
    if ((pPool == NULL) || (uwSize < (OS_MEM_MIN_POOL_SIZE)))
    {
        return OS_ERROR;
    }
    pstPoolInfo = (LOS_MEM_POOL_INFO * )pPool;
    pstPoolInfo->pPoolAddr = pPool;          /* pool 的起始地址就是内存数组的起始地址 */
    pstPoolInfo->uwPoolSize = uwSize;         /* pool 的大小就是内存数组的大小 */
    LOS_DLnkInitMultiHead(OS_MEM_HEAD_ADDR(pPool));        /* 内存地址除去 poolinfo 开始
DLINK_HEAD 地址,也就是 list 数组的起始地址 */
    pstNewNode = OS_MEM_FIRST_NODE(pPool);        /* 除去 poolinfo 和 DLINK_HEAD 的 list 数组开
始第一个 node */
    pstNewNode->uwSizeAndFlag = ((uwSize - ((UINT32)pstNewNode - (UINT32)pPool)) - OS_
MEM_NODE_HEAD_SIZE);
    pstNewNode->pstPreNode = (LOS_MEM_DYN_NODE * )NULL;
    pstListHead = OS_MEM_HEAD(pPool, pstNewNode->uwSizeAndFlag);         /* 找出 list 中的第
log(size) - 4 个节点,这里是数学中的对数 */
    if (NULL == pstListHead)
    {
        printf("% s % d\n", __FUNCTION__, __LINE__);
        return OS_ERROR;
    }
    LOS_ListTailInsert(pstListHead,&(pstNewNode->stFreeNodeInfo));
    pstEndNode = (LOS_MEM_DYN_NODE * )OS_MEM_END_NODE(pPool, uwSize);
```

```
    (VOID)memset(pstEndNode, 0 ,sizeof( * pstEndNode));
    pstEndNode - > pstPreNode = pstNewNode;
    pstEndNode - > uwSizeAndFlag = OS_MEM_NODE_HEAD_SIZE;
    OS_MEM_NODE_SET_USED_FLAG(pstEndNode - > uwSizeAndFlag);
    osMemSetMagicNumAndTaskid(pstEndNode);
    return LOS_OK;
}
```

LOS_MemInit 函数主要做了以下几个重要操作：

（1）分配和初始化 pstPoolInfo。

（2）数组开头跳过 pstPoolInfo 的大小分配和初始化链表数组。

（3）跳过 pstPoolInfo 和链表数组开始的是第一个内存管理节点 pstNewNode。

（4）在链表数组中找到合适的位置将 pstNewNode 插入链表。

（5）数组的末尾也是一个内存管理节点 pstEndNode，所以可以分配的初始化好后，可以分配的内存就位于 pstNewNode 和 pstEndNode 之间。

上面 5 个步骤中第（3）步是最关键的，下面对此进一步介绍。

第（3）步首先调用 OS_MEM_HEAD 这个宏定义函数，在 list 数组中找到合适的链表，然后将 pstNewNode 插入链表。

宏定义为：

```
#define OS_MEM_HEAD(pPool, uwSize) OS_DLnkHead(OS_MEM_HEAD_ADDR(pPool), uwSize)    /* 在
内存池数组开头跳过 LOS_MEM_POOL_INFO 得到 list 数组结构体的地址 */
#define OS_MEM_HEAD_ADDR(pPool) ((VOID *)((UINT32)(pPool) + sizeof(LOS_MEM_POOL_INFO)))
#define OS_DLnkHead           LOS_DLnkMultiHead
LOS_DL_LIST * LOS_DLnkMultiHead(VOID * pHeadAddr, UINT32 uwSize)
{
    LOS_MULTIPLE_DLNK_HEAD * head = (LOS_MULTIPLE_DLNK_HEAD * )pHeadAddr;
    UINT32 idx = LOS_Log2(uwSize);
    if(idx > OS_MAX_MULTI_DLNK_LOG2)
    {
        return (LOS_DL_LIST * )NULL;
    }
    if(idx <= OS_MIN_MULTI_DLNK_LOG2)
    {
        idx = OS_MIN_MULTI_DLNK_LOG2;
    }
    return head - > stListHead + (idx - OS_MIN_MULTI_DLNK_LOG2);
}
```

上面这个函数中的 LOS_Log2() 是一个数学中的以 2 为底的对数函数，只不过下取整，如：

LOS_Log2(1024)结果为 10，LOS_Log2(2047)结果也为 10，但是 LOS_Log2(2048)结果就是 11，所以该函数也就是求解 uwSize 的二进制表示方式中 1 的最高位。

可见，LOS_DLnkMultiHead 函数就是在 list 数组中根据 uwSize 的大小找到一个合适的 list，所以该 list 数组是按照 2 的幂次方倍以此组织内存的。没有使用的内存都使用该

list 数组来组织。

当求出合适的位置也就是找到了 list 之后,将 pstNewNode 插入 list 中,也就是"LOS_ListTailInsert(pstListHead,&(pstNewNode->stFreeNodeInfo));"。

这样内存池的初始化基本就完成了,后面就可以分配内存使用了,也就是在内存数组中找到了合适的内存节点。

3) 内存分配

申请内存时,需要找到合适大小的存储空间进行分配,而大的地址空间可以拆分成不同的地址空间。在 DLNK 链表头节点只表示一定范围的存储空间,所以在每个节点中还需记录具体准确的存储空间。

```
VOID * LOS_MemAlloc(VOID * pPool, UINT32  uwSize)
{
    VOID  * pPtr = NULL;
    do
    {
        if((pPool == NULL) || (uwSize == 0))
        {
            break;
        }
        if(OS_MEM_NODE_GET_USED_FLAG(uwSize))          /* 判断如果 uwSize 的最高位为 1,则直接
                                                          跳出返回 */
        {
            break;
        }
    pPtr = osMemAllocWithCheck(pPool, uwSize);
    } while(0);
    return pPtr;
}
static inline VOID * osMemAllocWithCheck(VOID * pPool, UINT32  uwSize)
{
    LOS_MEM_DYN_NODE * pstAllocNode = (LOS_MEM_DYN_NODE * )NULL;
    UINT32 uwAllocSize;       /* 因为 LiteOS 是使用 node 节点管理内存的,所以需要添加 node 结构
                                 体长度,然后四字节对齐 */
    uwAllocSize = OS_MEM_ALIGN(uwSize + OS_MEM_NODE_HEAD_SIZE, OS_MEM_ALIGN_SIZE);
    pstAllocNode = osMemFindSuitableFreeBlock(pPool, uwAllocSize);
    if(pstAllocNode == NULL)
    {
      printf("[ % s] No suitable free block, require free node size: 0x % x\n", __FUNCTION__,
uwAllocSize);
        return NULL;
    }
    if((uwAllocSize + OS_MEM_NODE_HEAD_SIZE + OS_MEM_ALIGN_SIZE) <= pstAllocNode ->
uwSizeAndFlag)    /* 如果找到的节点分配之后还可以分出一个节点,那么就将该节点分出来 */
    {
        osMemSpitNode(pPool, pstAllocNode, uwAllocSize);
    }
    LOS_ListDelete(&(pstAllocNode -> stFreeNodeInfo));          /* 从链表中删除该节点 */
```

```
    osMemSetMagicNumAndTaskid(pstAllocNode);
    OS_MEM_NODE_SET_USED_FLAG(pstAllocNode->uwSizeAndFlag);
    OS_MEM_ADD_USED(OS_MEM_NODE_GET_SIZE(pstAllocNode->uwSizeAndFlag));
    return(pstAllocNode + 1);
}
```

需要注意的是,osMemFindSuitableFreeBlock 该函数是遍历 list 数组根据大小找到合适的节点,正如前面所说,所有没有使用的内存都在该数组链表中保存着。如果找到的节点还足以分出一个节点,那么就将该节点分出来,将剩下的节点挂入 list 数组。

其中,分节点函数如下所示:

```
static inline VOID osMemSpitNode(VOID * pPool,
                        LOS_MEM_DYN_NODE * pstAllocNode, UINT32 uwAllocSize)
{
    LOS_MEM_DYN_NODE * pstNewFreeNode = (LOS_MEM_DYN_NODE * )NULL;
    LOS_MEM_DYN_NODE * pstNextNode = (LOS_MEM_DYN_NODE * )NULL;
    LOS_DL_LIST * pstListHead = (LOS_DL_LIST * )NULL;
    pstNewFreeNode = (LOS_MEM_DYN_NODE * )((UINT8 * )pstAllocNode + uwAllocSize);  /* 分出
新的节点 */
    pstNewFreeNode->pstPreNode = pstAllocNode;
    pstNewFreeNode->uwSizeAndFlag = pstAllocNode->uwSizeAndFlag - uwAllocSize;
    pstAllocNode->uwSizeAndFlag = uwAllocSize;
    pstNextNode = OS_MEM_NEXT_NODE(pstNewFreeNode);
    pstNextNode->pstPreNode = pstNewFreeNode;        /* 判断新节点的下一个节点是否使用,如
果没有使用,那么将新节点和下一个节点合并 */
        if(!OS_MEM_NODE_GET_USED_FLAG(pstNextNode->uwSizeAndFlag))
        {
          LOS_ListDelete(&(pstNextNode->stFreeNodeInfo));
          osMemMergeNode(pstNextNode);
        }

    pstListHead = OS_MEM_HEAD(pPool, pstNewFreeNode->uwSizeAndFlag); /* 根据大小在 list
数组中找到合适的 list */
    if(NULL = = pstListHead)
    {
        printf(" % s % d\n", __FUNCTION__, __LINE__);
        return;
    }
    LOS_ListAdd(pstListHead,&(pstNewFreeNode->stFreeNodeInfo));
}
```

以上就是内存的分配,当分配内存是首先从 list 数组中找到合适的节点,如果该节点管理的内存大于需要分配的内存,并且可以再分出一个节点,那么就将找到的节点分割,一部分返回给分配的用户,另一部分是没有使用的,然后看看这个没有使用的节点的下一个节点是否使用,如果没有,那么将该节点和下一个节点合并,然后插入 list 数组;如果已经使用,那么直接插入 list 数组。最后就是跳过分配的节点结构体返回用户可以使用的内存起始地址。

4）内存释放

内存释放可见 LOS_MemFree()函数，其源码如下。

```
UINT32 LOS_MemFree(VOID * pPool, VOID * pMem)
{
    UINT32 uwRet = LOS_NOK;
    UINT32 uwGapSize = 0;
    do
    {
        LOS_MEM_DYN_NODE * pstNode = (LOS_MEM_DYN_NODE * )NULL;
        if ((pPool == NULL) || (pMem == NULL))
        {
            break;
        }
        uwGapSize = * ((UINT32 * )((UINT32)pMem - 4));          / * 字节对齐处理 * /
        if (OS_MEM_NODE_GET_ALIGNED_FLAG(uwGapSize))
        {
            uwGapSize = OS_MEM_NODE_GET_ALIGNED_GAPSIZE(uwGapSize);
            pMem = (VOID * )((UINT32)pMem - uwGapSize);
        }
        pstNode = (LOS_MEM_DYN_NODE * )((UINT32)pMem - OS_MEM_NODE_HEAD_SIZE);
        uwRet = osMemCheckUsedNode(pPool, pstNode);              / * 检查 node 使用 * /
        if (uwRet == LOS_OK)
        {
            osMemFreeNode(pstNode, pPool);
        }
    } while(0);
    return uwRet;
}

static inline VOID osMemFreeNode(LOS_MEM_DYN_NODE * pstNode, VOID * pPool)
{
    LOS_MEM_DYN_NODE * pstNextNode = (LOS_MEM_DYN_NODE * )NULL;
    LOS_DL_LIST * pstListHead = (LOS_DL_LIST * )NULL;
        OS_MEM_REDUCE_USED(OS_MEM_NODE_GET_SIZE(pstNode -> uwSizeAndFlag));
    pstNode -> uwSizeAndFlag = OS_MEM_NODE_GET_SIZE(pstNode -> uwSizeAndFlag);
        if ((pstNode -> pstPreNode != NULL) &&
        (!OS_MEM_NODE_GET_USED_FLAG(pstNode -> pstPreNode -> uwSizeAndFlag)))
    {
        LOS_MEM_DYN_NODE * pstPreNode = pstNode -> pstPreNode;
            osMemMergeNode(pstNode); ? / * 和前一个节点合并 * /
        pstNextNode = OS_MEM_NEXT_NODE(pstPreNode);
        if (!OS_MEM_NODE_GET_USED_FLAG(pstNextNode -> uwSizeAndFlag))
        {
            LOS_ListDelete(&(pstNextNode -> stFreeNodeInfo));
            osMemMergeNode(pstNextNode);
        }
        LOS_ListDelete(&(pstPreNode -> stFreeNodeInfo));
        pstListHead = OS_MEM_HEAD(pPool, pstPreNode -> uwSizeAndFlag);
        if (NULL == pstListHead)
```

```
            {
                printf("%s %d\n", __FUNCTION__, __LINE__);
                return;
            }
            LOS_ListAdd(pstListHead,&(pstPreNode->stFreeNodeInfo));
        }
        else
        {
            pstNextNode = OS_MEM_NEXT_NODE(pstNode);
            if (!OS_MEM_NODE_GET_USED_FLAG(pstNextNode->uwSizeAndFlag))    /* 如果下一个节
点没有使用,则与下一个节点合并 */
            {
                LOS_ListDelete(&(pstNextNode->stFreeNodeInfo));
                osMemMergeNode(pstNextNode);
            }
            pstListHead = OS_MEM_HEAD(pPool, pstNode->uwSizeAndFlag); ? /* 按照新节点的大小
在 list 数组中找到合适的位置 */
            if (NULL == pstListHead)
            {
                printf("%s %d\n", __FUNCTION__, __LINE__);
                return;
            }
            LOS_ListAdd(pstListHead,&(pstNode->stFreeNodeInfo));
        }
```

2. Bestfit_ Little

LiteOS 的动态内存分配支持最佳适配算法,即 Bestfit_ Little,每次分配时选择内存池中最小、最适合的内存块进行分配。LiteOS 动态内存管理在最佳适配算法的基础上加入了 slab 机制(slab 的介绍可参见 2.2.4 节),用于分配固定大小的内存块,进而减小产生内存碎片的可能性。

LiteOS 内存管理中的 slab 机制支持可配置的 slab class 数目及每个 class 的最大空间,现以 slab class 数目为 4,每个 class 的最大空间为 512B 为例说明 slab 机制。在内存池中共有 4 个 slab class,每个 slab class 总共可分配 512B,第一个 slab class 被分为 32 个 16B 的 slab 块,第二个 slab class 被分为 16 个 32B 的 slab 块,第三个 slab class 被分为 8 个 64B 的 slab 块,第四个 slab class 被分为 4 个 128B 的 slab 块。这 4 个 slab class 是从内存池中按照最佳适配算法分配的。

初始化内存管理时,首先初始化内存池,然后在初始化后的内存池中按照最佳适配算法申请 4 个 slab class,再逐个按照 slab 内存管理机制初始化 4 个 slab class。

每次申请内存时,先在满足申请大小的最佳 slab class 中申请(比如用户申请 20B 内存,就在 slab 块大小为 32B 的 slab class 中申请),如果申请成功,就将 slab 内存块整块返回给用户,释放时整块回收。如果满足条件的 slab class 中已无可以分配的内存块,则继续按照最佳适配算法向内存池申请。需要注意的是,如果当前的 slab class 中无可用 slab 块,则直接向内存池申请,而不会继续向有着更大 slab 块空间的 slab class 申请。所使用的函数是 LOS_MemAlloc() 和 LOS_MemRealloc()。前者从指定动态内存池中申请 size 长度的

内存,后者按 size 大小重新分配内存块,并保留原内存块内容。另外,内核也支持对齐分配,
所使用函数为 LOS_MemAllocAlign()。分配内存代码如下:

```
LITE_OS_SEC_TEXT VOID * LOS_MemAlloc (VOID * pPool, UINT32 uwSize)
{
    VOID * pRet = NULL;
    if ((NULL == pPool) || (0 == uwSize))
    {
        return pRet;
    }
#if (LOSCFG_KERNEL_MEM_SLAB == YES)
    pRet = osSlabMemAlloc(pPool, uwSize);
    if(pRet == NULL)
#endif
        pRet = osHeapAlloc(pPool, uwSize);
    return pRet;
}
LITE_OS_SEC_TEXT_MINOR VOID * LOS_MemRealloc(VOID * pPool, VOID * pPtr, UINT32 uwSize)
{
    VOID * p = NULL;
    UINTPTR uvIntSave;
    struct LOS_HEAP_NODE * pstNode;
    UINT32 uwCpySize = 0;
#if (LOSCFG_KERNEL_MEM_SLAB == YES)
    UINT32 uwOldSize = (UINT32) - 1;
#endif
    UINT32 uwGapSize = 0;
    if ((int)uwSize < 0)
    {
        return NULL;
    }
    uvIntSave = LOS_IntLock();
    if ((NULL != pPtr) && (0 == uwSize))        /* 0 大小的空间申请和空闲区域是等价的 */
    {
        (VOID)LOS_MemFree(pPool, pPtr);
    }
    else if (NULL == pPtr)                       /* 使用空指针的请求被视为 malloc */
    {
        p = LOS_MemAlloc(pPool, uwSize);
    }
    else
    {
#if (LOSCFG_KERNEL_MEM_SLAB == YES)
        uwOldSize = osSlabMemCheck(pPool, pPtr);
        if (uwOldSize != (UINT32) - 1)
        {
            uwCpySize = uwSize > uwOldSize ? uwOldSize : uwSize;
        }
        else
```

```
# endif
    {
        uwGapSize = * ((UINT32 * )((UINT32)pPtr − 4));
        if (OS_MEM_GET_ALIGN_FLAG(uwGapSize))
        {
            return NULL;
        }
        pstNode = ((struct LOS_HEAP_NODE * )pPtr) − 1;
        uwCpySize = uwSize > pstNode − > uwSize ? pstNode − > uwSize : uwSize;
    }
    p = LOS_MemAlloc(pPool, uwSize);
    if (p != NULL)
    {
        (VOID)memcpy(p, pPtr, uwCpySize);
        (VOID)LOS_MemFree(pPool, pPtr);
    }
}
LOS_IntRestore(uvIntSave);
return p;
}
```

释放内存时,先检查释放的内存块是否属于 slab class,如果是 slab class 的内存块,则还回对应的 slab class 中,否则还回内存池中。

```
LITE_OS_SEC_TEXT UINT32 LOS_MemFree (VOID * pPool, VOID * pMem)
{
    BOOL bRet = FALSE;
    if ((NULL == pPool) || (NULL == pMem))
    {
        return LOS_NOK;
    }
    bRet = osHeapFree(pPool, pMem);
    return (bRet == TRUE ? LOS_OK : LOS_NOK);
}
```

6.4.3 osal 的 API 接口——内存相关

osal 中关于内存的 API 接口主要如下部分。

1. 动态内存分配 osal_malloc

其函数原型如下:

```
void * osal_malloc(size_t size)
{
    void * ret = NULL;
    if((NULL != s_os_cb) &&(NULL != s_os_cb − > ops) &&(NULL != s_os_cb − > ops − > malloc))
    {
        ret = s_os_cb − > ops − > malloc(size);
    }
    return ret;
}
```

2. 动态内存释放 osal_free

其函数原型如下:

```
void osal_free(void * addr)
{
    if((NULL != addr) && (NULL != s_os_cb) &&(NULL != s_os_cb->ops) &&(NULL != s_os_cb->
ops->free))
    {
        s_os_cb->ops->free(addr);
    }
    return;
}
```

3. 动态内存分配 osal_zalloc

其函数原型如下:

```
void * osal_zalloc(size_t size)
{
    void * ret = NULL;
    if((NULL != s_os_cb) &&(NULL != s_os_cb->ops) &&(NULL != s_os_cb->ops->malloc))
    {
        ret = s_os_cb->ops->malloc(size);
        if(NULL != ret)
        {
            (void) memset(ret,0,size);
        }
    }
    return ret;
}
```

4. 动态内存重分配 osal_realloc

其函数原型如下:

```
void * osal_realloc(void * ptr,size_t newsize)
{
    void * ret = NULL;
    if((NULL != s_os_cb) &&(NULL != s_os_cb->ops) &&(NULL != s_os_cb->ops->realloc))
    {
        ret = s_os_cb->ops->realloc(ptr,newsize);
    }
    return ret;
}
```

5. 动态内存分配(初始化 0)osal_calloc

其函数原型如下:

```
void * osal_calloc(size_t n, size_t size)
{
    void * ret = NULL;
```

```
    size_t len;
    len = n * size;
    ret = malloc(len);
    if(NULL != ret)
    {
        (void) memset(ret, 0,len);
    }
    return ret;
}
```

6.5　中断管理

与其他操作系统一样,LiteOS 操作系统也是当有中断请求产生时,CPU 暂停当前的任务,转而去响应外设请求。根据需要,用户通过中断申请,注册中断处理程序,可以指定CPU 响应中断请求时所执行的具体操作。

中断能打断任务的运行,无论该任务具有什么样的优先级,因此中断一般用于处理比较紧急的事件,而且只做简单处理,例如标记该事件。在使用 LiteOS 系统时,一般建议使用信号量、消息或事件标志组等标志中断的发生,将这些内核对象发布给处理任务,处理任务再做具体处理。

通过中断机制,在外设不需要 CPU 介入时,CPU 可以执行其他任务,而当外设需要CPU 时通过产生中断信号使 CPU 立即停止当前任务转而响应中断请求。这样可以使CPU 避免把大量时间耗费在等待、查询外设状态的操作上,因此将大大提高系统实时性以及执行效率。

需要注意的是,LiteOS 源码中有多处临界区的地方,临界区虽然保护了关键代码的执行不被打断,但会影响系统的实时性,任何使用了操作系统的中断响应都不会比裸机快。比如,某个时候有一个任务在运行中将中断屏蔽掉,也就是进入到了临界区中,这时如果有一个紧急的中断事件被触发,那么这个中断就不能得到及时执行,必须等到中断开启才可以得到执行。如果屏蔽中断的时间超过了紧急中断能够容忍的限度,对系统的危害是可想而知的。所以,操作系统的中断在某些时候会有适当的延迟,即使是调用中断屏蔽函数进入临界区的时候,也需快进快出。

（1）LOS_IntUnLock 函数,功能是开中断。要进行开中断管理首先需要在 los_config. h 中初始化宏定义:

```
# define LOSCFG_PLATFORM_HWI                              YES
```

（2）LOS_IntLock 函数,功能是关中断。需要注意的是,关中断后不能执行引起调度的函数。

（3）LOS_HwiCreate 函数,功能是创建硬中断,注册硬中断处理程序。其函数原型如下:

```
UINT32 LOS_HwiCreate(HWI_HANDLE_T   uwHwiNum,      //硬件的中断向量号
                     HWI_PRIOR_T    usHwiPrio,      //硬件中断优先级
```

```
HWI_MODE_T      usMode,          //硬件中断模式
HWI_PROC_FUNC pfnHandler,        //中断服务处理函数
HWI_ARG_T       uwArg)           //输入参数
```

需要注意的是,创建中断并不等于已经初始化中断了,真正的初始化还是由开发者编写程序实现的,所以注册之前,应先将中断初始完成。

(4) LOS_IntRestore 函数,功能是恢复到关中断之前的状态。中断恢复 LOS_IntRestore 的入口参数必须是与之对应的 LOS_IntLock 保存的关中断之前的 PRIMASK 的值。

(5) LOS_HwiDelete 函数,功能是删除硬中断。

```
UINT32 LOS_HwiDelete(HWI_HANDLE_T uwHwiNum)        //硬件中断向量号
```

在开发 LiteOS 中断特别是移植操作系统时,有两种模式:接管中断模式和不接管中断模式。目前推荐的是接管中断模式。华为 LiteOS 接管中断版本的中断支持包括:中断初始化、中断创建、中断删除、中断使能、中断屏蔽、中断共享。华为 LiteOS 不接管中断版本的中断支持包括中断使能和中断屏蔽。

接管中断模式的开发流程如下:

(1) 修改配置项。

(2) 打开硬中断裁剪开关:LOSCFG_PLATFORM_HWI 定义为 YES。

(3) 配置硬中断使用最大数:LOSCFG_PLATFORM_HWI_LIMIT(根据具体硬件平台,配置支持的最大中断数及中断初始化操作的寄存器地址。在 Cortex-M3、Cortex-M4、Cortex-M7 中基本无须修改,LiteOS 已经处理好,直接使用即可)。

(4) 调用中断初始化 LOS_HwiInit 接口。

(5) 调用中断创建接口 LOS_HwiCreate 创建中断,根据需要使能指定中断。

(6) 调用 LOS_HwiDelete 删除中断。

不接管中断的开发方式其实跟裸机差不多,需要开发者配置中断,并且使能中断,编写中断服务函数。在中断服务函数中使用内核 IPC 通信机制,一般建议使用信号量、消息或者事件标志组等标志事件的发生,将事件发布给处理任务,等退出中断后,再由相关处理任务具体处理中断。

下面代码说明在 LiteOS 接管中断模式下如何创建中断。

```
# include "los_hwi.h"
# include "los_typedef.h"
# include "los_api_interrupt.h"
# include "los_inspect_entry.h"
extern "C" {
static void Example_Exti0_Init()
{
    /* 开发者根据开发板硬件情况在添加 IRQ 初始化代码 */
        return;
}
static VOID User_IRQHandler(void)
```

```
{
    dprintf("\n User IRQ test\n");
        //LOS_InspectStatusSetByID(LOS_INSPECT_INTERRUPT,LOS_INSPECT_STU_SUCCESS);
    return;
}
UINT32 Example_Interrupt(VOID)
{
    UINTPTR uvIntSave;
    uvIntSave = LOS_IntLock();
    Example_Exti0_Init();
    LOS_HwiCreate(6, 0,0,User_IRQHandler,0);                /* 创建中断 */
    LOS_IntRestore(uvIntSave);
    return LOS_OK;
}
}
```

6.6　任务同步

任务同步模块主要包括信号量和互斥锁。

6.6.1　信号量

1. 概述

视频讲解

信号量(Semaphore)也称为信号、信号灯等,是在多线程环境下使用的一种设施,可以用来保证两个或多个关键代码段不被并发调用。在进入一个关键代码段之前,线程必须获取一个信号量;一旦该关键代码段完成,该线程就释放信号量。其他想进入该关键代码段的线程必须等待直到占有信号量的线程释放信号量。

信号量的概念是由荷兰计算机科学家迪杰斯特拉 Edsger W. Dijkstra 发明的,广泛应用于不同的操作系统中。在系统中,给予每个进程一个信号量,代表每个进程目前的状态,未得到控制权的进程会在特定地方被强迫停下来,等待可以继续进行的信号到来。如果信号量是一个任意的整数,通常被称为计数信号量(Counting semaphore),或一般信号量(general semaphore);如果信号量只有二进制的 0 或 1,称为二进制信号量(binary semaphore)。在 Linux 系统中,二进制信号量(binary semaphore)又称互斥锁(Mutex)。

信号量存在着两种操作,分别为 V 操作与 P 操作,V 操作会增加信号量 S 的数值,P 操作会减少它。

信号量的原理如下。

- 信号量初始化,为配置的 N 个信号量申请内存(N 值可以由用户自行配置,受内存限制),把所有的信号量初始化成未使用,并加入未使用链表中供系统使用。
- 信号量创建,从未使用的信号量链表中获取一个信号量资源,并设定初值。
- 信号量申请,若其计数器值大于 0,则直接减 1 返回成功;否则任务阻塞,等待其他任务释放该信号量,等待的超时时间可设定。当任务被一个信号量阻塞时,将该任务挂到信号量等待任务队列的队尾。

- 信号量释放,若没有任务等待该信号量,则直接将计数器加1返回;否则唤醒该信号量等待任务队列上的第一个任务。
- 信号量删除,将正在使用的信号量置为未使用信号量,并挂回到未使用链表。

信号量允许多个任务在同一时刻访问同一资源,但会限制同一时刻访问此资源的最大任务数目。当访问同一资源的任务数达到该资源的最大数量时,会阻塞其他试图获取该资源的任务,直到有任务释放该信号量。

2. 二进制信号量

二进制信号量常用于临界资源访问和同步。其中同步包括任务与任务间同步(如获取传感器数据任务、液晶屏幕刷新任务)以及任务与中断同步(如网络信息的接收处理)。

用作同步时,信号量在创建后置为空,任务1获取信号量而进入阻塞态,任务2在某种条件发生后,释放信号量,于是任务1获取信号量(如果优先级最高)得以进入就绪态,从而达到两个任务间的同步。

值得注意的是,中断服务函数中释放信号量,任务1也会得到信号量,从而达到任务与中断间的同步,实现了裸机编程中轮询标志位的方式,但是实时性更高,效率也更高。任务执行完毕不需要归还信号量。

3. 计数信号量

计数信号量多用于事件计数和资源管理。用于事件计数时,计数值表示还有多少个事件没有被处理;用于资源管理时,计数值表示系统中可用资源的数目(使用完资源后,必须归还信号量)。计数信号量允许多个任务获取信号量访问共享资源,但会限制任务的最大数目当访问的任务数达到可支持的最大数目时,会阻塞其他试图获取该信号量的任务,直到有任务释放了信号量。

4. 信号量在 LiteOS 中的使用

信号量在的相关信息在 LiteOS 中被放置在信号量控制块的结构体中,如下所示:

```
typedef struct
{
    UINT16        usSemStat;        /* 是否使用标志位 */
    UINT16        uwSemCount;       /* 信号量索引号 */
    UINT16        usMaxSemCount;    /* 信号量最大数,二值信号量最大为1,计数信号量最大 0xFFFF */
    UINT16        usSemID;          /* 信号量控制 ID */
    LOS_DL_LIST   stSemList;        /* 信号量阻塞列表,用于记录正在等待信号量的任务 */
} SEM_CB_S;
```

下面介绍 LiteOS 中信号量涉及的主要功能函数。

1) 二进制信号量创建函数 LOS_BinarySemCreate()

LOS_BinarySemCreate()负责创建二进制信号量。其函数如下:

```
UINT32 LOS_BinarySemCreate(UINT16 usCount,          /* 信号量可用个数[0,1] */
                           UINT32 * puwSemHandle)   /* 信号量 ID */
```

在创建二进制信号量的时候,只需要传入二进制信号量 ID 与初始化可用信号量个数即可,二进制信号量的最大容量为 OS_SEM_BINARY_MAX_COUNT ,也就是 1。

由于是二进制信号量,刚创建的时候可以让信号量有效,所以在第一次就可以获取到信号量,传入信号量的可用个数为1,在一些不需要立即获取到信号量的时候可以将信号量的可用个数设置为0。

2)计数型信号量创建函数 LOS_SemCreate()

LOS_SemCreate()负责创建计数型信号量。其函数原型如下:

```
UINT32 LOS_SemCreate(UINT16 usCount,              /*信号量可用个数[0,1] */
                     UINT32 * puwSemHandle)       /* _信号量 ID */
```

计数型信号量的最大容量为 OS_SEM_COUNTING_MAX_COUNT,也就是 0xFFFF,计数型信号量的创建可以默认初始化有效的信号量个数为0~0xFFFF。

3)信号量删除函数 LOS_SemDelete()

LOS_SemDelete()负责删除指定的信号量。其函数原型如下:

```
UINT32 LOS_SemDelete(UINT32 uwSemHandle)          /* 信号 ID */
```

信号量删除函数式根据信号量 ID 直接删除,值得注意的是,信号量在使用或者有任务在阻塞中等待该信号量的时候是不能删除的。

4)信号量释放函数 LOS_SemPost()

LOS_SemPost()负责释放指定的信号量。其函数原型如下:

```
UINT32 LOS_SemPost(UINT32 uwSemHandle)            /* 信号 ID */
```

使信号量变得有效的方式主要有:创建信号量时,初始化,设置一个可用的信号量个数;调用信号量释放函数 LOS_SemPost();在任务中、中断中使用;不能一直释放信号量,需要受可用信号量范围的限制。

5)信号量获取函数 LOS_SemPend()

```
UINT32 LOS_SemPend(UINT32 uwSemHandle,            /* 信号量 ID */
                   UINT32 uwTimeout)              /* 等待时间 */
```

当信号量有效的时候,任务才能获取信号量。每调用一次 LOS_SemPend()函数申请信号量,信号量的可用个数便减少一个,直至为 0。如果信号量无效,某任务调用该函数,则该任务便会进入阻塞态。需要注意的是,不允许在中断的上下文环境中获取信号量。

下面给出一段二进制信号量的代码。在使用信号量之前先要创建信号量。创建后,就可以调用 LOS_SemPend()得到一个信号量,调用 LOS_SemPost()释放一个信号量。

```
static VOID Example_SemTask1(VOID)
{
    UINT32 uwRet;
    dprintf("Example_SemTask1 try get sem g_usSemID ,timeout 10 ticks.\n");
/*获取信号量 */
    uwRet = LOS_SemPend(g_usSemID, 10);
    if (LOS_OK == uwRet)
```

```
        {
            LOS_SemPost(g_usSemID);                    /* 成功获取后释放信号量 */
            return;
        }
    }
LITE_OS_SEC_TEXT UINT32 LOS_SemPend(UINT32 uwSemHandle, UINT32 uwTimeout)
{
    UINT32      uwIntSave;
    SEM_CB_S     * pstSemPended;
    UINT32      uwRetErr;
    LOS_TASK_CB * pstRunTsk;
    pstSemPended = GET_SEM(uwSemHandle);
    pstRunTsk = (LOS_TASK_CB * )g_stLosTask.pstRunTask;      /* 得到正在运行的 task */
    pstRunTsk -> pTaskSem = (VOID * )pstSemPended;    /* 将要得到的信号量赋值给当前进程 */
    osTaskWait(&pstSemPended -> stSemList, OS_TASK_STATUS_PEND, uwTimeout);      /* 这个进程
插入到 pendlist 中,并建立一个 timer 来唤醒这个进程得到信号量 */
    (VOID)LOS_IntRestore(uwIntSave);
    LOS_Schedule();
     if (pstRunTsk -> usTaskStatus & OS_TASK_STATUS_TIMEOUT)
    {
        uwIntSave = LOS_IntLock();
        pstRunTsk -> usTaskStatus &= (~OS_TASK_STATUS_TIMEOUT);
        uwRetErr = LOS_ERRNO_SEM_TIMEOUT;
        goto errre_uniSemPend;
    }
    return LOS_OK;                 /* 规定的时间内信号量被唤醒,没有 timeout 则返回成功 */
errre_uniSemPend:
    (VOID)LOS_IntRestore(uwIntSave);
    OS_RETURN_ERROR(uwRetErr);
}/* 否则返回失败,获取信号量失败 */
 LITE_OS_SEC_TEXT VOID osTaskWait(LOS_DL_LIST * pstList, UINT32 uwTaskStatus, UINT32
uwTimeOut)
{
    LOS_TASK_CB * pstRunTsk;
    LOS_DL_LIST * pstPendObj;
    pstRunTsk = g_stLosTask.pstRunTask;
    osPriqueueDequeue(&pstRunTsk -> stPendList);
    pstRunTsk -> usTaskStatus &= (~OS_TASK_STATUS_READY);
    pstPendObj = &pstRunTsk -> stPendList;
    pstRunTsk -> usTaskStatus |= uwTaskStatus;
    LOS_ListTailInsert(pstList,pstPendObj);          /* 将这个进程插入到 pendlist 中 */
    if (uwTimeOut != LOS_WAIT_FOREVER)
    {
        pstRunTsk -> usTaskStatus |= OS_TASK_STATUS_TIMEOUT;
        osTaskAdd2TimerList((LOS_TASK_CB * )pstRunTsk, uwTimeOut);      /* 建立一个 timer 在
规定时间内唤醒这个进程 */
    }
}
LITE_OS_SEC_TEXT UINT32 LOS_SemPost(UINT32 uwSemHandle)
{
```

```
        UINT32      uwIntSave;
        SEM_CB_S    * pstSemPosted = GET_SEM(uwSemHandle);
        LOS_TASK_CB * pstResumedTask;
         if (!LOS_ListEmpty(&pstSemPosted - > stSemList))
        {
             pstResumedTask = OS_TCB_FROM_PENDLIST(LOS_DL_LIST_FIRST(&(pstSemPosted - >
    stSemList)));
            pstResumedTask - > pTaskSem = NULL;                /* 将要唤醒的 task 的 sem 置空 */
            osTaskWake(pstResumedTask, OS_TASK_STATUS_PEND);  /* 开始唤醒 task */
            (VOID)LOS_IntRestore(uwIntSave);                  /* 恢复中断 */
            LOS_Schedule();                                    /* 启动调度 */
        }
        else
        {
            pstSemPosted - > usSemCount++;
            (VOID)LOS_IntRestore(uwIntSave);
        }
        return LOS_OK;
```

6.6.2　osal 的信号量 API 接口

下面对 osal 中关于信号量的 API 接口做简要介绍。

1. 信号量创建 osal_semp_create

其函数原型如下：

```
bool_t osal_semp_create(osal_semp_t * semp, int limit, int initvalue)
{
    bool_t ret = false;
    if((NULL != s_os_cb) &&(NULL != s_os_cb - > ops) &&(NULL != s_os_cb - > ops - > semp_
create))
    {
        ret = s_os_cb - > ops - > semp_create(semp, limit, initvalue);
    }
    return ret;
}
```

2. 信号量等待 osal_semp_pend

其函数原型如下：

```
bool_t osal_semp_pend(osal_semp_t semp, unsigned int timeout)
{
    bool_t ret = false;
    if((NULL != s_os_cb) &&(NULL != s_os_cb - > ops) &&(NULL != s_os_cb - > ops - > semp_pend))
    {
        ret = s_os_cb - > ops - > semp_pend(semp, timeout);
    }
    return ret;
}
```

3. 信号量释放 osal_semp_post

其函数原型如下：

```
bool_t osal_semp_post(osal_semp_t semp)
{
    bool_t ret = false;
    if((NULL != s_os_cb) &&(NULL != s_os_cb->ops) &&(NULL != s_os_cb->ops->semp_post))
    {
        ret = s_os_cb->ops->semp_post(semp);
    }
    return ret;
}
```

4. 信号量删除 osal_semp_del

其函数原型如下：

```
bool_t osal_semp_del(osal_semp_t semp)
{
    bool_t ret = false;
    if((NULL != s_os_cb) &&(NULL != s_os_cb->ops) &&(NULL != s_os_cb->ops->semp_del))
    {
        ret = s_os_cb->ops->semp_del(semp);
    }
    return ret;
}
```

视频讲解

6.6.3 互斥锁

互斥锁又称互斥型信号量,是一种特殊的二进制信号量,用于实现对共享资源的独占式处理。

任何时刻互斥锁的状态都只有两种：开锁或闭锁。当有任务持时,互斥锁处于闭锁状态,这个任务获得该互斥锁的所有权。当该任务释放它时,该互斥锁被开锁,任务失去该互斥锁的所有权。当一个任务持有互斥锁时,其他任务将不能再对该互斥锁进行开锁或持有。

多任务环境下往往存在多个任务竞争同一共享资源的应用场景,互斥锁可被用于对共享资源的保护,从而实现独占式访问。另外,互斥锁可以解决信号量存在的优先级翻转问题。

用互斥锁处理非共享资源的同步访问时,如果有任务访问该资源,则互斥锁为加锁状态。此时其他任务如果想访问这个公共资源则会被阻塞,直到互斥锁被持有该锁的任务释放后,其他任务才能重新访问该公共资源,此时互斥锁再次上锁,如此可确保同一时刻只有一个任务正在访问这个公共资源,进而保证了公共资源操作的完整性。

华为 LiteOS 提供的互斥锁通过优先级继承算法解决优先级翻转问题。优先级继承算法是指：暂时提高某个占有资源的低优先级任务的优先级,使之与所有等待该资源的任务中优先级最高那个任务的优先级相等,而当这个低优先级任务执行完毕释放该资源时,优先级重新回到初始设定值。因此,继承优先级的任务避免了系统资源被任何中间优先级的任务抢占。

LiteOS中互斥锁使用的数据结构为名为互斥锁控制块的结构体,其代码如下:

```
typedef struct
{
    UINT8        ucMuxStat;    /* 互斥锁状态 OS_MUX_UNUSED,OS_MUX_USED */
    UINT16       usMuxCount;   /* 互斥锁锁定次数,usMuxCount = 0 时,表示互斥锁处于开锁状态 */
    UINT32       ucMuxID;      /* 互斥锁 ID */
    LOS_DL_LIST  stMuxList;    /* 互斥锁阻塞列表 */
    LOS_TASK_CB  * pstOwner;   /* 互斥锁持有者 */
    UINT16       usPriority;   /* 记录持有互斥锁任务的优先级,用于处理优先级反转问题 */
} MUX_CB_S;
```

1) 创建互斥锁 LOS_MuxCreate

LOS_MuxCreate 函数的功能是创建互斥锁。其函数原型如下:

```
UINT32  LOS_MuxCreate(UINT32 * puwMuxHandle)        /* 互斥锁 ID */
```

2) 申请互斥锁 LOS_MuxPend

LOS_MuxPend 函数的功能是申请指定的互斥锁。其函数原型如下:

```
UINT32 LOS_MuxPend(UINT32 uwMuxHandle,              /* 互斥锁 ID */
                   UINT32 uwTimeout)                /* 超时时间 */
```

互斥锁的申请模式有 3 种:

- 无阻塞模式。任务需要申请互斥锁,若该互斥锁当前没有任务持有,或者该互斥锁的任务和申请该互斥锁的任务为同一任务,则申请成功。
- 永久阻塞模式。任务需要申请互斥锁,若该互斥锁当前没有被占用则申请成功;否则该任务进入阻塞态,系统切换到就绪任务中优先级最高者继续执行,任务进入阻塞态,直到有其他任务释放该互斥锁,阻塞任务才会重新得以执行。
- 定时阻塞模式。任务需要申请互斥锁,若该互斥锁当前没有被占用,则申请成功;否则该任务进入阻塞态,系统切换到就绪任务中优先级最高者继续执行。

任务进入阻塞态后,指定时间超时前有其他任务释放该互斥锁,或者用户指定时间超时后,阻塞任务才会重新得以执行。

如果互斥锁获取成功,那么要在使用完毕需要理解释放,否则很容易造成其他任务无法获取互斥量。

3) 释放互斥锁 LOS_MuxPost

LOS_MuxPost 函数的功能是释放指定的互斥锁。其函数原型如下:

```
UINT32 LOS_MuxPost(UINT32 uwMuxHandle)              /* 互斥锁 ID */
```

如果有任务阻塞于指定互斥锁,则唤醒最早被阻塞的任务,该任务进入就绪态,并进行任务调度。如果没有任务阻塞于指定互斥锁,则互斥锁释放成功。

4）删除互斥锁 LOS_MuxDelete

LOS_MuxDelete 函数的功能是删除指定的互斥锁。其函数原型如下：

```
UINT32  LOS_MuxDelete(UINT32 uwMuxHandle)          /* 互斥锁 ID */
```

6.6.4　osal 的互斥锁的 API 接口

下面对 osal 中关于互斥锁的 API 接口做简要介绍。

1. 互斥锁创建 osal_mutex_create

其函数原型如下：

```
bool_t osal_mutex_create(osal_mutex_t * mutex)
{
    bool_t ret = false;
    if((NULL != s_os_cb) &&(NULL != s_os_cb->ops) &&(NULL != s_os_cb->ops->mutex_
create))
    {
        ret = s_os_cb->ops->mutex_create(mutex);
    }
    return ret;
}
```

2. 互斥锁上锁 osal_mutex_lock

其函数原型如下：

```
bool_t osal_mutex_lock(osal_mutex_t mutex)
{
    bool_t ret = false;
    if((NULL != s_os_cb) &&(NULL != s_os_cb->ops) &&(NULL != s_os_cb->ops->mutex_lock))
    {
        ret = s_os_cb->ops->mutex_lock(mutex);
    }
    return ret;
}
```

3. 互斥锁解锁 osal_mutex_unlock

其函数原型如下：

```
bool_t osal_mutex_unlock(osal_mutex_t mutex)
{
    bool_t ret = false;
    if((NULL != s_os_cb) &&(NULL != s_os_cb->ops) &&(NULL != s_os_cb->ops->mutex_
unlock))
    {
        ret = s_os_cb->ops->mutex_unlock(mutex);
    }
    return ret;
}
```

4. 互斥锁删除 osal_mutex_del

其函数原型如下：

```
bool_t osal_mutex_del(osal_mutex_t mutex)
{
    bool_t ret = false;

    if((NULL != s_os_cb) &&(NULL != s_os_cb->ops) &&(NULL != s_os_cb->ops->mutex_del))
    {
        ret = s_os_cb->ops->mutex_del(mutex);
    }
    return ret;
}
```

6.7 IPC 通信

LiteOS 中 IPC 通信主要由事件和队列完成。

6.7.1 事件

1. 概述

事件是一种实现任务间通信的机制，可用于实现任务间的同步，但事件通信只能是事件类型的通信，无数据传输。一个任务可以等待多个事件的发生：可以是任意一个事件发生时唤醒任务进行事件处理；也可以是几个事件都发生后才唤醒任务进行事件处理。事件集合用 32 位无符号整型变量来表示，每一位代表一个事件。

在多任务环境下，任务之间往往需要同步操作，一个等待即是一个同步。事件可以提供一对多、多对多的同步操作。一对多同步模型即一个任务等待多个事件的触发；多对多同步模型即多个任务等待多个事件的触发。

任务可以通过创建事件控制块来实现对事件的触发和等待操作。华为 LiteOS 的事件仅用于任务间的同步，不提供数据传输功能。

事件能够在一定程度上代替信号量，用于任务与任务间，中断与任务间的同步，但与信号量不同的是，事件的发送操作是不可累计的，而信号量的释放动作是可以累计的；事件接收任务可以等待多种事件，信号量只能识别单一同步动作，而不能同时等待多个事件的同步；各个事件可以分别发送或一起发送给事件对象。

事件具有如下特点：

（1）事件不与任务关联，事件相互独立，一个 32 位的变量，用于标识该任务发生的事件类型，其中每一位表示一种事件类型（0 表示该事件类型未发生，1 表示该事件类型已经发生），一共 31 种时间类型（第 25 位保留）。

（2）事件仅用于同步，不提供数据传输功能。

（3）事件无排他性，即多次向任务设置同一事件（如果该任务尚未执行），等效于只设置一次。

（4）允许多个任务对同一事件进行读写操作。

（5）支持事件等待超时机制。

2. 事件控制块

任务通过创建事件控制块来实现对事件的触发和等待操作,任务通过"逻辑与"或"逻辑或"与一个事件或多个事件建立关联,形成一个事件集合(事件组),事件的"逻辑或"也称为独立型同步,事件的"逻辑与"也称为关联型同步。

LiteOS 事件控制块代码如下:

```
typedef struct tagEvent
{
    UINT32 uwEventID;                  /* 标识发生的事件类型位,事件掩码 */
    LOS_DL_LIST      stEventList;      /* 读取事件任务链表 */
} EVENT_CB_S, * PEVENT_CB_S;
```

其中,uwEventID 用于标识该任务发生的事件类型,其中每一位表示一种事件类型(0 表示该事件类型未发生、1 表示该事件类型已经发生),一共 31 种事件类型,第 25 位系统保留。链表 stEventList 用来记录等待事件的任务,所有在等待此事件的任务均会被挂载到事件阻塞列表 stEventList 中。

3. 事件的运行机制

事件的运行机制包括读事件、写事件、清除事件和事件唤醒。

1) 读事件

内核可以根据入参事件掩码类型 uwEventMask 读取时间的单个或多个事件类型,当事件读取成功后,如果设置 LOS_WAITMODE_CLR,则会清除已读取到的事件类型;反之需要显式地清除读取事件时,用户可以通过入口参数选择读取所有事件或任意事件。

2) 写事件

内核对指定事件写入指定的事件类型(事件掩码),设置事件集合的某些位为 1。内核可以一次同时写多个事件类型,写事件成功会触发任务调度。

3) 清除事件

内核根据入口参数事件 ID 和待清除的事件类型,对事件对应位进行清 0 操作。

4) 事件唤醒

当任务因为等待某个或者多个事件发生而进入阻塞态,当事件发生的时候会被唤醒。

4. 功能函数

1) 事件初始化函数 LOS_EventInit

LOS_EventInit 函数负责初始化一个事件控制块。其函数原型如下:

```
UINT32 LOS_EventInit(PEVENT_CB_S pstEventCB)          //pstEventCB 事件控制块
```

使用时,需要注意,先创建一个事件控制块,传入的是事件控制块地址。

2) 事件销毁函数 LOS_EventDestroy

LOS_EventDestroy 函数负责销毁指定的事件控制块。其函数原型如下:

```
UINT32 LOS_EventDestory(PEVENT_CB_S pstEventCB)          // pstEventCB 事件控制块
```

使用时,需要注意,先创建一个事件控制块,传入的是事件控制块地址。

3) 写入指定事件函数 LOS_EventWrite

LOS_EventWrite 函数负责写指定的事件类型。其函数原型如下:

```
UINT32 LOS_EventWrite(PEVENT_CB_S pstEventCB,          //事件控制块
                      UINT32 uwEvents)                 //用户指定的事件标志
```

4) 读指定事件函数 LOS_EventRead

LOS_EventRead 函数负责读取指定事件类型,超时时间为相对时间,单位为 Tick。其函数原型如下:

```
UINT32 LOS_EventRead(PEVENT_CB_S pstEventCB,           // 事件控制块
                     UINT32 uwEventMask,               // 用户定义的事件掩码
                     UINT32 uwMode,                    // 事件读取模式
                     UINT32 uwTimeOut)                 // 超时时间
```

调用 LOS_EventRead 函数接口时,系统首先根据用户指定参数和接收模式来判断任务要等待的事件是否发生。如果已经发生,则根据参数 uwMode 来决定是否清除事件的相应标志位,并且返回事件的值,但是这个值不是一个稳定的值,所以在等待到对应事件的时候,还需要判断事件是否与任务需要的一致。如果事件没有发生,则把任务添加到事件阻塞列表中,把任务感兴趣的事件标志值和等待模式记录下来,直到事件发生或等待时间超时。

在读事件(获取事件)时,可以选择读取模式,来选择用户感兴趣的事件,读取模式可以分为 3 种,如下所示。

(1) 所有事件,LOS_WAITMODE_AND(逻辑与):读取掩码中所有事件类型,只有读取的所有事件类型都发生了,才能读取成功。

(2) 任一事件,LOS_WAITMODE_OR(逻辑或):读取掩码中任一事件类型,读取的事件中任意一种事件类型发生了,就可以读取成功了。

(3) 清除事件,LOS_WAITMODE_CLR:下面两种方法表示事件读取成功后,对应事件类型位会被自动清除。

```
LOS_WAITMODE_AND | LOS_WAITMODE_CLR
LOS_WAITMODE_OR | LOS_WAITMODE_CLR
```

如果没有设置自动清除,则需要进行手动清除。

(4) 清除指定事件函数 LOS_EventClear

LOS_EventClear 函数负责清除指定的事件类型。其函数原型如下:

```
UINT32 LOS_EventClear(PEVENT_CB_S pstEventCB,          // 事件控制块
                      UINT32 uwEvents)                 // 用户指定的事件标志
```

需要注意的是,系统初始化之前不能调用读写事件接口。在中断中,可以对事件对象进行写操作,但不能进行读操作。

6.7.2　消息队列

1. 概述

消息队列又称队列,是一种常用于任务间通信的数据结构,用于接收来自任务或中断的不固定长度的消息,并根据不同的接口选择传递消息是否存放在自己空间。任务能够从队列中读取消息,当队列中的消息是空时,挂起读取任务;当队列中有新消息时,挂起的读取任务被唤醒并处理新消息。

用户在处理业务时,消息队列提供了异步处理机制,允许将一个消息放入队列,但并不立即处理它,同时队列还能起到缓冲消息的作用。

LiteOS中使用队列数据结构实现任务异步通信工作,消息数据传输支持值传递(复制)和引用传递两种方式,LiteOS中的队列具有如下特性:

(1) 消息以先进先出(FIFO)方式排队,支持异步读写工作方式。

(2) 读队列和写队列都支持超时机制。

(3) 发送消息类型由通信双方约定,可以允许不同长度(不超过队列节点最大值)的消息。

(4) 一个任务能够从任意一个消息队列接收和发送消息。

(5) 多个任务能够从同一个消息队列接收和发送消息。

(6) 当队列使用结束后,如果是动态申请的内存,则需要通过释放内存函数回收。

2. 队列运行原理

队列运行主要包括创建队列、读写队列和删除队列。

创建队列时,根据用户传入队列长度和消息节点大小来开辟相应的内存空间以供该队列使用,返回队列ID。在队列控制块中维护一个消息头节点位置Head和一个消息尾节点位置Tail来表示当前队列中消息存储情况。Head表示队列中被占用消息的起始位置。Tail表示队列中空闲消息的起始位置。刚创建时,Head和Tail均指向队列起始位置。

写队列时,根据Tail找到被占用消息节点末尾的空闲节点作为数据写入对象。如果Tail已经指向队列尾则采用回卷方式。根据usWritableCnt判断队列是否可以写入,不能对已满(usWritableCnt为0)队列进行写队列操作。

读队列时,根据Head找到最先写入队列中的消息节点进行读取。如果Head已经指向队列尾则采用回卷方式。根据usReadableCnt判断队列是否有消息读取,对全部空闲(usReadableCnt为0)的队列进行读队列操作会引起任务挂起。

删除队列时,根据传入的队列ID寻找到对应的队列,把队列状态置为未使用,释放原队列所占的空间,对应的队列控制头置为初始状态。图6-20显示了队列读写数据操作情况。

3. 主要功能函数

1) 创建消息队列函数 LOS_QueueCreate()

当消息队列被创建时,系统会为控制块分配对应的内存空间,用于保存消息队列的消息存储位置、头指针、尾指针、消息大小以及队列长度等。使用函数为LOS_QueueCreate(),其函数原型如下:

```
UINT32 LOS_QueueCreate(CHAR * pcQueueName,      /* 消息队列的名称,暂时未使用 */
                       UINT16 usLen,            /* 队列长度 */
```

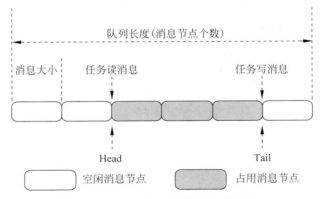

图 6-20　队列读写数据操作示意图

```
                              UINT32 * puwQueueID,        /* 成功创建的队列控制结构 ID,需要用户在
                                                             创建前定义 */
                              UINT32 uwFlags,             /* 队列参数,保留参数,暂时不使用 */
                              UINT16 usMaxMsgSize )       /* 最大消息字节 */
{
...
}
/* 队列控制块 */
typedef struct tagQueueCB
{
    UINT8        * pucQueue;              /* 队列指针 */
    UINT16       usQueueState;            /* 队列状态 */
    UINT16       usQueueLen;              /* 队列中消息个数 */
    UINT16       usQueueSize;             /* 消息节点大小 */
    UINT16       usQueueID;               /* 队列 ID */
    UINT16       usQueueHead;             /* 消息头节点位置 */
    UINT16       usQueueTail;             /* 消息尾节点位置 */
    UINT16       usReadWriteableCnt[2];   /* 可读或者可写资源的计数 0:可读,1:可写 */
    LOS_DL_LIST  stReadWriteList[2];      /* 指向要读取或写入的链表的指针 0:读列表 */
    LOS_DL_LIST  stMemList;               /* 指向内存链表的指针 */
} QUEUE_CB_S;
```

2）消息队列删除函数 LOS_QueueDelete()

LOS_QueueDelete()函数负责删除指定消息队列,其函数原型如下:

```
UINT32 LOS_QueueDelete(UINT32 uwQueueID)
```

3）不带副本消息队列写数据函数 LOS_QueueWrite()

LOS_QueueWrite()函数负责指定消息队列写数据。其函数原型如下:

```
UINT32 LOS_QueueWrite(UINT32 uwQueueID,          // 队列 ID
                VOID * pBufferAddr,              // 存储写入的数据的起始地址
                UINT32 uwBufferSize,             // 存入缓存区的大小
                UINT32 uwTimeOut);               // 等待时间(0~LOS_WAIT_FOREVER)
```

写入队列时需要注意几点：在使用写入队列的操作前应先创建要写入的队列；在中断上下文环境中，必须使用非阻塞模式写入，也就是等待时间为 0 个 Tick；在初始化 LiteOS 之前无法调用此 API；将写入由 uwBufferSize 指定大小的数据，数据存储在 BufferAddr 指定的地址，该数据地址必须有效，否则会发生错误；写入队列节点中的是数据的地址。

4）带副本写入函数 LOS_ QueueWriteCopy()

其函数原型如下：

```
UINT32 LOS_QueueWriteCopy(UINT32 uwQueueID,          // 队列 ID
                    VOID * pBufferAddr,              // 存储写入的数据的起始地址
                    UINT32 uwBufferSize,             // 存入缓存区的大小
                    UINT32 uwTimeOut);               // 等待时间(0～LOS_WAIT_FOREVER)
```

5）消息队列读数据函数 LOS_ QueueRead()(不带副本方式读出)

其函数原型如下：

```
UINT32 LOS_QueueRead(UINT32 uwQueueID,          // 队列 ID
                    VOID * pBufferAddr,          // 存储写入的数据的起始地址
                    UINT32 uwBufferSize,         // 存入缓存区的大小
                    UINT32 uwTimeOut);           // 等待时间(0～LOS_WAIT_FOREVER)
```

需要注意的是，在使用读取队列的操作前应先创建要写入的队列；队列读取采用的是先进先出(FIFO)模式。

6）消息队列读数据函数 LOS_ QueueReadCopy()(带副本方式读出)

其函数原型如下：

```
UINT32 LOS_QueueReadCopy(UINT32  uwQueueID,          /* 队列 ID */
                    VOID *   pBufferAddr,           /* 存储获取数据的起始地址，对应存放的
                                                       是消息队列中的数据 */
                    UINT32 * puwBufferSize,         /* 保存读取之后数据大小的值 */
                    UINT32   uwTimeOut)             /* 等待时间 */
```

LOS_QueueReadCopy()和 LOS_QueueWriteCopy()是一组接口，LOS_QueueRead()和 LOS_QueueWrite()是一组接口，两组接口应配套使用。

6.8 软件定时器

1. 概述

软件定时器是基于系统 Tick 时钟中断，且由软件来模拟的定时器，经过设定的 Tick 时钟计数值后触发用户定义的回调函数(类似硬件的中断服务函数)。由定义可知，定时精度与系统 Tick 时钟的周期有关。在操作系统中，软件定时器以系统节拍周期为计时单位。软件定时器所定时的数值必须是这个节拍周期的整数倍。软件定时器回调函数的上下文是任务，且回调函数中不能有任何阻塞任务运行的情况。

LiteOS 通过一个软件定时器任务 osSwTmrTask 来管理软件定时器。LiteOS 的软件定时器有两种工作模式：单次模式和周期模式。单次模式是当用户创建了定时器并启动定时器后，定时时间到了，只执行一次回调函数就将该定时器删除，不再重新执行。周期模式是定时器会按照设定的定时时间循环执行回调函数，直到用户将定时器删除为止。其结构体如下：

```
enum enSwTmrType {
                    LOS_SWTMR_MODE_ONCE,              /* 单次模式 */
                    LOS_SWTMR_MODE_PERIOD,           /* 周期模式 */
                    LOS_SWTMR_MODE_NO_SELFDELETE,    /* 单次模式,但不能删除自己 */
                    LOS_SWTMR_MODE_OPP,              /* 在一次性定时器完成定时后,启用定期
                                                        软件定时器.暂时不支持此模式 */
};
```

LiteOS 软件定时器使用了 LiteOS 系统的一个队列和一个任务资源，软件定时器的触发遵循队列规则，先进先出，定时时间短的总是比定时时间长的靠近队列头。软件定时器以 Tick 为基本定时单位，当用户创建并启动一个软件定时器时，LiteOS 会根据当前系统 Tick 时间及用户设置的定时时间间隔确定该定时器的到期 Tick 时间，并将该定时器控制结构挂入计时全局链表。当 Tick 中断到来时，在 Tick 中断处理函数中扫描定时器的计时全局链表，看是否有定时器超时，若有，则将超时的定时器记录下来。如果软件定时器的定时时间到来，那么在 Tick 中断处理函数结束后，软件定时器任务 osSwTmrTask(优先级最高)被唤醒，在该任务中调用之前记录下来的定时器的超时函数。

2. 定时器状态和定时器控制块

LiteOS 定时器有 3 种状态：

(1) OS_SWTMR_STATUS_UNUSED(未使用)，系统在定时器模块初始化的时候将系统中所有定时器资源初始化成该状态。

(2) OS_SWTMR_STATUS_CREATED(创建未启动/停止)，在未使用状态下，调用 LOS_SwtmrCreate()函数，或者是定时器启动并调用 LOS_SwtmrStop()函数后，定时器变成该状态。

(3) OS_SWTMR_STATUS_TICKING(计数)，在定时器创建后调用 LOS_SwtmrStart()函数，定时器将变成该状态，表示定时器运行时的状态。

LiteOS 定时器控制块如下：

```
typedef struct tagSwTmrCtrl
{
    struct tagSwTmrCtrl * pstNext;        /* 指向下一个软件定时器的指针 */
    UINT8             ucState;             /* 软件定时器状态 */
    UINT8             ucMode;              /* 软件定时器模式 */
# if (LOSCFG_BASE_CORE_SWTMR_ALIGN == YES)  /* 如果定义了 LOSCFG_BASE_CORE_SWTMR_ALIGN */
    UINT8             ucRouses;            /* 使用软件定时器唤醒 */
    UINT8             ucSensitive;         /* 使用软件定时器对齐 */
# endif
    UINT16            usTimerID;           /* 软件定时器 ID */
```

```
        UINT32              uwCount;              /* 软件定时器计数值,用来记录软件定时器到来的剩余时
                                                     间 */
        UINT32              uwInterval;           /* 软件定时器的超时时间间隔,或者说定时周期 */
        UINT32              uwArg;                /* 调用处理软件定时器超时的回调函数时传入的参
                                                     数 */
        SWTMR_PROC_FUNCpfnHandler;                /* 处理软件定时器超时的回调函数 */
} SWTMR_CTRL_S;
```

3. 功能函数

1) 定时器创建函数 LOS_SwtmrCreate()

LOS_SwtmrCreate()负责创建定时器。其函数原型如下:

```
UINT32 LOS_SwtmrCreate( UINT32 uwInterval,                    /* 软件定时器定时时间 */
                        UINT8 ucMode,                         /* 软件定时器工作模式 */
                        SWTMR_PROC_FUNC pfnHandler,           /* 软件定时器回调函数 */
                        UINT16 * pusSwTmrID,                  /* 软件定时器 id */
                        UINT32 uwArg,                         /* 软件定时器传入参数 */
#if (LOSCFG_BASE_CORE_SWTMR_ALIGN == YES)
                        UINT8 ucRouses,
                        UINT8 ucSensitive
#endif
                      )
```

2) 定时器删除函数 LOS_SwtmrDelete()

LOS_SwtmrDelete()负责删除定时器。其函数原型如下:

```
UINT32 LOS_SwtmrDelete(UINT16 usSwTmrID)              /* 定时器 ID */
```

3) 定时器启动函数 LOS_SwtmrStart()

LOS_SwtmrStart()负责启动定时器。其函数原型如下:

```
UINT32 LOS_SwtmrStart(UINT16 usSwTmrID)              /* 定时器 ID */
```

软件定时器需要手动启动。在启动的过程中,会将要插入的软件定时器按照其被唤醒的时间进行排序,距离唤醒时间短的软件定时器排在前边,距离唤醒时间长的排在后面。

4) 定时器停止函数 LOS_SwtmrStop()

LOS_SwtmrStop()负责停止定时器。

```
UINT32 LOS_SwtmrStop(UINT16 usSwTmrID)              /* 定时器 ID */
```

需要注意的是,删除软件定时器之前应先停止软件定时器。

6.9 第一个 LiteOS 程序

视频讲解

本节介绍基于 IOT Studio 开发环境的第一个程序 Helloworld。

打开 IoT Studio,单击创建 IoT Studio 工程。填写工程设置,需要注意工程名称和目录

中不可以有中文或者空格。

SDK 版本选择最新的 IoT_LINK 版本,当前最新版本为 1.0.0。

硬件平台选择 STM32L431RC_BearPi。

示例工程选择 hello_world_demo,如图 6-21 所示。

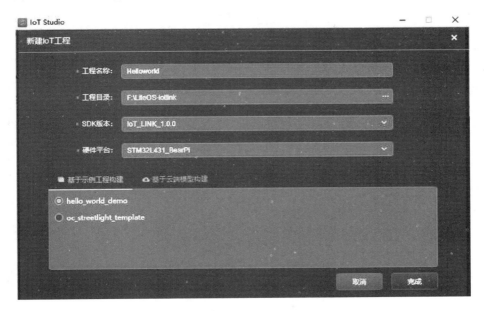

图 6-21 工程设置

为了用户开发方便,SDK 的代码不会出现在 IoT Studio 中,IoT Studio 中只有用户的目标工程代码(target),但是,SDK 的代码会在编译时被编译进工程。

接下来编写 Helloworld 示例代码。代码中创建了一个名称为 helloworld、优先级为 2 的任务,该任务每隔 4s 在串口打印一次数据,代码如下:

```
# include < osal. h >
static int app_hello_world_entry()
{
    while (1)
    {
        printf("Hello World! This is LiteOS!\r\n");
        osal_task_sleep(4 * 1000);          /* osal 代表了 SDK 对于 LiteOS 内核函数的封装 */
    }
}
int standard_app_demo_main()
{
    osal_task_create("helloworld",app_hello_world_entry,NULL,0x400,NULL,2);
                            /* osal 代表了 SDK 对于 LiteOS 内核函数的封装 */
    return 0;
}
```

IoT Studio 使用 arm-none-eabi-gcc 工具链进行编译,使用 Make 工具构建编译,使用
*.mk 文件留给用户配置一些 makefile 中的选项。

设置编译器和 Make 工具路径。在 IoT Studio 中选择"工程"→"工程配置",打开"工
程配置"对话框,选择"编译器"选项,配置编译器路径和 Make 路径,如图 6-22 所示。

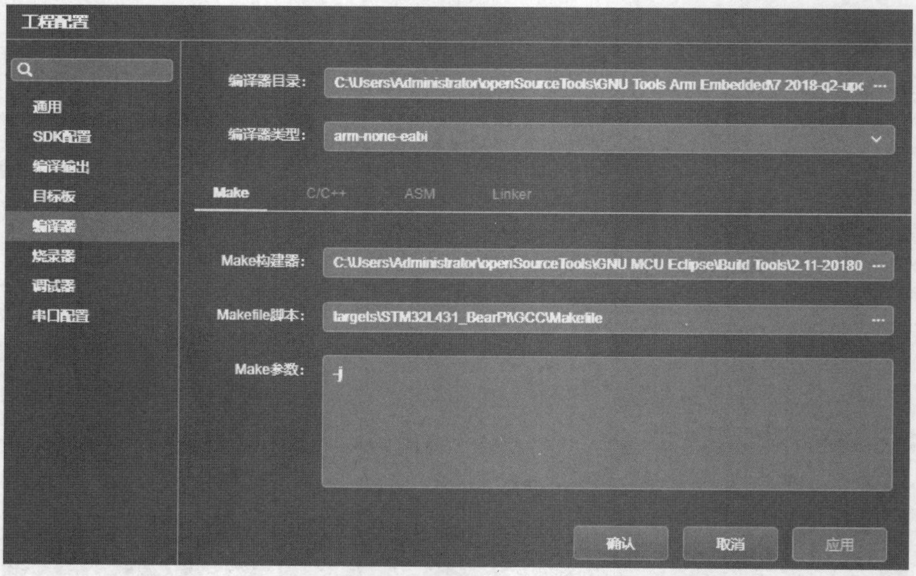

图 6-22　配置编译器路径和 Make 路径

指定 Makefile 之后,单击"确认"按钮即可编译整个工程,所有的编译输出信息会在控
制台显示,如图 6-23 所示。

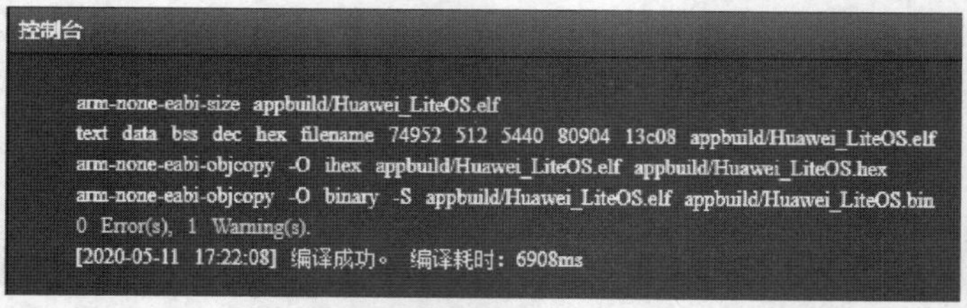

图 6-23　编译输出信息

IoT Studio 支持使用 Jlink 或者 ST-Link 下载程序。小熊派开发板板载 ST-Link 下载
器,并且是 STLink-v2.1 版本,所以使用 OpenOCD 通过 ST-Link 进行下载,下载设置如
图 6-24 所示。

设置完成之后,连接小熊派开发板到 PC,单击"下载"按钮即可。

IoT Studio 集成了串口终端,可以很方便地查看串口输出信息。在控制台会显示串口
终端界面,单击打开串口按钮即可,可以看到 Demo 程序在串口的输出如图 6-25 所示。

从图 6-25 中可以发现,Helloworld 程序已经顺利下载。

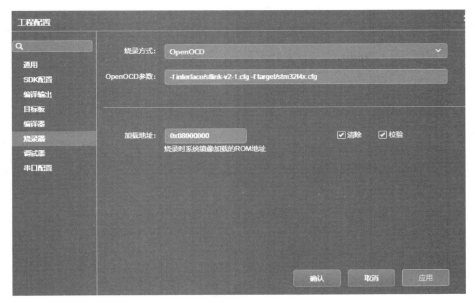

图 6-24 下载设置

图 6-25 串口的输出

6.10 小结

本章介绍了 LiteOS 的内核、SDK、内存管理、中断管理、任务同步等物联网操作系统的相关知识，LiteOS 内核以及 LiteOS SDK 的良好组合实现端侧的资源管理、系统控制以及端云的通信的基础，使其有了出色的开发应用环境和安全框架。有关 LiteOS 的移植案例，将在第 7 章中进行阐述。

习题

1. LiteOS 内核可分为哪些层次？
2. LiteOS 与 LiteOS SDK 之间有何关系？
3. LiteOS 是如何启动的？
4. 华为 LiteOS SDK 是如何分类的？
5. LiteOS 的任务是如何切换的？有哪些状态？
6. 任务管理模块主要具有哪些功能？
7. 静态内存管理和动态内存管理有何区别？LiteOS 中分别采用了哪些算法？
8. 尝试下载 IOT Studio 开发环境，仿照 6.9 节编写测试程序。

## 第 7 章

物联网操作系统的移植

移植是把程序从一个运行环境转移到另一个运行环境。在主机-开发机的交叉模式下，就是将主机上的程序下载到目标机上运行。移植通常分为操作系统移植和驱动移植，本章介绍物联网操作系统的移植。由于物联网设备存在巨大的复杂性和异构性，并且目前也没有唯一的标准，物联网操作系统也有数十种之多，因此很难有一种覆盖物联网全领域的操作系统移植的方法。因此，本章分别介绍了嵌入式 Linux 和华为 LiteOS 两种有代表性的操作系统移植的方法和过程。这两种操作系统分别对应具有较强算力和较大存储单元的设备（如物联网网关等）及资源受限型设备（如各种感知层的终端），基本涵盖了物联网操作系统的移植对象。物联网终端读者已经比较熟悉了，这里简要介绍物联网网关。

物联网网关能够成为连接无线传感网络与传统通信网络的纽带，完成无线传感网络、传统通信网络以及其他不同类型网络之间的协议转换，实现局域和广域的数据互联。此外，物联网网关还需要具备设备管理功能，运营商也可以通过物联网网关设备管理底层的各感知节点，了解各节点的相关信息，并实现远程控制。

从功能上讲，物联网的网关或者说智能网关主要实现以下 3 个功能。

1. 感知网络接入

物联网智能网关需要具有感知网络接入的能力。感知网络主要由功能各异的传感器网络构成，这些传感器设备主要包括摄像头、读卡器、标签、声敏传感器、压敏传感器、温敏传感器等。获取这些传感器感知信息的方式可谓是千差万别，至今没有统一的标准，主要的接入方式可分为有线接入和无线接入。主流的有线接入方式包括 CAN、RS232/RS485、以太网等，CAN 多用于汽车计算机控制系统，RS232/RS485 主要用于一些较老的设备控制和低速率数据传输，以太网对于远距离、大信息量的传感器数据传输是非常可靠有效的。

主流的无线接入方式包括 ZigBee、Bluetooth、IrDA、WiFi，它们都属于近程通信的范畴。ZigBee 具有功耗低、组网灵活等特点，该技术一般用作低速率短距离无线传输和控制。Bluetooth 主要用于实时性较高的系统，如鼠标、键盘、耳机等。IrDA 利用红外线进行点到点的传输，红外传输设备的特点是体积小、功耗低、成本低等，由于红外线传输只能是点对点地无遮挡传输，所以在一定程度上会受到应用环境的限制。

2. 异构网络互通

物联网智能网关需要具有异构网络互通的能力。由于不同的传感器网络对感知信息采用不同的协议封装，这将导致网络间数据的软隔离，一方面，物理上已相互连接的感知网络之间无法完成通信，另一方面，感知网络无法与核心交换网络完成通信进而感知数据无法被远程访问,因此需要设置协议网关来解决此问题。

在传统的利用 RS232/RS485 通信的传感器网络中,总线标准和协议较多,比较通用的是 Modbus 协议、Profibus 协议、Interbus 协议,其中 Modbus 协议被广泛用在智能交通、智能农业、智能建筑中。

由于 Internet 以及由以太网和 WiFi 接入的传感器网络都是基于 TCP/IP 协议栈,若远程用户需要对采用 Modbus 协议的设备进行访问和控制,则必须对 Modbus 报文按照 TCP/IP 协议进行应用层封装或协议转换。

目前,新一代的 IPv6 协议将逐步取代 IPv4 协议,而 IPv4 向 IPv6 过渡的阶段是一个长期的过程,在这个过程中,IPv4 网络将和 IPv6 网络处于共存状态,因此物联网网关需要解决 IPv4 网络与 IPv6 网络的互通问题。

3. 通信与数据格式标准化

物联网网关需要具有监测控制管理的能力和兼容新节点接入的能力。这里的监测控制管理,包括对接入传感器状态和感知信息的集中监测以及对传感器和网关自身的控制、管理。一方面,网关中的各功能模块要做到可以灵活控制,配置方式要做到简单、多种方式、人机友好;另一方面,既能通过本地网络、串口进行控制,又能远程跨网段进行集中管理。

此外,不同的物联网节点种类非常丰富。监测控制管理的内容不仅包括网关节点自身的状态和功能,还要包括接入传感器网络的状态和信息。为了实现这些功能,就必须让所有的智能网关节点都使用标准化的通信方式,才能使整个物联网系统具有高可维护性。

本章首先介绍针对物联网网关的嵌入式 Linux 移植的相关知识,其次介绍交叉开发环境和交叉编译链,再次介绍嵌入式 Linux 移植到网关的流程,最后介绍针对资源受限型物联网终端的华为 LiteOS 移植的方法和过程。

7.1 交叉开发环境的建立

7.1.1 概述

嵌入式系统是一种专用计算机系统,是物联网设备的控制核心,从普遍定义上来讲,以应用为中心、以计算机技术为基础、软件硬件可裁剪、适应应用系统,对功能、可靠性、成本、体积、功耗严格要求的专用计算机系统都叫嵌入式系统。与通用计算机相比,嵌入式系统具有明显的硬件局限性,很难将通用计算机(如 PC)的集成开发环境完全直接移植到嵌入式平台上,这就使得设计者开发了一种新的模式,即主机-目标机交叉开发环境模式(Host/Target),如图 7-1 所示。

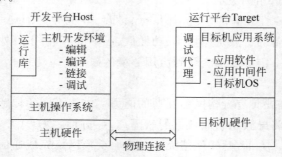

图 7-1 主机-目标机交叉开发环境模式

　　主机-目标机交叉开发环境模式是由开发主机和目标机两套计算机系统内组成的。开发主机一般指通用计算机,如 PC 等,目标机指嵌入式开发板(系统)。通过交叉开发环境,在主机上使用开发工具(如各种 SDK),针对目标机设计应用系统进行设计工作,然后下载到目标机上运行。在此之后的嵌入式系统应用程序的设计,都可以在主机上编辑,通过设置好的交叉编译工具链生成针对目标机运行的嵌入式应用程序,然后下载到目标机上测试执行,并可对该程序进行调试。

　　一种经典的交叉开发模式采用以下 3 个步骤。

　　(1) 在主机上编译 BootLoader(引导加载程序),然后通过 JTAG 接口烧写到目标板。这种方式速度较慢,一般在目标板上还未运行可用的 BootLoader 时采用。如果开发板上已经运行了可用 BootLoader,并且支持烧写 Flash 功能,则可利用 BootLoader 通过网络下载映像文件并烧写,这样速度较快。

　　(2) 在主机上编译 Linux 内核,然后通过 BootLoader 下载到目标板以启动或烧写到 Flash。为了方便调试,内核应该支持网络文件系统(Network File System,NFS),这样,目标板启动 Linux 内核后,可以通过 NFS 方式挂载根文件系统。

　　(3) 在主机上编译各类应用程序,通过 NFS 运行、调试这些程序,验证无误后再将制作好的文件系统映像烧写到目标板。

　　需要注意的是,资源受限型设备使用的操作系统普遍都是轻量级内核,因此往往不需要 BootLoader,只在 main 函数中指定初始化和启动即可,所以上述步骤(1)不是必需的。

7.1.2　主机与目标机的连接方式

　　主机与目标机的连接方式主要有串口、以太网接口、USB 接口、JTAG 接口等方式连接。主机可以使用 minicom、kermit 或者 Windows 超级终端等工具,通过串口发送文件。目标机也可以把程序运行结果通过串口返回并显示。以太网接口方式使用简单,配置灵活,支持广泛,传输速率快;缺点是网络驱动的实现比较复杂。

　　JTAG(Joint Test Action Group,联合测试行动小组)是一种国际标准测试协议(IEEE 1149.1 标准),主要用于对目标机系统中的各芯片的简单调试和对 BootLoader 的下载。在 JTAG 连接器中,芯片内部封装了专门的测试电路 TAP(Test Access Port,测试访问口),通过专用的 JTAG 测试工具对内部节点进行测试。因而该方式是开发调试嵌入式系统的一种简洁、高效的手段。JTAG 有两种标准:14 针接口和 20 针接口。

　　JTAG 接口一端与 PC 并口相连,另一端是面向用户的 JTAG 测试接口,通过本身具有的边界扫描功能便可以对芯片进行测试,从而达到处理器的启动和停止、软件断点、单步执行和修改寄存器等功能的调试目的。其内部主要是由 JTAG 状态机和 JTAG 扫描链组成的。

　　虽然 JTAG 调试不占用系统资源,能够调试没有外部总线的芯片,代价也非常小,但是 JTAG 只能提供一种静态的调试方式,不能提供处理器实时运行时的信息。它是通过串行方式依次传递数据的,所以传送信息的速度比较慢。

7.1.3　主机-目标机的文件传输方式

　　主机-目标机的文件传输方式主要有串口传输方式、网络传输方式、USB 接口传输方式、JTAG 接口传输方式、移动存储设备方式等。

串口传输协议常见的有 kermit、Xmodem、Ymoderm、Zmoderm 等。串口驱动程序的实现相对简单,但是速度慢,不适合较大文件的传输。

USB 接口方式通常将主机设为主设备端,目标机设为从设备端。与其他通信接口相比,USB 接口方式速度快,配置灵活,易于使用。如果目标机上有移动存储介质如 U 盘等,可以制作启动盘或者复制到目标机上,从而引导启动。

网络传输方式一般采用 TFTP(Trivial File Transport Protocol)。TFTP 是一个传输文件的简单协议,是 TCP/IP 协议族中的一个用来在客户机与服务器之间进行简单文件传输的协议,提供不复杂、开销不大的文件传输服务。端口号为 69。此协议只能从文件服务器上获得或写入文件,不能列出目录,不进行认证,它传输 8 位数据。其有 3 种传输模式:一是 netascii,这是 8 位的 ASCII 码形式;二是 octet,这是 8 位源数据类型;三是 mail,已经不再支持,它将返回的数据直接返回给用户而不是保存为文件。

7.1.4　文件系统的挂载-配置网络文件系统 NFS

在开发过程中,一般在主机中会采用 NFS 向目标机挂载根文件系统。NFS(Network File System)即网络文件系统,是 FreeBSD 支持的文件系统中的一种,它允许网络中的计算机之间通过 TCP/IP 网络共享资源。在 NFS 应用中,本地 NFS 的客户端应用可以透明地读/写位于远端 NFS 服务器上的文件,就像访问本地文件一样。

NFS 的优点主要有:

(1) 节省本地存储空间,将常用的数据存放在一台 NFS 服务器上且可以通过网络访问,那么本地终端将可以减少自身存储空间的使用。

(2) 用户不需要在网络中的每台机器上都建有 Home 目录,Home 目录可以放在 NFS 服务器上且可以在网络上被访问使用。

(3) 一些存储设备,如软驱、CDROM 和 Zip 等都可以在网络上被其他机器使用。这可以减少整个网络上可移动介质设备的数量。

NFS 体系至少有两个主要部分:一台 NFS 服务器和若干台客户机。客户机通过 TCP/IP 网络远程访问存放在 NFS 服务器上的数据。在 NFS 服务器正式启用前,需要根据实际环境和需求,配置一些 NFS 参数。

7.1.5　交叉编译环境的建立

在开发 PC 上的软件时,可以直接在 PC 上进行编辑、编译、调试、运行等操作。对于嵌入式开发,最初的嵌入式设备是一个空白系统,需要通过主机为它构建基本的软件系统,并烧写到设备中;另外,嵌入式设备的资源并不足以用来开发软件,所以需要用到交叉开发模式:主机编辑、编译软件然后到目标机上运行。

交叉编译是在一个平台上生成,在另一个平台上执行代码。在宿主机上对即将运行在目标机上的应用程序进行编译,生成可在目标机上运行的代码格式。交叉编译环境是由一个编译器、连接器和解释器组成的综合开发环境。交叉编译工具主要包括针对目标系统的编译器、目标系统的二进制工具、目标系统的标准库和目标系统的内核头文件。

7.2 交叉编译工具链

7.2.1 交叉编译工具链概述

在一种计算机环境中运行的编译程序,能编译出在另外一种环境下运行的代码,则称这种编译器支持交叉编译。这个编译过程叫作交叉编译。简单地说,就是在一个平台上生成另一个平台上的可执行代码。这里需要注意的是,所谓平台实际上包含两个概念:体系结构和操作系统。同一个体系结构可以运行不同的操作系统;同样,同一个操作系统也可以在不同的体系结构上运行。

交叉编译这个概念的出现和流行是和嵌入式系统的发展同步的。我们常用的计算机软件,都需要通过编译的方式,把使用高级计算机语言编写的代码编译成计算机可以识别和执行的二进制代码。以常见的 Windows 平台为例,使用 Visual C++ 开发环境,编写程序并编译成可执行程序。在这种方式下,我们使用 PC 平台上的 Windows 工具开发针对 Windows 本身的可执行程序,这种编译过程称为本地编译。然而,在进行嵌入式系统的开发时,运行程序的目标平台通常具有有限的存储空间和运算能力,比如常见的 ARM 平台。在这种情况下,在 ARM 平台上进行本地编译就不太适合,因为一般的编译工具链需要足够大的存储空间和很强的 CPU 运算能力。为了解决这个问题,交叉编译工具应运而生。通过交叉编译工具,就可以在 CPU 能力很强、存储空间足够的主机平台上(如 PC 上)编译出针对其他平台(如 ARM)的可执行程序。

要进行交叉编译,需要在主机平台上安装对应的交叉编译工具链(cross compilation tool chain),然后用这个交叉编译工具链编译链接源代码,最终生成可在目标平台上运行的程序。常见的交叉编译例子如下。

(1) 在 Windows PC 上,利用诸如类似 ADS、RVDS 等软件,使用 armcc 编译器,可编译出针对 ARM CPU 的可执行代码。

(2) 在 Linux PC 上,利用 arm-linux-gcc 编译器,可编译出针对 Linux ARM 平台的可执行代码。

(3) 在 Windows PC 上,利用 cygwin 环境,运行 arm-elf-gcc 编译器,可编译出针对 ARM CPU 的可执行代码。

图 7-2 演示了嵌入式软件生成阶段的 3 个过程:源程序的编写、编译成各个目标模块、链接成可供调试/固化的目标程序。从中可以看到交叉编译工具链的各项作用。

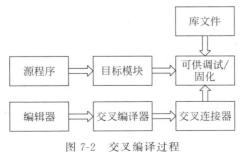

图 7-2 交叉编译过程

从图 7-2 中可以看出,交叉开发工具链就是编译、链接、处理和调试跨平台体系结构的程序代码。每次执行工具链软件时,通过不同的参数,可以实现编译、链接、处理或者调试等不同的功能。工具链一般由多个程序构成,分别对应各个功能。

7.2.2　工具链的构建方法

视频讲解

通常构建交叉工具链有如下 3 种方法。

方法一:分步编译和安装交叉编译工具链所需要的库和源代码,最终生成交叉编译工具链。该方法相对比较困难,适合想深入学习构建交叉工具链的读者及用户。如果只是想使用交叉工具链,建议使用方法二构建交叉工具链。

视频讲解

方法二:通过 Crosstool 脚本工具来实现一次编译,生成交叉编译工具链,该方法相对于方法一要简单许多,出错的机会也非常少,建议大多数情况都使用该方法构建交叉编译工具链。

方法三:直接通过网上下载已经制作好的交叉编译工具链。该方法的优点是简单可靠,缺点也比较明显,即扩展性不足,对特定目标没有针对性,而且有存在许多未知错误的可能,建议读者慎用此方法。

7.2.3　交叉编译工具链的主要工具

视频讲解

交叉编译工具主要包括针对目标系统的编译器、目标系统的二进制工具、调试器、目标系统的标准库和目标系统的内核头文件,主要由 GCC、Binutils、glibc 和 gdb 4 个软件提供。

1. GCC

视频讲解

GCC 是 GUN Compiler Collection 的简称,除了编译程序之外,它还包含其他相关工具,所以它能把高级语言编写的源代码构建成计算机能够直接执行的二进制代码。GCC 是 Linux 平台下最常用的编译程序,它是 Linux 平台编译器的事实标准。同时,在 Linux 平台下的嵌入式开发领域,GCC 也是用得最普遍的一种编译器。GCC 之所以被广泛采用,是因为它能支持各种不同的目标体系结构。例如,它既支持基于主机的开发,也支持交叉编译。目前,GCC 支持的体系结构有四十余种,常见的有 x86 系列、Arm、PowerPC 等。同时,GCC 还能运行在多种操作系统上,如 Linux、Solaris、Windows 等。

需要注意的是,GCC 有很多针对特定平台的编译器,比如 Arm-linux-gcc。由于硬件特征和架构不同,物联网设备很少直接使用 GCC 编译器,但是都是从 GCC 编译器优化或者定制而来。

在开发语言方面,GCC 除了支持 C 语言外,还支持多种其他语言,如 C++、Ada、Java、Objective-C、Fortran、Pascal 等。

对于 GUN 编译器来说,GCC 的编译要经历 4 个相互关联的步骤:预处理(也称预编译,Preprocessing)、编译(Compilation)、汇编(Assembly)和链接(Linking)。

GCC 首先调用命令 cpp 进行预处理,在预处理过程中,对源代码文件中的文件包含(include)、预编译语句进行分析。然后调用命令 cc 进行编译,这个阶段根据输入文件生成以.o 为扩展名的目标文件。汇编过程是针对汇编语言的步骤,调用 as 进行工作,一般来讲,以.S 为扩展名的汇编语言源代码文件和汇编、以.s 为扩展名的汇编语言文件经过预编译和汇编之后都生成以.o 为扩展名的目标文件。当所有的目标文件都生成之后,GCC 就调用命令 ld 来完成最后的关键性工作,这个阶段就是链接。在链接阶段,所有的目标文件都被安排在可执行程序中的合理位置,同时该程序所调用到的库函数也都从各自所在的库中连到合适的地方。

源代码(这里以 file.c 为例)经过 4 个步骤后从而产生一个可执行文件,各部分对应不同的文件类型,具体如下。

file.c   C 程序源文件

file.i   C 程序预处理后文件

file.cxx   C++程序源文件,也可以是 file.cc /file.cpp /file.c++

file.ii   C++程序预处理后文件

file.h   C/C++头文件

file.s   汇编程序文件

file.o   目标代码文件

下面以 hello 程序为例具体介绍 GCC 是如何完成这 4 个步骤的。hello.c 源码如下:

```
# include< stdio. h>
int main()
{
printf("Hello World!\n");
return 0;
}
```

1) 预处理阶段

在该阶段,编译器将上述代码中的 stdio.h 编译进来,并且用户可以使用 GCC 的选项"-E"进行查看,该选项的作用是让 GCC 在预处理结束后停止编译过程。

预处理器(cpp)根据以字符♯开头的命令(directives),修改原始的 C 程序。如 hello.c 中的♯include < stdio.h>指令通知预处理器读系统头文件 stdio.h 的内容,并把它直接插入程序文本中。这样就得到一个通常以.i 作为扩展名的程序。需要注意的是,gcc 命令的一般格式为:gcc [选项] 要编译的文件 [选项] [目标文件]。其中,目标文件可省略,GCC 默认生成可执行的文件名为:编译文件.out。

```
[king@localhost gcc]# gcc - E hello.c - o hello.i
```

选项"-o"是指目标文件,".i"文件为已经过预处理的 C 原始程序。以下列出了 hello.i 文件的部分内容:

```
typedef int ( * __gconv_trans_fct) (struct __gconv_step *,
struct __gconv_step_data *, void *,
__const unsigned char *,
__const unsigned char **,
__const unsigned char *, unsigned char **,
size_t *);
…
# 2 "hello.c" 2
int main()
```

```
{
printf("Hello World!\n");
return 0;
}
```

由此可见,GCC 确实进行了预处理,它把 stdio.h 的内容插入 hello.i 文件中。

2) 编译阶段

接下来进行的是编译阶段,在这个阶段,GCC 首先要检查代码的规范性及语法是否有错误等,在检查无误后,GCC 把代码翻译成汇编语言。用户可以使用"-S"选项进行查看,该选项只进行编译而不进行汇编生成汇编代码。汇编语言是非常有用的,它为不同高级语言、不同编译器提供了通用的语言。如 C 编译器和 Fortran 编译器产生的输出文件用的都是一样的汇编语言。

```
[king@localhost gcc]# gcc -S hello.i -o hello.s
```

以下列出了 hello.s 的内容,可见 GCC 已经将其转化为汇编语言了,感兴趣的读者可以分析一下这一行简单的 C 语言小程序是如何用汇编代码实现的。

```
.file "hello.c"
.section .rodata
.align 4
.LC0:
.string "Hello World!"
.text
.globl main
.type main, @function
main:
pushl %ebp
movl %esp, %ebp
subl $8, %esp
andl $-16, %esp
movl $0, %eax
addl $15, %eax
addl $15, %eax
shrl $4, %eax
sall $4, %eax
subl %eax, %esp
subl $12, %esp
pushl $.LC0
call puts
addl $16, %esp
movl $0, %eax
leave
ret
.size main, .-main
.section .note.GNU-stack,"",@progbits
```

3）汇编阶段

汇编阶段是把编译阶段生成的.s文件转成目标文件,读者在此使用选项"-c"就可看到汇编代码已转化为.o的二进制目标代码了,如下所示。

```
[king@localhost gcc]# gcc - c hello.s - o hello.o
```

4）链接阶段

在成功编译之后,就进入了链接阶段。在这里涉及一个重要的概念:函数库。

在这个源程序中并没有定义printf的函数实现,且在预编译中包含的stdio.h中也只有该函数的声明,而没有定义该函数的实现,那么是在哪里实现printf函数的呢?其实系统把这些函数实现都放到名为libc.so.6的库文件中了,在没有特别指定时,GCC会到系统默认的搜索路径(如"/usr/lib")下进行查找,也就是链接到libc.so.6库函数中,这样就能实现函数printf了,而这也就是链接的作用。

函数库一般分为静态库和动态库两种。静态库是指编译链接时,把库文件的代码全部加入可执行文件中,因此生成的文件比较大,但在运行时也就不再需要库文件了。其扩展名一般是.a。而动态库与之相反,在编译链接时并没有把库文件的代码加入可执行文件中,而是在程序执行时由运行时链接文件加载库,这样能够节省系统的开销。动态库的扩展名一般是.so,如前面所述的libc.so.6就是动态库。GCC在编译时默认使用动态库。Linux下动态库文件的扩展名为.so(Shared Object)。按照约定,动态库文件名的形式一般是libname.so,如线程函数库被称作libthread.so,某些动态库文件可能在名字中加入版本号。静态库的文件名形式是libname.a,比如共享archive的文件名形式是libname.sa。

完成链接工作之后,GCC就可以生成可执行文件,如下所示。

```
[king@localhost gcc]# gcc hello.o - o hello
```

运行该可执行文件,出现如下结果:

```
[root@localhost Gcc]# ./hello
Hello World!
```

GCC功能十分强大,具有多项命令选项。这里列出部分常见的编译选项,如表7-1所示。

表 7-1 GCC 常见编译选项

参数	说 明
-c	仅编译或汇编,生成目标代码文件,将.c、.i、.s等文件生成.o文件,其余文件被忽略
-S	仅编译,不进行汇编和链接,将.c、.i等文件生成.s文件,其余文件被忽略
-E	仅预处理,并发送预处理后的.i文件到标准输出,其余文件被忽略
-o file	创建可执行文件并保存在file中,而不是默认文件a.out
-g	产生用于调试和排错的扩展符号表,用于GDB调试,注意-g和-O通常不能一起使用
-w	取消所有警告
-O [num]	优化,可以指定0~3作为优化级别,级别0表示没有优化

续表

参数	说　　明
-Ldir	将 dir 目录加载至按照-Iname 选项指定的函数库文件目录列表中,并优先于 GCC 默认的搜索目录,当有多个-L 选项时,按照出现顺序搜索
-I dir	将 dir 目录加到搜寻头文件的目录中去,并优先于 GCC 中默认的搜索目录,当有多个-I 选项时,按照出现顺序搜索
-U macro	类似于源程序开头定义 ♯undef macro,也就是取消源程序中的某个宏定义
-lname	在链接时使用函数库 libname. a,链接程序在-L dir 指定的目录和/lib、/usr/lib 目录下寻找该库文件,在没有使用-static 选项时,如果发现共享函数库 libname. so,则使用 libname. so 进行动态链接
-fPIC	产生位置无关的目标代码,可用于构造共享函数库
-static	禁止与共享函数库链接
-shared	尽量与共享函数库链接(默认)

2. Binutils

Binutils 提供了一系列用来创建、管理和维护二进制目标文件的工具程序,如汇编(as)、链接(ld)、静态库归档(ar)、反汇编(objdump)、elf 结构分析工具(readelf)、无效调试信息和符号的工具(strip)等。通常 binutils 与 GCC 是紧密相集成的,若没有 Binutils,则 GCC 不能正常工作。

Binutils 的常见工具如表 7-2 所示。

表 7-2　Binutils 的常见工具

工具名称	说　　明
addr2line	将程序地址翻译成文件名和行号;给定地址和可执行文件名称,它使用其中的调试信息判断与此地址有关联的源文件和行号
ar	创建、修改和提取归档
as	一个汇编器,将 GCC 的输出汇编为对象文件
c++filt	被链接器用于修复 C++和 Java 符号,防止重载的函数相互冲突
elfedit	更新 ELF 文件的 ELF 头
gprof	显示分析数据的调用图表
ld	一个链接器,将几个对象和归档文件组合成一个文件,重新定位它们的数据并且捆绑符号索引
ld. bfd	到 ld 的硬链接
nm	列出给定对象文件中出现的符号
objcopy	将一种对象文件翻译成另一种
objdump	显示有关给定对象文件的信息,包含指定显示信息的选项；显示的信息对编译工具开发者很有用
ranlib	创建一个归档的内容索引并存储在归档内;索引列出其成员中可重定位的对象文件定义的所有符号
readelf	显示有关 ELF 二进制文件的信息
size	列出给定对象文件每个部分的尺寸和总尺寸
strings	对每个给定的文件输出不短于指定长度(默认为 4KB)的所有可打印字符序列；对于对象文件默认只打印初始化和加载部分的字符串,否则扫描整个文件

续表

工具名称	说　　明
strip	移除对象文件中的符号
libiberty	包含多个 GNU 程序会使用的途径,包括 getopt、obstack、strerror、strtol 和 strtoul
libbfd	二进制文件描述器库

以下是使用例子。

1) 编译单个文件

```
vi hello.c               /*创建源文件 hello.c*/
gcc -o hello hello.c     /*编译为可执行文件 hello,在默认情况下产生的可执行文件名
                           为 a.out*/
./hello                  /*执行文件,只写 hello 是错误的,因为系统会将 hello 当命令来执
                           行,然后报错*/
```

2) 编译多个源文件

```
vi message.c
gcc -c message.c          //输出 message.o 文件,是一个已编译的目标代码文件
vi main.c
gcc -c main.c             //输出 main.o 文件
gcc -o all main.o message.o   //执行连接阶段的工作,然后生成 all 可执行文件
./all
```

注意: GCC 对如何将多个源文件编译成一个可执行文件有内置的规则,所以前面的多个单独步骤可以简化为一个命令。

```
vi message.c
vi main.c
gcc -o all message.c main.c
./all
```

3) 使用外部函数库

GCC 常与包含标准例程的外部软件库结合使用,几乎每一个 Linux 应用程序都依赖于 GNU C 函数库 GLIBC。

```
vi trig.c
gcc -o trig -lm trig.c
```

GCC 的-lm 选项,告诉 GCC 查看系统提供的数学库 libm。函数库一般位于目录/lib 或者/usr/lib 中。

4) 共享函数库和静态函数库

静态函数库: 每次当应用程序和静态连接的函数库一起编译时,任何引用的库函数的代码都会被直接包含进最终的二进制程序。

共享函数库: 包含每个库函数的单一全局版本,它在所有应用程序之间共享。

```
vi message.c
vi hello.c
gcc - c hello.c
gcc - fPIC - c message.c
gcc - shared - o libmessge.so message.o
```

其中,PIC 命令行标记告诉 GCC 产生的代码不要包含对函数和变量具体内存位置的引用,这是因为,现在还无法知道使用该消息代码的应用程序会将它链接到哪一段地址空间。这样编译输出的文件 message.o 可以被用于建立共享函数库。-shared 标记将某目标代码文件变换成共享函数库文件。

```
gcc - o all - lmessage - L. hello.o
```

-lmessage 标记来告诉 GCC 在链接阶段使用共享数据库 libmessage.so,-L. 标记告诉 GCC 函数库可能在当前目录中,首先查找当前目录,否则 GCC 连接器只会查找系统函数库目录,在本例中,就找不到可用的函数库了。

3. glibc

glibc 是 GNU 发布的 libc 库,也即 c 运行库。glibc 是 Linux 系统中最底层的应用程序开发接口,几乎其他所有的运行库都倚赖于 glibc。glibc 除了封装 Linux 操作系统所提供的系统服务外,它本身也提供了许多其他必要功能服务的实现,比如 open、malloc、printf 等。glibc 是 GNU 工具链的关键组件,和二进制工具以及编译器一起使用,为目标架构生成用户空间应用程序。

视频讲解

7.2.4 资源受限型设备适配的交叉编译工具链

GCC 主要服务于标准 Linux,对于物联网终端上运行的操作系统该编译器就不适合了,一般采用的是以 arm-none-eabi-gcc 为代表的编译器。这里介绍适合物联网终端这些资源受限型设备(如 STM32/ARM 单片机)的工具链。图 7-3 显示了 arm-none-eabi 工具链。

```
arm-none-eabi-addr2line    arm-none-eabi-gcc-ar        arm-none-eabi-nm
arm-none-eabi-ar           arm-none-eabi-gcc-nm        arm-none-eabi-objcopy
arm-none-eabi-as           arm-none-eabi-gcc-ranlib    arm-none-eabi-objdump
arm-none-eabi-c++          arm-none-eabi-gcov          arm-none-eabi-ranlib
arm-none-eabi-c++filt      arm-none-eabi-gcov-tool     arm-none-eabi-readelf
arm-none-eabi-cpp          arm-none-eabi-gdb           arm-none-eabi-size
arm-none-eabi-elfedit      arm-none-eabi-gdb-py        arm-none-eabi-strings
arm-none-eabi-g++          arm-none-eabi-gprof         arm-none-eabi-strip
arm-none-eabi-gcc          arm-none-eabi-ld
arm-none-eabi-gcc-5.4.1    arm-none-eabi-ld.bfd
yangliu@ubuntu:~$ arm-none-eabi-
```

图 7-3 arm-none-eabi 工具链

接下来简要介绍 arm-none-eabi 工具链,该工具链包含 28 个相关文件。

1) arm-none-eabi-gcc

这个工具为 C 语言编译器,可以将 .c 文件转化为 .o 的执行文件。

```
arm - none - eabi - gcc - c hello.c
```

2) arm-none-eabi-g++

这个工具为 C++语言编译器,可以将 .cpp 文件转化为 .o 的执行文件,使用方式同上。

3）arm-none-eabi-ld

这个工具为链接器即最后链接所有 .o 文件生成可执行文件的工具。需要注意的是，一般不使用 arm-none-eabi-ld 的命令调用，而是通过使用 arm-none-eabi-gcc 来调用，因为前者对 c/cpp 文件混合型生成的 .o 文件的支持性不佳，所以在官方的说明书中也推荐使用 arm-none-eabi-gcc 命令来代替 arm-none-eabi-ld。

```
arm - none - eabi - gcc - o  hello  hello.o
```

4）arm-none-eabi-objcopy

此工具将链接器生成的文件转化为 bin/hex 等烧写的格式，用来下载进入微控制器。

```
arm - none - eabi - objcopy hello hello.bin
```

5）arm-none-eabi-gdb

它是工具链中的调试器，将它连接到调试器硬件产生的网络端口，就可以进行硬件和代码的调试了。

7.2.5 Makefile

视频讲解

视频讲解

随着应用程序的规模变大，对源文件的处理也越来越复杂，单纯靠手工管理源文件的方法已经力不从心。比如采用 GCC 对数量较多的源文件依次编译特别是某些源文件已经做了修改后必须要重新编译。为了提高开发效率，Linux 为软件编译提供了一个自动化管理工具——GNU Make。GNU Make 是一种常用的编译工具，通过它，开发人员可以很方便地管理软件编译的内容、方式和时机，从而能够把主要精力集中在代码的编写上。GNU Make 的主要工作是读取一个文本文件 Makefile。这个文件中主要是有关目标文件是从哪些依赖文件中产生的，以及用什么命令来进行这个产生过程。有了这些信息，Make 会检查磁盘上的文件，如果目标文件的时间戳（该文件生成或被改动时的时间）比至少它的一个依赖文件旧，那么 Make 就执行相应的命令，以便更新目标文件。这里的目标文件不一定是最后的可执行文件，它可以是任意一个文件。

Makefile 也可写作 makefile。当然也可以在 Make 的命令行指定别的文件名，如果不特别指定，它会寻找 Makefile 或 makefile，因此使用这两个名字是最简单的。

一个 Makefile 主要含有一系列的规则，如下。

```
: ...
(tab)< command >
(tab)< command >
...
```

例如，考虑以下的 Makefile：

```
=== Makefile 开始 ===
Myprog :foo.o bar.o
Gcc foo.o bar.o - o myprog
foo.o :foo.c foo.h bar.h
```

```
gcc - c foo.c - o foo.o
bar.o bar.c bar.h
gcc - c bar.c - o bar.o
=== Makefile 结束 ===
```

这是一个非常基本的 Makefile——Make 从最上面开始,把上面第一个目标 Myprog 作为它的主要目标(一个它需要保证其总是最新的最终目标)。给出的规则说明只要文件 Myprog 比文件 foo.o 或 bar.o 中的任何一个旧,下一行的命令就会被执行。

但是,在检查文件 foo.o 和 bar.o 的时间戳之前,它会往下查找那些把 foo.o 或 bar.o 作为目标文件的规则。若找到一个关于 foo.o 的规则,则该文件的依赖文件是 foo.c、foo.h 和 bar.h。它从下面再找到生成这些依赖文件的规则,它就开始检查磁盘上这些依赖文件的时间戳。如果这些文件中任何一个的时间戳比 foo.o 的新,那么将会执行命令 gcc -o foo.o foo.c,从而更新文件 foo.o。

接下来对文件 bar.o 做类似的检查,依赖文件在这里是文件 bar.c 和 bar.h。现在 Make 回到 Myprog 的规则。如果刚才两个规则中的任何一个被执行,那么 Myprog 就需要重建(因为其中一个.o 文件就会比 Myprog 新),因而链接命令将被执行。

由此可以看出使用 Make 工具来建立程序的好处,所有烦琐的检查步骤都由 Make 完成了。源码文件中的一个简单改变都会造成那个文件被重新编译(因为.o 文件依赖.c 文件),进而可执行文件被重新链接(因为.o 文件被改变了)。这在管理大的工程项目时将非常高效。

7.3 嵌入式 Linux 系统移植过程

嵌入式 Linux 系统的移植主要针对 BootLoader(最常用的是 U-Boot)、Linux 内核、文件系统这 3 部分展开工作。

在嵌入式操作系统中,BootLoader 是在操作系统内核运行之前运行的一小段程序,可以初始化硬件设备、建立内存空间映射图,从而将系统的软硬件环境带到一个适合的状态,以便为最终调用操作系统内核准备好正确的环境。在嵌入式系统中,通常并没有像通用计算机中 BIOS 那样的固件程序,因此整个系统的加载启动任务就完全由 BootLoader 来完成。

BootLoader 是嵌入式系统在加电后执行的第一段代码,在它完成 CPU 和相关硬件的初始化之后,再将操作系统映像或固化的嵌入式应用程序装载到内存中,然后跳转到操作系统所在的空间,启动操作系统运行。

嵌入式系统领域已经有各种各样的 BootLoader,其中功能最强、支持架构和操作系统数量最多、市场占有率最高的是 U-Boot。U-Boot 全称为 Universal BootLoader,是遵循 GPL 条款的开放源码项目,从 FADSROM、8xxROM、PPCBOOT 逐步发展演化而来。其源码目录、编译形式与 Linux 内核很相似,事实上,不少 U-Boot 源码就是根据相应的 Linux 内核源程序进行简化而形成的,尤其是一些设备的驱动程序。

U-Boot 支持多种嵌入式操作系统,主要有 OpenBSD、NetBSD、FreeBSD、4.4BSD、Linux、SVR4、Esix、Solaris、Irix、SCO、Dell、NCR、VxWorks、LynxOS、pSOS、QNX、

RTEMS、ARTOS、Android 等。同时，U-Boot 除了支持 PowerPC 系列的处理器外，还支持 MIPS、x86、ARM、NIOS、XScale 等诸多常用系列的处理器。这种广泛的支持度正是 U-Boot 项目的开发目标，即支持尽可能多的嵌入式处理器和嵌入式操作系统。

U-Boot 在系统上电时开始执行，初始化硬件设备，准备好软件环境，然后才调用 Linux 操作系统内核。文件系统是 Linux 操作系统中用来管理用户文件的内核软件层。文件系统包括根文件系统和建立于 Flash 内存设备之上文件系统。根文件系统包括系统使用的软件和库，以及所有用来为用户提供支持架构和用户使用的应用软件，并作为存储数据读/写结果的区域。

U-Boot 的源码包含上千个文件，它们主要分布在如表 7-3 所示的目录中。

表 7-3　U-Boot 主要目录

目录	说　明
board	目标机相关文件，主要包含 SDRAM、Flash 驱动等
common	独立于处理器体系结构的通用代码，如内存大小探测与故障检测
arch/…/cpu	与处理器相关的文件。如 s5p1cxx 子目录下含串口、网口、LCD 驱动及中断初始化等文件
driver	通用设备驱动
doc	U-Boot 的说明文档
examples	可在 U-Boot 下运行的示例程序，如 hello_world.c、timer.c
include	U-Boot 头文件；尤其 configs 子目录下与目标机相关的配置头文件是移植过程中经常要修改的文件
lib_xxx	处理器体系相关的文件，如 lib_ppc 和 lib_arm 目录分别包含与 PowerPC、ARM 体系结构相关的文件
net	与网络功能相关的文件目录，如 bootp、nfs、tftp
post	上电自检文件目录
rtc	RTC 驱动程序
tools	用于创建 U-Boot S-RECORD 和 BIN 镜像文件的工具

下面以 ARM S5PV210 为例选择几个比较重要的源文件进行说明。

1）start.S(arch\arm\cpu\armv7\start.S)

通常情况下，start.S 是 U-Boot 上电后执行的第一个源文件。该汇编文件包括定义异常向量入口、设置相关的全局变量、禁用 L2 缓存、关闭 MMU 等功能，之后跳转到 lowlevel_init()函数中继续执行。

2）lowlevel_init.S(board\samsung\smdkv210\lowlevel_init.S)

该源文件用汇编代码编写，其中只定义了一个函数 lowlevel_init()。该函数实现对平台硬件资源的一系列初始化过程，包括关看门狗、初始化系统时钟、内存和串口。

3）board.c(arch\arm\lib\board.c)

Board.c 主要实现 U-Boot 第二阶段启动过程，包括初始化环境变量、串口控制台、Flash 和打印调试信息等，最后调用 main_loop()函数。

4）smdkv210.h(include\configs\Smdkv210.h)

该文件与具体平台相关，比如这里就是 S5PV210 平台的配置文件，该源文件采用宏定义了一些与 CPU 或者外设相关的参数。

嵌入式 Linux 系统移植的一般流程是：首先，构建嵌入式 Linux 开发环境，包括硬件环境和软件环境；其次，移植引导加载程序 BootLoader；再次，移植 Linux 内核和构建根文件系统；最后，一般还要移植或开发设备驱动程序。这几个步骤完成之后，嵌入式 Linux 已经可以在目标板上运行起来，开发人员能够在串口控制台进行命令行操作。如果需要图形界面支持，还需要移植位于用户应用程序层次的 GUI（Graphical User Interface），比如 Qtopia、Mini GUI 等。本节介绍针对 ARM 处理器的嵌入式 Linux 移植过程。

7.3.1　U-Boot 移植

视频讲解

视频讲解

开始 U-Boot 移植之前，要先熟悉处理器和开发板，确认 U-Boot 是否已经支持新开发板的处理器和 I/O 设备，如果 U-Boot 已经支持该开发板或者十分相似的开发板，那么移植的过程就将非常简单。整体看来，移植 U-Boot 就是添加开发板硬件需要的相关文件、配置选项，然后编译和烧写到开发板。开始移植前，要先检查 U-Boot 已经支持的开发板，比较选择硬件配置最接近的开发板。选择的原则是首先比较处理器，其次比较处理器体系结构，最后比较外围接口等。另外还需要验证参考开发板的 U-Boot，确保能够顺利通过编译。这一点在目前对于 U-Boot 针对 Cortex-A 系列处理器往往不开源的特点显得十分重要。

U-Boot 的移植过程主要包括以下 4 个步骤。

1. 下载 U-Boot 源码

U-Boot 的源码包可以从 SourceForge 网站下载，具体地址为 http://sourceforge.net/project/U-Boot。

2. 修改相应的文件代码

U-Boot 源码文件下包括一些目录文件和文本文件，这些文件可分为"与平台相关的文件"和"与平台无关的文件"，其中 common 目录下的文件就是与平台无关的文件；与平台相关的文件又分为 CPU 级相关的文件和与板级相关的文件：arch 目录下的文件就是与 CPU 级相关的文件，而 board、include 等目录下的文件都是与板级相关的文件。在移植的过程中，需要修改的文件就是这些与平台相关的文件。

检查源代码里面是否有 CPU 级相关代码，如 S5PV210 是 ARMV7 架构，查看 CPU 目录下面是否有 ARMV7 的目录，由于 U-Boot 在嵌入式平台上的广泛性，所以基本上都已经具备 CPU 级相关代码。

下一步就是查看板级相关代码。一款主流 CPU 发布的时候，厂商一般都会提供官方开发板，比如 S5PV210 发布的时候，三星公司提供了官方开发板，使用的 U-Boot 是 1.3.4 版本，三星公司在 U-Boot 官方提供的 1.3.4 版本的基础上进行了改进，比如增加 SD 卡启动和 NandFlash 启动相关代码等。在移植新版本的 U-Boot 到开发板的时候，需要看一下 U-Boot 代码中是否已经含有了板级代码，如果已经有了，就不需要自己改动了，编译以后就可以使用；而在较新的 U-Boot 代码里面，常常是不含有这些板级支持包的，这个时候就需要增加自己的板级包了。

移植过程最主要的就是代码的修改与文件的配置。国内嵌入式厂商研发的 S5PV210 开发板大都基于 SMDKV210 评估板做了减法和调整，所以三星公司提供的 U-Boot、内核、文件系统大都适用于这些 S5PV210 开发板，因而开发者在此基础上只需要根据相应的 Makefile 文件修改配置即可。

3. 编译 U-Boot

U-Boot 编译工程通过 Makefile 来组织编译。顶层目录下的 Makefile 和 boards.cfg 中包含开发板的配置信息。从顶层目录开始递归地调用各级子目录下的 Makefile,最后链接成 U-Boot 映像。U-Boot 的编译命令比较简单,主要分两步进行。第一步是配置,如 Make smdkv210_config;第二步是编译,执行 Make 就可以了。如果一切顺利,则可以得到 U-Boot 镜像。为避免不必要的错误,一开始可以尽量与参考评估板保持一致。表 7-4 列举了 U-Boot 编译生成的不同映像文件格式。

表 7-4 U-Boot 编译生成的映像文件

文件名称	说　　明
System.map	U-Boot 映像的符号表
U-Boot	U-Boot 映像的 ELF 格式
U-Boot.bin	U-Boot 映像原始的二进制格式
U-Boot.src	U-Boot 映像的 S-Record 格式

由于上述的编译 U-Boot 往往针对的是最小功能的 U-Boot,目的是让 U-Boot 能够运行起来即可,所以只需要关注最关键的代码,比如系统时钟的配置、内存的初始化代码、调试串口的初始化等,这些代码可以参考 U-Boot 评估板源码以确保 U-Boot 的顺利运行。但是该 U-Boot 功能有限,需要开发者添加如 Flash 擦写、以太网接口等关键功能。下面简要介绍这些功能的相关情况。更多信息请读者阅读 U-Boot 文档。

Nand Flash 是嵌入式系统中重要的存储设备,存储对象包括 BootLoader、操作系统内核、环境变量、根文件系统等,所以使能 Nand Flash 读/写是 U-Boot 移植过程中必须完成的一个步骤。U-Boot 中 Nand Flash 初始化函数调用关系为

```
board_init_r()->nand_init()->nand_init_chip()->board_nand_init().
```

board_nand_init()完成两件事:

(1) 对 ARM 处理器如 S5PV210 关于 Nand Flash 控制器的相关寄存器进行设置。

(2) 对 nand_chip 结构体进行设置。

需要设置的成员项有 IO_ADDR_R 和 IO_ADDR_W,它们都指向地址 0x B0E0 0010,即 Nand Flash 控制器的数据寄存器的地址。

此外还需要实现以下 3 个成员函数:

- void(*select_chip)(struct mtd_info *mtd, int chip);
  该函数实现 Nand Flash 设备选中或取消选中。
- void(*cmd_ctrl)(struct mtd_info *mtd, int dat, unsigned int ctrl);
  该函数实现对 Nand Flash 发送命令或者地址。
- int(*dev_ready)(struct mtd_info *mtd);
  该函数实现检测 Nand Flash 设备状态。最后将成员 ecc.mode 设置为 NAND_ECC_SOFT,即 ECC 软件校验。

支持 NFS 或 TFTP 网络下载会极大地方便从 Linux 服务器下载文件或镜像到硬件平台,所以使能网卡在 U-Boot 移植过程中就显得非常重要。以网卡 DM9000 为例,U-Boot 已

经抽象出一套完整的关于 DM9000 的驱动代码(其源码路径为 drivers\net\dm9000x.c),用户只需要根据具体的硬件电路配置相应的宏即可。U-Boot 中 DM9000 网卡初始化函数的调用关系为:board_init_r()-> eth_initialize()-> board_eth_init()-> dm9000_initialize()。

为了方便用户配置,U-Boot 将一部分变量,如串口波特率、IP 地址、内核参数、启动命令等存在 Flash 或 SD 卡上,这部分数据称为环境变量。每次上电启动时,U-Boot 都会检查 Flash 或 SD 卡上是否存放有环境变量。如果有,则将其读取出来并使用;如果没有,则使用默认的环境变量。默认的环境变量定义在 env_default.h 中,用户也可以随时修改或保存环境变量到 Flash 或 SD 卡中。

环境变量的移植非常简单。以 Nand Flash 为例,开发人员在 smdkv210.h 源文件中只需要添加如下的宏定义:

```
#define CONFIG_ENV_IS_IN_NAND
/* 通知 Makefile 环境变量保存在 Nand Flash 中 */
#define CONFIG_ENV_OFFSET 0x80000        /* 环境变量保存的 Nand Flash 中的偏移地址 */
#define CONFIG_ENV_SIZE 0x20000          /* 环境变量的大小 */
#define CONFIG_ENV_OVERWRITE
```

4. 烧写到开发板上,运行和调试

新开发的板子没有任何程序可以执行,也不能启动,需要先将 U-Boot 烧写到 Flash 或者 SD 卡中。这里使用最广泛的硬件设备就是前面介绍过的 JTAG 接口。下面首先以烧写到 SD 卡中说明烧写的一些注意事项。U-Boot 编译的过程中会生成两个重要的文件:BL1 文件和 BL2 文件。编译完成之后将这些内容烧写到 SD 卡中。

视频讲解

7.3.2 内核的配置、编译和移植

1. Makefile

内核 Linux-2.6.35 的文件数目有 3 万多个,分布在顶层目录下的共 21 个子目录中。就 Linux 内核移植而言,最常接触到的子目录是 arch、drivers 目录。其中 arch 目录下存放的是所有和体系结构有关的代码,比如 ARM 体系结构的代码就在 arch/arm 目录下;而 drivers 是所有驱动程序所在的目录(声卡驱动单独位于根目录下的 sound 目录),修改或者新增驱动程序都需要在 drivers 目录下进行。

视频讲解

Linux 内核中的哪些文件将被编译?怎样编译这些文件?连接这些文件的顺序如何?其实所有这些都是通过 Makefile 来管理的。在内核源码的各级目录中含有很多个 Makefile 文件,有的还要包含其他配置文件或规则文件。所有这些文件一起构成了 Linux 的 Makefile 体系,如表 7-5 所示。

视频讲解

表 7-5 Linux 内核源码 Makefile 体系的 5 个部分

名　称	描　　述
顶层 Makefile	Makefile 体系的核心,从总体上控制内核的编译、连接
.config	配置文件,在配置内核时生成。所有的 Makefile 文件都根据.config 的内容决定使用哪些文件
Arch/$(ARCH)/Makefile	与体系结构相关的 Makefile,用来决定由哪些体系结构相关的文件参与生成内核

视频讲解

续表

名　　称	描　　述
Scripts/Makefile.*	所有 Makefile 共用的通用规则、脚本等
Kbuild Makefile	各级子目录下的 Makefile,它们被上一层 Makefile 调用以编译当前目录下的文件

Makefile 编译、连接的大致工作流程为:

(1) 内核源码根目录下的.config 文件中定义了很多变量,Makefile 通过这些变量的值来决定源文件编译的方式(编译进内核、编译成模块、不编译),以及涉及哪些子目录和源文件。

(2) 根目录下的顶层的 Makefile 决定根目录下有哪些子目录将被编译进内核,arch/$(ARCH)/Makefile 决定 arch/$(ARCH)目录下哪些文件和目录被编译进内核。

(3) 各级子目录下的 Makefile 决定所在目录下的源文件的编译方式,以及进入哪些子目录继续调用它们的 Makefile。

(4) 在顶层 Makefile 和 arch/$(ARCH)/Makefile 中还设置了全局的编译、连接选项:CFLAGS(编译 C 文件的选项)、LDFLAGS(连接文件的选项)、AFLAGS(编译汇编文件的选项)、ARFLAGS(制作库文件的选项)。

(5) 各级子目录下的 Makefile 可设置局部的编译、连接选项:EXTRA_CFLAGS、EXTRA_LDFLAGS、EXTRA_AFLAGS、EXTRA_ARFLAGS。

(6) 顶层 Makefile 按照一定的顺序组织文件,根据连接脚本生成内核映像文件。

在第(1)步中介绍的.config 文件是通过配置内核生成的,.config 文件中定义了很多变量,这些变量的值也是在配置内核的过程中设置的。用来配置内核的工具是根据 Kconfig 文件来生成各个配置项的。

2. 内核的 Kconfig 分析

为了理解 Kconfig 文件的作用,需要先了解内核配置界面。在内核源码的根目录下运行命令:

```
# make menuconfig ARCH = arm CROSS_COMPILE = arm - linux -
```

这样会出现一个菜单式的内核配置界面,通过它就可以对支持的芯片类型和驱动程序进行选择,或者去除不需要的选项等,这个过程就称为"配置内核"。

这里需要说明的是,除了 make menuconfig 这样的内核配置命令之外,Linux 还提供了 make config 和 make xconfig 命令,分别实现字符接口和 X-window 图形窗口的配置接口。字符接口配置方式需要对每一个选项提示都进行回答,逐个回答内核上千个选项提示几乎是行不通的。X-window 图形窗口的配置接口很出色,方便使用。本节主要介绍 make menuconfig 实现的光标菜单配置接口。

在内核源码的绝大多数子目录中,都具有一个 Makefile 文件和 Kconfig 文件。Kconfig 就是内核配置界面的源文件,它的内容被内核配置程序读取用来生成配置界面,从而供开发人员配置内核,并根据具体的配置在内核源码根目录下生成相应的配置文件 config。

内核的配置界面以树状的菜单形式组织,菜单名称末尾标有"--->"的表明其下还有其他的子菜单或者选项。每个子菜单或选项都可以有依赖关系,用来确定它们是否显示,只有被依赖的父项被选中,子项才会显示。

Kconfig 文件的基本要素是 config 条目(entry),它用来配置一个选项,或者可以说,它用于生成一个变量,这个变量会连同它的值一起被写入配置文件.config 中。以 fs/JFFS2/Kconfig 为例:

```
tristate "Journalling Flash File System v2 (JFFS2) support"
select CRC32
depends on MTD
help
    JFFS2 is the second generation of the Journalling Flash File System
    for use on diskless embedded devices. It provides improved wear
    levelling, compression and support for hard links. You cannot use
    this on normal block devices, only on 'MTD' devices.
```

config JFFS2_FS 用于配置 CONFIG_JFFS2_FS,根据用户的选择,在配置文件.config 中会出现下面 3 种结果之一:

```
CONFIG_JFFS2_FS = y
CONFIG_JFFS2_FS = m
# CONFIG_JFFS2_FS is not set
```

之所以会出现这 3 种结果,是由于该选项的变量类型为 tristate(三态),它有 3 种取值: y、m 或空,分别对应编译进内核、编译成内核模块、没有使用。如果变量类型为 bool(布尔),则取值只有 y 和空。除了三态和布尔型,还有 string(字符串)、hex(十六进制整数)、int (十进制整数)。变量类型后面所跟的字符串是配置界面上显示的对应该选项的提示信息。

第 2 行的"select CRC32"表示如果当前配置选项被选中,则 CRC32 选项也会被自动选中。第 3 行的"depends on MTD"表示当前配置选项依赖于 MTD 选项,只有 MTD 选项被选中时,才会显示当前配置选项的提示信息。"help"及之后的都是帮助信息。

菜单对应于 Kconfig 文件中的 menu 条目,它包含多个 config 条目。还有一个 choice 条目,它将多个类似的配置选项组合在一起,供用户单选或多选。comment 条目用于定义一些帮助信息,这些信息出现在配置界面的第一行,并且还会出现在配置文件.config 中。最后,还有 source 条目用来读入另一个 Kconfig 文件。

3. 内核的配置选项

Linux 内核配置选项非常多,如果从头开始一个个地进行选择,既耗费时间,对开发人员的要求也比较高(必须要了解每个配置选项的作用)。一般是在某个默认配置文件的基础上进行修改。

在运行命令配置内核和编译内核之前,必须要保证为 Makefile 中的变量 ARCH 和 CROSS_COMPILE 赋予正确的值,当然,也可以每次都通过命令行给它们赋值,但是一劳永逸的办法是直接在 Makefile 中修改这两个变量的值:

```
ARCH      ? = arm
CROSS_COMPILE  ? = arm - linux -
```

这样,以后命令行上运行命令配置或者编译时就不用再去操心 ARCH 和 CROSS_ COMPILE 这两个变量的值了。注意,编译 2.6 版的内核需要设置交叉编译器为 4.5.1 版, 请确认主机端的 Linux 下面是否正确安装了 4.5.1 版的交叉编译器。

原生的内核源码根目录下是没有配置文件 .config 的,一般通过加载某个默认的配置文件来创建 .config 文件,然后再通过命令"make menuconfig"来修改配置。

内核配置的基本原则是把不必要的功能都去掉,不仅可以减小内核,还可以节省编译内核和内核模块的时间。图 7-4 显示了内核配置的主界面。

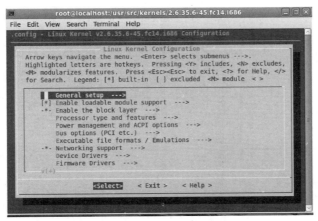

图 7-4　内核配置的主界面

菜单项 Device Drivers 是有关设备驱动的选项。设备驱动部分的配置最为繁杂,有多达 42 个一级子菜单,每个子菜单都有一个 drivers/目录下的子目录与其一一对应,如表 7-6 所示。在配置过程中可以参考这个表格找到对应的配置选项,查看选项的含义和功能。

表 7-6　Device Drivers 子菜单描述

Device Drivers 子菜单	描　　述
Generic Driver Options	对应 drivers/base 目录,这是设备驱动程序中的一些基本和通用的配置选项
Connector-unified userspace < — > kernelspace linker	对应 drivers/connector 目录,一般不需要此功能,取消选中
Memory Technology Device(MTD) support	对应 drivers/mtd 目录,用于支持各种新型的存储技术设备,比如 NOR Flash、NAND Flash 等
Parallel port support	对应 drivers/parport 目录,用于支持各种并口设备
Block devices	对应 drivers/block 目录,块设备支持,包括回环设备、RAMDISK 等的驱动
Misc devices	对应 drivers/misc 目录,用来支持一些不好分类的设备,称为杂项设备。保持默认选择
ATA/ATAPI/MFM/RLL support	对应 drivers/ide 目录,用来支持 ATA/ATAPI 等接口的硬盘、软盘、光盘等,默认不选中
SCSI device support	对应 driver/scsi 目录,支持各种 SCSI 接口的设备。保持默认选择
Serial ATA（prod） and Parallel ATA(experimental) drivers	对应 drivers/ata 目录,支持 SATA 与 PATA 设备,默认不选中

续表

Device Drivers 子菜单	描　述
Multiple devices driver support (RAID and LVM)	对应 drivers/md 目录,表示多设备支持(RAID 和 LVM)。RAID 和 LVM 的功能是使多个物理设备组建成一个单独的逻辑磁盘。默认不选中
Network device support	对应 drivers/net 目录,用来支持各种网络设备
ISDN support	对应 drivers/isdn 目录,用来提供综合业务数字网的驱动程序,默认不选中
Telephony support	对应 drivers/telephony 目录,拨号支持。可用来支持 IP 语音技术(Vo IP),默认不选中
Input device support	对应 drivers/input 目录,支持各类输入设备
Character devices	对应 derivers/char 目录,包含各种字符设备的驱动程序
I²C support	对应 drivers/i2c 目录,支持各类 I²C 设备
SPI support	对应 drivers/spi 目录,支持各类 SPI 总线设备
PPS support	对应 drivers/pps 目录,每秒脉冲数支持,用户可以利用它获得高精度时间基准
GPIO support	对应 derivers/gpio 目录,支持通用 GPIO 库
Dallas's 1-wire support	对应 drivers/w1 目录,支持一线总线,默认不选中
Power supply class support	对应 drivers/power 目录,电源供应类别支持,默认不选中
Hardware Monitoring support	对应 drivers/hwmon 目录。用于监控主板的硬件功能,嵌入式中一般取消选中
Generic Thermal sysfs deriver	对应 drivers/thermal 目录,用于散热管理,嵌入式一般用不到,取消选中
Watchdog Timer support	对应 drivers/watchdog 目录,看门狗定时器支持,保持默认选择即可
Sonics Silicon Backplane	对应 drivers/ssb 目录,SSB 总线支持,默认不选中
Multifunction device drivers	对应 drivers/mfd 目录,用来支持多功能的设备,比如 SM501,它既可用于显示图像又可用作串口,默认不选中
Voltage and Current Regulator support	对应 drivers/regulator 目录,用来支持电压和电流调节,默认不选中
Multimedia support	对应 drivers/media 目录,包含多媒体驱动,比如 V4L(Video for Linux),它用于向上提供统一的图像、声音接口。摄像头驱动会用到此功能
Graphics support	对应 drivers/video 目录,提供图形设备/显卡的支持
Sound card support	对应 sound/目录(不在 drivers/目录下),用来支持各种声卡
HID Devices	对应 drivers/hid 目录,用来支持各种 USB-HID 目录,或者符合 USB-HID 规范的设备(比如蓝牙设备)。HID 表示 Human Interface Device,比如各种 USB 接口的鼠标/键盘/游戏杆/手写板等输入设备
USB support	对应 drivers/usb 目录,包括各种 USB Host 和 USB Device 设备
MMC/SD/SDIO card support	对应 drivers/mmc 目录,用来支持各种 MMC/SD/SDIO 卡
LED Support	对应 drivers/leds 目录,包含各种 LED 驱动程序
Real Time Clock	对应 drivers/rtc 目录,用来支持各种实时时钟设备
Userspace I/O drivers	对应 drivers/uio 目录,用户空间 I/O 驱动,默认不选中

对比较复杂的几个子菜单项,需要根据实际情况进行配置,其原则是去掉不必要的选项以减小内核体积,如果不清楚是不是必要,保险起见就选中它。另外,在配置完成后可对配置文件.config 进行备份。

4. 内核移植

对于内核移植而言,主要是添加开发板初始化和驱动程序的代码,这些代码大部分是与体系结构相关。具体到可适配物联网网关的 cotrex-A8 型开发板来说,Linux 已经有了较好的支持。比如从 Kernel 官方维护网站 kernel.org 下载 2.6.35 的源代码,解压后查看 arch/arm/目录下已经包含了三星 S5PV210 的支持,即三星官方评估开发板 SMDK210 的相关文件 mach-smdkv210。移植 Kernel 只需要针对两个开发板之间的差别修改就可以了。下面举几个常见的修改例子。

1) Nand Flash 移植

Linux-2.6.35 对 NAND Flash 的支持比较完善,已经自带了大部分的 NAND Flash 驱动,drivers/mtd/nand/nand_ids.c 中定义了所支持的各种 NAND Flash 类型。

```
struct nand_manufacturers nand_manuf_ids[] = {
    {NAND_MFR_TOSHIBA, "Toshiba"},
    {NAND_MFR_SAMSUNG, "Samsung"},
    {NAND_MFR_FUJITSU, "Fujitsu"},
    {NAND_MFR_NATIONAL, "National"},
    {NAND_MFR_RENESAS, "Renesas"},
    {NAND_MFR_STMICRO, "ST Micro"},
    {NAND_MFR_HYNIX, "Hynix"},
    {NAND_MFR_MICRON, "Micron"},
    {NAND_MFR_AMD, "AMD"},
    {0x0, "Unknown"}
};
```

以核心板采用三星 K9F2G08 这款 Flash 芯片为例,这款 Flash 芯片的每页都可以保存 (2K+64)B 的数据,其中 2KB 存放数据信息,后面的 64B 存放前 2KB 数据的存储链表以及 ECC 校验信息。每个块都包含 64 页,整片 Nand Flash 包含 2048 个块。这里将 Nand Flash 的信息添加到/driver/mtd/nand/nand_ids.c 文件中的 nand_flash_ids 结构体中。

```
{"NAND 256Mi B 3,3V 8-bit",  0x DA, 0, 256, 0, LP_OPTIONS}
```

修改分区表 s3c_nand.c。

```
struct mtd_partition s3c_partition_info[] = {
    {
    .name = "misc",
    .offset = (768 * SZ_1K),                  /* for BootLoader */
.size = (256 * SZ_1K),
    .mask_flags = MTD_CAP_NANDFlash,
    },
    {
    .name = "kernel",
```

```
                .offset = MTDPART_OFS_APPEND,
                .size = (5 * SZ_1M),
                },
                {
                .name = "system",
                .offset = MTDPART_OFS_APPEND,
                .size = MTDPART_SIZ_FULL,
                },
        };
```

这样 BootLoader 占用 1MB 空间,Kernel 占用 5MB 空间,剩下空间留给文件系统。

由于这款 Flash 是 SLC Nand Flash,因此其 obb 区的 ECC 校验部分配置需要更改如下。

```
static struct nand_ecclayout s3c_nand_oob_64 = {
    .eccbytes = 16,
    .eccpos = {40, 41, 42, 43, 44, 45, 46, 47,
        48, 49, 50, 51, 52, 53, 54, 55},
    .oobfree = {
    {.offset = 2,
        .length = 38}}
};
```

2) 添加对 YAFFS2 文件系统的支持

YAFFS2 是专门针对嵌入式设备,特别是使用 NAND Flash 作为存储器的嵌入式设备而创建的一种文件系统。如果默认 Linux 内核没有对 YAFFS2 文件类型的支持,则需要通过打上补丁的方式实现内核支持。

首先到 YAFFS2 官方网站下载源码包,并解压到 ${PROJECT} 目录下:

```
# cd ${PROJECT}
# tar zxvf /tmp/soft/yaffs2 – 20100316.tar.gz
```

然后进入 yaffs2 源代码目录,运行命令给内核打上 YAFFS2 补丁:

```
# cd ${PROJECT}/yaffs2
# ./patch – ker.sh c ${LINUX_SRC}
```

打上补丁之后就可以进入内核配置界面进行 YAFFS2 的配置了。选择 File systems→Miscellaneous filesystems→YAFFS2 file system support 选项,在内核中添加对 YAFFS2 的支持。

经过前面的几个步骤,基本的内核已经移植完毕,下面运行命令编译内核:

```
# make uImage
```

经过编译、连接之后,会在 arch/arm/boot/目录下生成 uImage 文件。uImage 是 U-Boot

格式的内核二进制映像,是专用于 U-Boot 引导程序的,如果用于其他引导程序(如 Vivi、Red Boot 等),则一般编译成 zImage。制作 uImage 映像需要用到 U-Boot 工具 mkimage 程序,将 ${U-Boot_SRC}/tools 目录下的 mkimage 程序复制到/bin 或/usr/bin 或/usr/local/bin 等目录即可。

将 uImage 文件复制到 TFTP 服务器目录以供下载到开发板。一般在调试阶段时先不把内核烧写到开发板的 NAND Flash,而是下载到开发板内存运行,根文件系统也是使用 NFS 方式挂载,等调试好之后,再烧写到 NAND Flash。

将内核下载到开发板内存并运行,命令如下。

```
@ # tftp 0x30100000 u Image        //加载内核时,不要使用默认的 0x30008000
@ # bootm 0x30100000               //否则会启动失败
```

当然,还需要根文件系统的支持,Linux 才能最终成功启动进入命令行操作界面。U-Boot 的环境变量 bootargs 中的命令行参数指定以何种方式挂载根文件系统。

7.3.3 根文件系统的制作

视频讲解

1. 根文件系统概述

根文件系统是一种特殊的文件系统,该文件系统不仅具有普通文件系统的存储数据文件的功能,而且是内核启动时所挂载(mount)的第一个文件系统,内核代码的映像文件保存在根文件系统中,系统引导启动程序会在根文件系统挂载之后从中把一些初始化脚本和服务加载到内存中去运行。

Linux 启动时,第一个必须挂载的是根文件系统;若系统不能从指定设备上挂载根文件系统,则系统会出错而退出启动。成功之后可以自动或手动挂载其他的文件系统。因此,一个系统中可以同时存在不同的文件系统。

在 Linux 中,将一个文件系统与一个存储设备关联起来的过程称为挂载(mount)。使用 mount 命令将一个文件系统附着到当前文件系统层次结构中。在执行挂载时,要提供文件系统类型、文件系统和一个挂载点。根文件系统被挂载到根目录"/"上后,在根目录下就有了根文件系统的各个目录和文件,如/bin、/sbin、/mnt 等,再将其他分区挂载到/mnt 目录中,/mnt 目录下就有了这个分区的各个目录和文件。

一般地,对于嵌入式 Linux 系统的根文件系统来说,只有/bin、/dev、/etc、/lib、/proc、/var、/usr 这些是必要的,其他都是可选的。

Linux 根文件系统中一般有如下几个目录:

1) /bin 目录

该目录下的命令可以被 root 与一般账号所使用,由于这些命令在挂载其他文件系统之前就可以使用,所以/bin 目录必须和根文件系统在同一个分区中。

/bin 目录下常用的命令有 cat、chgrp、chmod、cp、ls、sh、kill、mount、umount、mkdir、[、test 等。其中"["命令就是 test 命令,在利用 Busybox 制作根文件系统时,在生成的 bin 目录下,可以看到一些可执行的文件,也就是一些可用的命令。

2) /dev 目录

该目录下存放的是设备与设备接口的文件,设备文件是 Linux 中特有的文件类型,在

Linux 系统下,以文件的方式访问各种设备,即通过读/写某个设备文件操作某个具体硬件。比如通过 dev/ttySAC0 文件可以操作串口 0,通过/dev/mtdblock1 可以访问 MTD 设备的第 2 个分区。比较重要的文件有/dev/null、/dev/zero、/dev/tty、/dev/lp * 等。

3) /etc 目录

该目录下存放着系统主要的配置文件,如人员的账号密码文件、各种服务的起始文件等。一般来说,此目录的各文件属性是可以让一般用户查阅的,但是只有 root 有权限修改。对于 PC 上的 Linux 系统,/etc 目录下的文件和目录非常多,这些目录文件都是可选的,它们依赖于系统中所拥有的应用程序,依赖于这些程序是否需要配置文件。在嵌入式系统中,这些内容可以大为精减。

4) /lib 目录

该目录下存放共享库和可加载驱动程序,共享库用于启动系统。

5) /usr 目录

/usr 目录的内容可以存在另一个分区中,在系统启动后再挂载到根文件系统中的/usr 目录下。里面存放的是共享、只读的程序和数据,这表明/usr 目录下的内容可以在多个主机间共享,这些主要也符合文件系统层次标准 FHS 标准的。文件系统层次标准(File system Hierarchy Standard,FHS),它规范了在根目录"/"下面各个主要的目录应该放置什么样的文件。/usr 目录在嵌入式中可以精减。

6) /var 目录

与/usr 目录相反,/var 目录中存放可变的数据,比如 spool 目录(其中包括 mail、news 文件)、log 文件、临时文件。

7) /proc 目录

这是一个空目录,常作为 proc 文件系统的挂载点,proc 文件系统是个虚拟的文件系统,它没有实际的存储设备,里面的目录、文件都是由内核临时生成的,用来表示系统的运行状态,也可以操作其中的文件控制系统。

根文件系统一直以来都是所有类 UNIX 操作系统的重要组成部分,也可以认为是嵌入式 Linux 系统区别于其他一些传统嵌入式操作系统的重要特征,它给 Linux 带来了许多强大和灵活的功能,同时也带来了一些复杂性。

2. 根文件系统的制作工具——Busybox

根文件系统的制作就是生成包含上述各种目录和文件的文件系统的过程,可以通过直接复制宿主机上交叉编译器处的文件来制作根文件系统,但是这种方法制作的根文件系统一般过于庞大。也可以通过一些工具如 Busybox 来制作根文件系统,用 Busybox 制作的根文件系统可以做到短小精悍并且运行效率较高。

Busybox 被形象地称为"嵌入式 Linux 的瑞士军刀",它是一个 UNIX 工具集。它可提供一百多种 GNU 常用工具、shell 脚本工具等。虽然 Busybox 中的这些工具相对于 GNU 提供的完全工具有所简化,但是它们都很实用。Busybox 的特色是所有命令都编译成一个文件——Busybox,其他命令工具(如 sh、cp、ls 等)都是指向 Busybox 文件的连接。在使用 Busybox 生成的工具时,会根据工具的文件名跳转到特定的处理程序。这样,所有这些程序只需被加载一次,而所有的 Busybox 工具组件都可以共享相同的代码段,这在很大程度上节省了系统的内存资源,提高了应用程序的执行速度。Busybox 仅需用几百千字节的空间就可以运行,这使得 Busybox 很适合嵌入式系统使用。同时,Busybox 的安装脚本也使得它很容易建立基于 Busybox 的根文件系统。通常只需要添加/dev、/etc 等目录以及相关的配置脚本,就可以实现一个简单的根文件系统。Busybox 源码开放,遵守 GPL 协议。它提供了类似 Linux 内核的配置脚本菜单,很容易实现配置和裁剪,通常只需要指定编译器。

嵌入式系统用到的一些库函数和内核模块在嵌入式 Linux 的根目录结构中的/lib 目录中,比如嵌入式系统中常用到的 Qt 库文件。在嵌入式 Linux 中,应用程序与外部函数的链接方式有两种:第一种是在构建时与静态库进行静态链接,此时在应用程序的可执行文件中包含所用到的库代码;第二种是在运行时与共享库进行动态链接,与第一种方式的不同在于动态库是通过动态链接映射进应用程序的可执行内存中的。

当开发或构建文件系统时需要注意嵌入式 Linux 系统对动态链接库在命令和链接时的规则。一个动态库文件既包含实际动态库文件,又包含指向该库文件的符号链接,复制时必须一起复制才能保持链接关系。

Busybox 的源码可以从官方网站 www.busybox.net 下载,然后解压源码包进行配置安装,操作如下:

```
#tar -xjvf busybox -1.24.1.tar.bz2
#cd busybox -1.24.1
#make menuconfig
#make
#make install
```

最常用的配置命令是 make menuconfig,也可以根据自己的需要来配置 Busybox。如果希望选择尽可能多的功能,可以直接用 make defconfig,它会自动配置为最大通用的配置选项,从而使得配置过程变得更加简单、快速。在执行 make 命令之前应该修改顶层 Makefile 文件(ARCH ? = arm,CROSS COMPLIE ? = arm-linux-)。执行完 make install 命令后会在当前目录的 install 目录下生成 bin、sbin、linuxrc 3 个文件(夹)。其中包含的就是可以在目标平台上运行的命令。除了 Busybox 是可执行文件外,其他都是指向 Busybox 的链接。当用户在终端执行一个命令时,会自动执行 Busybox,最终由 Busybox 根据调用的命令进行相应的操作。

这里进一步对 Busybox 的配置和编译部分进行说明。对 Busybox 进行相关配置,在 Busybox 目录下执行 make menuconfi,一般默认 Busybox 将采用动态连接方式,使用 mdev 进行设备文件支持,执行界面如图 7-5 所示。

由于嵌入式设备与宿主机之间存在较大差异,所以 Busybox 的配置选择要根据目标板的需求进行。这种裁剪完毕后即可以用上述的 make 进行交叉编译,在当前目录下生成 Busybox 文件。

3. YAFFS2 根文件系统的创建

创建 YAFFS2 根文件系统的步骤如下。

(1) 创建根目录 myrootfs,把 Busybox 生成的 3 个文件(夹)复制到 myrootfs 目录下,并在此目录下建立 dev、lib、mnt、etc、sys、proc、usr、home、tmp、var 等目录(只有 dev、lib、sys、usr、etc 是不可或缺的,其他目录可根据需要选择)。在 etc 目录下建立 init.d 目录。

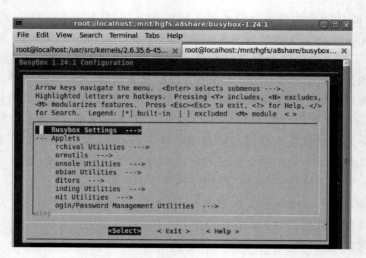

图 7-5　Busybox Settings

（2）建立系统配置文件 inittab、fstab、rcS，其中 inittab 和 fstab 放在 etc 目录下，rcs 放在/etc/init. d 目录下。

（3）创建必需的设备节点，该文件必须在/etc 目录下创建。

（4）如果 Busybox 采用动态链接的方式编译，那么还需要把 Busybox 所需要的动态库 libcrypt. so. 1、libc. so. 6、ldlinux. so. 2 放到 lib 目录中。为了节约嵌入式设备的 Flash 空间，通常会采用动态链接方式，而不采用静态链接方式。如目前国内较有名气的厂商"友善之臂"官方提供了动态链接库的下载，直接将库文件复制至 rootfs/lib 目录下即可：

```
# cp - a /tmp/Friendly ARM - lib/ * .so. * ${ROOTFS}/lib
```

另外，在某些版本的 Linux 系统中还需要为 bin/busybox 加上 SUID 和 SGID 特殊权限，否则某些命令如 passwd 等会出现权限问题。

```
# chmod 675 ${ROOTFS}/bin/busybox
```

（5）改变 rcs 的属性。

（6）使用 mkyaffs2image-128M 工具，把目标文件系统目录制作成 YAFFS2 格式的映像文件，当它被烧写入 Nand Flash 中并启动时，整个根目录将会以 YAFFS2 文件系统格式存在，这里假定默认的 Linux 内核已经支持该文件系统。

接下来介绍适配资源受限型设备的 LiteOS 移植过程，首先介绍移植准备环境。

7.4　LiteOS 移植的软硬件环境

LiteOS 在 arch\arm\arm-m 目录下存放了 Cortex-M0、Cortex-M3、Cortex-M4 和 Cortex-M7 内核的单片机的接口文件，使用这些内核的 MCU 都可以使用其中的接口文件。本章介绍的 LiteOS 移植也是使用 LiteOS 官方的移植，这些底层的移植文件这里可直接使用。

7.4.1 硬件准备

1. 开发板

华为 LiteOS 目前已经成功适配了数十款基于 ARM Cortex 内核的开发板,包括市面上常见的 STM32F0、STM32F1、STM32F3、STM32F4、STM32F7、STM32L1、STM32L4 全系列产品,NXP i. MAX RT10XX 系列等多种主流芯片。开发者需要先准备好开发板和配套数据手册。图 7-6 是一块 STM32 开发板。

图 7-6 STM32 开发板

2. 下载器/仿真器

在进行实时操作系统移植之前,用户需要先准备好下载器/仿真器。

STM32 的程序下载有多种方式,如 USB、串口、JTAG、SWD 等,这几种方式都可以用来给 STM32 下载代码。其中最经济、最简单的方式,就是通过串口给 STM32 下载代码。串口只能下载代码,并不能实时跟踪调试,而利用调试工具,比如 J-Link、U-Link、ST-Link 等就可以实时跟踪程序,并从中找到程序中的错误(bug)。

J-Link 是针对 ARM 设计的一个小型 USB 到 JTAG 转换盒。它通过 USB 连接到运行 Windows 的 PC 主机。J-Link 无缝集成到 IAR Embedded Workbench for ARM 中,它完全兼容 PNP(即插即用)。图 7-7 为 J-Link 原理图。

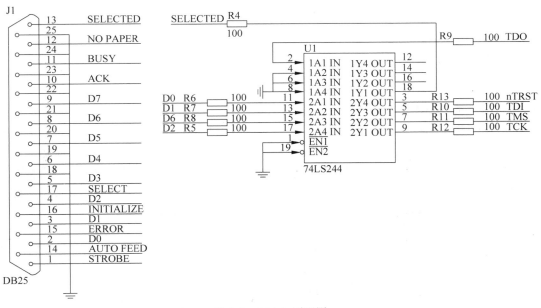

图 7-7 J-Link 原理图

ULINK 是 ARM 公司推出的配套 RealView MDK 使用的仿真器,是 ULink 仿真器的升级版本。ULINK 不仅具有 ULINK 仿真器的所有功能,还增加了串行调试(SWD)支持、返回时钟支持和实时代理等功能。开发工程师通过结合使用 RealView MDK 的调试器和 ULINK,可以方便地在目标硬件上进行片上调试(使用 on-chip JTAG、SWD 和 OCDS)、 Flash 编程。ULINK 支持 ARM7、ARM9、Cortex-M、8051 和 C166 设备。图 7-8 为 ULINK 实物图。

ST-LINK /V2 指定的 SWIM 标准接口和 JTAG / SWD 标准接口,其主要功能有:

(1) 编程功能——可烧写 Flash ROM、E^2PROM、AFR 等。

(2) 仿真功能——支持全速运行、单步调试、断点调试等各种调试方法,可查看 I/O 状态、变量数据等。

(3) 仿真性能——采用 USB 2.0 接口进行仿真调试、单步调试、断点调试。

(4) 编程性能——采用 USB 2.0 接口,进行 SWIM / JTAG / SWD 下载。

ST-LINK /V2 实物如图 7-9 所示。

图 7-8　ULINK 实物图

图 7-9　ST-LINK /V2 实物图

7.4.2　软件环境

本节主要介绍 STM32 交叉编译工具。

1. Keil(也叫 MDK-ARM)

MDK-ARM 来自德国的 Keil 公司,是 RealView MDK 的简称。在全球,超过 10 万嵌入式开发工程师使用 MDK-ARM。目前最新版本为 MDK 5.25,该版本使用 μVision5 IDE 集成开发环境,是目前针对 ARM 处理器,尤其是 Cortex-M 内核处理器的最佳开发工具。

MDK 5 安装包可以在 http://www2. keil. com/mdk5 下载。图 7-10 显示了 MDK 5 界面。

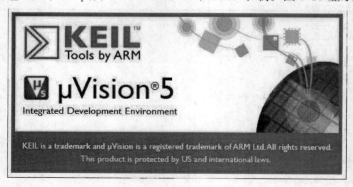

图 7-10　MDK 5 界面

2. IAR for ARM（也叫 IAR EWARM）

IAR for ARM(IAR Embedded Workbench for ARM)是一款微处理器开发的一个集成开发环境软件,该集成开发环境中包含了 IAR 的 C/C++编译器、汇编工具、链接器、库管理器、文本编辑器、工程管理器和 C-SPY 调试器,支持 ARM、AVR、MSP430 等芯片内核平台。

IAR EWARM 安装包可以在 https://www.iar.com/iar-embedded-workbench 下载。图 7-11 显示了 IAR EWARM 界面。

图 7-11　IAR EWARM 界面

3. GCC（Makefile 或 SW4STM32）

SW4STM32(System Workbench for Stm32)是 ST 官方推出的开发工具,支持全系列STM32,可以运行在 Windows、Linux 和 MacOS 等多种系统上。它是完全免费的。

SW4STM32 安装包可以在 http://www.ac6-tools.com/downloads/SW4STM32 下载。图 7-12 显示了 SW4STM32 界面。

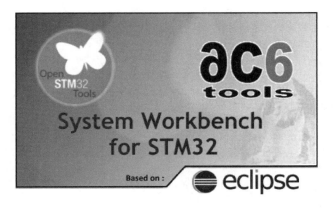

图 7-12　SW4STM32 界面

SW4STM32 实质上就是基于 Eclipse 框架开发的 IDE 工具,内置的交叉编译器其实是GCC for ARM。使用前需要安装好 Java 运行环境。

7.4.3　配置文件 target_config.h

配置文件 target_config.h 对裁剪整个 LiteOS 所需的功能的宏均做了定义,有些宏定义被使能,有些宏定义被屏蔽。

对 target_config.h 头文件的内容修改不多,具体是:修改与对应开发板的头文件,如果使用 fire STM32F1 的开发板,则包含 F1 的头文件 ♯include "stm32f10x.h";同理,若使用其他系列的开发板,则包含与开发板对应的头文件即可。还需要修改系统的时钟 OS_SYS_CLOCK 与系统的时钟节拍 LOSCFG_BASE_CORE_TICK_PER_SECOND,一般常用的是 100~1000,根据自己需要选择。另外,可以修改默认的任务栈大小,根据自己的需要修改即可。

```
…
# include "los_typedef.h"
# include "stm32f1xx.h"
/* 头文件 stm32f1xx.h 是在工程文件中选择的使用的芯片型号进行添加的 */
# include < stdio.h >
# include < string.h >
extern "C" {
# define OS_SYS_CLOCK                                    (SystemCoreClock)
/* S_SYS_CLOCK 是配置 LiteOS 的时钟为系统时钟 */
# define LOSCFG_BASE_CORE_TICK_PER_SECOND                (1000UL)
/* 表示操作系统每秒产生多少个 tick,tick 即是 LiteOS 节拍的时钟周期,一般配置为 100~1000 */
# define LOSCFG_BASE_CORE_TICK_HW_TIME                   NO
/* 定时器剪裁的外部配置项,未使用,所以这个宏定义为 NO */
# define LOSCFG_KERNEL_TICKLESS                          NO
/* 配置 LiteOS 内核不使用滴答定时器,而工程项目需要使用滴答定时器,所以这个宏定义为 NO */
# define LOSCFG_PLATFORM_HWI                             NO
/* 硬件中断定制的配置项,YES 表明 LiteOS 接管了外部中断,一般建议为 NO,不接管中断 */
# define LOSCFG_PLATFORM_HWI_LIMIT                       96
/* 这个宏定义表示 LiteOS 支持最大的外部中断数,默认为 96,一般不做修改,使用默认值即可 */
# define LOSCFG_BASE_CORE_TSK_DEFAULT_PRIO               10
/* 这个宏定义表示默认的任务优先级,默认为 10,优先级数值越小表示任务优先级越高 */
# define LOSCFG_BASE_CORE_TSK_LIMIT                      15
/* 这个宏定义表示 LiteOS 支持的最大任务个数(除去空闲任务),默认为 15 */
# define LOSCFG_BASE_CORE_TSK_IDLE_STACK_SIZE            (0x500U)
/* 这个宏定义表示空闲任务的栈大小,默认为 0x500U 字节 */
# define LOSCFG_BASE_CORE_TSK_DEFAULT_STACK_SIZE         (0x2D0U)
/* 表示定义默认的任务栈大小为 0x2D0U 字节 */
# define LOSCFG_BASE_CORE_TSK_MIN_STACK_SIZE             (0x130U)
/* 这个宏定义则表示任务最小需要的栈大小 */
# define LOSCFG_BASE_CORE_TIMESLICE                      YES
/* 这个宏定义表示是否使用时间片,在 LiteOS 一般都会使用时间片,故配置为 YES */
# define LOSCFG_BASE_CORE_TIMESLICE_TIMEOUT              10
/* 这个宏定义表示具有相同优先级的任务的最长执行时间,单位为时钟节拍周期,默认配置为 10 */
# define LOSCFG_BASE_CORE_TSK_MONITOR                    YES
/* 这个宏定义表示任务栈监控模块定制的配置项,在 LiteOS 中默认打开. */
# define LOSCFG_BASE_CORE_EXC_TSK_SWITCH                 YES
/* 这个宏定义表示任务执行过滤器钩子函数的配置项,在 LiteOS 中默认打开. */
```

```
#define OS_INCLUDE_PERF                          YES
/*这个宏定义表示性能监视器单元的配置项,在 LiteOS 中默认打开.*/
#define LOS_TASK_PRIORITY_HIGHEST                0
/*这个宏定义表示定义可用的任务的最高优先级.*/
#define LOS_TASK_PRIORITY_LOWEST                 31
/*这个宏定义表示定义可用的任务的最低优先级*/
#define LOSCFG_BASE_IPC_SEM_LIMIT                20
/*这个宏定义表示 LiteOS 最大支持信号量的个数,默认为 20 个*/
#define LOSCFG_BASE_IPC_MUX                      YES
/*这个宏定义表示互斥锁的配置项,配置为 YES 则表示默认使用互斥锁*/
#define LOSCFG_BASE_IPC_MUX_LIMIT                15
/*这个宏定义表示 LiteOS 最大支持互斥锁的个数,默认为 15*/
#define LOSCFG_BASE_IPC_QUEUE                    YES
/*这个宏定义表示队列量的配置项,配置为 YES 则表示默认使用消息队列*/
#define LOSCFG_BASE_IPC_QUEUE_LIMIT              10
/*这个宏定义表示 LiteOS 最大支持消息队列量的个数,默认为 10*/
#define LOSCFG_BASE_CORE_SWTMR                   YES
/*这个宏定义表示软件定时器的配置项,配置为 YES 则表示默认使用软件定时器*/
#define LOSCFG_BASE_CORE_TSK_SWTMR_STACK_SIZE LOSCFG_BASE_CORE_TSK_DEFAULT_STACK_SIZE
/*这个宏定义就是用于配置软件定时器的任务栈大小,默认的任务栈大小为 0x2D0U 字节*/
#define LOSCFG_BASE_CORE_SWTMR_TASK              YES
/*这个宏定义表示使用软件定时器回调函数,默认打开*/
#define LOSCFG_BASE_CORE_SWTMR_ALIGN             YES
/*这个宏定义表示软件定时器对齐用,某些场景需要对齐,默认关闭*/
#define LOSCFG_BASE_CORE_SWTMR_LIMIT             16
/*这个宏定义表示支持的最大软件定时器数量,而不是可用的软件定时器数量.默认为 16*/
#define OS_SWTMR_MAX_TIMERID ((65535/LOSCFG_BASE_CORE_SWTMR_LIMIT) * LOSCFG_BASE_CORE_
SWTMR_LIMIT)
/*这个宏定义表示最大的软件 ID 数值*/
#define OS_SWTMR_HANDLE_QUEUE_SIZE (LOSCFG_BASE_CORE_SWTMR_LIMIT + 0)
/*这个宏定义表示最大的软件定时器队列的大小*/
#define LOS_COMMON_DIVISOR                       10
/*这个宏定义表示软件定时器多重对齐的最小除数,默认为 10*/
#define BOARD_SRAM_START_ADDR                    0x20000000
/*定义内存的起始地址,STM32 的 RAM 起始地址是    0x20000000*/
#define BOARD_SRAM_SIZE_KB                       40
/*定义芯片 RAM 的大小,根据对应的芯片进行修改*/
#define BOARD_SRAM_END_ADDR (BOARD_SRAM_START_ADDR + 1024 * BOARD_SRAM_SIZE_KB)
/*根据对应的芯片的起始地址与 RAM 的大小算出结束地址*/
#define LOSCFG_BASE_MEM_NODE_INTEGRITY_CHECK     YES
/*这个宏定义是配置内存节点完整性检查,默认打开*/
#define LOSCFG_BASE_MEM_NODE_SIZE_CHECK          YES
/*这个宏定义是配置内存节点大小检查,默认打开*/
#define LOSCFG_MEMORY_BESTFIT                    YES
/*这个宏定义是配置分配内存算法,BESTFIT 只是分配内存算法的一种,默认使用*/
#define LOSCFG_MEM_MUL_POOL                      YES
/*这个宏定义是配置内存模块内存池检查,默认打开*/
#define OS_SYS_MEM_NUM                           20
/*这个宏定义是内存块检查,默认为 20*/
#define LOSCFG_KERNEL_MEM_SLAB                   YES
```

```
/* 这个宏定义是配置系统内存分配机制,默认使用 slab 分配机制 */
#define LOSCFG_COMPAT_CMSIS_FW                              YES
/* 这个宏定义是用于监视任务通信的配置,默认打开,用户可以选择关闭 */
#define OS_SR_WAKEUP_INFO                                   YES
/* 这个宏定义是配置系统唤醒信息打开,默认使用 */
#define CMSIS_OS_VER                                        2
/* 这个宏定义是配置 CMSIS_OS_VER 版本 */
#define LOSCFG_PLATFORM_EXC                                 NO
/* 异常模块配置项,默认不使用 */
#define LOSCFG_KERNEL_RUNSTOP                               NO
/* 运行停止配置 */
#define LOSCFG_BASE_MISC_TRACK                              NO
/* 跟踪配置项,默认不使用 */
#define LOSCFG_BASE_MISC_TRACK_MAX_COUNT                    1024
/* 最大跟踪数目配置,默认为 1024 */
...
```

7.5　LiteOS 移植过程

本节介绍基于 STM32F103C8T6 的 LiteOS 的移植过程。开发工具是 MDK5。作为目前使用极为广泛的物联网终端微控制器,LiteOS 官方已经适配过 Cortex-M 系列内核的单片机,因此移植过程非常简单。

LiteOS 已经支持 MDK-ARM、IAR EWARM、SW4STM32 和 Makefile/GCC 4 种工具链/IDE 作为 LiteOS 开发环境,选择一种熟悉的工具链即可。

LiteOS 有两种移植方案:操作系统接管中断和不接管中断方式。接管中断的方式,是由 LiteOS 创建和管理中断,需要修改 STM32 启动文件,移植比较复杂。由于 STM32 的中断管理设计得极为出色,一般不需要由 LiteOS 管理中断,所以本节介绍的移植方案是不接管中断方式的。中断的使用,与在裸机工程中是一样的。

在 target_config.h 中将 LOSCFG_PLATFORM_HWI 宏定义为 NO,即为不接管中断方式。该值默认为 NO。

移植的主要步骤简要说明如下。

(1) 添加内核文件,主要涉及 arch 目录和 kernel 目录。

(2) 配置头文件,添加头文件 OS_CONFIG 到分组。

(3) 移除 SysTick 和 pendsv 中断。

(4) 修改 target_config.h,然后编译。

(5) 重定向 printf 函数(一般在裸机工程中就会实现)。

说明:内核运行过程中会通过串口打印一些错误信息。如果日志功能开启又没有重定向 printf 函数,则会导致日志打印出错,程序异常。

下面通过新建一个裸机工程,一步步讲解如何进行移植。

7.5.1　创建裸机工程

本示例使用的是一个 STM32F103C8T6 的最小系统板,板载有 3 个 LED、1 个串口。

LED 连接引脚为 PB5、PB6、PB7，低电平点亮；串口为 USART1(PA9,PA10)，采用 DMA+空闲中断的方式接收数据。

最近几年 ST 官方都在大力推行 STM32CubeMX 图形化开发，鼓励用户从标准库转到 HAL 库。随着 STM32Cube 快速迭代更新，目前已经支持 STM32 全系列产品，配置和使用都非常方便。因此在本节中用 STM32Cube 作为裸机工程的构建工具。

STM32Cube 是 ST 提供的一套性能强大的免费开发工具和嵌入式软件模块，能够让开发人员在 STM32 平台上快速、轻松地开发应用。它包含两个关键部分：

图形配置工具(STM32CubeMX)——允许用户通过图形化向导来生成 C 语言工程。

嵌入式软件包(STM32Cube 库)——包含完整的 HAL 库(STM32 硬件抽象层 API)、配套的中间件(包括 RTOS、USB、TCP/IP 和图形)以及一系列完整的例程。

本示例利用 STM32CubeMX 来生成裸机工程(STM32CubeMX 的使用本节不详细描述)，设置如下。

1. 引脚配置

配置 PB5\PB6\PB7 为推挽输出方式；

配置 PA9\PA10 为 USART1 复用功能；

配置 PA13 为 SWDIO 功能，PA14 为 SWCLK 功能(下载及调试)；

使能串行调试功能。

图 7-13 显示了 STM32F103C8T6 的引脚。

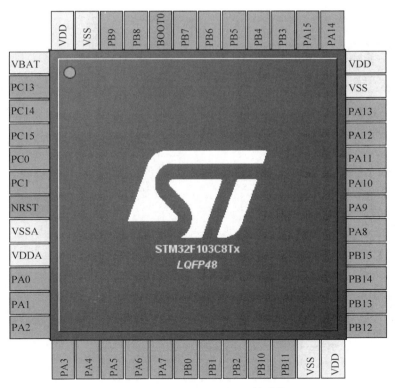

图 7-13　STM32F103C8T6 的引脚

2. 生成代码

选中生成对应外设驱动的.c/.h 文件,生成代码。

打开工程,加入 LED 开关状态的宏定义和串口空闲中断接收的代码,具体如下(当然,如果不使用 DMA+空闲中断的方式,也可以不进行下面(2)中的修改,但是一定要重定向 printf 函数):

(1) 在 main.h 中加入 LED 宏定义代码。

```
#define LED1_ON()   HAL_GPIO_WritePin(GPIOB, LED1_Pin, GPIO_PIN_RESET)
#define LED1_OFF()  HAL_GPIO_WritePin(GPIOB, LED1_Pin, GPIO_PIN_SET)
#define LED2_ON()   HAL_GPIO_WritePin(GPIOB, LED2_Pin, GPIO_PIN_RESET)
#define LED2_OFF()  HAL_GPIO_WritePin(GPIOB, LED2_Pin, GPIO_PIN_SET)
#define LED3_ON()   HAL_GPIO_WritePin(GPIOB, LED3_Pin, GPIO_PIN_RESET)
#define LED3_OFF()  HAL_GPIO_WritePin(GPIOB, LED3_Pin, GPIO_PIN_SET)
```

(2) 实现串口空闲中断接收。

在 usart.h 中加入如下代码:

```
#define UART1_BUFF_SIZE 256 //串口接收缓存区长度
typedef struct
{
    uint8_t RxFlag;              //空闲接收标记
    uint16_t RxLen;              //接收长度
    uint8_t * RxBuff;            //DMA 接收缓存
}USART_RECEIVETYPE;
extern USART_RECEIVETYPE Uart1Rx;
void USART1_ReceiveIDLE(void);
void UART_SendData(USART_TypeDef * Uart,uint8_t * buff,uint16_t size);
```

在 usart.c 中加入如下代码:

```
static uint8_t Uar1tRxBuff[UART1_BUFF_SIZE + 1];          //定义串口接收 buffer
USART_RECEIVETYPE Uart1Rx = {
                    .RxBuff = Uar1tRxBuff,
               };

void USART1_ReceiveIDLE(void)
{
    uint32_t temp;
    if(__HAL_UART_GET_FLAG(&huart1,UART_FLAG_IDLE) != RESET)
    {
        __HAL_UART_CLEAR_FLAG(&huart1,UART_FLAG_IDLE);
        temp = huart1.Instance -> SR;
        temp = huart1.Instance -> DR;
        HAL_UART_DMAStop(&huart1);
        temp = huart1.hdmarx -> Instance -> CNDTR;
        Uart1Rx.RxLen = UART1_BUFF_SIZE - temp;
        Uart1Rx.RxFlag = 1;
        Uart1Rx.RxBuff[Uart1Rx.RxLen] = 0;
```

```
            HAL_UART_Receive_DMA(&huart1,Uart1Rx.RxBuff,UART1_BUFF_SIZE);
    }
}
void UART_SendByte(USART_TypeDef * Uart,uint8_t data)
{
    Uart->DR = data;
while((Uart->SR&UART_FLAG_TXE)==0);
while((Uart->SR&UART_FLAG_TC)==0);
}
void UART_SendData(USART_TypeDef * Uart,uint8_t * buff,uint16_t size)
{
    while(size--)
Uart->DR = *(buff++);
while((Uart->SR&UART_FLAG_TXE)==0);
}
    while((Uart->SR&UART_FLAG_TC)==0);
}
//重定向c库函数printf到USART1
int fputc(int ch, FILE * f)
{
    UART_SendByte(USART1, (uint8_t) ch);
    return (ch);
}
//重定向c库函数scanf到USART1
    int fgetc(FILE * f)
{
    while((USART1->SR&UART_FLAG_RXNE)==0);
    return (int)USART1->DR&0xff;
}
```

修改 void MX_USART1_UART_Init(void),在最后加入如下代码:

```
__HAL_UART_CLEAR_FLAG(&huart1,UART_FLAG_IDLE);
__HAL_UART_CLEAR_FLAG(&huart1,UART_FLAG_TC);
HAL_UART_Receive_DMA(&huart1, Uart1Rx.RxBuff, UART1_BUFF_SIZE);
__HAL_UART_ENABLE_IT(&huart1, UART_IT_IDLE);              //使能空闲中断
```

在 stm32f1xx_it.c 中声明 USART1_ReceiveIDLE,并在串口中断中调用该函数:

```
void USART1_ReceiveIDLE(void);
void USART1_IRQHandler(void)
{
    USART1_ReceiveIDLE();
    HAL_UART_IRQHandler(&huart1);
}
```

3. 在 main. c 的 main 中添加代码验证裸机工程

```
while (1)
{
        LED1_ON();
        LED2_ON();
        LED3_ON();
        HAL_Delay(300);
        LED1_OFF();
        LED2_OFF();
        LED3_OFF();
        HAL_Delay(300);
        printf("This is the uart test!\r\n");
        if(Uart1Rx.RxFlag){
            Uart1Rx.RxFlag = 0;
            UART_SendData(USART1,Uart1Rx.RxBuff,Uart1Rx.RxLen);
        }
    }
```

编译下载代码,程序正常运行,LED 闪烁,同时打印字符串。

经过上述操作,就已经完成了裸机工程的准备工作。

7.5.2　内核移植

1. 下载 LiteOS

LiteOS 开源代码路径为 https://gitee.com/LiteOS/LiteOS。图 7-14 显示了 LiteOS 开源代码官方主仓库。

图 7-14　LiteOS 开源代码官方主仓库

2. 复制内核代码

在工程目录下新建 LiteOS 目录(目录名称自定义),从上一步下载的 LiteOS 内核源码中,将 arch、kernel、targets\STM32F103VET6_NB_GCC\OS_CONFIG 复制至 LiteOS 目录内,arch 中是 CPU 架构相关的代码;kernel 中是 LiteOS 内核代码;OS_CONFIG 中是配置内核功能的头文件,可用于裁剪内核功能,可从官方提供的例程中复制过来。

3. 向 MDK 工程添加内核文件

打开 MDK 工程,打开 Mange Project Items。添加 arch 分组。

在 Groups 添加 LiteOS/Arch 分组,添加以下文件。

1) arch\arm\arm-m\src 目录下的全部文件

```
los_hw.c
los_hw_tick.c
los_hwi.c
```

2) arch\arm\arm-m\cortex-m3\keil 目录下的文件

```
los_dispatch_keil.S
```

注:单击 AddFiles 时,MDK 默认添加.c 类型的文件。los_dispatch_keil.S 是汇编文件,因此在添加时,需要将文件类型选择为 All files。

添加 kernel 分组。在 Groups 添加 LiteOS/kernel 分组,添加这些目录下的所有.c 文件:kernel\base\core、kernel\base\ipc、kernel\base\mem\bestfit_little、kernel\base\mem\common、kernel\base\mem\membox、kernel\base\misc、kernel\base\om、kernel\extended\tickless(如不使用 tickless,可不添加)和 kernel 下面的 los_init.c。

说明:本例移植的是 bestfit_little。可根据需求移植其他的算法。

4. 配置头文件

需要添加的头文件路径为

```
arch\arm\arm-m\include
kernel\include
kernel\base\include
kernel\extended\include
OS_CONFIG
```

5. 移除 SysTick 和 pendsv 中断

由于 LiteOS 内核使用到了 SysTick 和 pendsv 这两个中断,并在内核代码中有对应实现,因此这里需要对这两个中断进行处理。

打开 stm32f1xx_it.c,找到 SysTick_Handler 和 PendSV_Handler。PendSV 异常会被初始化为最低优先级的异常。

应将这两个中断处理函数屏蔽掉,否则会出现编译错误。

6. 修改 target_config.h

OS_CONFIG/target_config.h 文件,该文件主要用于配置 MCU 驱动头文件、RAM 大

小、内核功能等,需要根据自己的环境进行修改。

主要需要修改以下两处:

1) MCU 驱动头文件

```
#define _TARGET_CONFIG_H
#include "los_typedef.h"
#include "stm32f4xx.h"
```

根据使用的 MCU,包含对应的头文件。

2) SRAM 大小

```
#define BOARD_SRAM_START_ADDR          0x20000000
#define BOARD_SRAM_SIZE_KB             40
#define BOARD_SRAM_END_ADDR(BOARD_SRAM_START_ADDR + 1024 * BOARD_SRAM_SIZE_KB)
```

根据使用的 MCU 芯片 SRAM 大小进行修改。

这里使用的是 STM32F103C8T6,其 SRAM 为 20KB。

确认修改 LOSCFG_PLATFORM_HWI,如果是 YES 代表接管中断,否则是不接管中断。

target_config.h 文件还有很多其他宏定义,主要是配置内核的功能,如是否使用队列、软件定时器、是否使用时间片、信号量等。

经过以上的操作,LiteOS 的移植就完成了。

7. 创建一个任务进行测试

这里可以创建一个任务使用 LiteOS 进行测试。在下边的例子中创建了两个任务: 一个任务按照 2s 的周期点亮 LED1,另一个任务按照 400ms 的周期点亮 LED2。以下是部分代码实现。

说明: 限于篇幅限制,这里只列出部分代码。

```
static void Led1Task(void)
{
    while(1) {
        LED1_ON();
        LOS_TaskDelay(1000);
        LED1_OFF();
        LOS_TaskDelay(1000);
    }
}
static void Led2Task(void)
{
    while(1) {
        LED2_ON();
        LOS_TaskDelay(200);
        LED2_OFF();
        LOS_TaskDelay(200);
    }
}
UINT32 RX_Task_Handle;
UINT32 TX_Task_Handle;
```

7.6 小结

本章介绍了嵌入式 Linux 和华为 LiteOS 两种操作系统的移植方法和流程,分别对应了物联网中资源非受限型设备和资源受限型设备。有兴趣的读者可以针对这两种设备分别进行移植。

习题

1. 什么是主机-目标机交叉开发模式? 主机-目标机的文件传输方式有哪些?
2. 嵌入式软件生成阶段主要包括哪 3 个过程?
3. 什么是交叉编译工具链? 工具链的构建方法有哪些?
4. GCC 的编译经历了哪几个相互关联的步骤?
5. 简要说明嵌入式 Linux 系统移植过程。
6. U-Boot 的移植过程主要包括哪几个步骤?
7. 根文件系统如何制作?
8. LiteOS 移植需要哪些软硬件条件?
9. 尝试阅读 target_config. h 源码,了解该文件具有的条目。
10. 尝试实践 LiteOS 的移植流程。

## 第 8 章

物联网操作系统的应用案例

《"十三五"国家信息化规划》中有 20 处提到"物联网",明确提出发展智慧农业,推进智能传感器、卫星导航、遥感、空间地理信息等技术应用,增强对农业生产环境的精准监测能力;提出新型智慧城市建设行动方案,包括分级分类推进新型智慧城市建设和打造智慧高效的城市治理两方面;分别提到智慧物流、智慧交通、智慧健康医疗、智慧旅游、智慧休闲、智慧能源等物联网在各个细分领域的创新应用,智慧海洋工程建设、智慧流通基础设施建设、智慧社区建设等创新工程,以及"智慧法院""智慧检务"、智慧用能等现代政务的发展方向;提出着力培育绿色智慧产业,提升智慧服务能力的目标要求。

可见,物联网操作系统应用的场景极为丰富。本章以"智慧农业"中的一个具体的子系统为例,介绍物联网操作系统在该场景中的应用。

8.1 智慧农业

8.1.1 "智慧农业"概述

"智慧农业"是指充分应用现代信息技术成果,集成应用计算机与网络技术、物联网技术、音视频技术、传感器技术、无线通信技术及专家智慧与知识平台,实现农业可视化远程诊断、远程控制、灾变预警等智能管理、远程诊断交流、远程咨询、远程会诊,逐步建立农业信息服务的可视化传播;实现对农业生产环境的远程精准监测和控制,提高设施农业建设管理水平,依靠存储在知识库中的农业专家的知识,运用推理、分析等机制,指导农牧业进行生产和流通作业。

"智慧农业"是农业生产的高级阶段,是集新兴的互联网、移动互联网、云计算和物联网技术于一体,依托部署在农业生产现场的各种传感节点(环境温湿度、土壤水分、二氧化碳、图像等)和无线通信网络实现农业生产环境的智能感知、智能预警、智能决策、智能分析、专家在线指导,为农业生产提供精准化种植、可视化管理、智能化决策。

"智慧农业"是云计算、传感网、3S 等多种信息技术在农业中综合、全面的应用,实现更完备的信息化基础支撑、更透彻的农业信息感知、更集中的数据资源、更广泛的互联互通、更深入的智能控制、更贴心的公众服务。"智慧农业"与现代生物技术、种植技术等高新技术融合于一体,对建设世界高水平农业具有重要意义。

"智慧农业"是一项综合性很强的系统工程,物联网技术作为其中的核心技术之一,在农业生产的各个环节中都得到了应用。

1. 在农业信息监测中的应用

物联网技术应用在农业信息检测中能够实时监视农作物灌溉情况,监测土壤空气变更、畜禽的环境状况以及大面积的地表检测等,收集温度、湿度、风力、大气、降雨量等数据信息,测量有关土地的湿度、氮含量变化和土壤 pH 值等,从而进行科学预测,帮助农民合理灌溉、施肥、使用农药、抗灾、减灾、科学种植,提高农业综合效益。通过对温度、湿度、氧含量、光照等环境调控设备的控制,优化生长环境,保障农产品健康生长。

2. 在农业销售流通领域的应用

物联网技术应用在农产品加工环节。制作农产品电子标签和运输车辆的电子标签,并将电子标签录入系统之中。加工企业通过电子标签得到农产品的相关信息,加强对农产品流通加工的信息化管理。

物联网技术应用在农产品仓储和销售环节管理。分析农产品存放环境的温度和湿度,加强对库房的监控;监控农产品的出入库流程、货物移动、售后管理等;优化农产品存储管理,及时提醒相关人员进行货物补充,进而加强对销售环节的管理。

物联网技术应用在农产品运输环节。利用物联网系统合理安排运输路线和运输数量,实现运输成本的降低,而且能够提高农产品运输的自动化水平,减少农产品运输中的环境污染。

3. 在农产品安全溯源系统的应用

物联网技术在农产品安全溯源系统中主要运用 RFID 技术。如在畜牧业中,为每一头牲畜制作 RFID 标签,在畜牧养殖、屠宰、物流、销售等阶段,通过对标签信息的解读和录入对其身份进行数字认证。消费者可以通过商家的 RFID 终端查询产品信息,发现问题产品或发生食品安全问题,可以向上层层追查,找到问题根源。

4. 在农业信息管理中的应用

通过对农产品的生产、流通、销售等环节中采集到的大量数据,可以建立起庞大的农业信息数据库。依托海量的农业信息,可以建立起农业信息发布平台、农业科技信息服务平台、农业专家咨询平台、农业电子商务平台等。通过对农业信息数据的分析,进而为"智慧农业"的发展提供高质量的信息服务。

8.1.2 "智慧农业"的总体技术架构和关键技术

"智慧农业"的总体技术架构如图 8-1 所示。从图 8-1 中可以发现,"智慧农业"可以分为 4 层:感知层、传输层、服务层和应用层。感知层包含了大量的传感器、RFID、可编程控制器、视频终端和其他数据采集终端。传输层包括多种通信网络,实现数据和指令的有效传输。服务层建立在综合运营支撑云平台上,包括物联网数据统一处理组件(RFID 中间件、M2M 中间件等)、SOA(面向服务的架构)和各种开放的 API 接口。最顶层是应用层,实现多项系统功能,如大棚管理、畜禽管理、水产管理、物流管理、资源管理、仓储管理、网上商城等。

"智慧农业"的关键技术包括了物联网、云计算等在内的众多计算机与通信领域的技术。分类看来,主要有:

1) 数据云处理技术

以云计算和云平台为基础,对多种信息流进行统一分类处理,降低建设成本,提高处理

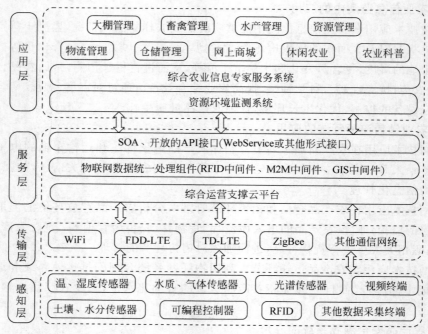

图 8-1 "智慧农业"的总体技术架构

效率。

2) 数据采集感知技术

实现农作物生长状态监测、农产品原材料生产过程查询以及其他视频服务。

3) 融合通信技术

实现传感器网络、无线通信、有线通信技术的有机协作融合。

4) 数据库及 Web 服务技术

实现农业生产信息管理以及农产品在线订购与配送等后台管理。

5) 农业智能决策技术

通过建立农业智能决策模型,为农业智能化生产、仓储、运输等提供决策依据。

8.1.3 应用实例

本章主要通过一个蔬菜花卉环境监控子系统来介绍物联网操作系统在智慧农业中的应用。蔬菜花卉环境监控子系统属于种养殖环境监控系统。种养殖环境监控系统包含蔬菜花卉环境监控子系统、畜禽养殖环境监控子系统和水产养殖环境监控子系统。

种养殖环境监控系统技术架构如图 8-2 所示。

从图 8-2 中可以发现,种养殖环境监控系统采用的技术是对整体架构的精准细化。感知层利用温度、湿度、光照、二氧化碳气体等多种传感器对农牧产品(蔬菜、禽肉等)的生长过程进行全程监控和数据化管理,通过传感器和土壤成分检测感知生产过程中是否添加有机化学合成的肥料、农药、生长调节剂和饲料添加剂等物质;结合 RFID 电子标签对每批种苗的来源、等级、培育场地以及在培育、生产、质检、运输等过程中具体实施人员等信息进行有

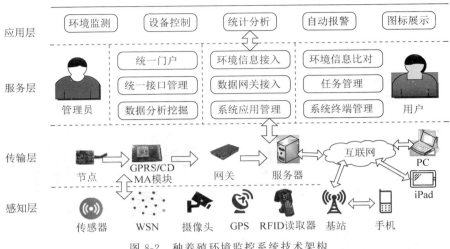

图 8-2 种养殖环境监控系统技术架构

效、可识别的实时数据存储和管理。比如服务层可对管理员和用户提供权限不同的服务。服务层可以提供统一门户、统一接口管理、环境信息接入、数据网关接入、环境信息比对、任务管理、数据分析挖掘、系统应用和终端管理等服务。应用层的应用功能也很丰富,比如可以实现环境监测、设备控制、统计分析、自动报警、图表展示等功能。农业生产管理人员、农业专家可通过计算机、手机或其他远程终端设备时刻掌握农作物生长环境和状态,并根据农作物生长各项指标的要求及时采取控制措施,远程控制农业设施的启动或关闭(如节水灌溉系统、通风设备、室内温度调节设备、光照调节设备等)。利用该系统可实现农业生产的精细化管理,提高对病虫害的监控水平,减少农药使用量,提高蔬菜品质,增加种植效益。在此基础上整合农业专家系统提高对种植养殖的生产指导和管理效益。

图 8-3 显示了一种蔬菜花卉环境监控子系统建设方案,包含了众多传感器节点和网关节点,另外要说明的是,IoT 平台和直连平台型设备并未在图中列出。本章主要介绍其中几种重要的传感器。

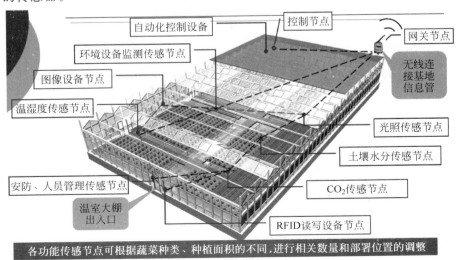

图 8-3 蔬菜花卉环境监控子系统建设方案

根据现场需要检测的不同参数,选择相应的传感器和设备控制器,如图 8-4 所示。由节点中的主控制器来获取传感器数据,或发出控制指令。本节在阐述过程中主要选择了温湿度传感器和光照度传感器。

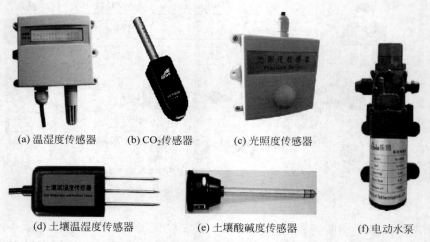

(a) 温湿度传感器   (b) CO_2传感器   (c) 光照度传感器

(d) 土壤温湿度传感器   (e) 土壤酸碱度传感器   (f) 电动水泵

图 8-4　现场使用的部分传感器和控制器

本章介绍的物联网系统中的终端主控节点控制传感器进行数据的实时采集和处理,主要分为两种:CC2530 和 STM32L431RCT6。前者使用 ZigBee 网络连接到网关节点,通过网关节点和云平台连接。后者用小熊派 IoT 开发板封装,通过 ESP8266 模组实现与云平台直连。

图 8-5 显示了采用 STM32L431RCT6＋LiteOS 方案的"采集＋处理＋传输"结构。

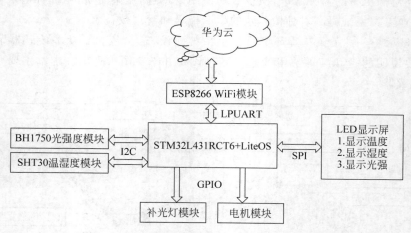

图 8-5　基于 STM32L431RCT6＋LiteOS 的方案

8.2　主要硬件

"智慧农业"蔬菜花卉环境监控子系统使用的硬件较多,除云平台之外主要分为 3 类:终端节点主控制器、传感器、通信模块(包括网关)。本节简要介绍这些硬件。

8.2.1 小熊派 IoT 开发板

本系统使用小熊派 IoT 开发板作为部分终端主控节点。小熊派 IoT 开发板是一款由南京小熊派智能科技有限公司联合华为技术有限公司基于 STM32L431RCT6 设计的高性能物联网开发板。开发板充分考虑物联网感知层设备的多样性,具有强大的可扩展性,供开发者进行评估及快速设计相关物联网的应用产品等工作。

小熊派 IoT 开发板的系统框架如图 8-6 所示。

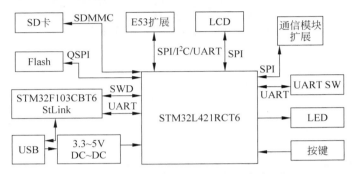

图 8-6　小熊派 IoT 开发板的系统框架图

从图 8-6 中可以发现,小熊派 IoT 开发板使用了 STM32L431RCT6 作为控制核心。STM32 系列是基于专为要求高性能、低成本、低功耗的嵌入式微控制器。它覆盖了 ARM Cortex-M0、Cortex-M0＋、Cortex-M3、Cortex-M4 和 Cortex-M7 内核。表 8-1 列出了本系统中使用的小熊派开发板的微控制器 STM32L431RCT6 的属性与参数值。

表 8-1　STM32L431RCT6 的属性与参数

属　性	参数值	属　性	参数值
商品目录	ST(意法半导体)	E^2PROM 尺寸	—
额外特性	SAI	CAN	1
UART/USART	3 USART＋1 UART	A/D	16×12 位
SPI	3	D/A	2×12 位
USB Device	0	CPU 位数	32 位
PWM	1	CPU 内核	ARM Cortex-M4
USB Host/OTG	0	ROM 尺寸	256KB
LCD	0	RAM 大小	64KB
I^2C(SMBUS/PMBUS)	3	主频(MAX)	80MHz
工作电压	1.71～3.6V	ROM 类型	Flash
以太网	0	I/O 数	52

小熊派 IoT 开发板电路连接关系如图 8-7 所示。系统由 USB 5V 供电,经过 DCDC 降压至 3.3V 给系统大部分器件供电,为系统主要电源;板载 StLink 与 MCU 采用 SWD 接口;8M Flash 采用四线 QSPI 与 MCU 连接;SD 卡采用三线 SDMMC 协议与 MCU 交互;E53 扩展接口支持 SPI、I^2C、UART、ADC、DAC 等协议;开发板自带 1.44 寸 LCD,属于 SPI 四线接口;通信模块扩展接口可接 UART 和 SPI 协议通信的通信模组;LED 灯、按键

连接至 MCU 的 GPIO。

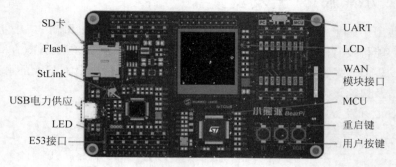

图 8-7　小熊派 IoT 开发板电路

　　可采用不同的通信方式和众多行业案例传感器可随意搭配是小熊派 IoT 开发板的一大亮点,这是有别于传统的开发板的一点,给予了开发者更大的想象和创造空间。图 8-8 显示了小熊派 IoT 开发板支持的通信方式和产品原型。

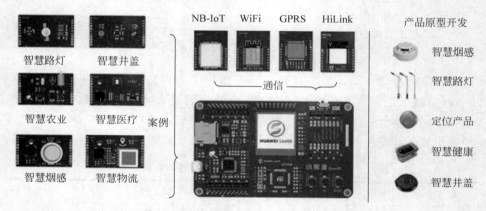

图 8-8　小熊派 IoT 开发板支持的通信方式和产品原型

　　开发板设计有通信扩展板的扩展接口,该接口可接入 NB-IoT、2G、WiFi、LoRa 等不同通信方式的通信扩展板,以满足不同场景上云的需求,其扩展接口原理图如图 8-9 所示。

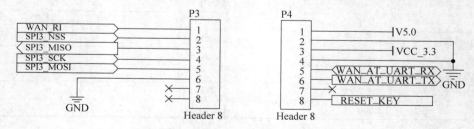

图 8-9　通信扩展板接口原理图

　　扩展接口采用 E53 标准接口。E53 接口标准的 E 取自扩展(expansion)的英文首字母,板子的尺寸为 5cm×3cm,故采用 E53 作为前缀来命名尺寸为 5cm×3cm 类型的案例扩展板,任何一款满足标准设计的开发板均可直接适配 E53 扩展板。

　　E53 扩展板是根据不同的应用场景来设计的,以最大限度地在扩展板上还原真实应用场景,不同案例的扩展板根据不同的应用场景来命名后缀。例如,E53_SC1,SC 是智慧城市(Smart City)的缩写,SC1 表示的是智慧城市中的智慧路灯,再比如 SC2 则表示的是智慧城市中的智慧井盖。

E53 扩展接口在电气特性上,包含了常用的物联网感知层传感器通信接口,比如 5V、3.3V、GND、SPI、UART、I²C、ADC、DAC 等,可以适配各种传感器,还留有 4 个普通 GPIO,如图 8-10 所示。

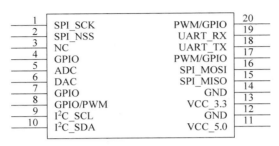

图 8-10 E53 扩展接口原理图

本例中使用的是 E53IA1 智慧农业扩展板。

E53IA1 扩展板采用了 E53 标准接口,包含了一个补光灯、一个 BH1750 光照度传感器、一个小的贴片电机、一个温湿度传感器 SHT30,其中补光灯和贴片电机使用普通 GPIO 控制,BH1750 和 SHT30 使用 I²C 接口通信。

8.2.2 CC2530

美国 Ti 公司的 CC2530 是一个应用于 IEEE 802.15.4、ZigBee 和 RF4CE 应用的片上系统(SOC)解决方案,能够以非常低的总体成本建立起强大的网络节点。CC2530 结合了性能优良的 RF 收发器、业界标准的 8051CPU、系统内可编程 Flash、8KB RAM 和许多其他强大功能。CC2530 有 4 种不同的版本,分别具有 32KB/64KB/128KB/256KB 内存。CC2530 具有不同的运行模式,使其能够适应超低功耗要求的系统。运行模式的转换时间短进一步确保了低能源消耗。

图 8-11 为 CC2530 芯片结构。

整个芯片由左侧的并行 I/O 处理模块、右上部分的 8051 处理器模块、右中的片上外设模块和右下的无线射频模块四大部分组成。其丰富的片上外设可以支持复杂的操作系统运行。同时拥有对外的串行通信接口、对外的 A/D 转换采样接口,可以方便地扩展外部功能。图 8-12 是基于 CC2530 的核心板原理图。图 8-13 是协调器(通用节点)和传感器节点实物图。

CC2530 的引脚可以用来外接传感器,接收来自传感器的模拟信号并对其进行 A/D 转换,得到设计所需要的可以直观理解的数字信号。

8.2.3 主要传感器

系统中使用的传感器较多,限于篇幅限制,本节只介绍光照度传感器和温湿度传感器。光照度传感器和温湿度传感器如图 8-14 所示。

图 8-11　CC2530 芯片结构

1. BH1750 光照度传感器

BH1750 是一种用于两线式串行总线接口的数字型光照度传感器集成电路。这种集成电路可以根据收集的光线强度数据来调整液晶或者键盘背景灯的亮度。利用它的高分辨率可以探测较大范围的光照度变化(1~65 535lx)。图 8-15 显示了 BH1750 光照度传感器的原理。

BH1750 光照度传感器测量程序步骤如图 8-16 所示。

2. SHT30 温湿度模块

温湿度传感器 SHT30 的温度范围为−40~125℃，湿度范围为 0~100％RH。其原理图如图 8-17 所示。

温湿度传感器 SHT30 的主要特性包括：

- 完全校准的线性化,温度补偿式的数字输出。
- 电压范围为 2.4~5.5V。
- 通信速度高达 1MHz 的 I^2C 接口,两个可选的用户地址。
- 相对湿度误差为±2％RH。
- 温度误差为±0.3％。

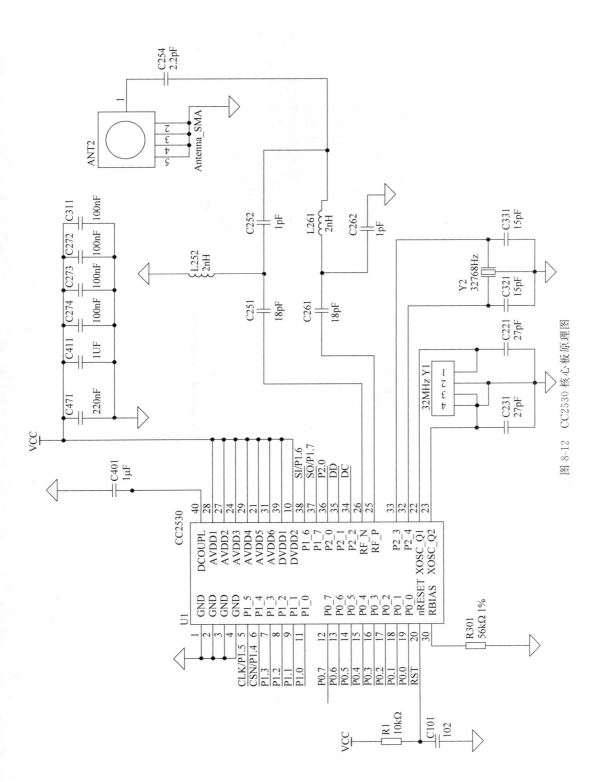

图 8-12　CC2530 核心板原理图

图 8-13　协调器(通用节点)和传感器节点实物图

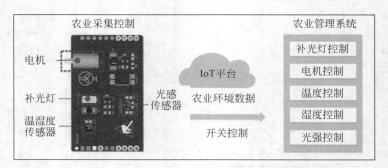

图 8-14　本例中使用的光照度传感器和温湿度传感器

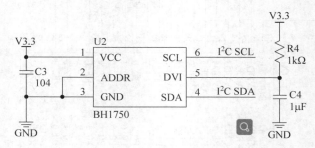

图 8-15　BH1750 光照度传感器原理图

　　除上述两个传感器之外,每个节点还包括一个补光灯模块和直流电机模块,分别如图 8-18 和图 8-19 所示。

　　补光灯模块的控制与普通 LED 的控制一样,通过一个 GPIO 控制其亮、灭。

　　直流电机模块通过一个 GPIO 控制其转、停。

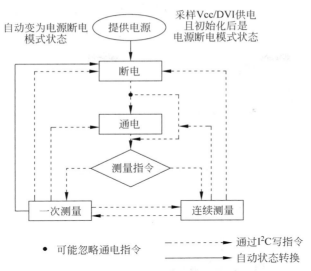

图 8-16　BH1750 光照度传感器测量程序流程

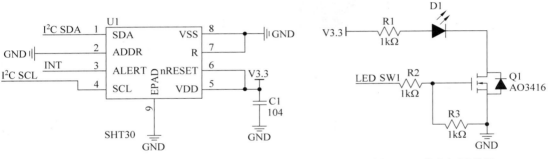

图 8-17　温湿度传感器 SHT30 原理图　　　　图 8-18　补光灯原理图

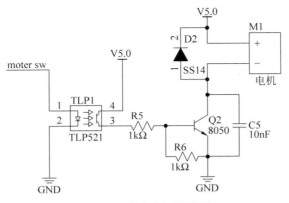

图 8-19　直流电机原理图

8.2.4　ESP8266 模块

从图 8-5 中可以发现,小熊派节点是通过加载 ESP8266 模块连接云平台的。ESP8266

芯片是一款串口转无线模芯片,内部自带固件,用户操作简单,无须编写时序信号等。ESP8266 系列模组是安信可(Ai-thinker)公司采用乐鑫 ESP8266 芯片开发的一系列 WiFi 模组模块。

ESP8266 的主要特性包括:

- IEEE 802.11 b/g/n;
- 内置低功耗 32 位 CPU,可以兼作应用处理器。
- 内置 10 位高精度 ADC。
- 内置 TCP/IP 协议栈。
- WiFi @ 2.4 GHz,支持 WPA/WPA2 安全模式,支持 STA/AP/STA＋AP 工作模式。

ESP8266 模块的实物与原理图如图 8-20 所示。

图 8-20　ESP8266 模块的实物与原理图

8.2.5　网关

部分节点设备属于 ZigBee 设备,无法直接连接到平台,这里通过连接网关后与云端或者服务器连接。

监测网关是一种简单的、智能的、标准化的、灵活的数字网络接口单元,它可以从不同的外部网络接收通信信号,通过监测网络传递信号给某个终端设备。

网关节点应具有体积较小、便于安装、对环境影响小等特点,同时能够通过无线通信模块与物联网平台信息交互,能够通过 ZigBee 协调器与众多终端节点构成网络开销小、结构动态可变化的无线自组网络。因此,该系统的网关节点设计如图 8-21 所示。

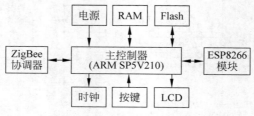

图 8-21　网关节点结构图

根据网关节点的可靠性、数据处理能力等要求,网关节点主控制器采用了三星公司基于 ARM Cortex-A8 处理器核的 S5PV210 处理器。在实际设计过程中,采用了"核心板＋扩展板"的模式进行硬件平台构建。

8.3 软件设计

本系统的软件设计主要包括以下几个方面：实时温湿度，光照度数据的采集和处理；云端开发；端云通信与数据传输（设备端开发）；Web应用开发。本系统使用的云平台为华为的OceanConnect物联网平台（华为OC）。

8.3.1 实时传感器数据的采集

视频讲解

系统中包含的两类终端主控制器有各自的传感器数据采集方案。首先介绍以STM32L431RCT6作为控制核心的小熊派IoT开发板的数据采集方法。

小熊派IoT开发板的E53IA1扩展板上已经集成了BH1750光照度传感器和SHT30温湿度传感器，相关驱动在相应工程中也已具备，因此开发者只需要将相关驱动移植到LiteOS并使用即可。本节主要阐述E53IA1扩展板驱动程序移植到LiteOS的流程。另外，针对核心板STM32系列单片机的LiteOS的移植在7.5节中已经介绍了，此处不再赘述。

1. 复制裸机驱动文件到LiteOS工程

E53IA1扩展板上的BH1750光照度传感器和SHT30温湿度传感器使用的是I²C通信接口，所以除了复制STM32CubeMX生成的i2c.h和i2c.h文件，还需要在此基础上复制包含了BH1750传感器驱动和SHT30传感器驱动的E53IA1扩展板驱动文件。

在复制文件的时候，将i2c.h复制到Inc目录，将i2c.c复制到Src目录，再将驱动文件E53IA1.c、E53IA1.h复制到Hardware目录。

IoT-Studio中提供的默认工程已经复制好了这些文件，无须再次添加。

2. 添加驱动文件路径

因为LiteOS的整个项目工程使用make构建，所以复制驱动文件之后，需要将驱动文件的路径添加到Makefile中，加入编译。在该文件中：

- C文件路径 HARDWARE_SRC——对应Hardware目录下的Src目录。USER_SRC对应Src目录。
- 头文件路径 HARDWARE_INC——对应Hardware目录下的Inc目录。USER_INC对应Inc目录。

如下所示，E53IA1驱动的底层I²C接口代码i2c.c路径添加到USER_SRC中：

```
USER_SRC = \
$ (TOP_DIR)/targets/STM32L431_BearPi/Src/i2c.C \
```

E53IA1驱动的底层I²C接口代码i2c.h路径添加到USER_INC中：

```
USER_SRC =    \
- I $ (TOP_DIR)/targets/STM32L431_BearPi/Inc
```

因为SC1和IA1的驱动中都包含BH1750的驱动，所以添加的时候需要注意去掉E53SC1的驱动文件E53SC1.c和E53_SC1.h，否则会引起冲突。

将基于I²C驱动的E53IA1驱动文件E53IA1.c添加到HARDWARE_SRC中（默认未

添加,需要手动添加):

```
HARDWARE_SRC =    \
$ {wildcard $(TOP_DIR)/targets/STM32L431_BearPi/HARDWARE/E53IA1/ * .C}
```

将基于 I²C 驱动的 E53IA1 驱动文件E53IA1添加到 HARDWARE_INC 中(默认未添加,需要手动添加):

```
HARDWARE_SRC =    \
- I $ {wildcard $(TOP_DIR)/targets/STM32L431_BearPi/HARDWARE/E53IA1}
```

至此,将文件复制到 LiteOS 工程中,并将新复制的文件路径添加到 Makefile 中,加入工程编译,就完成了驱动的移植。

3. E53IA1 裸机驱动的使用

下面介绍 E53IA1 扩展板裸机驱动的使用流程。首先需要进行扩展板的初始化。在 LiteOS 中初始化设备有两种方式。

- 在系统启动调度之前初始化:设备在系统中随时可被任意任务使用;
- 在任务中初始化:设备一般只在该任务中被使用。

本系统中移植的 E53IA1 扩展板驱动完成的任务比较简单,只需要传感器数据采集任务操作即可,所以将初始化放在数据采集任务中。

接下来编写代码实现使用 E53IA1 扩展板进行数据采集。代码如下:

```
# include < osal. h >
# include "lcd. h"
# include "E53_IA1.h"
E53_IA1_Data_TypeDef E53_IA1_Data;        /* 存放 E53IA1 扩展板传感器数据,可在 E53_IA1.h 中查看定义 */
osal_semp_t sync_semp;                     /* 用于数据采集和数据处理任务间同步的信号量 */
static int data_collect_task_entry()       /* 数据采集任务 - 低优先级 */
{
Init_E53_IA1();                            /* 初始化扩展板 */
while (1)
{
E53_IA1_Read_Data();                       /* 读取扩展板板载数据,存到数据结构体 E53_IA1_Data 中 */
osal_semp_post(sync_semp);                 /* 数据读取完毕,释放信号量,唤醒数据处理任务 */
osal_task_sleep(2 * 1000);                 /* 任务睡眠 2s */
}
}
static int data_deal_task_entry()          /* 数据处理任务 - 高优先级 */
{
int lux = 0, old_lux = 0;                  /* lux - 当次数据,old - lux - 上次数据 */
int temperature = 0, old_temperature = 0;;
int humidity;
LCD_Clear(WHITE);                          /* LCD 清屏,防止干扰显示 */
while (1)
{
```

```c
osal_semp_pend(sync_semp, cn_osal_timeout_forever);        /* 等待信号量,未等到说明数据还未
                                                              采集,阻塞等待 */

old_lux = lux;
lux = (int)E53_IA1_Data.Lux;
printf("BH1750 Value is %d\r\n", lux);
LCD_ShowString(10, 100, 200, 16, 16, "BH1750 Value is:");
LCD_ShowNum(140, 100, lux, 5, 16);
if(old_lux < 1000 && lux > 1000)          /* 光照度阈值为1000,自动点亮或者熄灭路灯 */
{
HAL_GPIO_WritePin(IA1_Light_GPIO_Port, IA1_Light_Pin, GPIO_PIN_RESET);
printf("Light OFF!\r\n");
}
else if(old_lux > 1000 && lux <
1000)
{
HAL_GPIO_WritePin(IA1_Light_GPIO_Port, IA1_Light_Pin, GPIO_PIN_SET);
printf("Light ON!\r\n");
}
humidity = E53_IA1_Data.Humidity;
printf("Humidity is %d\r\n", humidity);
LCD_ShowString(10, 120, 200, 16, 16, "Humidity: ");
LCD_ShowNum(140, 120, humidity, 5, 16);
old_temperature = temperature;
temperature = E53_IA1_Data.Temperature;
printf("Temperature is %d\r\n", temperature);
LCD_ShowString(10, 140, 200, 16, 16, "Temperature: ");
LCD_ShowNum(140, 140, temperature, 5, 16);
if(old_temperature < 30 && temperature >= 30)     /* 温度阈值为30,自动开启或者关闭电机 */
{
HAL_GPIO_WritePin(IA1_Motor_GPIO_Port, IA1_Motor_Pin, GPIO_PIN_SET);
printf("Motor ON!\r\n");
}
else if(old_temperature >
= 30 && temperature < 30)
{
HAL_GPIO_WritePin(IA1_Motor_GPIO_Port, IA1_Motor_Pin, GPIO_PIN_RESET);
printf("Motor OFF!\r\n");
}
}
}
int standard_app_demo_main()                    /* 标准demo启动函数, */
{
osal_semp_create(&sync_semp, 1, 0);             /* 创建信号量 */
osal_task_create("data_collect",data_collect_task_entry,NULL,0x400,NULL,3);
                        /* 数据处理任务的优先级应高于数据采集任务 */
osal_task_create("data_deal",data_deal_task_entry,NULL,0x400,NULL,2);
return 0;
}
```

其次在 userdemo.mk 中将 e51ia1driverdemo.c 文件添加到 Makefile 中,加入编译。最后在.sdkconfig 中配置开启宏定义。

```
CONFIG_USER_DEMO = "E53IA1_driver_demo"
```

编译,烧录,即可从扩展版携带的 LCD 屏幕上显示当前传感器采集的亮度值、温度值、湿度值,并且每 2s 更新一次。

对于 CC2530 为主控制器的节点,下面简要介绍温湿度实时数据采集主程序 main.c 的流程。

main()函数最先进行时钟和 I/O 的初始化,然后进行 LCD 相关的初始化设置,最后进入主循环,在主循环中先对传感器相关信息进行读取,再经过运算处理,最后把结果显示在 LCD 屏上。main()函数的流程如图 8-22 所示。

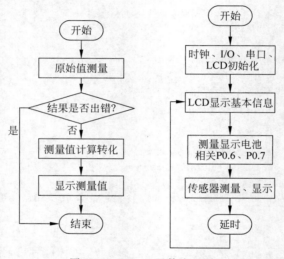

图 8-22　main()函数流程图

8.3.2　云端开发

华为物联网平台 OceanConnect(以下简称物联网平台)提供海量设备的接入和管理,配合华为云的其他产品同时使用,帮助快速构筑物联网应用。

使用物联网平台构建一个完整的物联网解决方案主要包括 3 部分: 物联网平台、业务应用和设备。

物联网平台作为连接业务应用和设备的中间层,屏蔽了各种复杂的设备接口,实现设备的快速接入;同时提供强大的开放能力,支撑行业用户快速构建各种物联网业务应用。

设备可以通过固网、2G/3G/4G/5G、NB-IoT、WiFi 等多种网络接入物联网平台,并使用 LwM2M/CoAP 或 MQTT 协议将业务数据上报到平台,平台也可以将控制命令下发给设备。

业务应用通过调用物联网平台提供的 API,实现设备管理、数据上报、命令下发等业务场景。图 8-23 显示了一个完整的物联网解决方案。

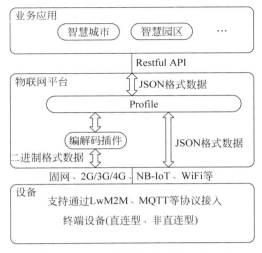

图 8-23 一个完整的物联网解决方案

图 8-24 显示了华为物联网平台的体系结构。

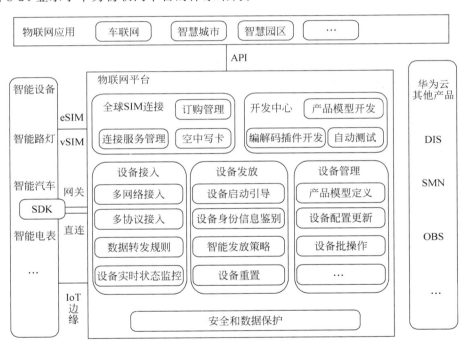

图 8-24 华为物联网平台的体系结构

华为物联网平台提供了功能强大的云端开发工具和模型,可以降低开发者的技术门槛并帮助开发者开发出高效的产品。其云端开发框图如图 8-25 所示。

在图 8-25 中,开发中心基于设备管理服务提供物联网一站式开发工具,帮助开发者快速进行 Profile(产品模型)和编解码插件的开发,同时提供在线自助测试、产品发布等多种能力,端到端指引物联网开发,帮助开发者提升集成开发效率、缩短物联网解决方案建设周期。

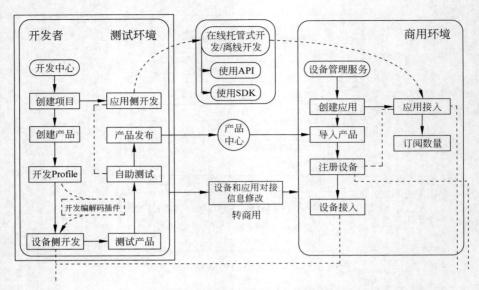

图 8-25　华为物联网平台云端开发框图

1) 创建产品

开发者在基于开发者中心进行物联网开发时,需要根据行业属性创建独立的项目,并在该项目空间内建设物联网产品和应用。比如本系统针对"智慧农业"进行设计。图 8-26 显示了设置产品信息页面。

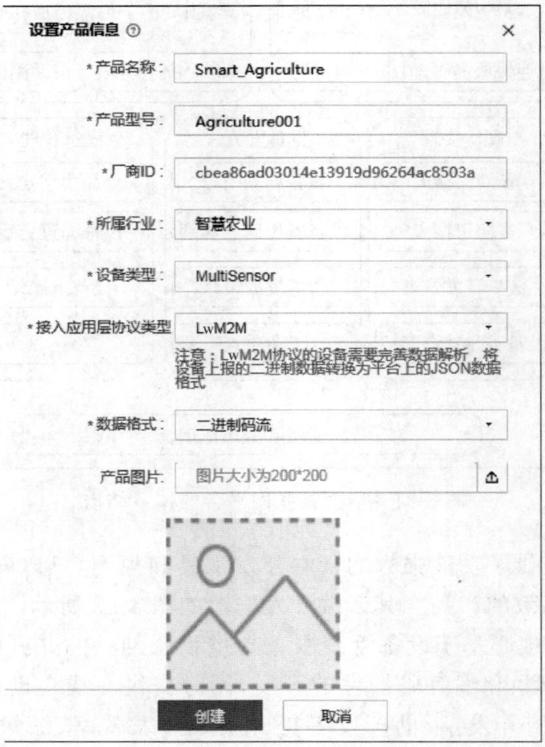

设置产品信息 ⑦	×
*产品名称	Smart_Agriculture
*产品型号	Agriculture001
*厂商ID	cbea86ad03014e13919d96264ac8503a
*所属行业	智慧农业 ▾
*设备类型	MultiSensor ▾
*接入应用层协议类型	LwM2M ▾
	注意:LwM2M协议的设备需要完善数据解析,将设备上报的二进制数据转换为平台上的JSON数据格式
*数据格式	二进制码流 ▾
产品图片	图片大小为200*200 ⤴

〔创建〕　〔取消〕

图 8-26　设置产品信息页面

2）Profile（产品模型）开发

创建产品时,需要进行Profile（产品模型）和编解码插件的开发。Profile（产品模型）是用来描述一款产品中的设备"是什么""能做什么"以及"如何控制该设备"的文件。产品模型用于描述设备具备的能力和特性。开发者通过定义Profile,在物联网平台构建一款设备的抽象模型,使平台理解该款设备支持的服务、属性、命令等信息。

Profile主要包含产品信息、服务能力和维护能力3部分,如图8-27所示。

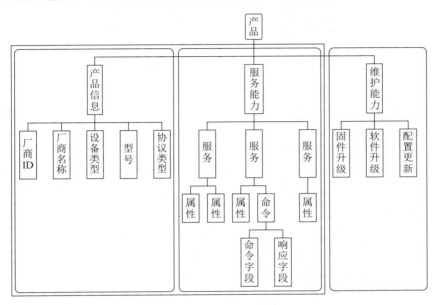

图 8-27　Profile 的构成

针对Profile的开发,可根据实际项目的需要设计相关参数。如本例中使用的温湿度、光照度等数据项。Profile文件有两种开发方式:离线的方式与在线的方式。这里使用在线的方式创建,创建的Profile文件如图8-28所示。

图 8-28　在线创建 Profile

3）编解码插件开发

一款产品的设备上报数据时，如果数据格式为二进制码流，则该产品需要进行编解码插件开发；如果数据格式为 JSON，则该产品不需要进行编解码插件开发。两种数据举例对比如图 8-29 所示。

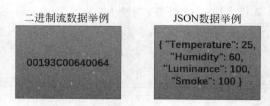

图 8-29　二进制流数据与 JSON 数据

作为物联网的终端设备，比较重要的就是功耗问题，这个问题也关乎通信传输的数据量的问题。

图 8-29 举例的两种数据格式其实代表着同样的信息，虽然开发者更容易读懂 JSON 格式的数据所包含的信息，但是设备更适合二进制流格式的数据。这是因为使用二进制表示传输的数据量会小很多，进而可以降低功耗。二进制流格式是特定的，如图 8-30 显示了本例的二进制流格式。

messageID	Temperature	Humidity	Luminance	Smoke
0x00	0x19	0x3C	0x0064	0x0064

注:messageID为消息的区分,消息类型有上报数据、下发命令及下发命令的响应

图 8-30　二进制流的格式举例

本系统中设备端发送与接收的数据均为二进制流格式，因此需要进行云端编码器插件的开发。图 8-31 是设备数据上报的流程（简化版）。图 8-32 显示了传输数据格式的对比。需要说明的是，实际传输过程比图 8-31 显示的要复杂，这里只给出了要点。

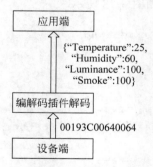

图 8-31　设备数据上报的流程（简化版）

编解码器插件的开发依赖于 Profile 文件，本例创建的编解码器插件如图 8-33 所示。

4）调测

接着验证 Profile 文件与编解码器插件，这里有两种验证方法。

一是创建真实的设备，这个需要真实的设备端进行连接测试。

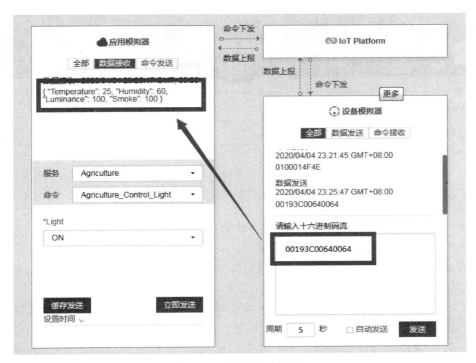

图 8-32 数据格式对比

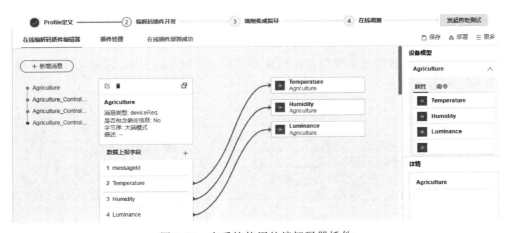

图 8-33 本系统使用的编解码器插件

二是使用虚拟的设备。这里首先使用虚拟的设备进行验证,然后使用真实设备进行调测。

图 8-34 显示了在线设备的信息,在其中可以发现虚拟设备。

视频讲解

8.3.3 设备端开发

设备端开发主要为设备与物联网平台的集成对接开发,包括设备接入物联网平台、业务数据上报和对平台下发控制命令的处理。

视频讲解

图 8-34　在线设备的信息

本节介绍直连型设备节点和网关两种不同设备与平台的连接方法。

1. LiteOS SDK 端云互通对接 IoT 平台

直连型设备连接物联网平台的方法较多,比如本例中就可以选择 LwM2M,CoAP,MQTT 等。本系统选择 LwM2M 协议实现端云互联。

为了适应各种各样的使用 LwM2M 接入华为 OC 的模式,特采用 LiteOS OC LwM2M 抽象组件接口,对上提供应用所需的接口,对下允许接入方式的灵活适配。Oclwm2magent 是处理使用 LwM2M 协议对接华为 OC 的流程抽象层,允许使用流程进行对接,也允许使用 NB 芯片内置的流程进行对接。对于应用程序开发者而言,无须关注对接流程的实现细节,仅仅需要调用该模块提供的 API 即可。

1) LiteOS OC LwM2M 抽象组件

接下来介绍 LiteOS OC LwM2M 抽象组件。

对接服务器的所有信息都保存在结构体 oc_config_param_t 中,其定义在 oc_lwm2m_al. h 中,如下:

```
    typedef struct
{
    en_oc_boot_strap_mode_t      boot_mode;        /* boot 模式 */
    oc_server_t                  boot_server;      /* boot 服务器 */
        oc_server_t              app_server;
        fn_oc_lwm2m_msg_deal     rcv_func;         /* 回调函数的函数指针,当设备接收
                                                       到 lwm2m 消息后回调 */
        void                     * usr_data;        /* 用户数据 */
}oc_config_param_t;
```

其中,boot_mode 是对接模式,对应华为平台的 3 种模式:

```
    typedef enum
{
    en_oc_boot_strap_mode_factory = 0,
    en_oc_boot_strap_mode_client_initialize,
    en_oc_boot_strap_mode_sequence,
} en_oc_boot_strap_mode_t;
```

app_server 参数是服务器信息,定义如下:

```
    typedef struct
{
    char * ep_id;                  //ep_id:设备标识符
    char * address;                //服务器地址
    char * port;                   //服务器端口
    char * psk_id;                 //DTLS 使用,不使用的话设置为 NULL
    char * psk;
    int psk_len;
} oc_server_t;
```

在配置结构体完成之后,调用配置函数进行配置并连接,API 如下:

```
void * oc_lwm2m_config(oc_config_param_t * param);
```

连接成功之后,因为平台部署了编解码插件,所以直接向华为云平台上报二进制数据即可,oc_lwm2m 提供的 API 如下:

```
int oc_lwm2m_report(void * context, char * buf, int len, int timeout);
```

当 OC 平台发布该主题数据时,oc_lwm2m 组件会中断接收回调函数将数据保存,用户解析接收到的数据即可。

2)相关配置

接下来进行相关配置。

目前该文件的自动化编译配置支持 GCC(MK 文件模式),需要在 MAKEFILE 文件中定义 WITH_OC_LwM2M_AGENT 并包含 huawei_cdp/lwm2m 目录下的 oc_lwm2m_agent.mk 文件;如果使用 KEIL 或者 IAR 等 IDE,可以参考 oc_lwm2m.mk 文件将相关的文件加入工程中。

小熊派 IoT 开发板可以通过 ESP8266 模块连上物联网平台。因而,本例使用 ESP8266 模块及相关代码。

这里需要进行 ESP8266 设备配置:在工程目录的 OS_CONFIG/iot_link_config.h 文件中,配置 ESP8266 设备的波特率和设备名称。

```
#define CONFIG_AT_DEVICENAME "atdev_ESP8266"
#define CONFIG_AT_BAUDRATE      115200
```

之后,修改同路径下的 esp8266_socket_imp.mk 文件,将 TOPDIR 改为 SDKDIR 即可。

```
ESP8266_SOCKET_IMP_SOURCE = ${wildcard $(SDK_DIR)/iot_link/network/tcpip/esp8266_socket}
ESP8266_SOCKET_IMP_INC = -I $(SDK_DIR)/iot_link/network/tcpip/esp8266_socket
```

3)编写代码

在 Demo 目录下创建 cloud_test_demo 目录,在其中创建 oc_lwm2m_demo.c 文件。

编写以下代码:

```
# include < osal.h >
# include < oc_lwm2m_al.h >
# include < link_endian.h >
# include < string.h >
# define cn_endpoint_id          "867725038317248"
# define cn_app_server           "49.4.85.232"
# define cn_app_port             "5683"
# define cn_app_light            0
# define cn_app_ledcmd           1
# pragma pack(1)
typedef struct
{
    int8_t msgid;
    int16_t intensity;
}app_light_intensity_t;
typedef struct
{
    int8_t msgid;
    char led[3];
}app_led_cmd_t;
# pragma pack()
# define cn_app_rcv_buf_len 128
static int8_t            s_rcv_buffer[cn_app_rcv_buf_len];
static int               s_rcv_datalen;
static osal_semp_t       s_rcv_sync;
static void             * s_lwm2m_handle = NULL;
static int app_msg_deal(void * usr_data,en_oc_lwm2m_msg_t type, void * msg, int len)
{
    int ret = -1;
    if(len <= cn_app_rcv_buf_len)
    {
        memcpy(s_rcv_buffer,msg,len);
        s_rcv_datalen = len;
        osal_semp_post(s_rcv_sync);
        ret = 0;
    }
    return ret;
}
static int app_cmd_task_entry()
{
    int ret = -1;
    app_led_cmd_t * led_cmd;
    int8_t msgid;
    while(1)
    {
        if(osal_semp_pend(s_rcv_sync,cn_osal_timeout_forever))
        {
```

```
                msgid = s_rcv_buffer[0];
                switch (msgid)
                {
                    case cn_app_ledcmd:
                        led_cmd = (app_led_cmd_t * )s_rcv_buffer;
                        printf("LEDCMD:msgid:%d msg:%s \n\r",led_cmd->msgid,led_cmd->
led); if (led_cmd->led[0] == 'o' && led_cmd->led[1] == 'n') {                printf("---- LED
ON! ------\r\n");
                        } else if (led_cmd->led[0] == 'o' && led_cmd->led[1] == 'f' && led_
cmd->led[2] == 'f') {                printf("----- LED OFF! -------\r\n");
                        }
                        else
                        {
                        }
                        break;
                    default:
                        break;
                }
            }
        }
    return ret;
}
static int app_report_task_entry()
{
    int ret = 0;
    int lux = 0;
    oc_config_param_t oc_param;
    app_light_intensity_t light;
    memset(&oc_param,0,sizeof(oc_param));
    oc_param.app_server.address = cn_app_server; oc_param.app_server.port = cn_app_port;
oc_param.app_server.ep_id = cn_endpoint_id; oc_param.boot_mode = en_oc_boot_strap_mode_
factory;
    oc_param.rcv_func = app_msg_deal;
    s_lwm2m_handle = oc_lwm2m_config(&oc_param);
    if(NULL != s_lwm2m_handle)
    {
        while(1)
        {
            lux++;
            lux = lux%10000;
            light.msgid = cn_app_light;
            light.intensity = htons(lux);
            oc_lwm2m_report(s_lwm2m_handle,(char * )&light,sizeof(light),1000);
            osal_task_sleep(2 * 1000);
        }
    }
    return ret;
}
```

```
int standard_app_demo_main()
{
    osal_semp_create(&s_rcv_sync,1,0);
    osal_task_create("app_report",app_report_task_entry,NULL,0x1000,NULL,2);
    osal_task_create("app_command",app_cmd_task_entry,NULL,0x1000,NULL,3);
    return 0;
}
```

在 user_demo.mk 中添加如下代码：

```
# example for oc_lwm2m_demo
Ifeq ( $ (CONFIG_USER_DEMO)," oc_lwm2m_demo")
    user_demo_src = $ { $ {wildcard $ (TOP_DIR)/targets/STM32L431_BearPi/Demos/cloud_test_
demo/ oc_lwm2m_demo .c}
endif
```

配置.sdkconfig,部分配置代码如下：

```
CONFIG_ARCH_CPU_TYPE = "armv7 - m"
CONFIG_UARTAT_BAUDRATE = 115200
CONFIG_UARTAT_DEVNAME = "atdev"
CONFIG_LITEOS_ENABLE = y
CONFIG_AT_ENABLE = y
CONFIG_AT_DEVNAME = "atdev_ESP8266"
CONFIG_AT_OOBTABLEN = 6
CONFIG_AT_RECVMAXLEN = 1024
CONFIG_AT_TASKPRIOR = 10
CONFIG_CJSON_ENABLE = y
CONFIG_DRIVER_ENABLE = y
CONFIG_LINKLOG_ENABLE = y
CONFIG_LINKQUEUE_ENABLE = y
CONFIG_LINKDEMO_ENABLE = y
CONFIG_STIMER_ENABLE = y
CONFIG_STIMER_STACKSIZE = 2048
CONFIG_STIMER_TASKPRIOR = 10
CONFIG_LWM2M_ENABLE = y
CONFIG_LWM2M_TYPE = "wakaama_lwm2m"
CONFIG_TCPIP_ENABLE = y
CONFIG_TCPIP_TYPE = "esp8266_socket"
CONFIG_OCSERVICES_ENABLE = y
CONFIG_OCLWM2M_ENABLE = y
CONFIG_OC_TYPE = "soft"
CONFIG_BOUDICA150_ENABLE = y
CONFIG_SHELL_ENABLE = y
CONFIG_SHELL_TASK_STACKSIZE = 2048
CONFIG_SHELL_TASK_PRIOR = 10
CONFIG_USER_DEMO = "OC_lwm2m_demo"
```

编译,下载,上报数据,平台端接收数据如图 8-35 所示。上报数据详情如图 8-36 所示。

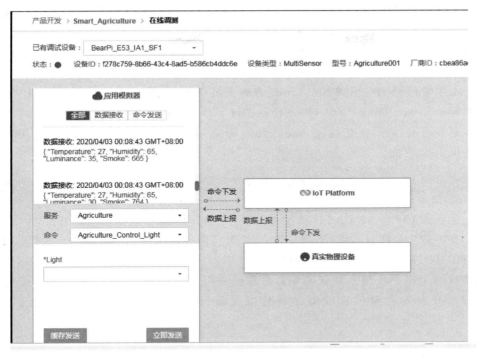

图 8-35　平台端接收数据

服务	数据详情	时间
Agriculture	{ "Temperature": 27, "Humidity": 65, "Luminance": 90,	2020/04/03 00:23:36 GMT+08:00
Agriculture	{ "Temperature": 27, "Humidity": 65, "Luminance": 40,	2020/04/03 00:23:36 GMT+08:00
Agriculture	{ "Temperature": 27, "Humidity": 65, "Luminance": 39,	2020/04/03 00:23:26 GMT+08:00
Agriculture	{ "Temperature": 27, "Humidity": 64, "Luminance": 40,	2020/04/03 00:23:26 GMT+08:00
Agriculture	{ "Temperature": 27, "Humidity": 64, "Luminance": 43,	2020/04/03 00:23:17 GMT+08:00
Agriculture	{ "Temperature": 27, "Humidity": 65, "Luminance": 44,	2020/04/03 00:23:17 GMT+08:00
Agriculture	{ "Temperature": 27, "Humidity": 65, "Luminance": 44,	2020/04/03 00:23:17 GMT+08:00
Agriculture	{ "Temperature": 27, "Humidity": 65, "Luminance": 45,	2020/04/03 00:23:06 GMT+08:00
Agriculture	{ "Temperature": 27, "Humidity": 65, "Luminance": 37,	2020/04/03 00:23:06 GMT+08:00
Agriculture	{ "Temperature": 27, "Humidity": 65, "Luminance": 37,	2020/04/03 00:23:06 GMT+08:00

图 8-36　上报数据详情

2. 网关与云平台的连接

由 6.2 节的介绍可知,不支持 TCP/IP 协议栈的设备,例如蓝牙设备、ZigBee 设备等需要利用网关将设备数据转发给物联网平台,此时网关需要事先集成 Agent Lite SDK。开发者可以利用 Agent Lite SDK 中的接口,实现"直连设备登录""数据上报"和"命令下发"等功能。

在 7.3 节中已经实现了嵌入式 Linux 在网关型设备(三星 SP5V210 开发板)上的移植,支持工具链 arm-none-linux-gnueab,这样就做好了开发环境的准备。

在发起业务前,需要先初始化 Agent Lite 相关资源。调用 API 接口 IOTA_Init(),初始化 Agent Lite 资源。

```
IOTA_Init(const CONFIG_PATH,const HW_NULL);
```

第一个参数 CONFIG_PATH 为工作路径,不能为空,该参数必须带结束符'\0'。

第二个参数为打印日志路径,当它为空时,打印路径默认为工作路径。开发者也可以自己定义打印日志路径,该参数必须带结束符'\0'。

设备或网关第一次接入物联网平台时需要进行绑定操作,从而将设备或网关与平台进行关联。开发者通过传入设备序列号以及设备信息,将设备或网关绑定到物联网平台。

1) 绑定与登录

初始化完成后,即可进行绑定和登录操作,如图 8-37 所示。

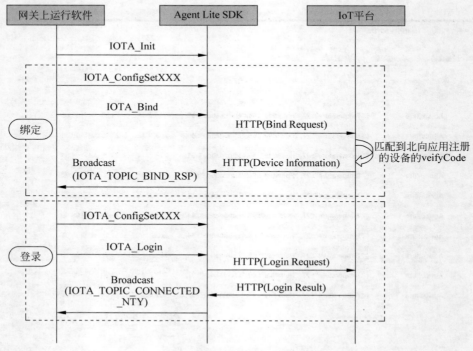

图 8-37 绑定与登录流程

设备或网关绑定成功后或重启后,需要进行登录的流程,在设备或网关成功登录物联网平台后,才可以进行其他服务操作,比如接入其他传感器、数据上报等。如果设备或网关登录成功,那么设备或网关在平台的状态将显示为已在线。

(1) 修改绑定参数。

绑定时使用的设备固有信息(如设备型号等)是从 gwreginfo.json 文件中读取的,所以需要修改 demo 目录下 gwreginfo.json 文件中的如下信息。

- platformaddr:物联网平台的设备对接地址(MQTTS),可参考平台对接信息获取。
- mac:MAC 地址,每个设备对应一个 MAC 地址,不可重复,所以建议使用 IMEI 或者 MAC 地址等天然的设备标识。测试时只要输入一个没有使用过的 MAC 地址即可。
- manufacturerId(厂商 Id)、deviceType(设备类型)、model(设备模型)和 protocolType(协议类型)与 Profile 文件中的定义保持一致。

gwreginfo.json 文件中设备固有示例如下:

```
{
    "mac":"1234567",
    "platformAddr":"127.0.0.1",
    "platformPort":8943,
    "manufacturerId":"Huawei",
    "deviceType":"Gateway",
    "model":"AgentLite01",
    "protocolType":"HuaweiM2M",
    "loglevel":255
}
```

(2) 绑定设备。

绑定前先调用 API 接口 IOTA_ConfigSetXXX()设置物联网平台的 IP 与端口。

```
IOTA_ConfigSetStr(EN_IOTA_CFG_IOCM_ADDR, const pucPlatformAddr);
IOTA_ConfigSetUint(EN_IOTA_CFG_IOCM_PORT, uiPort);
```

注册广播接收器,对设备绑定结果进行相应处理。

```
HW_BroadCastReg(IOTA_TOPIC_BIND_RSP, Device_RegResultHandler);
```

调用 API 接口 IOTA_Bind()进行设备绑定,主要入口参数为 MAC 地址和必要的设备信息,包括 nodeId(设备标识码)、manufacturerId(厂商 Id)、deviceType(设备类型)、model(设备模型)和 protocolType(协议类型),其中 MAC 地址与 nodeId 的值保持一致。

```
HW_UINT DEVICE_BindGateWay()
{
    …
    stDeviceInfo.pcMac = HW_JsonGetStr(json, IOTA_DEVICE_MAC);
    stDeviceInfo.pcNodeId = stDeviceInfo.pcMac;
    stDeviceInfo.pcManufacturerId = HW_JsonGetStr(json, IOTA_MANUFACTURE_ID);
```

```
stDeviceInfo.pcDeviceType = HW_JsonGetStr(json, IOTA_DEVICE_TYPE);
stDeviceInfo.pcModel = HW_JsonGetStr(json, IOTA_MODEL);
stDeviceInfo.pcProtocolType = HW_JsonGetStr(json, IOTA_PROTOCOL_TYPE);
…
IOTA_ConfigSetStr(EN_IOTA_CFG_IOCM_ADDR, pucPlatformAddr);
IOTA_ConfigSetUint(EN_IOTA_CFG_IOCM_PORT, uiPort);
IOTA_Bind(stDeviceInfo.pcMac, &stDeviceInfo);
}
```

设备或网关一旦绑定成功,后续就不需要再绑定了,除非设备或网关被删除,才需要重新绑定。

(3) 配置登录参数。

登录前需要通过参数配置 API 接口 IOTA_ConfigSetXXX()传入所需的登录信息。

设备 Id(EN_IOTA_CFG_DEVICEID),App Id(EN_IOTA_CFG_APPID)和密码(EN_IOTA_CFG_DEVICESECRET)从绑定成功的广播中得到。

HTTP 地址(EN_IOTA_CFG_IOCM_ADDR)和 MQTT 地址(EN_IOTA_CFG_MQTT_ADDR)一般为同一个地址,可以从绑定成功的广播中得到。一般情况下,这个地址与 Agent Lite 设备或网关对接的平台地址一致。

绑定成功的广播参数获取可以采用如下函数处理。

```
IOTA_ConfigSetStr(EN_IOTA_CFG_DEVICEID, g_stGateWayInfo.pcDeviceID);
IOTA_ConfigSetStr(EN_IOTA_CFG_IOCM_ADDR, g_stGateWayInfo.pcIOCMAddr);
IOTA_ConfigSetStr(EN_IOTA_CFG_APPID, g_stGateWayInfo.pcAppID);
IOTA_ConfigSetStr(EN_IOTA_CFG_DEVICESECRET, g_stGateWayInfo.pcSecret);
IOTA_ConfigSetStr(EN_IOTA_CFG_MQTT_ADDR, g_stGateWayInfo.pcIOCMAddr);
IOTA_ConfigSetUint(EN_IOTA_CFG_MQTT_PORT, g_stGateWayInfo.pcMqttPort);
IOTA_ConfigSetUint(EN_IOTA_CFG_IOCM_PORT, g_stGateWayInfo.pcIOCMPort);
```

注册广播接收器,对设备登录结果进行相应处理。

```
HW_BroadCastReg(IOTA_TOPIC_CONNECTED_NTY, Device_ConnectedHandler);
```

(4) 设备登录。

调用 API 接口 LoginService.login()进行直连设备登录。

```
IOTA_Login();
```

2) 上传 Profile 并注册设备

下载 Profile 开发示例,并上传模板中的 Profile 文件 Gateway_Huawei_AgentLite01.zip 和 Motion_Huawei_test01.zip。

有关 Profile 的相关知识和操作在前面已经介绍了,这里只做简要介绍。

创建产品并根据向导注册设备。比如采用如下方式。

(1) 产品:AgentLite001。

(2) 设备名称:AgentLiteDevice。

（3）设备标识：aaa123456，需要与 AgentLiteDemo 中网关的设备标识一致。

（4）接入方式：网关（Agentlite）。

注册设备后，Agent Lite SDK 发送 bind 消息，则在开发中心的"产品"→"设备管理"→"设备列表"界面可以看到设备状态变成了"在线"。

3）数据上报和数据发布

设备或网关向物联网平台上报数据可以通过调用 SDK 的"设备服务数据上报"接口或"数据发布"接口完成。

（1）"设备服务数据上报"接口。

pcDeviceId、pcRequstId 和 pcServiceId 由 SDK 组装为消息的消息头；pcServiceProperties 由 SDK 组装为消息的消息体。消息组装格式为 JSON。

设备或网关登录成功后可以调用 IOTA_ServiceDataReport 接口上报数据。当设备主动上报数据时，pcRequstId 可以为空。当上报的数据为某个命令的响应时，pcRequstId 必须与下发命令中的 requstId 保持一致。pcRequstId 可以从广播中获取，pcServiceId 要与 Profile 中定义的某个 serviceId 保持一致，否则无法上报数据。pcServiceData 实际上是一个 JSON 字符串，内容是键值对（可以有多组键值对）。每个键是 Profile 中定义的属性名（propertyName），值就是具体要上报的数据。相关代码如下所示。

```
HW_VOID Gateway_DataReport(HW_CHAR ** pcJsonStr)
{
    HW_JSON json;
    HW_JSONOBJ hJsonObj;
    hJsonObj = HW_JsonObjCreate();
    json = HW_JsonGetJson(hJsonObj);
    HW_JsonAddUint(json, (HW_CHAR *)"storage", (HW_INT)10240);
    HW_JsonAddUint(json, (HW_CHAR *)"usedPercent", (HW_INT)20);
    * pcJsonStr = HW_JsonEncodeStr(hJsonObj);
    Device_ServiceDataReport(g_stGateWayInfo.pcDeviceID, "Storage", pcJsonStr);
    "Storage", "{\"storage\":20240,\"usedPercent\":20}");
}
    HW_INT Device_ServiceDataReport(const HW_CHAR * pcSensorDeviceID, const HW_CHAR *
pcServiceId, const HW_CHAR * pcServiceProperties)
{
    HW_CHAR aszRequestId[BUFF_MAX_LEN];
    HW_GetRequestId(aszRequestId);
    if (HW_TRUE != g_uiLoginFlg)
    {
        HW_LOG_INF("Device_MApiMsgRcvHandler():GW discon,pcJsonStr = % s", pcServiceProperties);
        return HW_ERR;
    }
    IOTA_ServiceDataReport(HW_GeneralCookie(), aszRequestId, pcSensorDeviceID, pcServiceId,
pcServiceProperties);
    return HW_OK;
}
```

注册广播接收器，对网关数据上报结果进行相应处理。广播过滤参数为

```
IOTA_TOPIC_DATATRANS_REPORT_RSP/{deviceId}
sprintf(acBuf, "%s/%s", IOTA_TOPIC_DATATRANS_REPORT_RSP, g_stGateWayInfo.pcDeviceID);
HW_BroadCastReg(acBuf, Device_ServiceDataReportResultHandler);
```

（2）"数据发布"接口：topic 固定为"/cloud/signaltrans/v2/categories/data"；pbstrServiceData 参数作为消息（包括 header 和 body），SDK 只进行透传，不进行格式调整和组装。

设备或网关登录成功后可以调用 IOTA_MqttDataPub 接口发布数据。

- pucTopic 为发布数据的 topic。
- uiQos 为 MQTT 协议中的一个参数。
- pbstrServiceData 实际上是一个 JSON 字符串，内容是键值对（可以有多组键值对）。
  每个键是 Profile 中定义的属性名（propertyName），值就是具体要上报的内容。

接口代码如下所示。

```
HW_INT Device_ServiceDataPub(const HW_UCHAR * pucTopic, HW_UINT uiQos, const HW_BYTES *
pbstrServiceData)
{
    IOTA_MqttDataPub(HW_GeneralCookie(),pucTopic,uiQos,pbstrServiceData);
    return HW_OK;
}
```

注册广播接收器，对网关数据上报结果进行相应处理。广播过滤参数为 IOTA_TOPIC_DATATRANS_PUB_RSP。

```
HW_BroadCastReg(IOTA_TOPIC_DATATRANS_PUB_RSP, Device_ServiceDataPubResultHandler);
```

当开发者希望设备或网关只接收 topic 为"/gws/deviceid/signaltrans/v2/categories/"的消息，且对消息中的 header 进行解析时，可以调用"设备命令接收"接口。

应用服务器可以调用物联网平台的应用侧 API 接口给设备或网关下发命令，所以设备或网关需要随时检测命令下发的广播，以便在接收到命令时处理相应的业务。

具体的处理函数 Device_ServiceCommandReceiveHandle 如下：

```
HW_INT Device_ServiceCommandReceiveHandler(HW_UINT uiCookie, HW_MSG pstMsg)
{
    HW_CHAR * pcDevId;
    HW_CHAR * pcReqId;
    HW_CHAR * pcServiceId;
    HW_CHAR * pcMethod;
    HW_BYTES * pbstrContent;
    pcDevId = HW_MsgGetStr(pstMsg,EN_IOTA_DATATRANS_IE_DEVICEID);
    pcReqId = HW_MsgGetStr(pstMsg,EN_IOTA_DATATRANS_IE_REQUESTID);
    pcServiceId = HW_MsgGetStr(pstMsg,EN_IOTA_DATATRANS_IE_SERVICEID);
    pcMethod = HW_MsgGetStr(pstMsg,EN_IOTA_DATATRANS_IE_METHOD);
    pbstrContent = HW_MsgGetBstr(pstMsg,EN_IOTA_DATATRANS_IE_CMDCONTENT);
```

```
        HW_LOG_INF(" ------------- CommandReceiveHandler ------------- DeviceId =
% s", pcDevId);
        if ((HW_NULL == pcDevId) || (HW_NULL == pcReqId) || (HW_NULL == pcServiceId) || (HW_NULL ==
pcMethod))
        {
            HW_LOG_ERR("RcvCmd is invalid, pcDevId = % s, pcReqId = % s, pcServiceId = % s,
pcMethod = % s.",
            pcDevId, pcReqId, pcServiceId, pcMethod);
            return HW_ERR;
        }
        if (0 == strncmp(METHOD_REMOVE_GATEWAY,pcMethod,strlen(METHOD_REMOVE_GATEWAY)))
        {
            IOTA_RmvGateWay();
        }
        return HW_OK;
}
```

4）非直连型设备的删除与添加

非直连型设备的删除需要网关的确认,在正常业务情况下,网关又需要跟具体的设备确认,所以网关在收到删除非直连型设备的命令时不会立刻将设备删除。

在添加非直连型设备前,确认非直连型设备的 Profile 已经上传。在设备或网关登录成功后,可以调用 IOTA_HubDeviceAdd 接口添加非直连型设备。

注册广播接收器,对添加设备结果进行相应处理。添加非直连型设备成功后,就能从广播中得到非直连型设备的 deviceId。

```
HW_BroadCastReg(IOTA_TOPIC_HUB_ADDDEV_RSP, Device_AddResultHandler);
```

设备数据上报成功后,可以在非直连型设备的"历史数据"中查看上报的数据。

8.3.4 Web 应用开发

根据上述开发操作,在物联网平台已经可以看到数据了,但是对于用户而言不够友好而且不够直观,不能将数据可视化,因而需要建立 Web 可视化服务。这里华为物联网开发平台给开发者提供了 Web 应用开发的环境,读者可以在华为云平台中直接使用。

开发者也可以自行设计相关程序对数据进行可视化显示。这里简要介绍一种自定义设计的方法。

为了使用户更好地、更直观地查看历史数据与实时监控数据,将华为 IoT 云平台中的数据通过华为云服务器内部的访问控制进行授权,再结合华为 IoT 云平台中的规则引擎使用相应数据格式对数据进行处理,从而编写 SQL,利用规则引擎将编辑好的数据发送给华为云服务器。

用户端与服务器之间通信使用 HTTP 协议,操作界面就在浏览器上使得数据交互相当便捷,易于管控,服务器与用户端通信的流程如图 8-38 所示。

用户端与服务器进行通信,首先是用户端向服务器发出请求,等待服务器接入,服务器响应后会先对数据进行效验,如果数据中的 ID 一致,那么用户端将接收服务器连接返回请

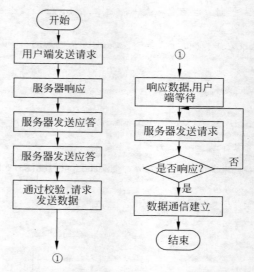

图 8-38 服务器与用户端通信的流程

求并保存,同时服务器会向用户端发送请求,服务器会等待用户端响应,如果用户端响应,则数据传输达成,如果没有响应则服务器重新发送请求。

本系统 Web 平台主要由 3 个部分组成:温棚环境控制、温棚环境监测以及温棚数据管理。Web 平台架构如图 8-39 所示。

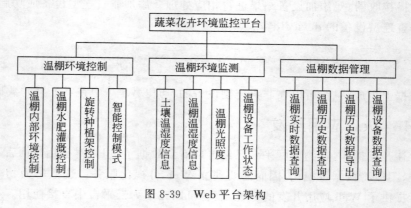

图 8-39 Web 平台架构

蔬菜花卉环境监控平台的分支结构如下。

(1) 温棚环境控制:包括温棚内部环境控制、温棚水肥灌溉控制、旋转种植架控制以及智能控制模式 4 部分。温棚内部环境控制包括温棚风机通风、温棚内温度加热等,可通过平台对温室内部环境进行手动控制;温棚水肥灌溉控制通过继电器控制水泵实现水肥混合、水肥一体式喷灌功能,用户可对灌溉时间以及灌溉次数进行手动控制;旋转种植架控制根据环境控制温棚内旋转种植架旋转,提升种植面积,在阳光充足的条件下旋转,夜间不旋转,用户可以手动控制旋转种植架的旋转时长;智能控制模式开启后,整个温棚进入智能控制状态,无须用户实时照看。

(2) 温棚环境监测:包括土壤温湿度信息、温棚温湿度信息、温棚光照度和温棚设备工作状态 4 部分,实时收集温室内部环境、土壤温湿度数据、光照度数据以及各模块传感器的工作状态。

(3)温棚数据管理:包括温棚实时数据查询、温棚历史数据查询、温棚历史数据导出以及温棚设备数据查询 4 部分,系统提供监测数据查询及导出功能,便于对种植数据进行深度研究。

本系统 Web 前端开发主要使用 JavaScript、HTML 等语言,主要服务于网页主题内容、网页美工以及人机交互效果。

8.4 小结

本章介绍了物联网操作系统在一个应用场景"智慧农业"中的子系统的具体应用。物联网操作系统的应用不仅要完成嵌入式操作系统的很多功能,比如采集和处理数据,也要完成联网及云端平台的相关应用,如果将系统功能延展,加上数据的可视化显示、数据的挖掘和应用、决策系统等人工智能的应用,将会使整个物联网生态更加丰富。

习题

1. 查阅资料,了解"智慧物流""智慧家居""智慧路灯"等物联网应用场景,并了解物联网操作系统在其中的应用。

2. 尝试实践小熊派等物联网开发板,设计程序实现功能应用。

3. 了解物联网平台相关知识,尝试在云端配置和开发。

参 考 文 献

[1] 何小庆.物联网操作系统的现状与未来[J].张江科技评论,2019,3:31-33.

[2] 虞保忠,郝继锋.物联网操作系统技术研究[J].航空计算技术,2017,5:23-26.

[3] 张学军.基于智能语音交互技术的智慧语音助理系统实现[D].南京:南京邮电大学,2016.

[4] 赵敏.物联网环境下端到端安全机制的研究[D].南京:南京邮电大学,2017.

[5] 彭安妮.物联网操作系统安全研究综述[J].通信学报,2018,3:12-16.

[6] 何小庆.嵌入式操作系统风云录:历史演进与物联网未来[M].北京:机械工业出版社,2016.

[7] ARM Mbed OS[EB/OL].(2021-02-05)[2021-03-01].https://www.mbed.com.

[8] RT-Thread[EB/OL].(2021-03-05)[2020-03-11].https://www.rt-thread.org/.

[9] LiteOS[EB/OL].(2021-03-01)[2021-03-13].https://www.huawei.com/LiteOS/index.html.

[10] Android Things[EB/OL].(2021-02-27)[2021-03-02].https://developer.android.com/things/.

[11] 何小庆.物联网操作系统研究与思考[J].电子产品世界,2018(1):27-31.

[12] 王剑,刘鹏.嵌入式系统设计与应用[M].北京:清华大学出版社,2017.

图 书 资 源 支 持

感谢您一直以来对清华大学出版社图书的支持和爱护。为了配合本书的使用，本书提供配套的资源，有需求的读者请扫描下方的"书圈"微信公众号二维码，在图书专区下载，也可以拨打电话或发送电子邮件咨询。

如果您在使用本书的过程中遇到了什么问题，或者有相关图书出版计划，也请您发邮件告诉我们，以便我们更好地为您服务。

我们的联系方式：

地　　址：北京市海淀区双清路学研大厦 A 座 714

邮　　编：100084

电　　话：010-83470236　010-83470237

资源下载：http://www.tup.com.cn

客服邮箱：tupjsj@vip.163.com

QQ：2301891038（请写明您的单位和姓名）

教学资源·教学样书·新书信息

人工智能科学与技术
人工智能|电子通信|自动控制

资料下载·样书申请

书圈

用微信扫一扫右边的二维码,即可关注清华大学出版社公众号。